面向新工科机械专业系列教材

计算机辅助三维设计

——Creo Parametric 项目实例教程

Computer Aided 3D Design

（第2版）

主　编　闻霞　吴龙

中国教育出版传媒集团
高等教育出版社·北京

内容提要

本书以培养创新应用型人才为目标，以实用为原则，以产品的设计、生产为主线，紧扣机械制造企业的需要，将理论、原理介绍与应用实例相结合，在系统介绍 CAD/CAM 的基本概念、基本内容、应用方法和关键技术的基础上，以灵活多样化的工程实例，介绍 Creo Parametric 的三维建模、高级曲面造型、部件装配、工程图转换、机构运动仿真及零件数控加工仿真等内容。本书知识全面，案例典型、丰富。

本书为新形态教材，书中设置二维码，扫描二维码即可观看案例讲解视频。配套资源还包括所有案例的源文件、教学课件等。

本书可作为高等院校机械类各专业 CAD/CAM、计算机辅助三维设计等课程的教材，也可供有关工程技术人员参考。

图书在版编目（CIP）数据

计算机辅助三维设计：Creo Parametric 项目实例教程 / 闻霞，吴龙主编. --2 版. --北京：高等教育出版社，2022.10

ISBN 978-7-04-058691-6

Ⅰ. ①计… Ⅱ. ①闻… ②吴… Ⅲ. ①计算机辅助设计-应用软件-教材 Ⅳ. ①TP391.72

中国版本图书馆 CIP 数据核字（2022）第 085743 号

计算机辅助三维设计
Jisuanji Fuzhu Sanwei Sheji

策划编辑 卢 广　　责任编辑 卢 广　　封面设计 张志奇　　版式设计 张 杰
责任绘图 杜晓丹　　责任校对 张慧玉 窦丽娜　　责任印制 田 甜

出版发行 高等教育出版社
社　　址 北京市西城区德外大街 4 号
邮政编码 100120
印　　刷 北京鑫海金澳胶印有限公司
开　　本 787 mm×1092 mm 1/16
印　　张 22.5
字　　数 450 千字
购书热线 010-58581118
咨询电话 400-810-0598
网　　址 http://www.hep.edu.cn
　　　　 http://www.hep.com.cn
网上订购 http://www.hepmall.com.cn
　　　　 http://www.hepmall.com
　　　　 http://www.hepmall.cn
版　　次 2015 年 10 月第 1 版
　　　　 2022 年 10 月第 2 版
印　　次 2022 年 10 月第 1 次印刷
定　　价 47.00 元

物 料 号 58691-00

计算机辅助三维设计

——Creo Parametric项目实例教程

Computer Aided 3D Design

（第2版）

主　编　闻霞　吴龙

1　计算机访问http://abook.hep.com.cn/12319734，或手机扫描二维码，下载并安装Abook应用。

2　注册并登录，进入“我的课程”。

3　输入封底数字课程账号（20位密码，刮开涂层可见），或通过Abook应用扫描封底数字课程账号二维码，完成课程绑定。

4　单击“进入课程”按钮，开始本数字课程的学习。

课程绑定后一年为数字课程使用有效期。受硬件限制，部分内容无法在手机端显示，请按提示通过计算机访问学习。

如有使用问题，请发邮件至abook@hep.com.cn。

http://abook.hep.com.cn/12319734

前　言

本书是在第一版的基础上，根据读者的使用意见和当前国内外工科相关领域计算机辅助三维设计的前沿动态，跟踪国内外三维工程设计软件的最新版本，以三维工程设计软件 Pro/ENGINEER 的新版本 Creo Parametric 为平台，进行了修订。

计算机辅助设计与制造技术（简称 CAD/CAM 技术）是随着计算机技术、电子技术和信息技术的发展而形成的一门新技术，其应用水平已经成为衡量一个国家工业现代化水平的重要标志。随着 CAD/CAM 技术的推广和深入应用，它已逐渐从一门新兴技术发展成为一种高新技术产业，成为工程技术人员必备的基本技能之一。

目前，CAD/CAM 软件技术已经基本成熟。在 CAD/CAM 技术的推广及应用过程中，各类三维工程软件的应用与推广占有极其重要的地位。本书参考国内外同类教材的写作思想，在深入分析总结近年来我国各高等院校 CAD/CAM 教学改革经验基础上，并结合作者多年的实际教学与工程实践经验编写而成，充分体现创新应用型人才培养的特色。

本书注重理论与实践的有机结合，突出对实践教学环节的把握，修订时主要考虑以下几个方面：

（1）从利于教学出发，建立配套数字化教学资源库

全书升级三维工程设计软件版本，由第一版中 Pro/ENGINEER5.0 版本升级更新为 Creo Parametric 5.0 版本，同时建设了与第二版配套的在线数字资源库。数字资源库中包含多媒体课件、案例源文件、案例讲解视频、动画等内容。

（2）从读者的学习习惯考虑，进一步优化案例编排结构

本次修订在工程实例讲解之前补充展示案例的二维工程图和三维实体图，其好处是在学习具体案例操作之前先了解案例的工程图，可直接读取工程图中具体的尺寸信息，不需要在步骤中查询具体的尺寸值，更符合学生学习习惯。

（3）既体现课程特色，又兼顾系统性

根据课程的性质和教学目标，本书重点介绍计算机辅助设计概述、基本理论和基本方法，使学生理解 CAD/CAM 系统的概念，具备计算机辅助设计、计算机辅助制造等综合应用的能力。本书内容以产品设计制造为主线，讲述计算机辅助设计工作的原理和方法，并最终归纳到集成这个 CAD/CAM 的关键点上，覆盖设计、分析、工艺、制造、管理等各个方面；以三维工程设计软件 Creo Parametric 为平台，介绍三维建模设计、三维部件装配设计、工程图自动转换、三维机构运动仿真及数控加工仿真等典型模块，案例丰富、详细，使前期所学工程制图、机械设计、机械原理及数控技术等课程的知识得到相应的应用实践；本书内容具有启发性、针对性和实用性，有利于激发学生的学习兴趣，培养其学习能力、创新能力、实践能力。

（4）教学目标明确，编写风格新颖

每章开头均安排学习目标和学习要求，有利于学生了解本章重点内容，更有针对性地学习。章后安排相应的拓展实训，便于学生课后进一步学习和巩固所学知识。

除了上述各点外，本次修订还对第一版内容都做了适当理顺、调整，并改正了第一版中的疏漏。

本书由闻霞、吴龙主编。第2、3、4、5章由闻霞编写，第1、6章由吴龙编写，全书由闻霞统稿并最终定稿。本书中的源文件与视频由闻霞和武蕾共同完成，全书校核工作由刘晓敏完成。

本书编写过程中得到张君成教授的悉心指导，在此表示感谢。由于编者水平所限，不当之处在所难免，望读者批评指正。

编　者

2022年3月

目　录

第1章　计算机辅助设计概述

学习目标

通过本章的学习，了解计算机辅助设计的基本概念，掌握CAD系统基本功能及其应用领域。熟悉主流CAD/CAM集成系统软件。

学习要求

技能目标	知识要点
掌握计算机辅助设计基本概念	计算机辅助设计过程、计算机辅助设计优点
掌握CAD/CAM各模块的功能、结构	CAD/CAM的含义、功能和产品制造过程
熟悉常用CAD/CAM支撑软件	学会选用常用绘图软件、建模软件、数控加工软件、工程分析软件及系统集成软件

20世纪70年代后期以来，以计算机辅助设计技术为代表的新技术改革浪潮逐渐席卷了全世界，它不仅促进了计算机本身性能的提高和更新换代，而且几乎影响到一切技术领域，冲击着传统的工作模式。计算机辅助设计技术已普遍应用于机械、汽车、航空、船舶、土建、铁道、轻纺、电子等许多行业的工程设计中，在缩短设计周期、提高设计质量、降低成本、发挥设计人员的创造性等方面，发挥了重要的作用。

1.1　计算机辅助设计的基本概念

计算机辅助设计（computer aided design，CAD）是指工程技术人员以计算机为辅助工具来完成产品设计过程中的各项工作，如草图绘制、零件设计、装配设计、工程图自动转换、工装设计、工程分析等。其中，人与计算机结合为一个问题求解组，紧密配合，发挥各自所长，为应用多学科方法的综合性协同并行工作提供了可能。CAD是工程技术人员以计算机为工具，对产品和工程进行设计、绘图、分析和编写技术文件等设计活动的总称。

根据模型的不同，CAD系统一般分为二维CAD和三维CAD系统。二维CAD一般将产品和工程设计图看成是点、线、圆、弧、文本……几何元素的集合，系统内表达的任何设计都变成了几何图形，所依赖的数学模型是几何模型，系统记录了这些图形的几何特征。二维 CAD 系统一般由图形的输入与编辑、硬件接口、数据接口和二次开发工具等几部分组成。

三维 CAD 系统的核心是产品的三维模型。三维模型是在计算机中将产品的实际形状表示为三维的模型，模型中包括了产品几何结构的有关点、线、面、体的各种信息。计算机三维模型的描述经历了从线框模型、表面模型到实体模型的发展历程，所表达的几何信息越来越完整和准确，能“设计”的范围很广。由于三维 CAD 系统的模型包含了更多的实际结构特征，因此用户在采用三维 CAD 造型工具进行产品结构设计时就能反映实际产品的构造或加工制造过程。

1.2 计算机辅助设计的基本内容

计算机具有高速的计算能力、巨大的存储能力、灵活的图形显示能力和强大的文字处理功能。充分利用计算机这些优越性能，同时将人的知识、经验、逻辑思维能力结合起来，形成一种人与计算机各尽所长，紧密配合的系统，以提高设计的质量和效率。这种人机结合的交互式设计方式，构成了计算机辅助设计的工作过程。计算机辅助设计过程如图 1.1 所示。计算机辅助设计示意如图 1.2 所示。

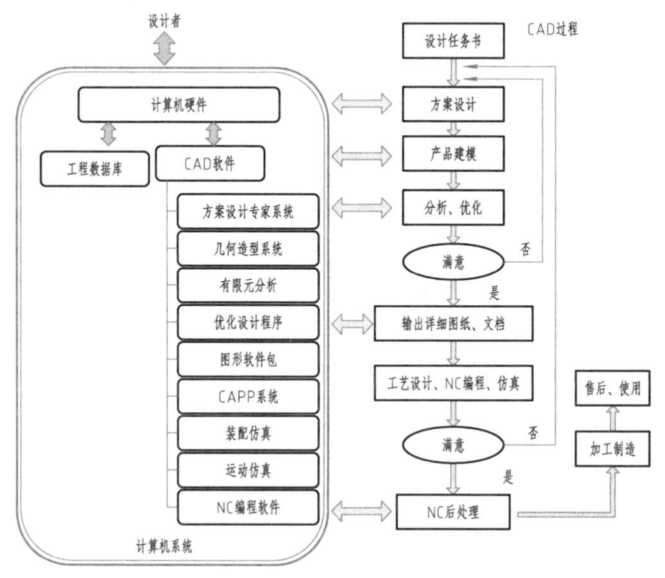

图 1.1 计算机辅助设计过程

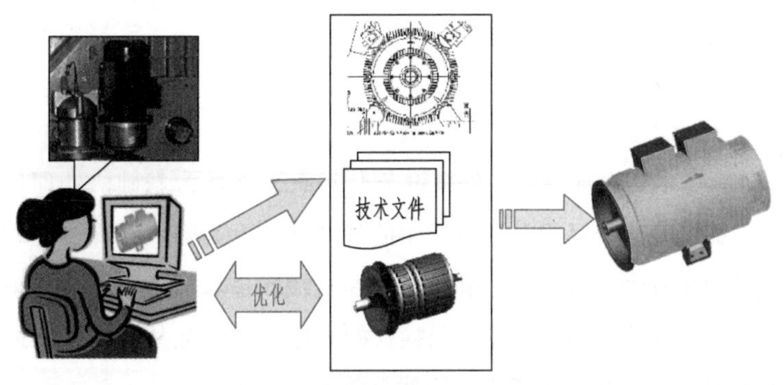

图 1.2 计算机辅助设计示意图

1.3 CAD 系统的优点

计算机辅助设计已经不再局限于个别设计阶段或环节中，而是将计算机科学的技术和方法应用于各种工程领域的专业技术中。以计算机系统为基础，在设计的各个阶段和所有环节中尽可能地利用主流成熟的工程设计系统来完成计算复杂、抽象、劳动量大、重复性高以及单纯靠人工难以完成的设计工作，从而辅助实现整个设计过程的操作。另外，体现计算机辅助设计特征的交互式计算机图形处理和工程数据库管理系统，为工程设计人员提供了非常方便灵活而且高效率的设计环境，从而节省更多的时间和精力，以便更好地进行创造性的设计工作。

计算机辅助设计优点如下：

（1）改善绘图环境，提高设计质量；

（2）提高了设计精度，减少设计错误；

（3）降低设计成本，缩短设计周期；

（4）提高图面质量，方便了图形修改；

（5）存储方便，易于管理；

（6）携带方便，便于交流；

（7）通过网络，实现异地设计；

（8）实现产品的标准化、系列化、通用化；

（9）向设计的下游延伸，出现了计算机辅助制造（computer aided manufacturing，CAM）、计算机辅助检测（computer aided testing，CAT）、计算机辅助工程（computer aided engineering，CAE）、计算机辅助工艺过程设计（computer aided process planning，CAPP）、有限元分析（finite element analysis，FEA）。

1.4 CAD/CAM的基本概念

CAD/CAM技术是以计算机、外围设备及其系统软件为基础，处理各种数字、图形等信息，辅助完成产品设计和制造中的各项活动，是随着计算机技术、电子技术和信息技术的发展而形成的一门新技术。在机械制造领域中，随着市场经济的发展，用户对各类产品的质量，产品更新换代的速度以及产品从设计、制造到投放市场的周期都提出了越来越高的要求，这就需要大力推进CAD/CAM技术。CAD/CAM技术的内容包括计算机辅助设计（CAD）、计算机辅助制造（CAM）、计算机辅助工程（CAE）、有限元结构分析（FEA）、机构运动仿真、优化设计和产品数据管理（PDM）等。CAD/CAM系统以计算机硬件、软件为支持环境，通过各个功能模块（分系统）实现对产品的描述、计算、分析、优化、绘图、工艺规程设计、仿真以及数控加工。将CAD、CAM合起来写成CAD/CAM，这并不是将二者简单组合在一起，而是表示它们的有机结合，意味着进一步提高设计和生产的效率。

（1）CAM技术

CAM技术到目前为止尚无统一的定义。一般而言，CAM技术是指计算机在制造领域有关应用的统称，有广义CAM技术和狭义CAM技术之分。所谓广义CAM技术，是指利用计算机辅助完成从生产准备工作到产品制造过程中的直接和间接的各种活动，包括工艺准备、生产作业计划、物流过程的运行控制、生产过程控制、质量控制等主要方面。其中工艺准备包括计算机辅助工艺过程设计、计算机辅助工装设计与制造、NC编程、计算机辅助工时定额和材料定额的编制等内容；生产作业计划的作用是通过一系列的计划安排和生产调度工作，充分利用企业的人力、物力，保证企业每个生产环节在品种、数量和时间上相互协调和衔接，组织有节奏的均衡生产，取得良好的经济效益；物流过程的运行控制包括物料的加工、装配、检验、输送、存储等生产活动；生产过程控制是为确保生产过程处于受控状态，对直接或间接影响产品质量的生产、安装和服务过程所采取相应的作业技术和生产过程分析、诊断和监控；质量控制（quality control，QC）也称品质控制，是质量管理的一部分，致力于满足质量要求。而狭义CAM通常指数控程序的编制，包括刀具路线的规划、刀具文件的生成、刀具轨迹仿真以及后置处理和NC代码生成等。本书采用CAM的狭义定义。

CAM技术的核心是数控加工技术。数控加工技术主要分程序编制和加工过程两个步骤。程序编制是根据图纸或CAD信息，按照数控机床控制系统的要求，确定加工指令，完成零件数控程序编制；加工过程是将数控程序传输给数控机床，控制机床各坐标的伺服系统，驱动机床，使刀具和工件严格按执行程序的规定作相对运动，加工出符合要求的零件。作为应用性、实践性极强的专业技术，CAM 技术直接面向数控生产实际，而生产实际的需求则是所有技术发展与创新的原动力。CAM 技术在实际应用中已经取得了明显的经济效益，并且在提高企业市场竞争能力方面发挥着重要作用。

（2）CAE 技术

从字面上理解，CAE 技术是计算机辅助工程分析，准确地讲，是指工程设计中的分析计算、分析仿真和结构优化。CAE 技术是从 CAD 技术中分支出来的，起步稍晚，其理论和算法经历了从蓬勃发展到日趋成熟的过程。随着计算机技术的不断发展，CAE 系统的功能和计算精度都有很大提高，各种基于产品数字建模的 CAE 系统应运而生，并已成为工程和产品结构分析、校核及结构优化中必不可少的数值计算工具。分析是设计的基础，设计与分析集成是必然趋势。CAE 技术和 CAD 技术的结合越来越紧密，在产品设计中，设计人员如能将 CAD 技术和 CAE 技术良好融合，就可以实现互动设计，从而保证企业在产品设计环节上达到最优效益。

目前，CAE 技术已被广泛应用于国防、航空航天、机械制造、汽车制造等工业领域。CAE 技术作为设计人员提高工程创新和产品创新能力的得力助手和有效工具，能够对创新的设计方案快速实施性能与可靠性分析；进行虚拟运行模拟，有助于及早发现设计缺陷，实现优化设计；在创新的同时，提高设计质量，降低产品研发成本，缩短研发周期。

（3）CAPP 技术

CAPP 技术是根据产品设计结果进行产品的加工方法设计和制造过程设计的。一般认为，CAPP 系统的功能包括毛坯设计、工艺路线制定、工序设计和工时定额计算等，如图 1.3 所示。其中，工序设计包括设备和工装的选用，加工余量的分配，切削用量选择，机床、刀具的选择以及必要的工序图生成等内容。工艺设计是产品制造过程中技术准备工作的一项重要内容，是产品设计与实际生产的纽带，是一个经验性很强且随制造环境的变化而多变的决策过程。随着现代制造技术的发展，传统的工艺设计方法已经远远不能满足自动化和集成化制造的要求。

随着计算机技术的发展，CAPP 技术受到了工艺设计领域的高度重视。CAPP 技术可以显著缩短工艺设计周期，保证工艺设计质量，提高产品的市场竞争能力，其主要优点如下。

① CAPP 使工艺设计人员摆脱大量、烦琐的重复劳动，将主要精力转向新产品、新工艺、新装备和新技术的研究与开发；

② CAPP 可以提高产品工艺的继承性，最大限度地利用现有资源，降低生产成本；

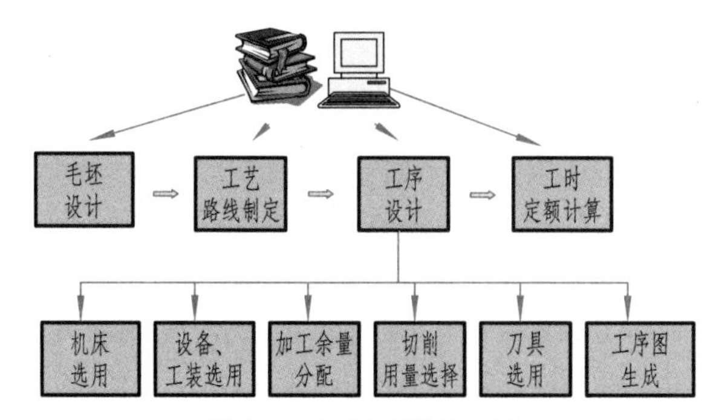

图1.3　CAPP系统的功能

③ CAPP可以使没有丰富经验的工艺师设计出高质量的工艺规程，以缓解当前机械制造业工艺设计任务繁重、缺少有经验工艺设计人员的矛盾；

④ CAPP有助于推动企业开展的工艺设计标准化和最优化工作；

⑤ CAPP技术在CAD、CAM技术中起到桥梁和纽带作用：CAPP系统接收来自CAD系统产品的几何拓扑信息、材料信息及精度、粗糙度等工艺信息，并向CAD系统反馈产品的结构工艺性评价信息；CAPP系统向CAM系统提供零件加工所需的设备、工装、切削参数、装夹参数以及刀具轨迹文件，同时接收CAM系统反馈的工艺修改意见。

(4) CAD/CAM集成技术

CAD/CAM集成技术的关键是CAD、CAE、CAPP和CAM各系统之间的数据交换与共享。CAD/CAE/CAPP/CAM简称CAD/CAM或CAX，是制造业信息化的核心技术，主要支持和实现产品设计、分析、工艺规划、数控加工及质量检验等工程活动的自动化处理，其CAD/CAPP/CAM集成信息流构架如图1.4所示。CAD/CAM的集成，要求产品设计与制造紧密结合，其目的是保证产品设计、工艺分析、加工模拟，直至产品制造过程中的数据具有一致性，能够直接在计算机间传递，从而克服由图纸、语言和编码造成的信息传递的局限性，减少信息传递误差，降低编辑出错的可能性。

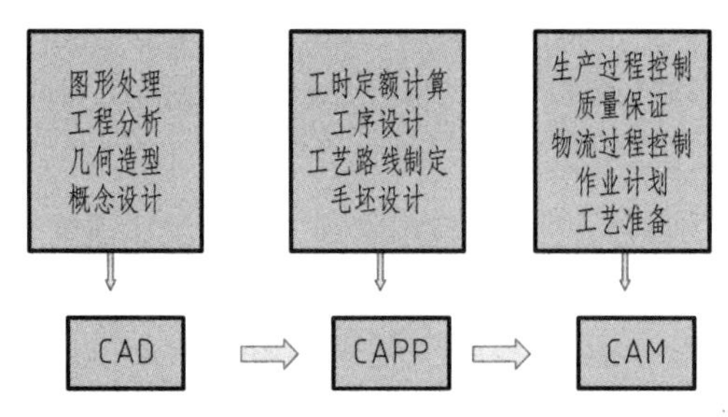

图1.4　CAD/CAPP/CAM集成信息流构架

由于CAD、CAE、CAPP和CAM系统是独立发展起来的，并且各自处理的着重点不同，它们所有的数据模型彼此不相容。CAD系统采用面向拓扑学和几何学的数学模型，主要用于完整地描述零件几何信息，但对于非几何信息，如精度、公差、表面粗糙度和热处理等，则没有在计算机内部逻辑结构中得到充分表达。而CAD/CAE/CAPP/CAM 的集成，除了要求几何信息外，更重要的是需要面向加工过程的非几何信息，若无这些非几何信息，则会在 CAD、CAE、CAPP 和 CAM 之间出现信息中断。建立CAPP和CAM子系统时，既需要从CAD子系统中提取几何信息，还需要补充输入上述非几何信息，其中包括输入大量加工特征信息，因此人为干预量大，数据大量重复，无法实现 CAD/CAE/CAPP/CAM 的完全集成。目前，采用的关键技术主要有以下几方面。

1）特征技术

建立 CAD/CAE/CAPP/CAM 范围内相对统一的、基于特征的产品定义模型，并以此模型为基础，运用产品数据交换技术，实现 CAD、CAE、CAPP 和 CAM 间的数据交换与共享。修改模型不仅要求能支持设计与制造各阶段所需的产品定义信息（几何信息、拓扑信息、工艺和加工信息），还应该提供符合人们思维方式的高层次工程描述语义特征，并能表达工程师的设计与制造意图。

2）集成数据管理

已有的 CAD/CAM 系统集成，主要通过文件来实现 CAD 与 CAM 之间的数据交换，不同子系统之间要通过数据接口转换，传输效率不高。为了提高数据传输效率和系统的集成化程度，保证各系统之间数据的一致性、可靠性和数据共享，需要采用工程数据库管理系统来管理集成数据，使各系统之间直接进行信息交换，真正实现 CAD/CAM 之间信息交换与共享。

3）产品数据交换标准

为了提高数据交换的速度，保证数据传输完整、可靠和有效，需采用通用的数据交换标准。产品数据交换标准是 CAD/CAE/CAPP/CAM 集成的重要基础。

4）集成框架（或集成平台）

数据的共享和传送通过网络和数据库实现，需要解决异构网络和不同格式的数据交换问题，以使多用户并行工作，共享数据。集成框架对实现并行工程与协同工作是至关重要的。

1.5 CAD/CAM 系统的基本功能

CAD/CAM 系统以计算机、外围设备及其系统软件为基础，处理各种数字、图形等信息，辅助完成产品设计和制造中的各项活动，其主要功能包括二维绘图设计、三维几何造型设计、有限元分析（FEA）及优化设计、数控加工编程、仿真模拟及产品数据管理等内容。

采用CAD/CAM系统进行产品设计制造的工作过程如图1.5所示，其基本功能如图1.6所示。

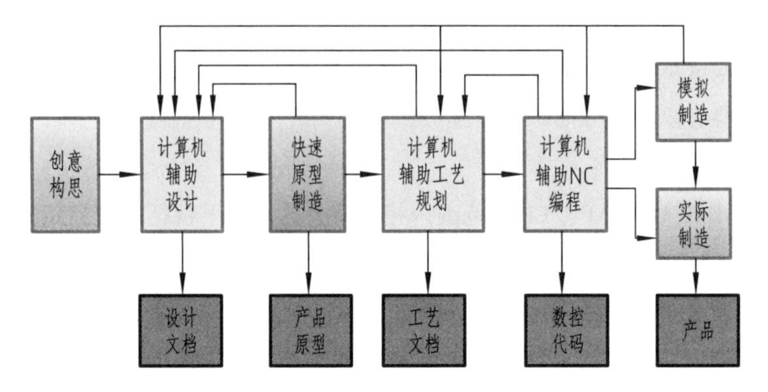

图1.5　采用CAD/CAM系统进行产品设计制造的工作过程

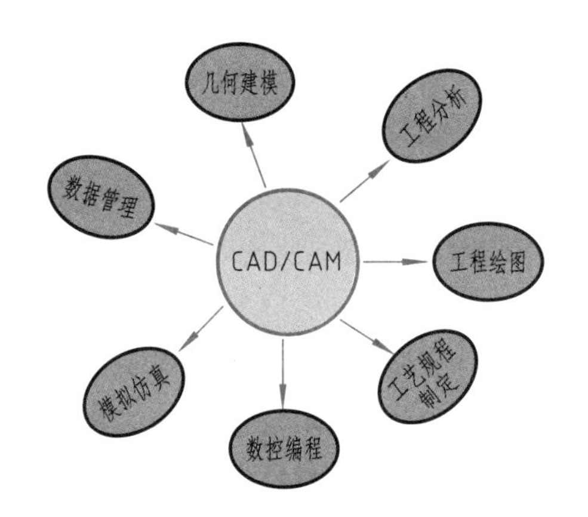

图1.6　CAD/CAM系统的功能

（1）几何建模

几何建模是用基本几何实体及其相互关系来构造零件或产品三维几何模型的一种功能，它为产品设计、制造提供基本数据，同时也为其他模块提供原始的信息。几何建模是CAD/CAM系统的核心，也是后续工作的基础。

（2）工程绘图

图样是工程的语言，是设计表达的主要形式。手工绘图效率低，困难大，而CAD/CAM系统则具有强大的绘图、出图功能。一方面可从几何造型的三维图形直接转换成二维图形；另一方面还具有强大的二维图形处理功能，包括基本图元的生成、图形的编辑、尺寸标注、显示控制、文本输入等功能，以及生成符合国家标准和生产实际的图样。

（3）工程分析

工程分析是工程设计不可缺少的部分，也是传统设计中一项复杂烦琐的工作。CAD/CAM 系统正好可以发挥计算机强大的分析计算能力，完成复杂的工程分析计算，如力学分析计算、设计方案的分析评价、几何特征的分析计算等。进行运动学、动力学、有限元分析及优化设计等是 CAD/CAM 系统一个重要的组成部分。

（4）工艺规程制定

CAD/CAM 系统可自动生成产品加工所采用的工艺规程，包括加工方法、工艺路线、工艺参数和加工设备的选用。

（5）数控编程

一个典型的 CAD/CAM 集成数控编程系统，其数控加工编程模块一般应具备以下功能。

① 编程功能。主要包括点位、轮廓、平面区域、曲面区域、约束面／路线的控制加工等编程功能。

② 刀具轨迹计算功能。其计算方法主要包括参数线法、截平面法和投影法等。

③ 刀具轨迹编辑功能。主要包括轨迹的快速图形显示、轨迹的编辑与修改、轨迹的几何变换、轨迹的优化编排、轨迹的读入与存储等。

④ 刀具轨迹的验证功能。主要包括轨迹的快速或实时显示、截面法验证、动态图形显示等。

（6）模拟仿真

模拟仿真功能主要包括预测产品工作性能，检查 NC 代码正确性，检查制造过程几何干涉和物理碰撞，分析产品可制造性等。

（7）数据管理

数据管理功能可提供有效的工程数据管理手段，支持产品设计与制造全过程数据信息流动和处理。

1.6 CAD/CAM 集成系统

随着 CAD、CAM 技术和计算机技术的发展，人们不再满足于这两者的独立发展，从而出现了 CAM 和 CAD 的组合，即将两者集成（一体化），这样以适应设计与制造自动化的要求，特别是适应近年来出现计算机集成制造系统（CIMS）的要求。这种一体化结合的系统可使在 CAD 中设计生成的零件信息自动转换成 CAM 所需要输入的信息，避免了信息数据的丢失；产品设计、工艺规程设计和产品加工制造集成于一个系统中，提高了生产效率。相应地，在数控加工应用中开发出数控加工 CAD/CAM 集成系统，采用集成系统就省去了中间烦琐的数据转换过程。CAD/CAM 集成的关键是信息的交换和共享，目前许多三维 CAD/CAM 软件提供实体设计模块和软件包。如 NX、Creo Parametric 等，在集成软件内部以内部统一的数据格式直接从 CAD 系统获取产品几何模型。利用 NX 和 Creo Parametric 的实体建模功能，可以创建包括零件的几何形状、尺寸和技术要求的三维模型，然后利用 Creo Parametric 特有的 CAM 软件包建立起刀具库，完成对产品的工艺参数的设定，最后通过软件包的翻译文件将刀具轨迹文件翻译成 G 代码，输入执行软件进行机床加工。利用高级语言 VC 实现对软件相关驱动的集成。

目前，国内流行的主流计算机辅助设计制造的支撑软件主要有以下几种。

① 交互绘图软件　主要完成二维工程图样的绘制，如 AutoCAD、中望 CAD、高华 CAD 及开目 CAD 等。

② 三维造型软件　如 MDT、SolidWorks、Solidedge 等。

③ 数控编程软件　如 MasterCAM、SurfCAM 等。

④ 工程分析软件　如 SAP、ADINA、NASTRAN、ANSYS、ADAMS、ABAQUS 等。

⑤ 综合集成支撑软件　如 I－DEAS、NX、Creo Parametric、CATIA 等，具有 CAD、CAE、CAM 等综合功能。

随着计算机及软件业的发展，推动着计算机辅助设计软件不断地改进。CAD/CAM 技术正向着开放、集成、智能和标准化的方向发展，在数控机床上的运用越来越广泛，以计算机技术为基础的分布式数控（distributed numerical control，DNC）开放式系统成为软件的发展方向。在这个网络普及的时代，CAD/CAM 技术也在向网络化发展，借助计算机技术可以方便地实现网络化通信，可以高效地满足生产的需求，如在高校的实验室，实验设备的网络共享是极为迫切的，利用网络技术与 CAD/CAM 技术的结合，建立 CAD/CAM 设计→代码传输→机床执行→网络监控全流程的共享，可实现共用几台甚至一台数控机床，充分利用设备，大大节省了资金和时间。

第2章 计算机辅助三维零件设计

学习目标

通过本章的学习，熟悉 Creo Parametric 软件基于特征的参数化实体建模的基本思路；熟练应用拉伸、旋转、扫描与混合这四种最基本的实体特征和扫描混合、螺旋扫描、可变剖面扫描、边界混合等高级曲面特征造型的创建方法。进一步了解由基本体组合而成的复杂体及实际工程中的造型实例。

学习要求

技能目标	知识要点
熟悉 Creo Parametric 软件实体零件设计的基本思路	Creo Parametric 软件的设计流程，参数化设计思想
熟练掌握 Creo Parametric 软件的基本建模方法和步骤	Creo Parametric 软件拉伸、旋转、扫描与混合四种基本的实体特征，Creo Parametric 曲面高级建模
综合运用各种建模方法创建工程所需实体模型	综合运用 Creo Parametric 的各种建模方法，具备利用 Creo Parametric 进行产品设计的能力

本章提示

本章部分案例用到的源文件可从《计算机辅助三维设计数字课程》下载，下载方法详见数字课程说明页。

本书以三维设计软件 Creo Parametric5.0 为平台，介绍计算机辅助三维设计的方法及设计理念，实现产品的三维建模、虚拟装配、工程图纸的转换及机构运动仿真等相关内容。

Creo 是 PTC 公司整合了 Creo Parametric 的参数化技术、CoCreate 的直接建模技术和 ProductView 的三维可视化技术而开发一款的新型 CAD/CAM/CAE 软件，也是一款由设计至生产的机械自动化软件，具有参数化和基于特征的造型特点，且具有单一数据库的功能，在机械、模具、汽车、家电、航空航天等行业被广泛应用。其应用模块见表 2.1，读者可以根据需求学习相关模块。

表2.1　Creo应用模块及其简介

名　称	应用程序	简　介
Creo	Creo Parametric	使用强大、自适应的3D参数化建模技术创建3D设计
	Creo Simulate	分析结构和热特性
	Creo Direct	使用快速灵活的直接建模技术创建和编辑3D几何
Creo Sketch		轻松创建2D手绘草图
Creo Layout		轻松创建2D概念性工程设计方案
Creo View	Creo View MCAD	可视化机械CAD信息以便加快设计审阅速度
	Creo View ECAD	快速查看和分析ECAD信息
Creo Schematics		创建管道和电缆系统设计的2D布线图
Creo Illustrate		重复使用3D CAD数据生成丰富、交互式的3D技术插图

Creo Parametric系统采用全三维可视化设计，设计人员可以完全依照自己的构思在系统的三维虚拟环境下展开设计工作，所见即所得，直观而方便。随着社会的不断发展和人们生活水平的提高，对于产品的个性化需求不断提高，设计工作量也不断增加，使用Creo Parametric软件可以减少重复性的工作，帮助设计师设计更加实用的产品。

Creo Parametric的上一版本Pro/E NGINEER率先提出了参数化设计的概念，采用单一数据库来解决特征的相关问题。安装程序采用模块化方式，用户可以根据自身的需要进行选择，而不必安装所有的模块。Creo Parametric基于特征的参数化造型方式，能够将设计至生产的全过程集成到一起，实现并行工程设计。

（1）基于特征的参数化造型设计

将一些具有代表性的几何形体定义为特征，并将其所有尺寸作为可变参数，如基础建模特征：拉伸、旋转、扫描、混合；高级建模特征：扫描混合、螺旋扫描、可变剖面扫描等；放置特征：孔、壳、筋、倒角、拔模。Creo Parametric软件以特征为基础进行更为复杂的几何形体构造，产品的生成过程实质上就是由多个特征的叠加过程。对于任何复杂的组合体几何模型来说，都可以分解成有限数量的构成特征，而每一种构成特征，都可以用有限的参数完全约束，这就是参数化的基本概念。

（2）全尺寸约束

将特征的形状与尺寸结合起来，通过尺寸约束对几何形状进行控制。造型必须具有完整的尺寸，不能漏标尺寸（即欠约束）。

（3）尺寸驱动设计修改

通过修改尺寸可以很容易地进行多次设计，实现产品的修改与开发。

（4）全相关特征

Creo Parametric的所有模块都是全相关的，这意味着在产品开发过程中对某一处进行的修改能够扩展到整个设计中，同时自动更新所有的工程文档，包括装配体、设计图以及制造数据。这样可以极大缩短资料转换的时间，提高设计效率。

2.1 计算机辅助零件基础特征造型

计算机辅助设计（CAD）已经从二维计算机辅助绘图阶段进入三维设计阶段，并与CAD/CAM/CAE组成一个完整的系统。其中，实体造型技术是关键的核心技术，它为现代设计、分析以及制造系统中加工的零部件提供了完整、准确的几何信息，为相关软件的集成提供了可能。本书所用软件为当前应用广泛的三维工程设计软件Creo Parametric 5.0版。

2.1.1 Creo Parametric 实体造型的基本知识

1. Creo Parametric 软件建模方法

Creo Parametric 创建零件三维模型的方法根据生成模型的方式不同，分为堆积木式和曲面生成式两种类型。

（1）堆积木式三维建模法。根据Creo Parametric 软件基于特征的造型特点，这种方法首先创建一个能反映零件主要形状的基础特征，然后在此基础之上添加其他的一些特征，如切槽、倒角、圆角、孔、伸出等，如图2.1所示。

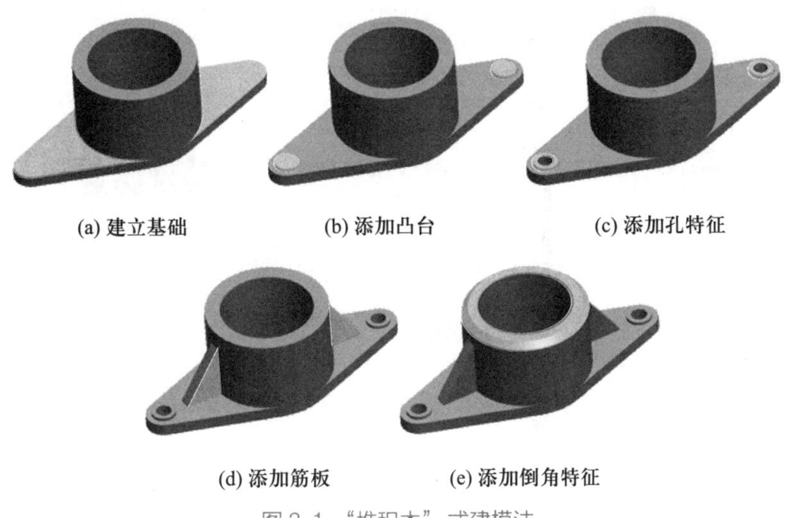

(a) 建立基础　(b) 添加凸台　(c) 添加孔特征

(d) 添加筋板　(e) 添加倒角特征

图2.1 “堆积木”式建模法

（2）曲面生成式三维建模法。这种方法的建模思路是首先创建零件的曲面特征，然后通过将封闭曲面“实体化”的方法或者利用“曲面加厚”的方法生成零件的三维实体模型，如图 2.2 所示。

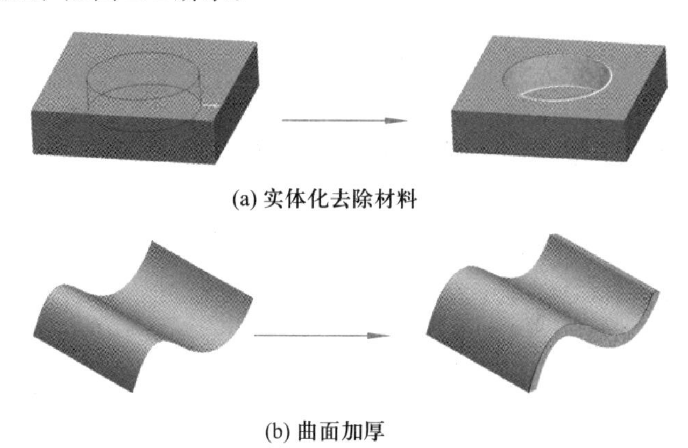

(a) 实体化去除材料

(b) 曲面加厚

图 2.2　曲面生成式建模法

2. Creo Parametric 的用户界面

Creo Parametric 启动后进入主界面（图 2.3），该界面是软件启动的初始界面，根据用户的需求，可选择新建使用模块或者打开一个已有的文件，选择工作目录，拭除已打开未显示的零件等内容。首先选择“新建”图标，弹出“新建”菜单，包含Creo Parametric 主要的使用模块：草绘（绘制二维草绘图形）、零件（三维建模设计模块）、装配（零件虚拟装配及机构运动仿真模块）、制造（虚拟的数控加工仿真模块）、绘图（自动转换工程图纸模块）等模块内容。

图 2.3　Creo Parametric 启动后的主界面

选择“零件”进入三维建模设计模块的工作界面如图2.4所示。一般由标题栏、快速访问工具栏、导航区、图形窗口、主菜单、菜单管理器、消息区、图形工具栏等部分组成。

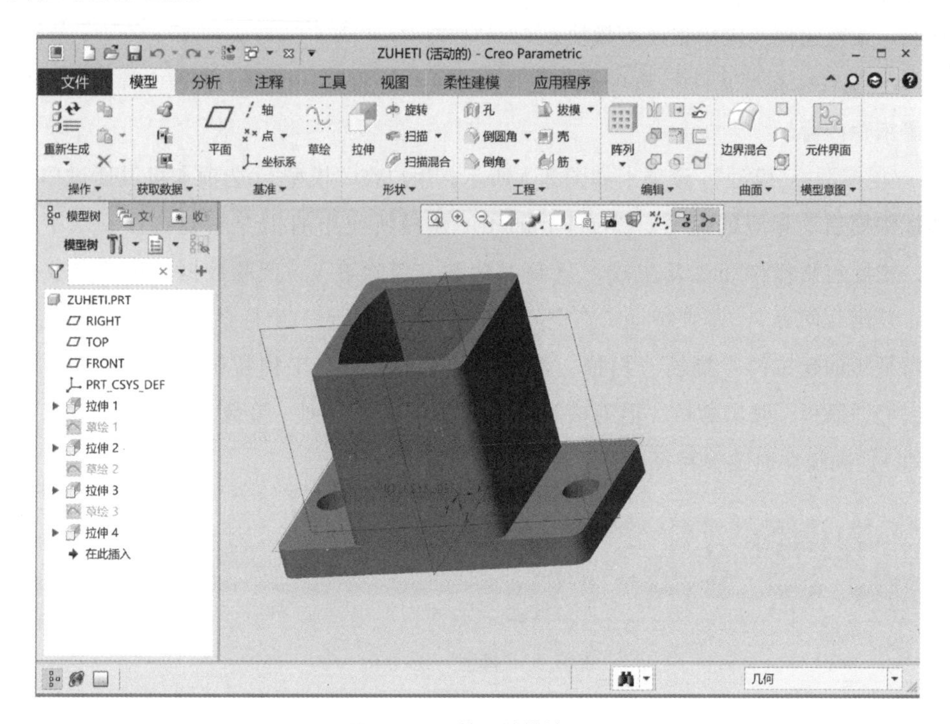

图2.4　零件设计模块界面

（1）标题栏。标题栏位于Creo Parametric工作界面的最顶端，用以显示当前打开的模型的文件名称以及是否为活动窗口和软件版本等信息。

提示： 当该界面为活动窗口时，标题栏显示为黑色；当为非活动窗口时，标题栏显示为灰色。

（2）快速访问工具栏。在该工具栏 可实现界面最小化、新建一个设计文档、打开、保存、撤销、重做等快速操作。

（3）图形窗口。图形窗口是Creo Parametric软件的主要工作区，用以显示所建立的模型。

（4）导航区。导航区有四个选项卡，分别为模型树、文件夹浏览器、收藏夹、连接。单击每个选项卡可以打开相应的面板。

① 模型树。以树形列表的方式显示零件模型的特征组成和建模过程及具体步骤。在装配环境下，以树形列表形式显示产品的零件组成及装配顺序。

② 文件夹浏览器。用以浏览保存在硬盘上的文件。

③ 收藏夹。用于组织和管理各种资源，可以将喜爱的链接保存到“收藏夹”中。

④ 连接。用于便捷地访问与PTC有关的页面和服务程序。

（5）主菜单。主菜单位于标题栏的下部，Creo Parametric所有的操作都可以通过选择调整相应的选项卡来完成。其包含文件、模型、分析、注释、渲染、工具、视图、柔性建模及应用程序等模块。

① 文件。在“文件”选项卡中包含新建文件、打开、保存、管理文件、管理会话等指令内容。

② 模型。“模型”选项卡如图2.5所示。用户在“模型”选项卡可以通过单击图标快捷启动相应的命令。Creo Parametric建模所使用的指令主要在该模块下完成。主要包括操作（重新生成、复制、粘贴、删除等）、获取数据（用户定义特征、复制几何等）、基准特征（在空间创建平面、轴、点、坐标系等基准）、基础建模特征（创建拉伸、旋转、扫描、混合等建模特征）、工程特征（孔、倒角、拔模、壳、筋板、修饰螺纹、退刀槽等）和编辑工具（阵列、镜像、修剪、合并、相交等）、高级曲面建模特征（边界混合、样式等）。

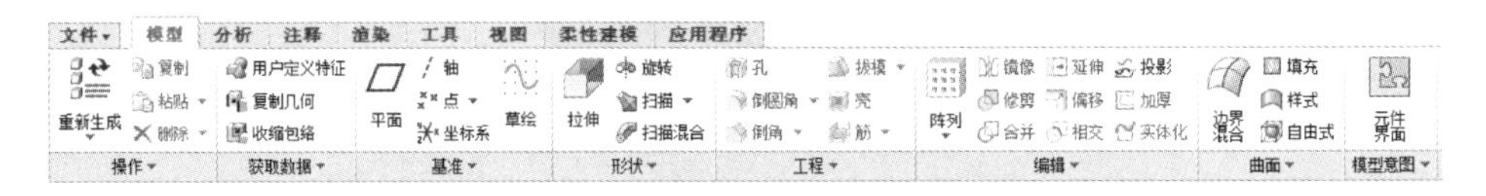

图2.5　“模型”选项卡

（6）菜单管理器。菜单管理器位于屏幕的右侧，根据系统执行操作的不同而动态显示。

（7）消息区。消息区位于图形窗口之下，当执行有关操作时，与该操作有关的信息会显示在消息区。消息区的大小可以通过鼠标指针移动到消息区的边线，按下鼠标左键拖动来进行相应的调整。

（8）图形工具栏。图形工具栏位于图形区的上方中间位置，主要包括放大/缩小、模型显示类型设置、视图方向设置、透视图、基准显示过滤器、注释显示、旋转中心显示等功能。

3. Creo Parametric主要模块介绍

Creo Parametric软件的功能覆盖从产品设计到生产加工的全过程，能够让多个部门同时进行同一种产品模型的设计生产。

（1）机械设计模块（CAD）。该模块是三维设计的基本模块，可综合运用多种工具进行复杂结构零部件的设计。该模块支持GB、ANSI、ISO和JIS标准，既可以单独使用，也可以结合其他模块使用。它主要包括实体装配（Creo/Assembly）、曲面设计（Creo/Surface）、管路设计（Creo/Piping）、数据图形显示（Creo/Report）、焊接设计（Creo/Welding）等子模块。

（2）功能仿真模块（CAE）。该模块主要完成动、静力学分析和结构优化设计。它主要包括有限元分析（FEM）、运动分析（Mechanica Motion）、热分析（Mechanica Thermal）、振动分析（Mechanica Vibration）等子模块。

（3）制造模块（CAM）。该模块主要完成数控加工。它主要包括铸造模具（Casting）、塑料模具（Moldesign）、电加工（MFG）、NC 检查（NCCheck）、CNC 程序生成（NCPost）和钣金（SheetMetal）等子模块。

4. 特征建模

在 Creo Parametric 软件中，特征是参数化实体建模的基本组成单位，具有预定义的结构形式（拓扑结构固定），可以通过参数变化来改变其外形（参数化）。Creo Parametric 中的特征有很多种，根据特征创建的复杂程度将零件建模过程中用到的特征分为基准特征、基础特征、工程特征、高级特征、扭曲特征等。

（1）基准特征

基准特征主要包括基准平面、基准轴线、基准点、基准坐标系和基准曲线等，通常用来为其他特征提供定位参照或者零部件装配时的约束参照。

基准特征属于辅助特征，没有体积、质量等物理属性，它的显示与否不影响模型的结构表现，通常需要时就将其显示出来，为了绘图区域的整洁也可以不将其显示出来。控制基准特征显示的工具栏如图 2.6 所示。下面将重点讲述任意基准平面和基准轴的创建。

显示或者隐藏基准平面；

轴 显示或者隐藏基准轴线；

点 显示或者隐藏基准点；

坐标系 显示或者隐藏基准坐标系。

图 2.6 控制基准特征显示的工具栏

1）基准平面的创建

Creo Parametric 所有特征必须创建在某个面上，这个面可以是基准面，也可以是实体的平面。其中，基准面可以为默认基准特征，也可以创建任意基准平面。

提示：用户可以通过单击基准工具栏上的“平面”按钮来建立，并设置不同的条件，如穿过、偏移、旋转、法向等。这里仅介绍利用偏移、旋转和法向产生基准面的方法，其他方法比较简单，请读者可自行练习。

案例 2-1 偏移创建基准面

微视频 2-1 偏移创建基准面

打开第 2 章源文件 \2 - 1. prt 文件，偏移创建基准面的操作如图 2.7 所示，其具体步骤如下：

① 单击工具栏上的“平面”按钮。

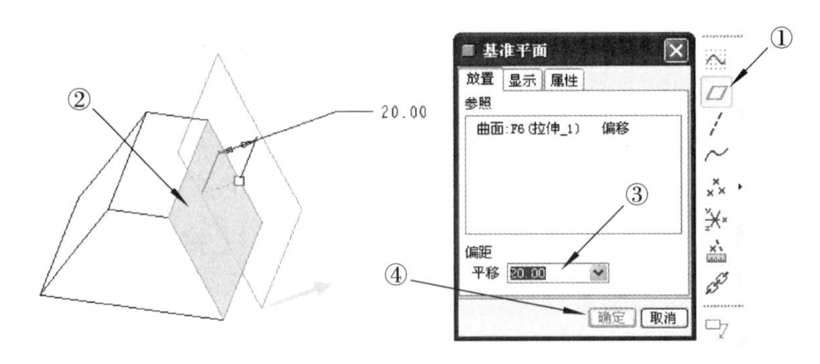

图2.7　偏移创建基准面

② 单击选择实体上的面。

③ 在“基准平面”对话框中的“平移”文本框中输入“20”。[①]

④ 单击“确定”按钮，即得到了一个新的基准平面，并且与选定的实体面距离为20 mm。

提示：偏移创建基准面时，除了在“平移”文本框中输入距离值外，还可以通过选定点来决定偏移距离。

微视频2-2
旋转创建基准面

案例2-2　旋转创建基准面

打开第2章源文件\2-2.prt文件，旋转创建基准面的操作如图2.8所示，其具体操作步骤如下。

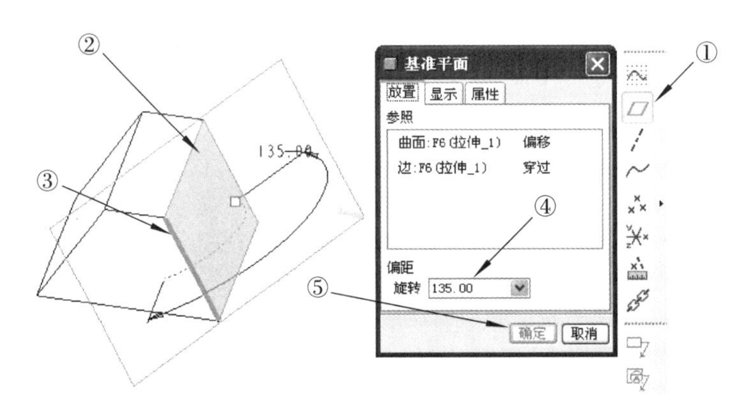

图2.8　旋转创建基准面

① 单击工具栏上的“平面”按钮▱。

② 单击选择实体上的面。

③ 按住Ctrl键，单击选择实体边线。

④ 在“基准平面”对话框中的“旋转”文本框中输入“135”。

---

① Creo Parametric系统会在输入值的基础上默认两位小数。

⑤ 单击“确定”按钮，即得到了与选定实体面成135°角的基准平面。

案例 2-3 “法向”条件创建基准面

微视频 2-3
“法向”条件创建基准面

创建法向基准面是指创建的基准面和选定的图元垂直。选定的图元可以是直线、曲线等。

打开第2章源文件\2-3.prt文件，“法向”条件创建基准面的操作如图2.9所示，其具体操作步骤如下。

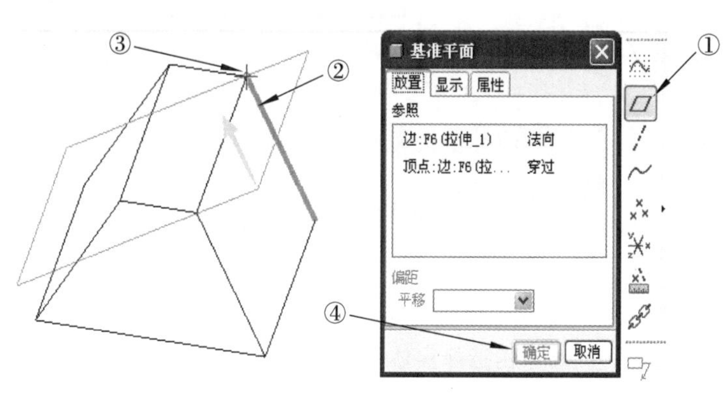

图2.9 “法向”条件创建基准面

① 单击工具栏上的“平面”按钮▱。

② 单击选择第一条实体边线。

③ 按住Ctrl键，单击选择端点，即生成通过选定点并垂直于选定边线的法向平面。

④ 单击“确定”按钮，即完成了垂直基准面的创建。

课堂练习：创建曲线的法向基准面的操作与创建直线的法向基准面的操作类似，请读者自行练习。

2）基准轴的创建

基准轴的类型有很多种，例如垂直面的基准轴、相交面的基准轴、通过点的基准轴等，其中常用的是垂直面的基准轴和相交面的基准轴。

案例 2-4 垂直面的基准轴创建

微视频 2-4
垂直面的基准轴创建

由几何知识可知，确定一条垂直于面的直线，必须选定面（可以是实体面，也可以是基准面），并且给定尺寸约束。

打开第2章源文件\2-4.prt文件，创建垂直面的基准轴的操作如图2.10所示，其具体操作步骤如下。

① 单击工具栏上的“轴”按钮/。

② 单击选择与将要建立的基准轴相垂直的实体面。

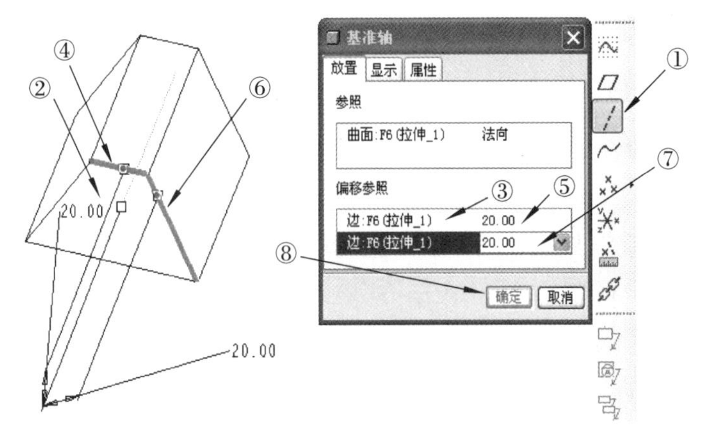

图 2.10 创建垂直面的基准轴

③ 在“基准轴” 对话框中的“偏移参照” 选项组中单击。

④ 单击选择实体的一条边线。

⑤ 在“偏移参照” 选项组中的“边：F6（拉伸 _1）” 文本框中输入“20”。

⑥ 按住 Ctrl 键，同时单击选择实体的另一条边线。

⑦ 在“偏移参照’，选项组中第二个与边 F6 的距离改为“20”。

⑧ 单击“确定” 按钮，即得到与选定实体面垂直的基准轴，并且与两边线的距离均为 20。

微视频 2-5
相交面的基准轴创建

案例 2-5 相交面基准轴的创建

打开第 2 章源文件 \2 - 5. prt 文件，创建两相交面的基准轴的操作如图 2.11 所示，其具体步骤如下。

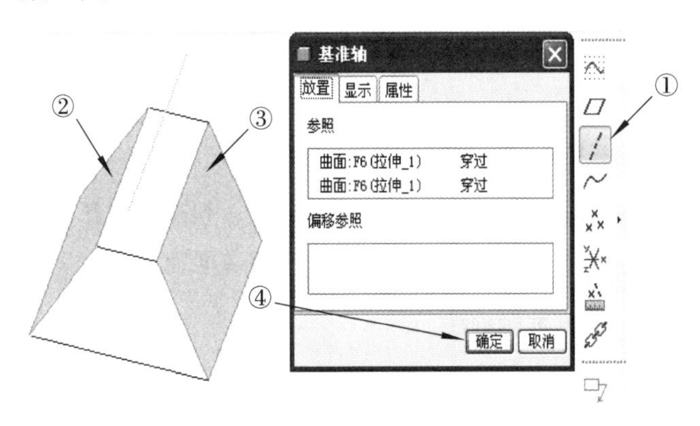

图 2.11 创建相交面的基准轴

① 单击工具栏上的“轴” 按钮 /。

② 单击选择第一个实体面。

③ 按住 Ctrl 键，同时单击选择另一个实体面。

④ 单击“确定” 按钮，即得到两相交实体面的基准轴。

（2）基础特征

基础特征主要包括拉伸特征、旋转特征、可变截面扫描特征和混合特征。基础特征需要定义所需的剖面，由剖面经过拉伸、旋转、扫描和混合的方式建立模型。

（3）工程特征

工程特征依附于基础特征，是在基础特征的基础上进行创建的。工程特征主要包括孔特征、壳特征、筋特征、拔模特征、倒圆特征和倒角特征六大类型。

（4）构造特征

构造特征主要包括轴、退刀槽、法兰、草绘修饰、螺纹修饰、凹槽和管道等，用以进一步细化所建立的模型，达到符合设计要求的目的。

（5）高级特征

高级特征主要包括扫描混合、螺旋扫描、边界混合、可变剖面扫描和扭曲特征等。其中，扭曲特征主要包括唇、耳、局部推拉、半径圆顶、剖面圆顶、环形折弯、骨架折弯等。

5. Creo Parametric 建模的基本思路

Creo Parametric 是基于特征的全相关参数化设计软件。零件模型、装配模型、制造模型以及相关的工程图之间是全相关的。这就是说在工程图中的尺寸被更改之后，其相应零件模型的尺寸也将自动发生更改；零件图、装配图或者制造模型中的任何更改，其对应的工程图也会自动改变。

参数化，即指由该软件所创建的三维模型是一种全参数化的三维模型。体现在三个方面：特征截面几何的全参数化、零件模型的全参数化和装配模型的全参数化。

Creo Parametric 建模的基本思路如下：

（1）分析零件模型，确定所需创建的各个特征；

（2）创建或者选取所要建立的零件模型的空间定位基准特征，如基准面、基准线、基准坐标系等；

（3）建立第一个基本特征；

（4）在此基础上，依次建立相应的特征，完成零件建模。

6. 草绘模块

草绘模块是用于绘制和编辑二维截面图形的操作平台。在进行三维零件设计的过程中，通常先设计出二维草图或者曲线轮廓，然后通过三维建模的功能特征创建三维模型。草绘模块是三维建模的基础。

（1）进入草绘界面的方法

通常有三种方法可以快捷地进入草绘环境。

① 选择主菜单“文件”→“新建”命令或者单击顶部工具栏的按钮，系统弹出如图 2.12 所示的对话框，选择文件类型为“草绘”，输入草绘文件名称，单击

"确定" 按钮，即进入草绘界面。

② 选择主菜单"文件"→"新建"命令或者单击顶部工具栏的按钮，系统弹出如图2.12所示的对话框，选择文件类型为"零件"，输入三维零件文件名称，取消勾选"使用默认模板"，单击"确定" 按钮，弹出如图2.13所示的"新文件选项" 对话框，可选择零件设计模块的单位及零件类型，选取"mmns_part_solid" 毫米制实体建模，确定后，进入零件设计界面，如图2.14所示；然后单击上方工具栏中的草绘工具，系统弹出如图2.15所示的"草绘" 对话框，选择绘图平面和默认参照平面及方向，单击"草绘" 按钮，即进入草绘界面。

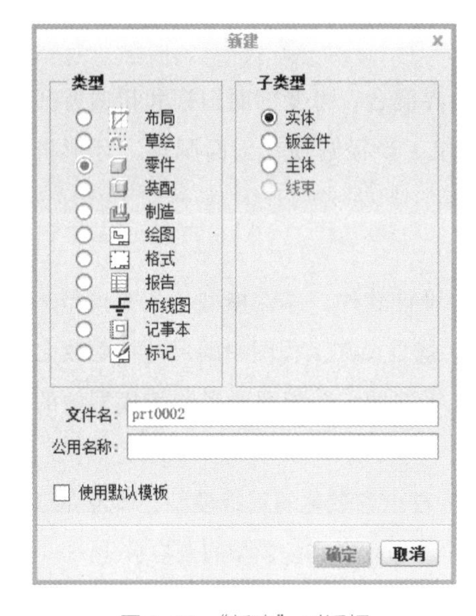

图2.12 "新建" 对话框

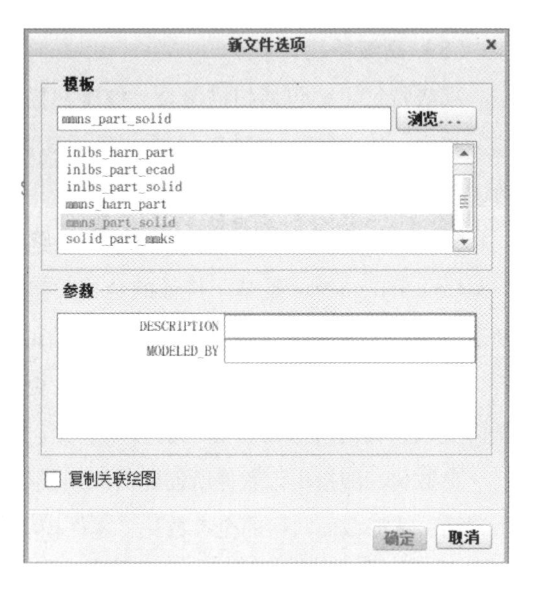

图2.13 "新文件选项" 对话框

③ 按照 ② 方法进入零件设计界面，然后单击顶端工具栏中的某个特征工具按钮（如拉伸），则在绘图区上方出现操控面板，单击操控面板中的"放置" 按钮、"定义" 按钮，如图2.16所示，系统弹出"草绘" 对话框，选择绘图平面和参照平面及方向，即进入草绘界面。这种方式创建的草绘轮廓是隐含在特征操作（如拉伸、旋转等）里面的。

比较三种进入草绘界面的方法，建议初学者选用第二种方法，因为只有当图形绘制正确之后才能退出草绘界面，便于检查二维图形的绘制是否正确。

（2）草绘的"目的管理器"

在草绘环境下，选择主菜单**草绘(S)**→√目的管理器（M）命令，可激活 Creo Parametric 软件的"目的管理器"。在草绘过程中，该"目的管理器" 可以自动跟踪设计者的设计意图，并实时、动态地约束和标注草绘图形，同时始终保证该图形的全约束状态，既不会少约束，也不会多约束，达到提高绘图效率的目的。

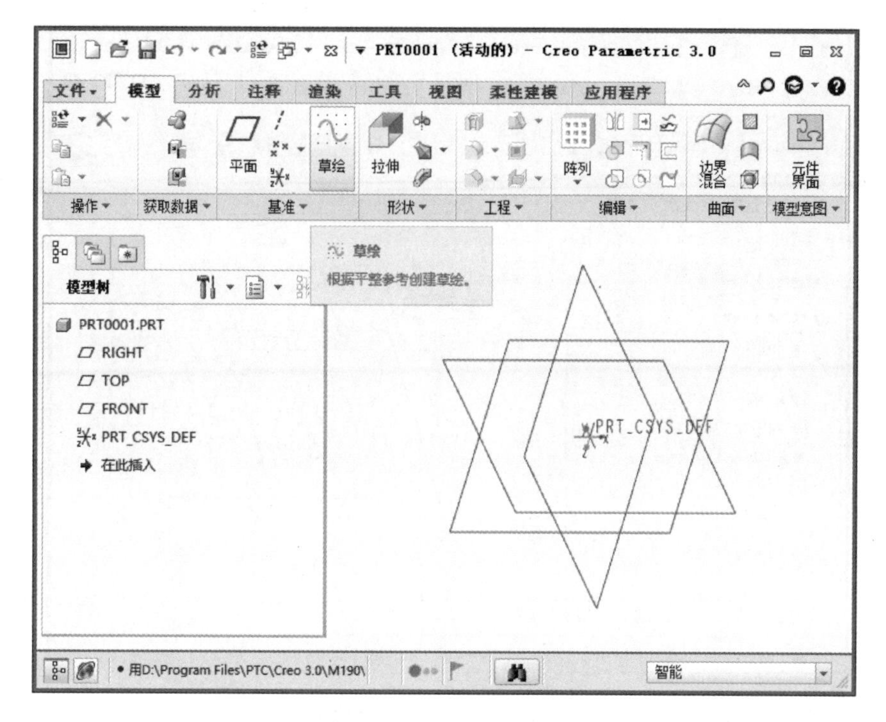

图 2.14 零件设计界面

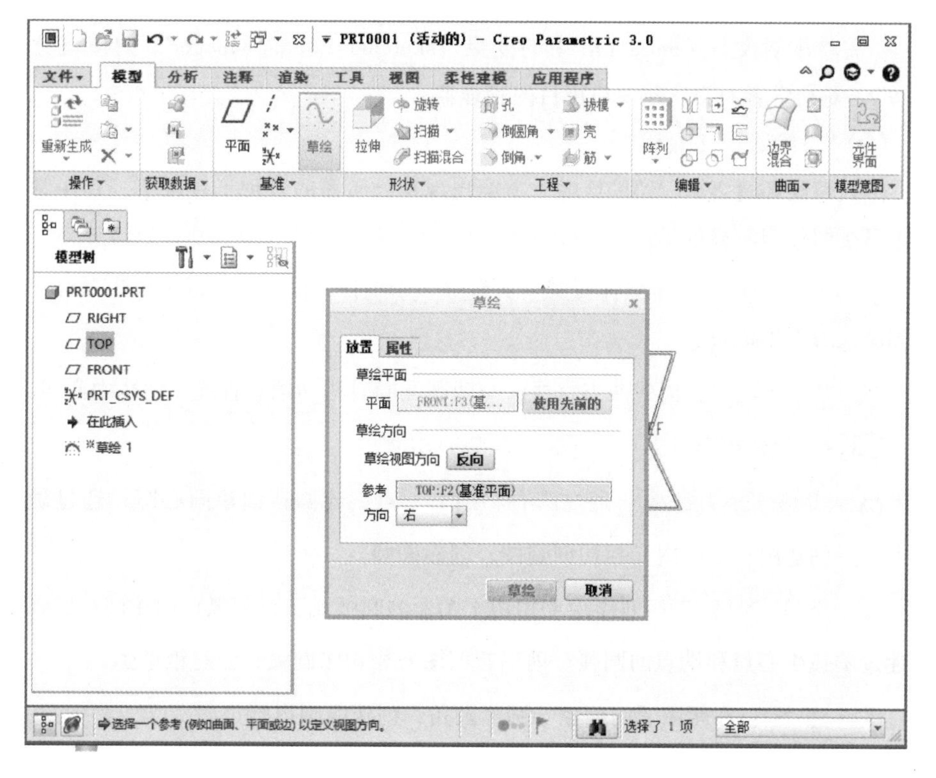

图 2.15 “草绘”对话框

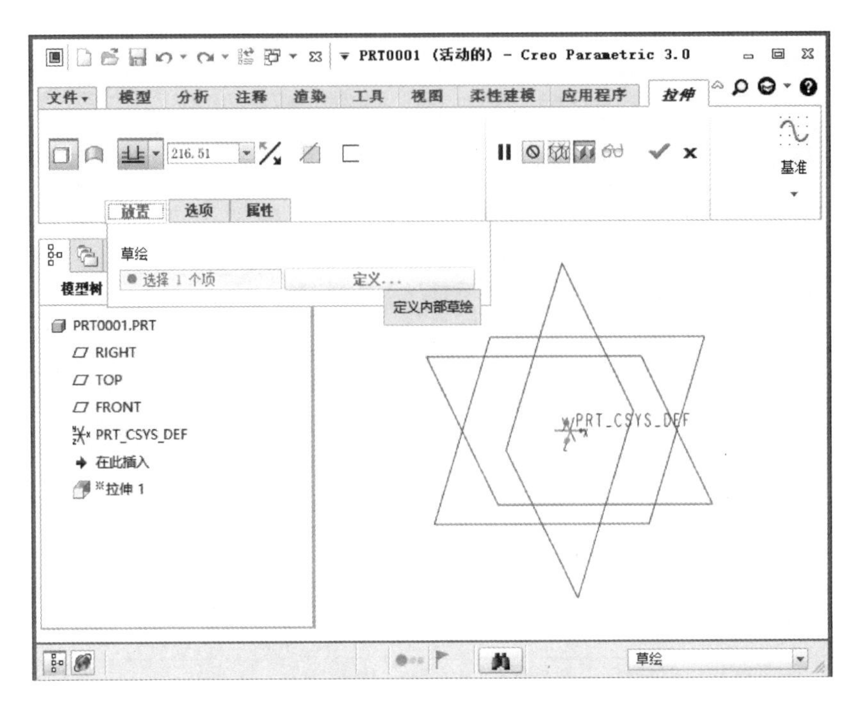

图 2.16　在特征中创建草绘

在默认情况下，系统自动启用“目的管理器”，如果需要关闭“目的管理器”，需将配置文件 Config. pro 中的变量“sketcher_intent_manager”的值设置为“no”。对初学者而言，建议启用目的管理器。

（3）“草绘器”工具栏

进入草绘环境之后，绘图区域上方会出现草绘所需的各种工具按钮，其中常用的工具按钮作用注释如下。

：选取项目，单击鼠标左键一次选取一个项目，按下 Ctrl 键再单击鼠标左键可同时选取多个项目。

：创建两点直线；与两图元同时相切创建直线；创建中心线。

：创建矩形。

：通过圆心和圆上一点创建圆；创建同心圆；通过确定圆上三点创建圆；三个图元相切创建圆；创建椭圆。

：创建端点相切于图元的圆弧或三点圆弧；创建同心圆弧；创建过圆弧中心点和端点的圆弧；创建与三图元相切的圆弧；创建锥形弧。

：在两图元间创建一圆形圆角；创建椭圆形圆角。

：在两图元间倒直角。

：通过若干点创建样条曲线。

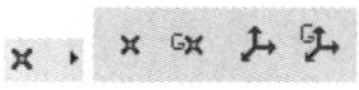

：创建点；创建参照坐标系。

：以已有特征的边创建图元；以已有特征的边创建偏距图元。

：创建定义尺寸。

：修改尺寸数值、文本图元或样条几何。

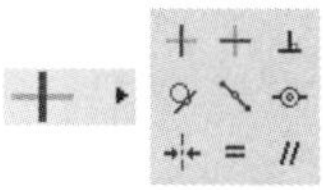

：在截面图形中建立约束关系。

：草绘器调色板，将调色板的外部数据插入活动对象，便于在草绘时调入已有的轮廓、形状，草绘文件。

：建立文本，作为截面图形的一部分。

：修剪图元，去掉选取的部分；修剪图元，保留选取的部分；在选点位置处分割图元。

：创建镜像选定的图元；缩放并旋转选定的图元。

草绘显示控制按钮位于顶端工具栏处，其功能如下。

：定向草绘平面，使其与屏幕平行。

：草绘尺寸显示控制开关。

：草绘约束显示控制开关。

：草绘网格显示控制开关。

：草绘截面顶点的显示控制开关。

（4）草绘步骤

在 Creo Parametric 软件中，绘制草图分三个步骤完成。

① 绘制图元。使用草绘工具绘制相应图元。

② 图元的编辑与修改。对基本几何图元进行复制、镜像或者旋转等操作，使之具有与所要求的图形相似的形状。

③ 约束图元，完成图形绘制。对于所绘制的图形，添加位置约束和尺寸约束，得到精确的图形。

（5）草绘应注意的问题

① 调色板的使用。调色板是一个预定义形状的定制库，存储了很多常用的形状结构，用户可以将库中的截面图形快捷地输入到活动草绘之中。

Creo Parametric 的工作目录是指当前进行文件创建、保存、自动打开、删除等操作的目录。Creo Parametric Wildfire 5.0 默认工作目录是“My Documents”，用户可以根据需要，设置相应的工作目录。工作目录设置好之后，系统会将在其中所保存的截面图形自动调入到调色板之中，以方便草绘图形。

② 辅助图元的使用。辅助图元指的是在草绘图形中，不参与形成实体的点、中心线、构造图元等。

点和中心线通过单击工具栏图标 × 和 ¦，按照图元绘制方法完成。

构造图元主要是构造线和构造圆。创建方法是首先选中构造模式图标命令，即可以创建构造图元。

③ 几何约束的使用。几何约束建立的方法主要有两种：一种是在绘制图元的过程中，使用系统提示自动创建约束，对于初学者来说，这很有帮助；另一种是在图元绘制完成之后，使用草绘工具栏中的工具按钮创建约束。“约束”对话框如图2.17所示。

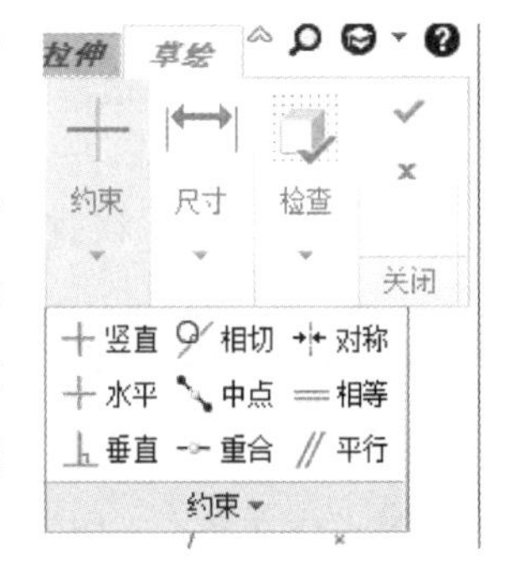

图2.17 “约束”对话框

案例2-6　草绘练习

草绘图2.18所示的草图，其步骤如下。

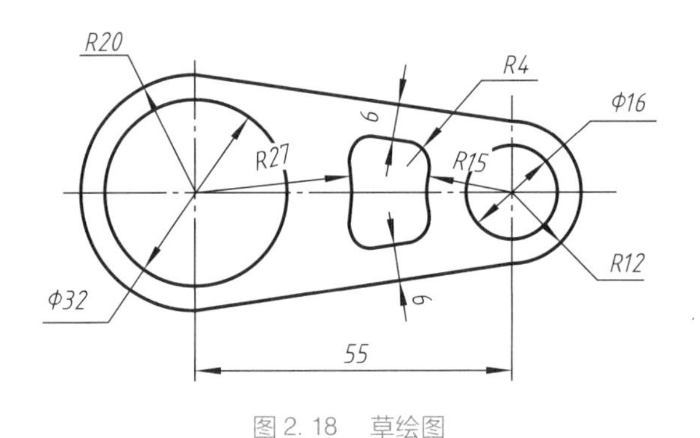

图2.18　草绘图

步骤一：新建文件

点击主界面上方快速工具栏中的新建命令，弹出“新建”对话框，选择“零件”如图2.19所示，输入文件名称“caohui2－6”，取消勾选“使用默认模板”，单击“确定”。在弹出“新文件选项”对话框中选取“mmns_part_solid”毫米制实体建模，单击“确定”后，进入零件设计界面。

步骤二：进入草绘

在零件设计界面上方单击“草绘”按钮，在模型树中单击选择TOP平面或者在绘图空间内选取TOP平面，则系统默认RIGHT平面为参照，单击“确定”，进入草绘界面，可选择“草绘视图”命令调整草绘方向，也可不调整，如图2.20所示，此时界面上方的菜单模式调整为草绘模块，工具栏中对应为草绘常用命令按钮。

步骤三：草绘图形

（1）在工具栏中选择“圆”图标，捕捉绘图区域坐标系圆心绘制任意圆，然后单击“选择”图标 或者按下鼠标中键（滚轮），再左键双击尺寸值即可动态修改圆直径为“32”，如图 2.21 所示。

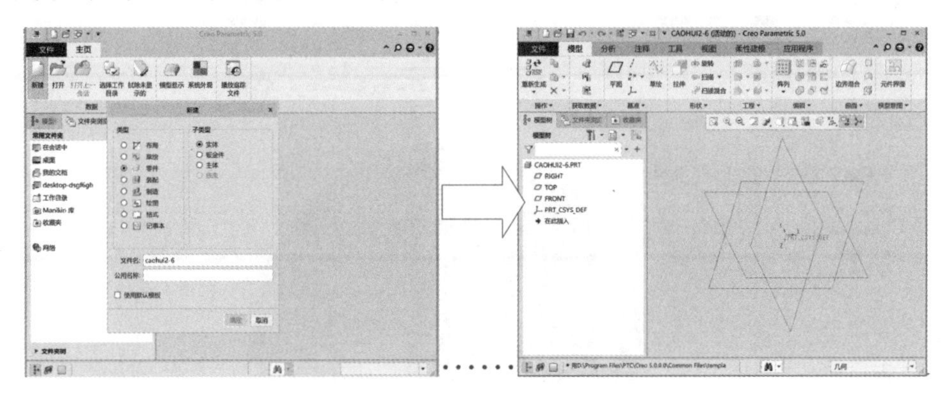

图 2.19　新建“零件”模块对话框

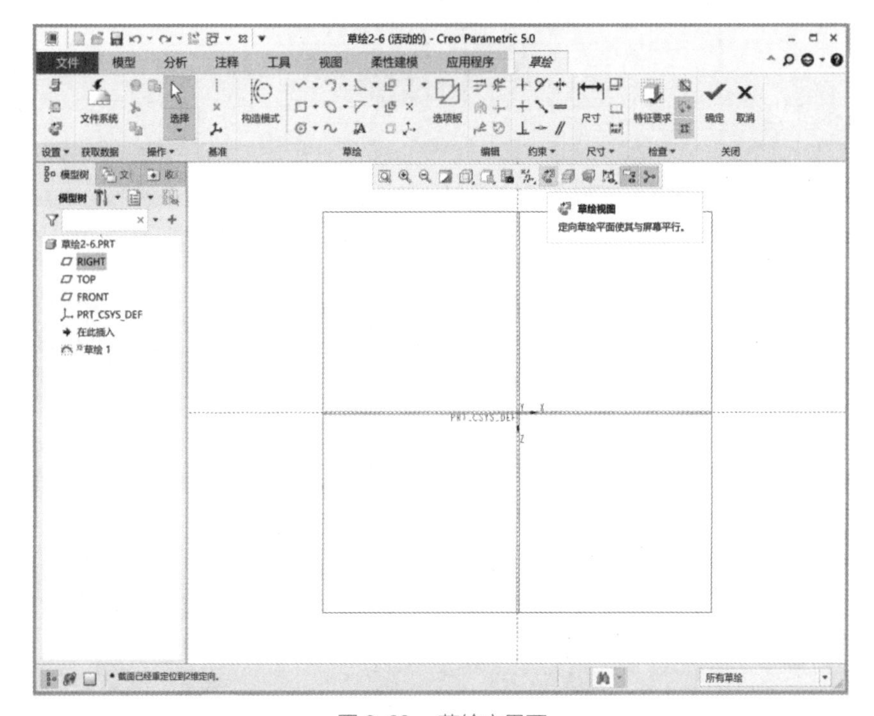

图 2.20　草绘主界面

（2）继续在水平轴上定位绘制其他四个圆，同样重新动态修改圆的尺寸大小，结果如图 2.22 所示。

注意：进入草绘界面后，系统默认仍是三维空间界面的显示状态，读者可以按照个人习惯保持这种方式，或者修改设置，进入草绘时界面自动调整为与屏幕平行的二维空间平面。具体步骤：打开文件 → 选项 → 草绘器 → 在草绘器下拉菜单中设置“草绘启动”→选中“使草绘平面与屏幕平行”→确定，保存设置，即可将草绘界面调整为二维平面。本例没有进行设置调整，读者可根据习惯自行设置。

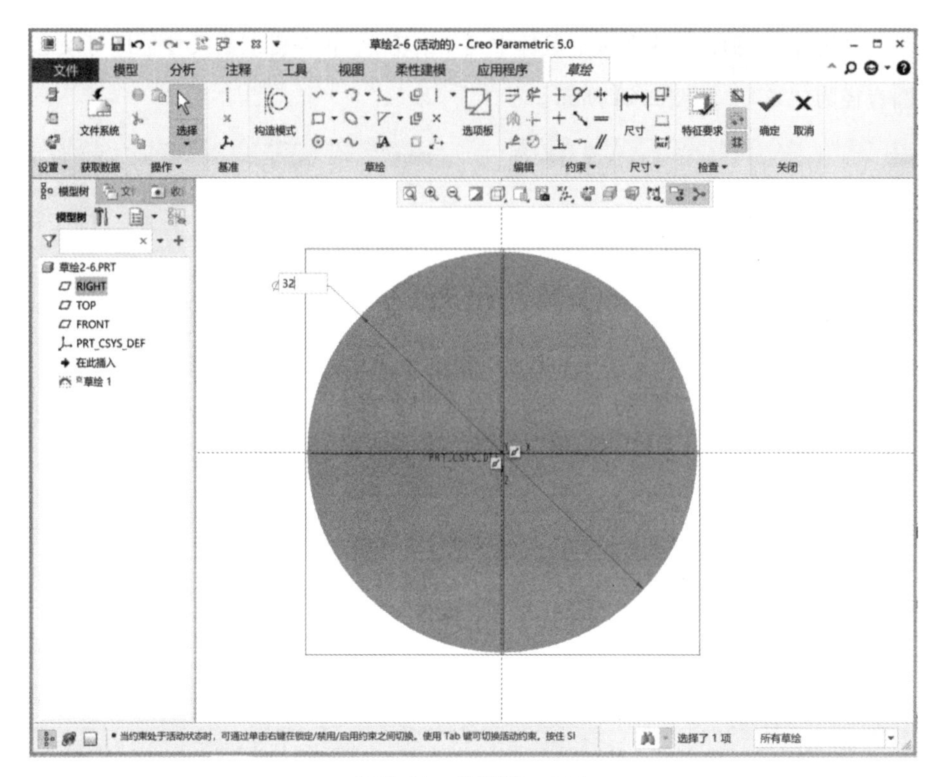

图 2.21　绘制第一个圆

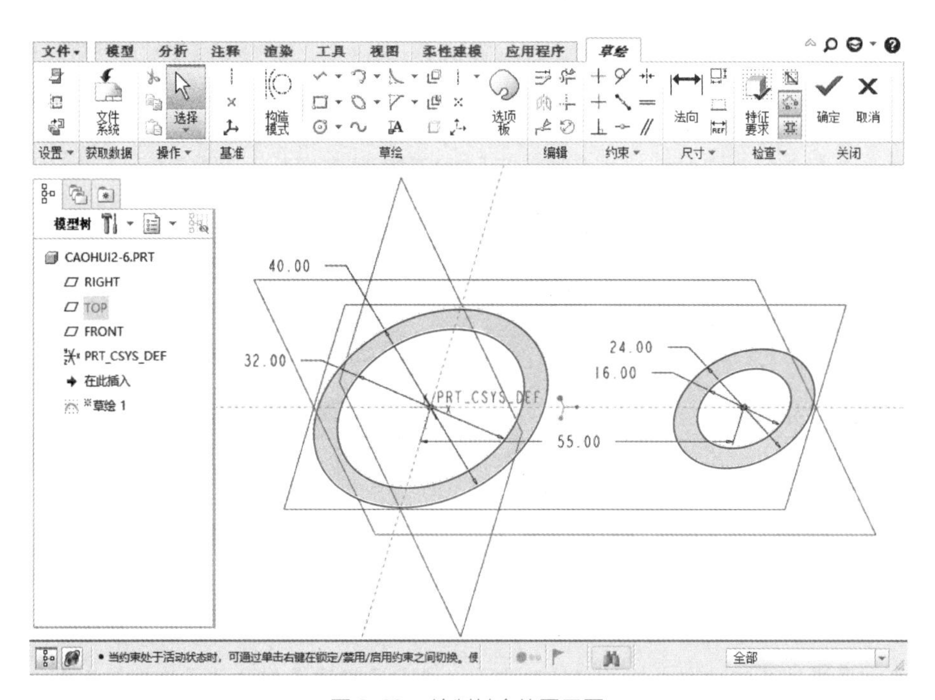

图 2.22　绘制其余的图元圆

选择绘制“直线”图标下拉菜单中的“直线相切”，单击鼠标滚轮结束绘制，圆的相切直线绘制如图 2.23 所示。同样的方法完成另一条相切直线。

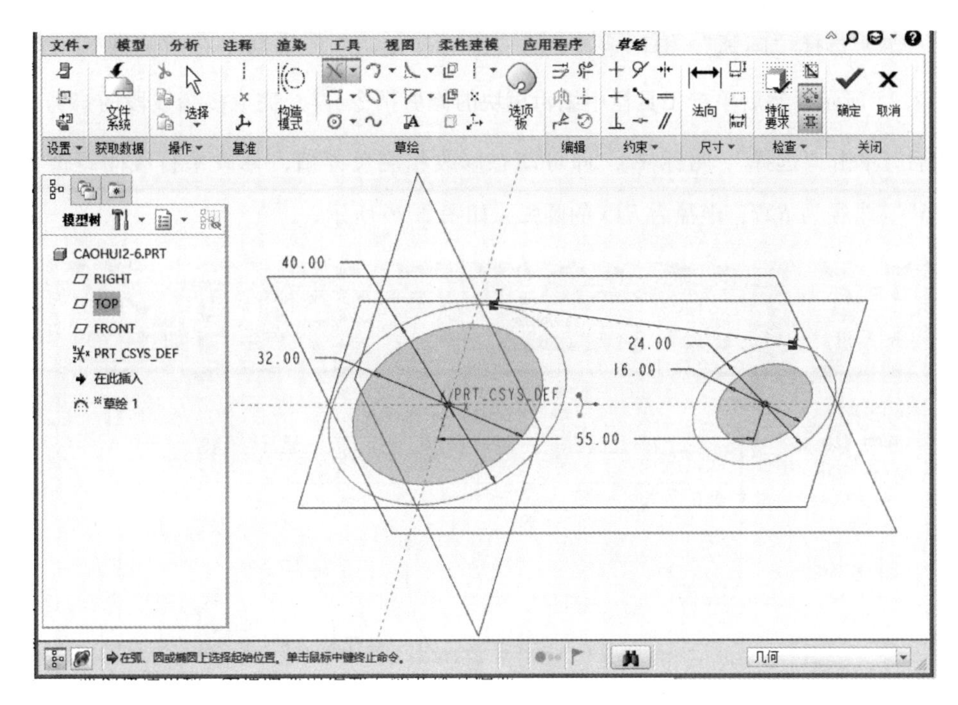

图 2.23　与圆相切直线的绘制

（3）选择绘制“直线”图标，绘制两条平行于相切直线的任意直线段，如图 2.24 所示。

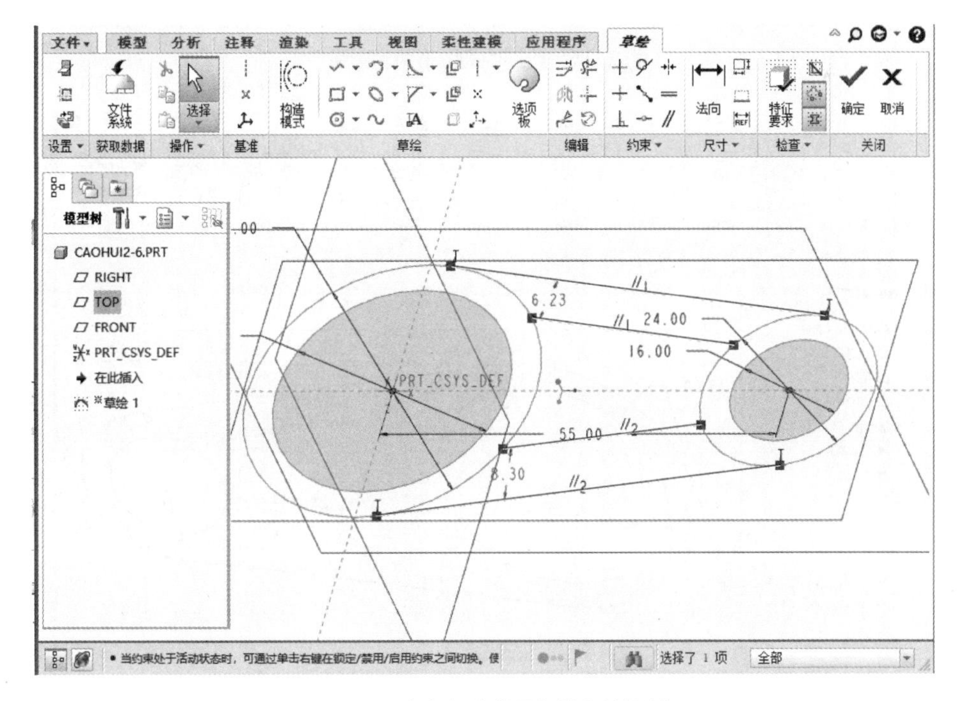

图 2.24　与相切直线平行线段的绘制

（4）选择“圆弧”图标中的“圆心和端点”，绘制左右两侧圆弧，如图 2.25 所示，然后单击工具栏中编辑模块的修剪指令，完成多余线段的修剪。随后，单击“选择”图标，即可动态修改相应尺寸值，修改平行线间距值为“6”，半径为 $R27$、半径为 $R15$ 的圆弧，如图 2.26 所示。

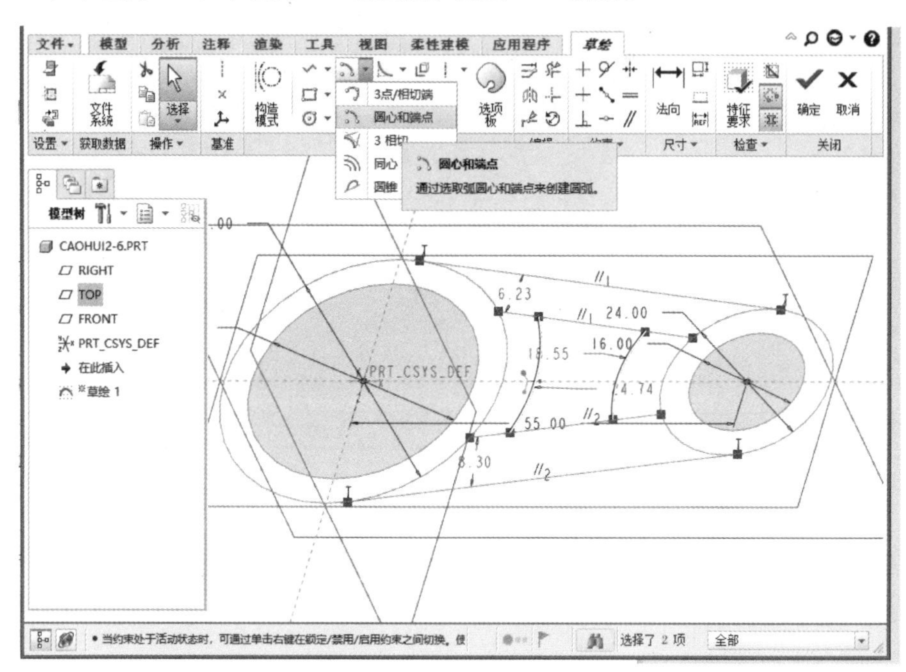

图 2.25　绘制中间图形两侧圆弧

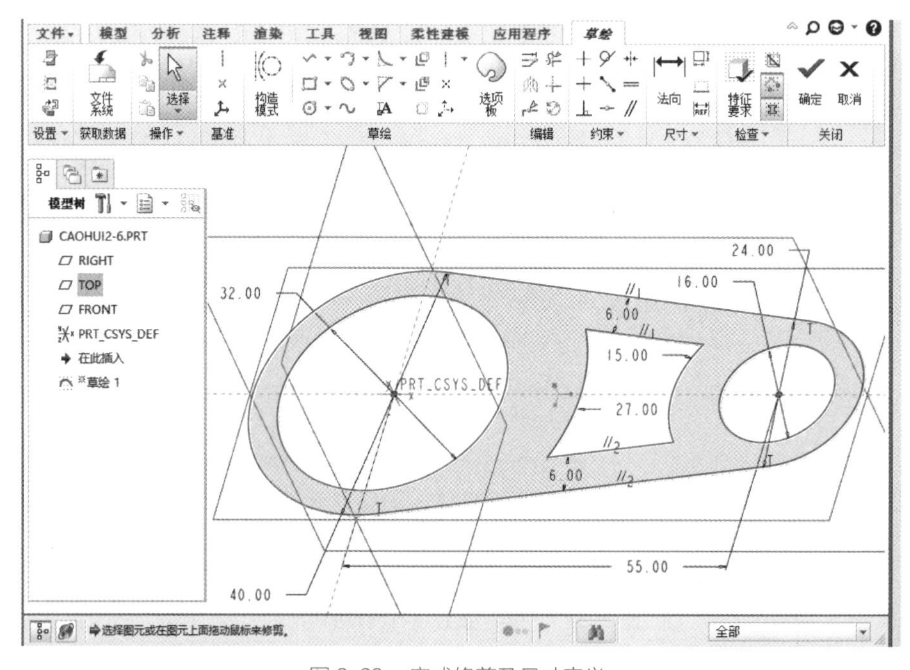

图 2.26　完成修剪及尺寸定义

（5）单击选择“圆形”图标![icon]，创建中间形体的四个圆角。如图2.27所示，这时需要重新修改圆角半径弱尺寸值（灰色显示）为$R4$，可以双击圆角尺寸值，依次修改三个圆角半径，也可以只修改一个圆角半径值，其余三个圆角可使用约束相等“=”来实现，读者可以自行选择方法。若平行线间距离“6”消失了，可使用尺寸标注指令![icon]，选择两条平行线，然后按下鼠标滚轮即可重新标注尺寸，完成绘制，如图2.28所示。

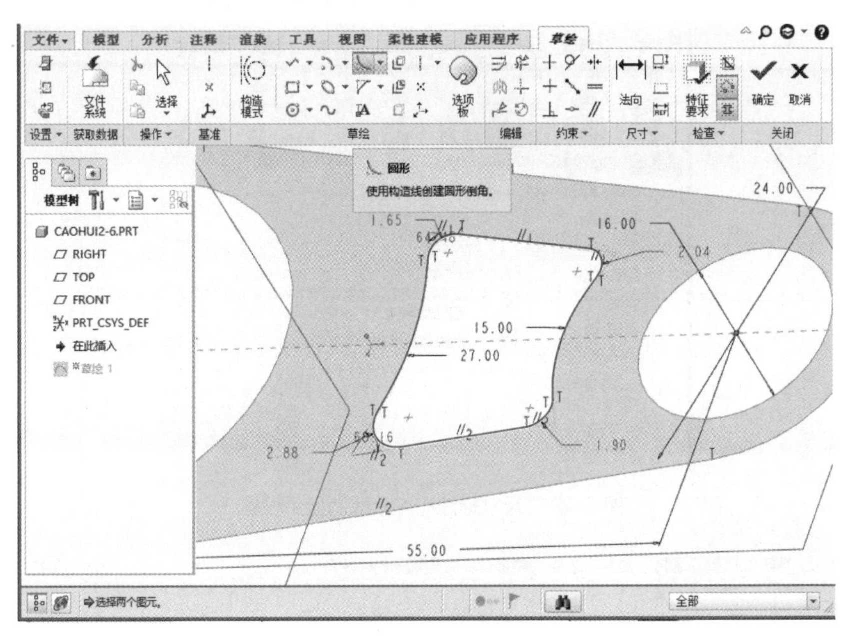

图2.27　创建圆角

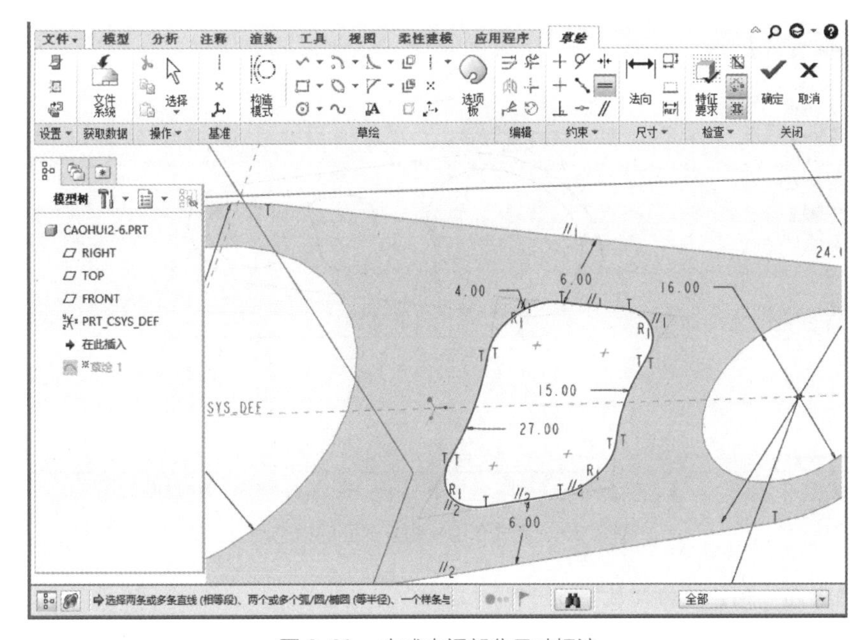

图2.28　完成中间部分尺寸标注

（6）根据需要可以不显示所标注的尺寸值以及约束标记。可在主界面上方功能区左侧“设置”里面“显示”菜单下取消选择“显示尺寸”和“显示约束”，如图2.29所示。显示完成草绘，如图2.30所示。最后单击上方工具栏右侧“确定”按钮✔，完成草图轮廓的绘制，返回至零件建模的空间。一般情况下，读者不需要进行该项设置。

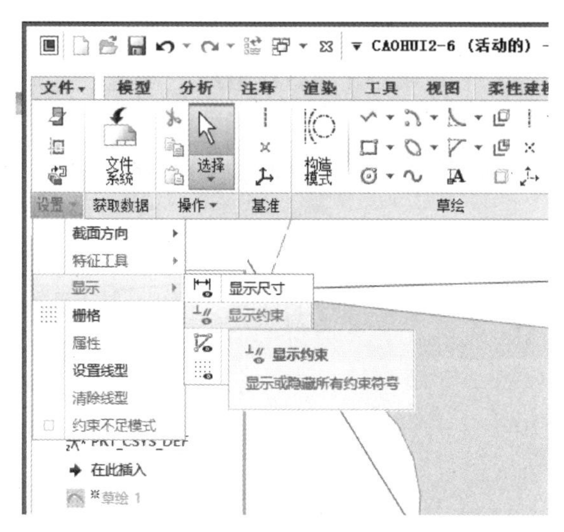

图2.29　尺寸标注和约束取消显示设置

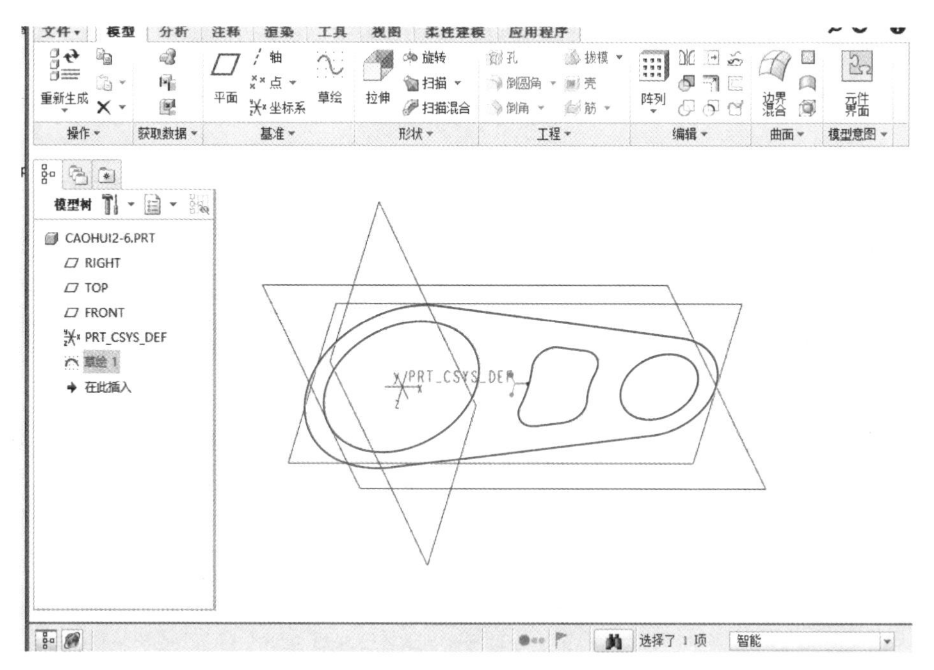

图2.30　完成草绘轮廓并返回建模空间

步骤四：创建三维实体

在主界面上方功能区“形状”模块中选择建模特征“拉伸”，在新调整的控制面板中设置拉伸深度为5，如图2.31所示，最后，单击“确定”按钮✓，完成零件三维建模，如图2.32所示。

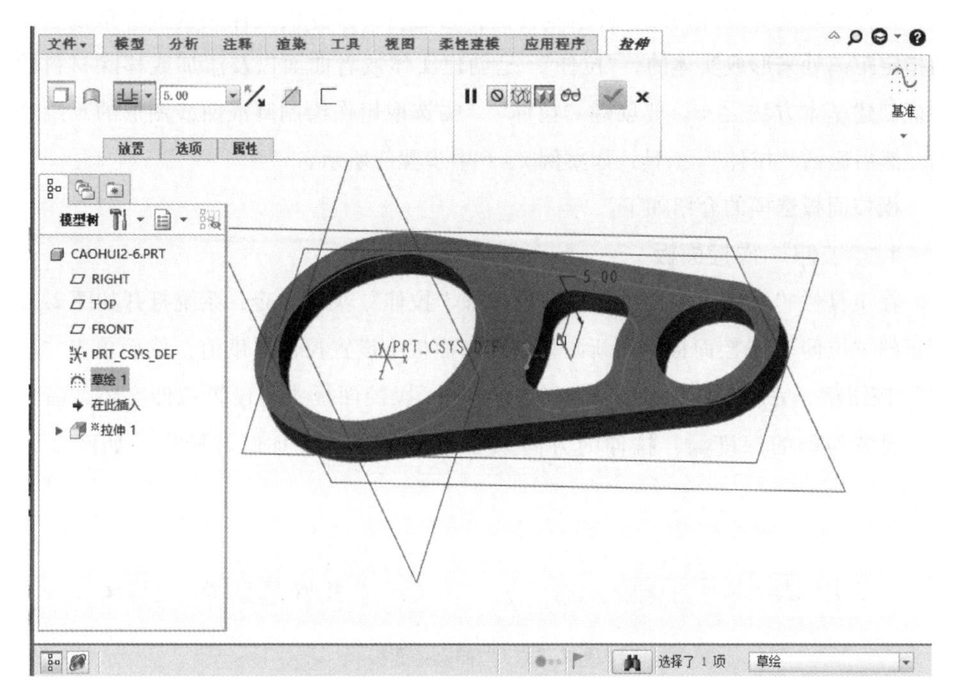

图2.31　设置草绘轮廓的拉伸深度

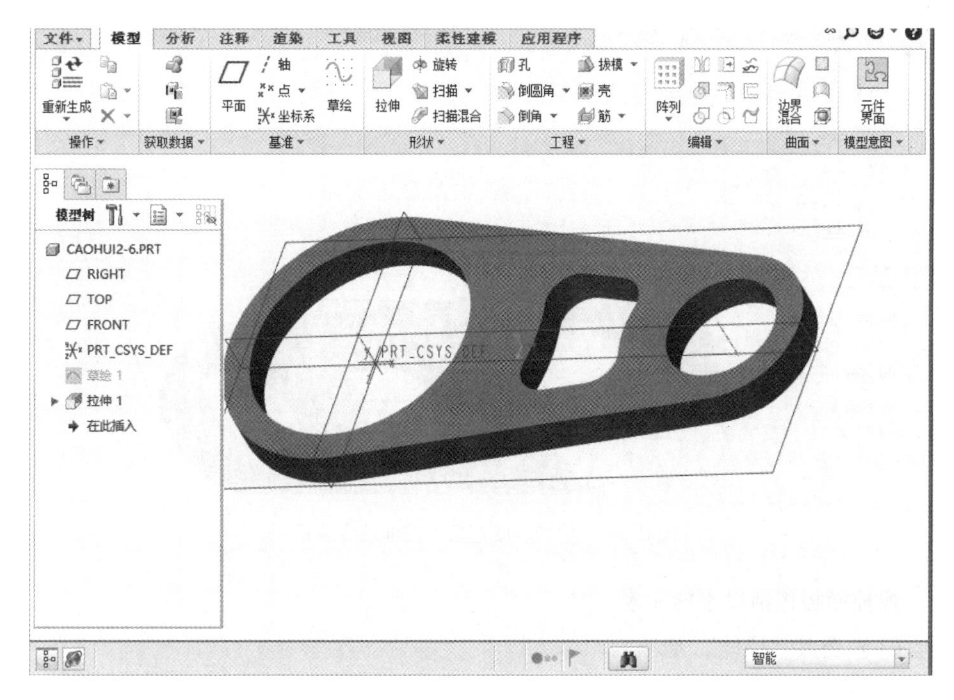

图2.32　完成三维建模

2.1.2　拉伸特征

拉伸是定义三维几何的一种基本方法，它是将二维界面延伸到垂直于草绘平面的指定距离处来形成实体的。“拉伸” 是创建实体或者曲面以及添加或移除材料的特征创建基本方法之一。要创建“拉伸”，需选取用作绘制基准曲线图形的草绘截面，然后激活“拉伸” 工具，如案例 2-6 中步骤三所示。

操控面板选项的介绍如下。

1. “拉伸” 操控面板

在工具栏“形状” 模块中选择建模特征“拉伸” 菜单命令，系统打开如图 2.33 所示的“拉伸” 操控面板。在新调整的控制面板中设置拉伸厚度值，然后单击“确定” 按钮，完成零件三维建模。在“拉伸” 操控面板中可设置拉伸实体或者曲面、设置拉伸的深度、拉伸的方向、剪除材料、加厚等操作，如图 2.34 所示。

图 2.33　拉伸操控面板

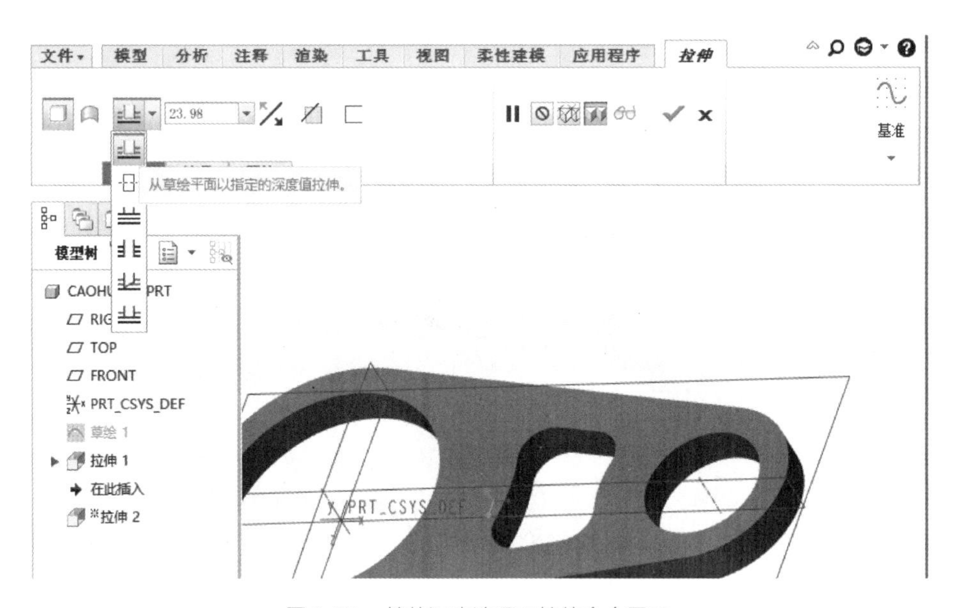

图 2.34　拉伸深度选项下拉伸命令展示

操控面板包括以下的元素。

（1）公共“拉伸” 选项

：创建实体。

：创建曲面。

：“深度”选项。约束拉伸特征的深度，属于单侧拉伸。在其下拉菜单中还包含双侧拉伸，拉伸至下一曲面，拉伸至与所有曲面相交，拉伸至与选定曲面相交，拉伸至选定点、线、曲线或曲面。如图 2.34 所示，可在该命令下拉菜单中选择使用。

：设定相对于草绘平面拉伸特征的方向。

：切换“切口、去除材料”或“伸长”等拉伸类型。

（2）用于创建“加厚草绘”的选项

：通过为截面轮廓指定厚度来创建特征。

：改变添加厚度的一侧，或者两侧添加厚度。

“厚度”框：指定应用于截面轮廓的厚度值。

（3）用于创建“曲面修剪”的选项

：使用投影截面修剪曲面。

：改变要被移除的面组侧，或者保留两侧。

2. 下滑面板

“拉伸”工具提供如图 2.35 所示的下滑面板。

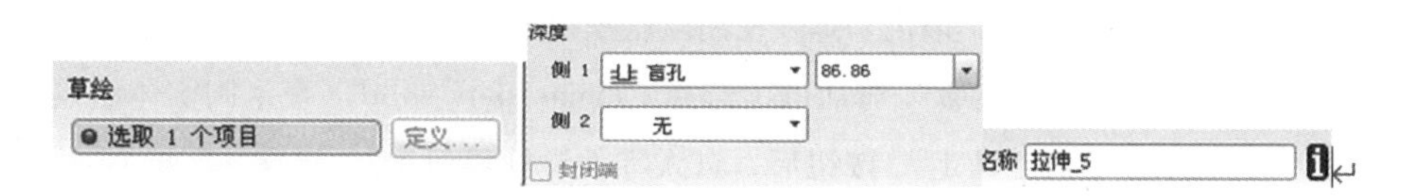

图 2.35 “拉伸”特征下滑面板

3. 深度选项

通过选取下列深度选项之一指定拉伸特征的深度。

：定义具体数据的盲孔，自草绘平面以指定深度值拉伸截面。若指定一个负的深度值就会反转深度方向。

：对称，在草绘平面每一侧以指定深度值的一半拉伸截面。

：拉伸截面至下一曲面。使用此选项，在特征到达第一个曲面时将其终止。

：将截面拉伸，使其与指定曲面或平面相交。终止曲面可选取下列各项：

（1）由一个或几个曲面所组成的面组。

（2）在一个组件中，可选取另一元件的几何，几何是指组成模型的基本几何特征，如点、线、面等。

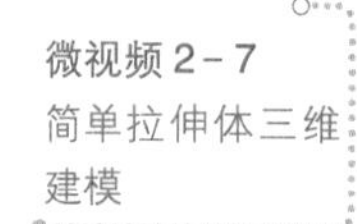

案例 2-7 简单拉伸体三维建模

完成图 2.36 所示的拉伸体三维建模，其二维工程图如图 2.37 所示。

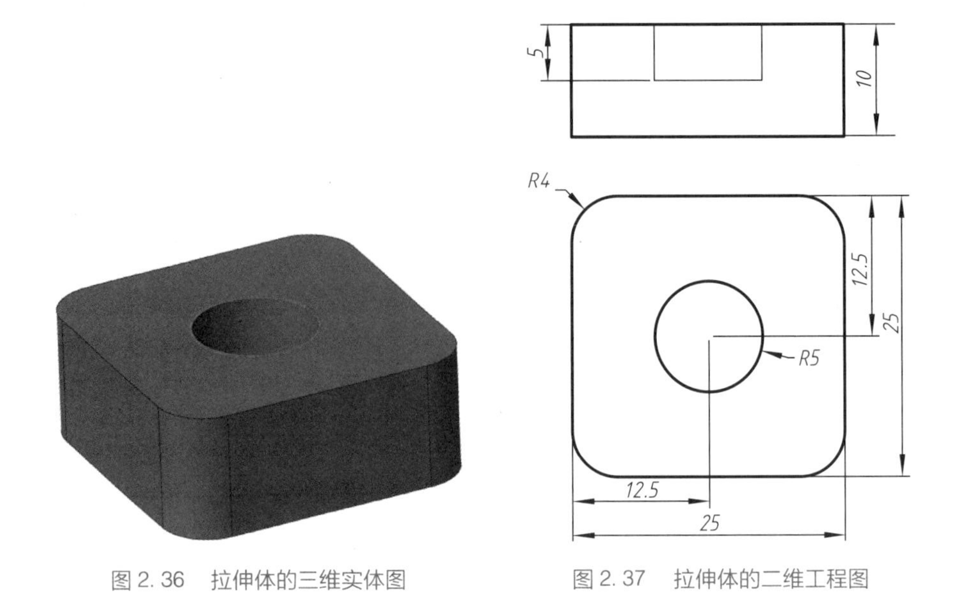

图 2.36　拉伸体的三维实体图　　　图 2.37　拉伸体的二维工程图

步骤一：主体底座建模

（1）创建新文件

用鼠标左键选择主界面上方快速工具栏中的新建命令，弹出新建对话框，选择“零件”，如图 2.38 所示，取消勾选“使用默认模板”，“文件名”框中输入“anli2－7”。在弹出的“新文件选项”对话框中选择“mmns_part_solid”毫米制实体建模，如图 2.39 所示，单击“确定”按钮后，进入零件设计界面。

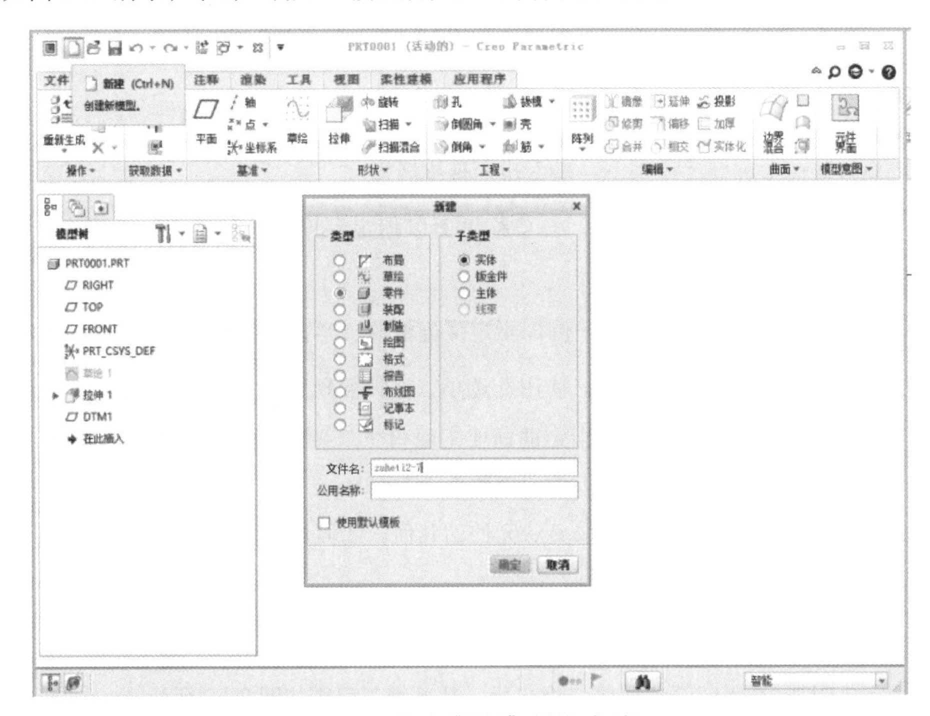

图 2.38　新建“零件”模块对话框

新文件选项

模板

mmns_part_solid　浏览...

inlbs_harn_part
inlbs_part_ecad
inlbs_part_solid
mmns_harn_part
mmns_part_solid
solid_part_mmks

参数

DESCRIPTION
MODELED_BY

复制关联绘图

确定　取消

图 2.39 “新文件选项” 对话框

（2）创建草绘平面

在零件设计界面上方工具栏中单击“草绘”按钮，在左侧“模型树”中用左键单击选择 TOP 平面或者在绘图空间内选取 TOP 平面，则系统默认 RIGHT 平面为参照，如图 2.40 所示，单击“草绘”，进入草绘界面，此时界面上方的菜单模式调整为草绘模块，工具栏中对应为草绘常用命令按钮。在草绘界面下绘制完成草绘轮廓图形，并定义尺寸，结果如图 2.41 所示。

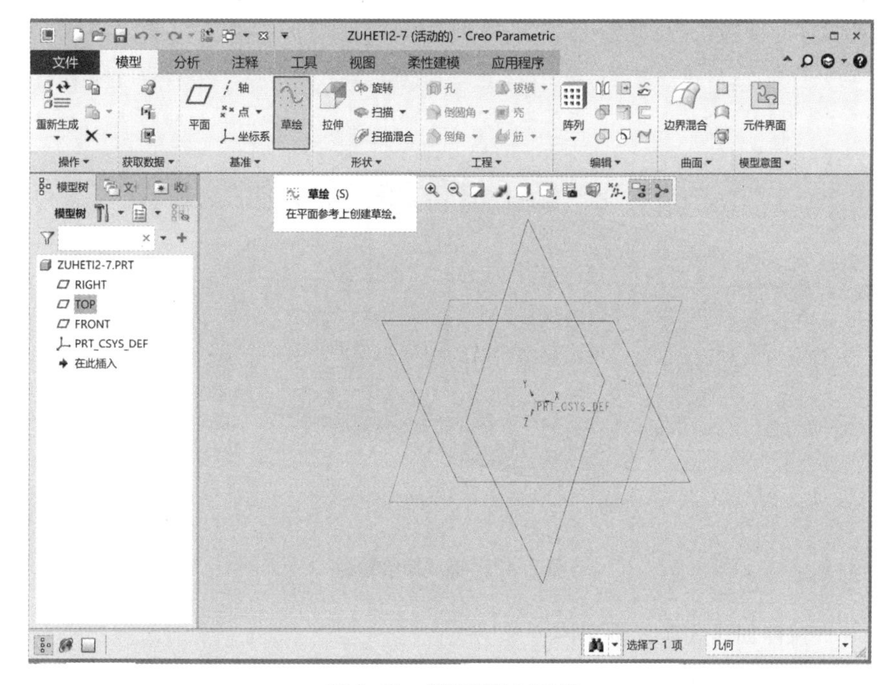

图 2.40　新建草绘对话框

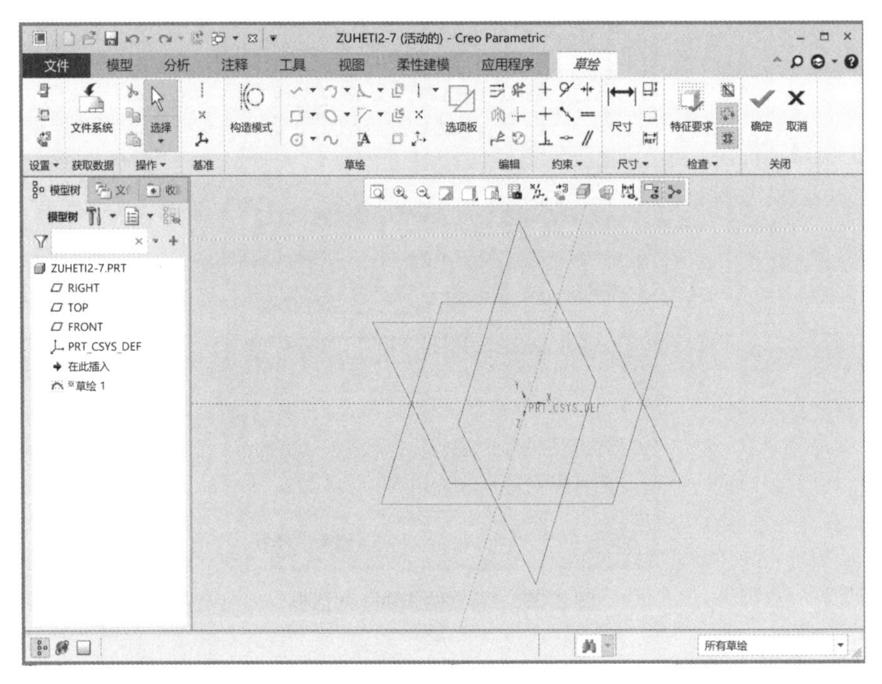

图 2.41　草绘界面

（3）绘制草图

① 单击工具栏中“矩形”按钮▭，使用矩形框指令；绘制出矩形草图。② 修改草图尺寸。选中要修改的尺寸，双击鼠标左键，将它们各边修改为25。③ 单击圆角按钮，给矩形框各边倒圆角，圆角半径为“4”。④ 单击“完成”按钮✔，完成草绘特征，如图2.42所示。

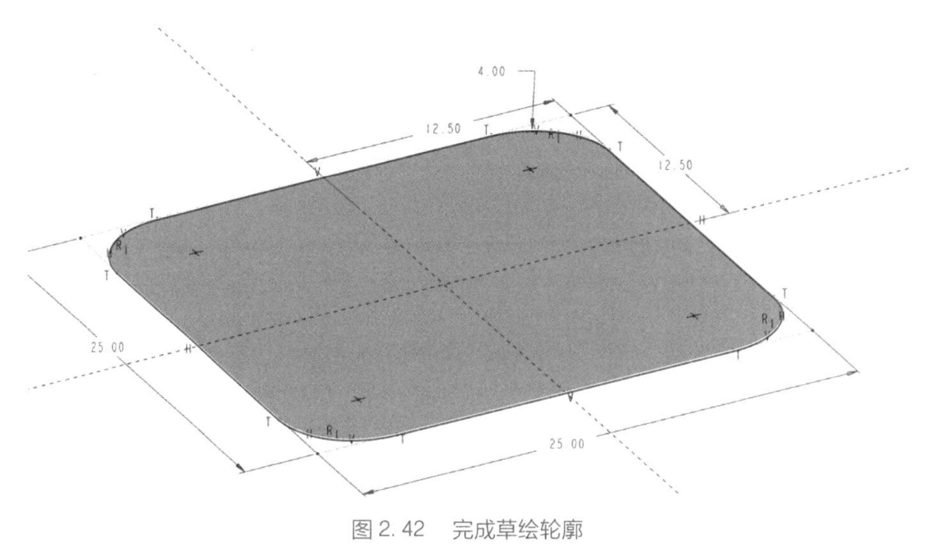

图 2.42　完成草绘轮廓

（4）拉伸创建底座三维实体

在绘图区上方功能区的“形状”模块中选择建模特征“拉伸”，在新调整的控制面板中设置拉伸厚度为“10”，如图 2.43 所示，最后单击“确定”按钮，完成零件三维建模。

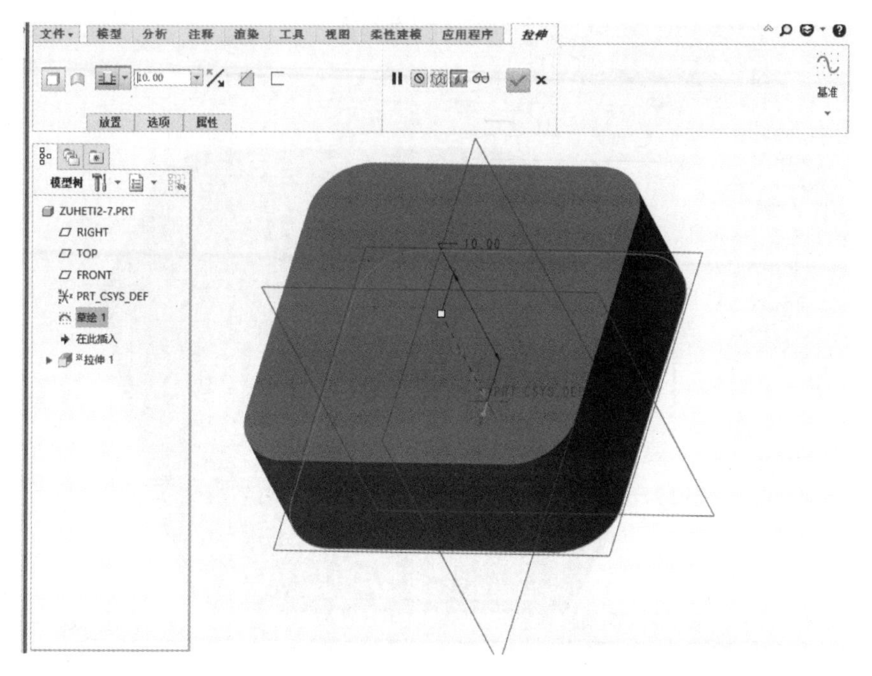

图 2.43　拉伸操控面板设置

步骤二：拉伸减材料创建圆孔结构

（1）定制草绘平面

定制草绘平面的具体操作如图 2.44 所示，具体步骤如下。

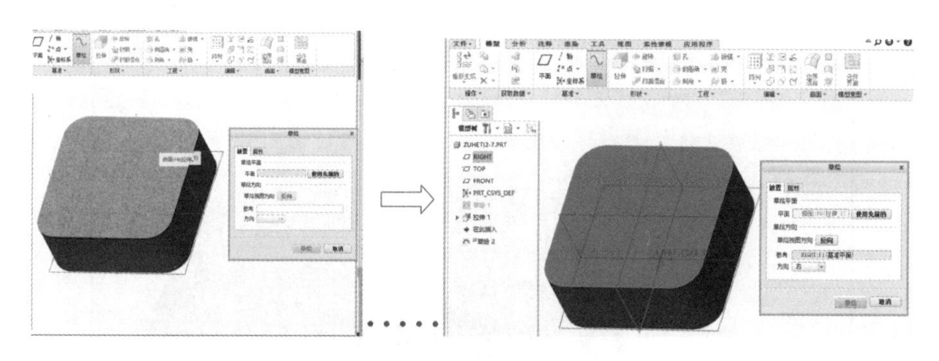

图 2.44　定制圆孔草绘平面

① 单击草绘按钮，出现“草绘”对话框。

② 用鼠标左键选取底座三维实体的上表面为草绘平面，系统默认 RIGHT 为参考平面，点击“草绘”进入草绘界面。

（2）绘制草图

单击“草绘器工具”工具栏“圆”按钮，绘制圆，并将尺寸修改为 10，单击完成按钮✓，完成草图绘制，如图2.45所示。

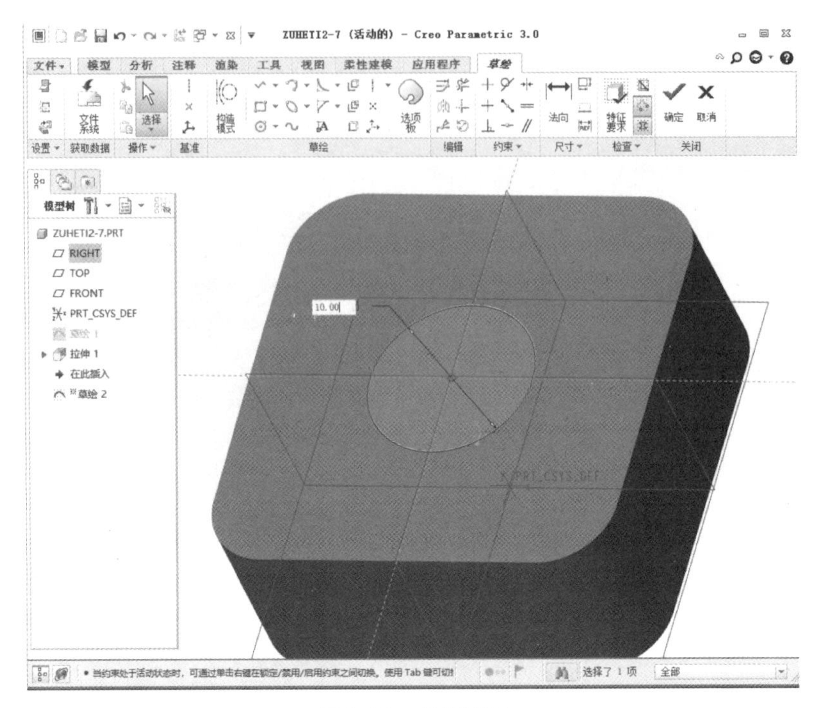

图2.45　绘制草图

（3）拉伸减除材料

完成拉伸减除材料的具体步骤如图2.46所示。单击功能区中的“拉伸”命令按钮，在“拉伸”操控面板上完成如下操作步骤。

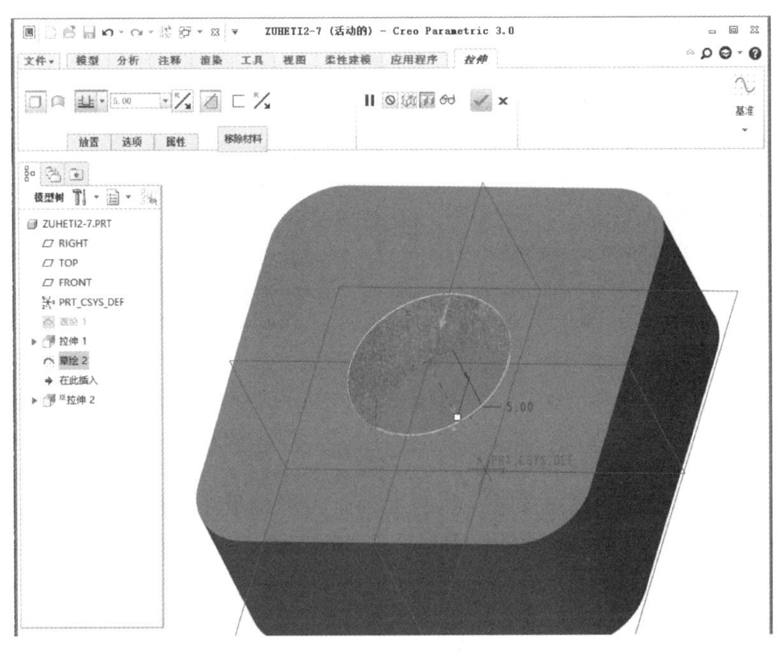

图2.46　拉伸实体

① 选择“实体”命令 。

② 选择“深度”方式 。

③ 输入高度“5”。

④ 单击“移除材料”按钮 。

⑤ 单击“完成”按钮 ，完成拉伸特征。

最终得到的实体如图 2.47 所示。

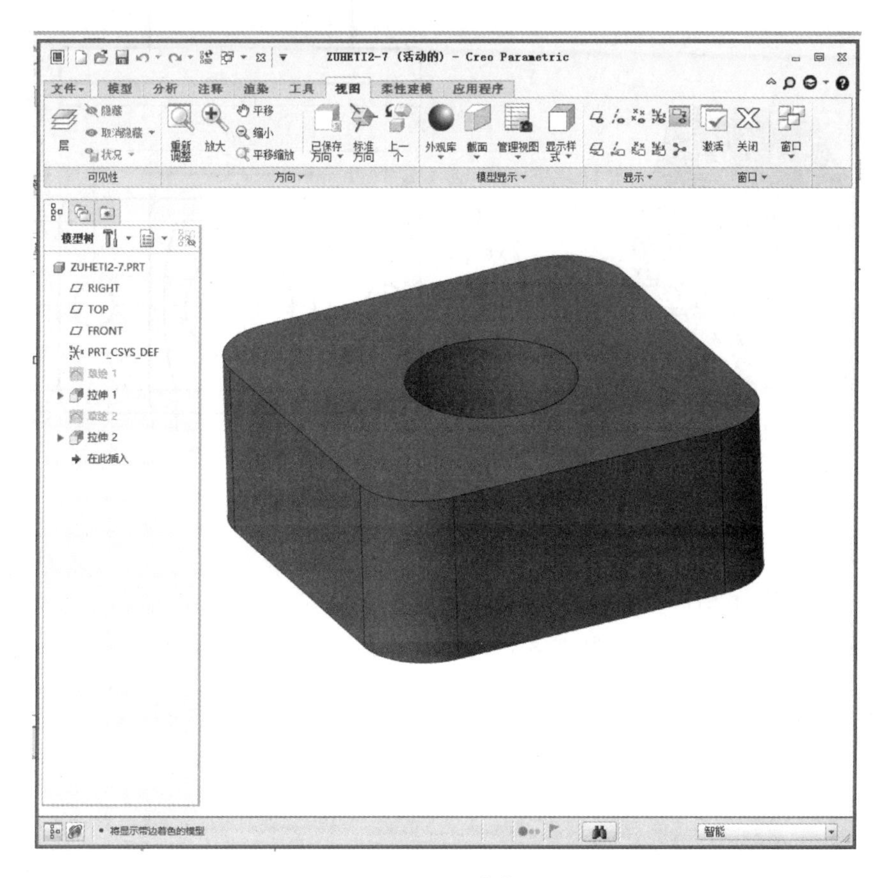

图 2.47　实体

注意：系统默认的拉伸方向仅在绘图平面的一侧，实际操作中可以在操控面板上单击“选项”按钮，在弹出的“深度”对话框的“侧 1”和“侧 2”下拉菜单中选择拉伸定义，如图 2.48 所示。拉伸定义有三种形式，分别为：“盲孔”，需要指定拉伸深度；“拉伸至面”，需要选定终止面；“对称拉伸”，以选定的草绘平面为对称面，上下对称。拉伸定义可根据具体设计实际情况灵活选用。

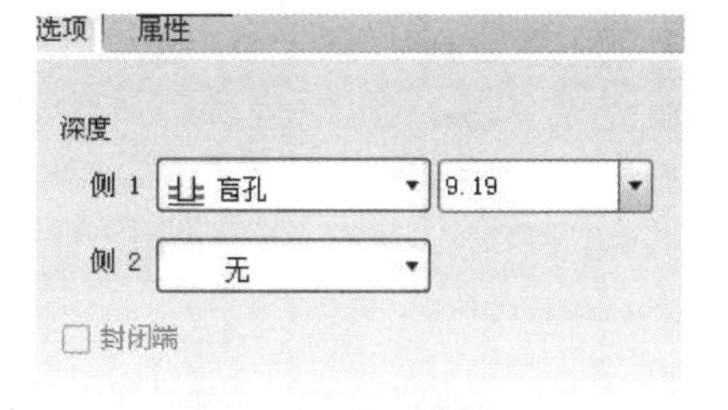

图 2.48　拉伸定义

微视频 2-8
复杂组合体建模

案例 2-8 复杂组合体建模

对图 2.49 所示的复杂组合体进行建模。

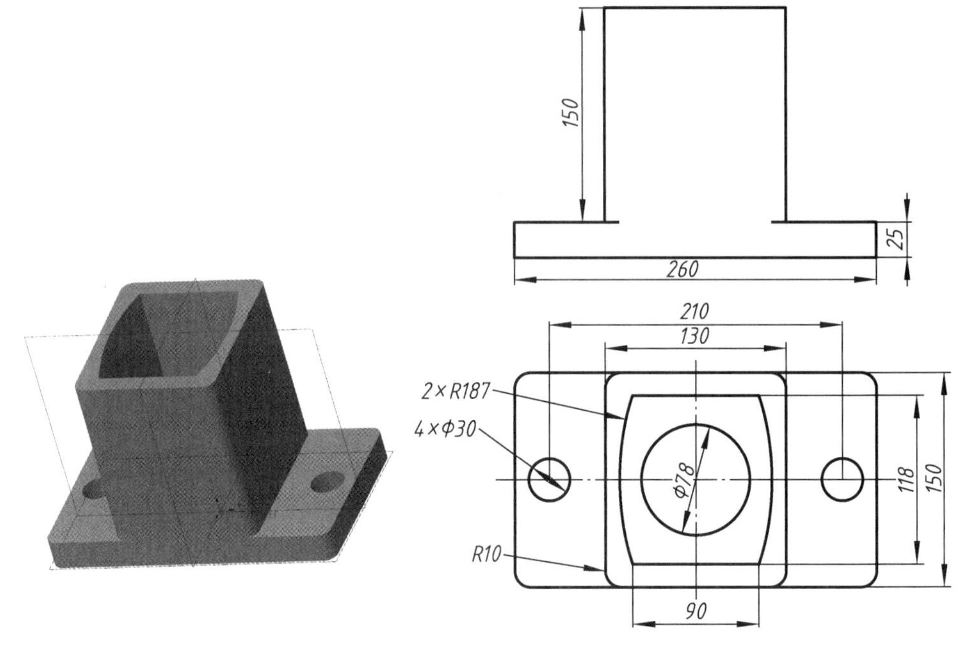

图 2.49 组合体与二维工程图

步骤一：新建文件

（1）创建新文件

新建文件的界面如图 2.50 所示，具体步骤如下。

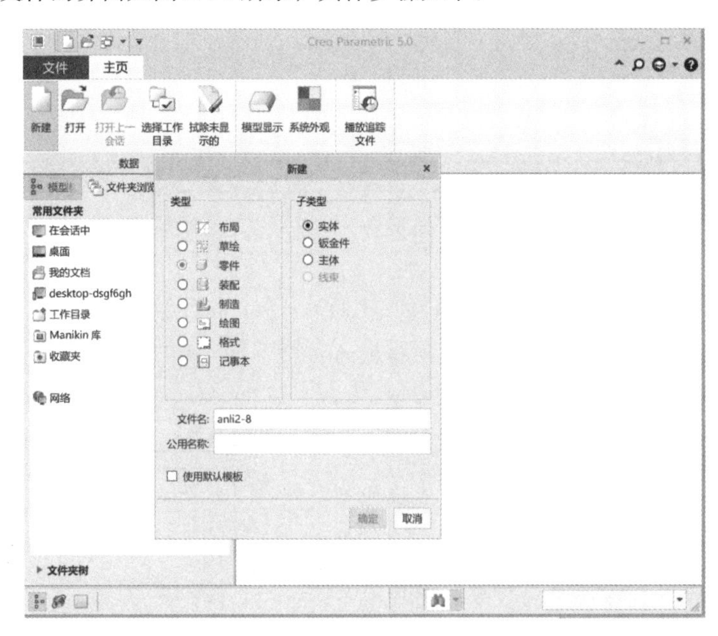

图 2.50 创建新文件

① 单击界面上的“新建文件”命令按钮。

② 接受系统默认的“零件”类型和“实体”子类型；在“类型”栏中选择（零件）选项。

③ “文件名”文本框内输入“anli2 - 8”；取消“使用默认模板”选项。

④ 单击“确定”按钮。

（2）选取模板

在弹出的“新文件选项”对话框中选择“mmns_part _solid”，如图2.51所示，单击“确定”按钮，进入模型主界面。

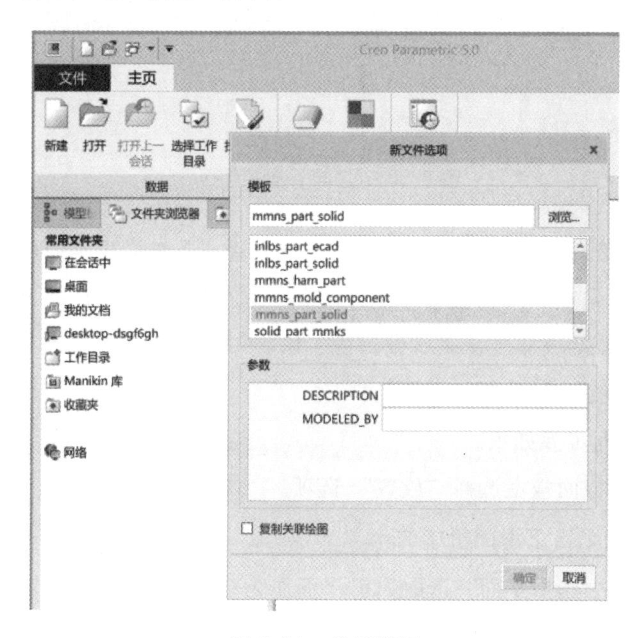

图2.51　选取模板

步骤二：创建底座

创建草绘平面方法有两种：一种是在模型主界面绘图区上方工具栏中，单击“基准”模块中的“草绘”命令按钮，在左侧“模型树”中选择水平面“▱ TOP”为草绘平面，接受系统默认的视图参照，如图2.52所示，点击“草绘”进入草绘界面；另一种是在模型主界面绘图区上方工具栏中，单击“形状”模块中的“拉伸”建模特征命令按钮，在出现的“拉伸”操控面板中点击“放置”，然后单击“定义”，如图2.53所示，之后在左侧“模型树”中

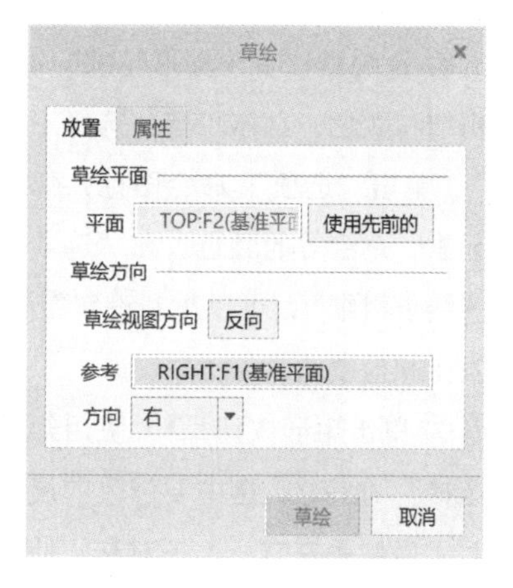

图2.52　定制草绘平面

选择水平面“▱ TOP”为草绘平面，接受系统默认的视图参照，单击“草绘”进入草绘界面。本例选择后一种方式演示创建草绘的步骤（建议初学者选择前一种方式以便于后续修改草绘图）。

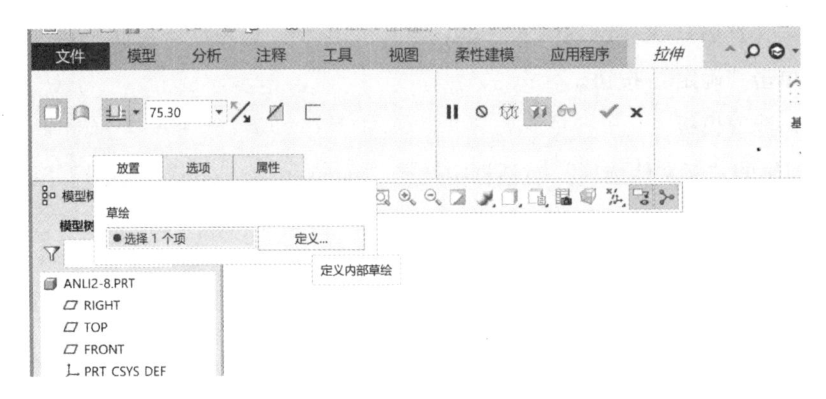

图 2.53 “拉伸”操控面板

提示：注意区别这两种创建草绘的方式，方法一是先完成草绘轮廓，然后选择使用“拉伸”特征完成三维模型的创建，方法二是在“拉伸”特征建模命令内创建草绘轮廓，完成草绘后直接可生成三维拉伸实体。

（1）创建草绘平面

创建草绘平面步骤如下。

① 在拉伸操控面板上选择“放置”选项。

② 单击“放置”下滑面板中的 定义... 按钮，系统打开“草绘”对话框。

③ 在绘图区中选择平面，选取TOP平面作为草绘界面，其他选项为系统默认。

④ 单击草绘按钮 草绘 ，进入绘制草图界面。

（2）绘制草图，拉伸完成矩形底板建模

绘制底板轮廓草图的操作步骤如下。

① 系统默认草绘图形轮廓的线型比较细，可以根据需求自行设置草绘轮廓的线型粗细和颜色。具体步骤：选择主界面上方“文件”菜单，在下拉菜单中找到“选项”，单击“选项”命令图标，弹出“选项”设置窗口，在“系统外观”中设置几何元素、草绘等的颜色。在“选项”设置窗口选择“草绘器”，再下拉该窗口，找到“线条粗细”，可以重新设置粗细值为“2”，保存设置后，草绘线型粗细和颜色将发生相应变化。

② 单击矩形按钮□，使用矩形框指令绘制矩形草图；修改草图尺寸。单击“选择”命令，选中要修改的尺寸，双击鼠标左键即可修改尺寸值。为了使图形相对于坐标系左右、上下对称，使用定位尺寸标注“75”“130”，并修改长为260，宽为150，如图2.54所示。

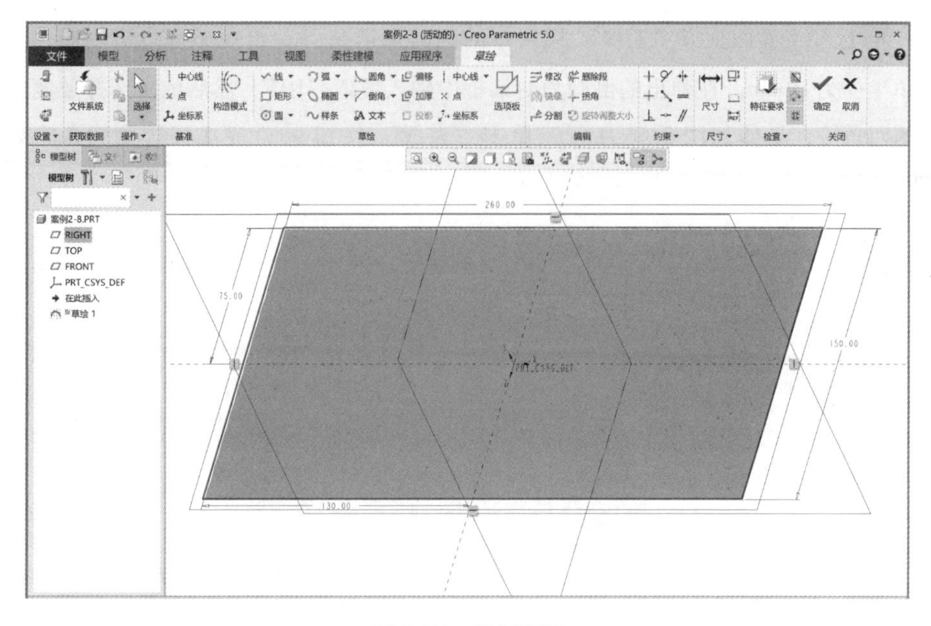

图 2.54　绘制草图

③ 单击圆角按钮进行倒圆角，也可以选择返回空间后倒圆角，本例选择在空间倒圆角。

④ 单击“完成”按钮，完成草绘特征，返回三维建模空间界面。

⑤ 在主界面上方选择“拉伸”特征命令，对完成的草绘进行拉伸，弹出“拉伸”操控面板，如图 2.55 所示，单击“完成”按钮，完成草绘建模。

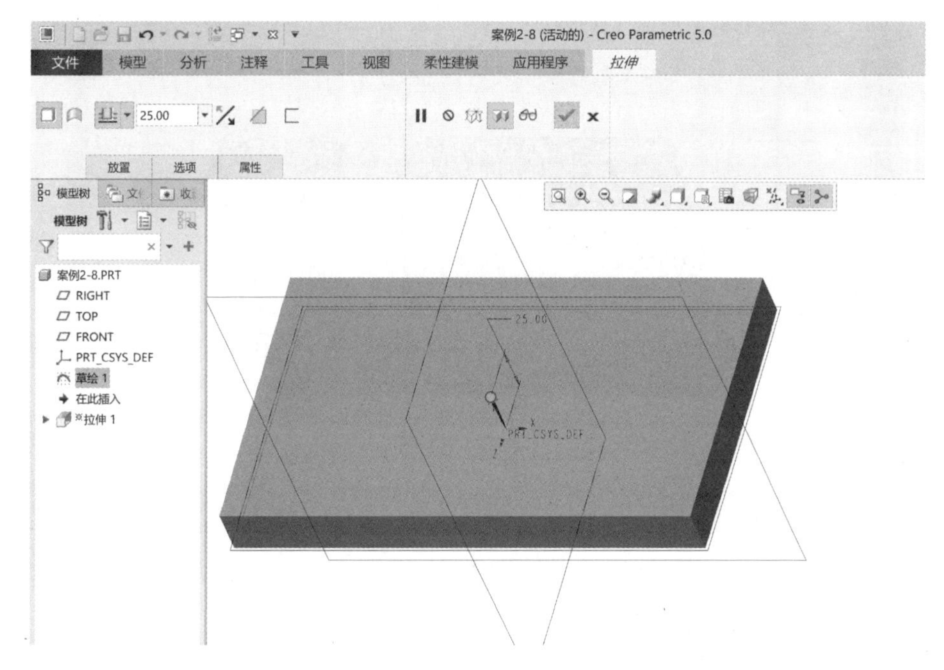

图 2.55　拉伸操控面板

⑥ 选择主界面上方“工程” 模块中的倒圆角指令，给矩形框各边倒圆角，圆角半径为10 mm。在弹出的倒圆角对话框中输入数值“10”，然后依次选择要倒圆角的四条棱，具体如图2.56所示，单击“完成” 按钮✔，完成棱边倒圆角，如图2.57所示。

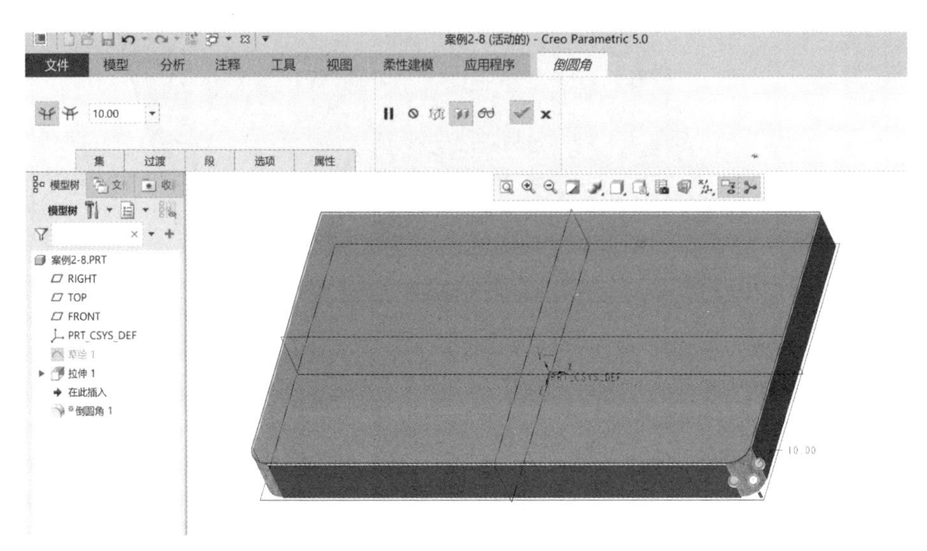

图2.56　四条棱边倒圆角设置过程

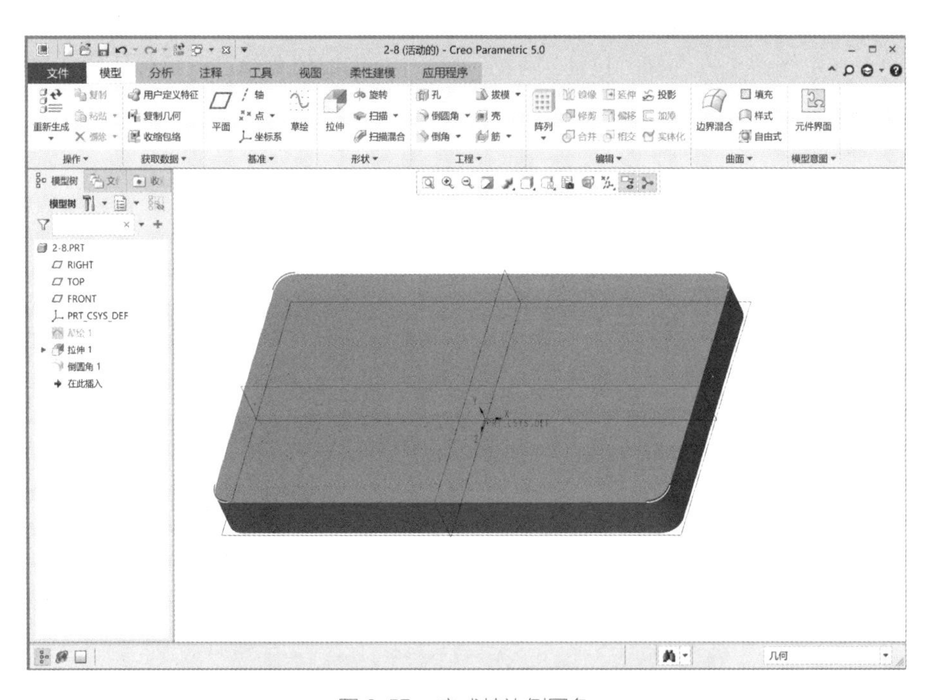

图2.57　完成棱边倒圆角

提示：当需要修改已完成的草绘怎么办？

针对此案例中两种创建草绘的方式，有两种方法修改已完成草绘轮廓：方法一，可直接在“模型树”步骤中找到需要修改的草绘，然后左键选择“编辑定义”，可进入草绘编辑；方法二，草绘方式中修改已完成的草绘轮廓，则需要在“模型树”步骤中找到包含需要修改草绘的“拉伸”特征，然后单击“拉伸”特征，选择“拉伸”特征下出现的“草绘截面”截面，进入“编辑定义”进行修改。

步骤三：创建底座三个通孔

（1）定义创建方法

在绘图区上方功能区中，单击“形状”工具栏中的“拉伸”命令按钮，系统打开“拉伸”属性栏，弹出“拉伸”操控面板。

（2）定制草绘平面

定制草绘平面的操作如图2.58所示，具体步骤如下。

① 在“拉伸”操控面板上选择“放置”选项。

② 单击“放置”下滑面板中的定义...按钮，系统打开“草绘”对话框。

③ 在绘图区中选择已建模长方体上表面作为草绘平面，其他选项为系统默认。

④ 单击“草绘”按钮草绘，进入绘制草图界面。

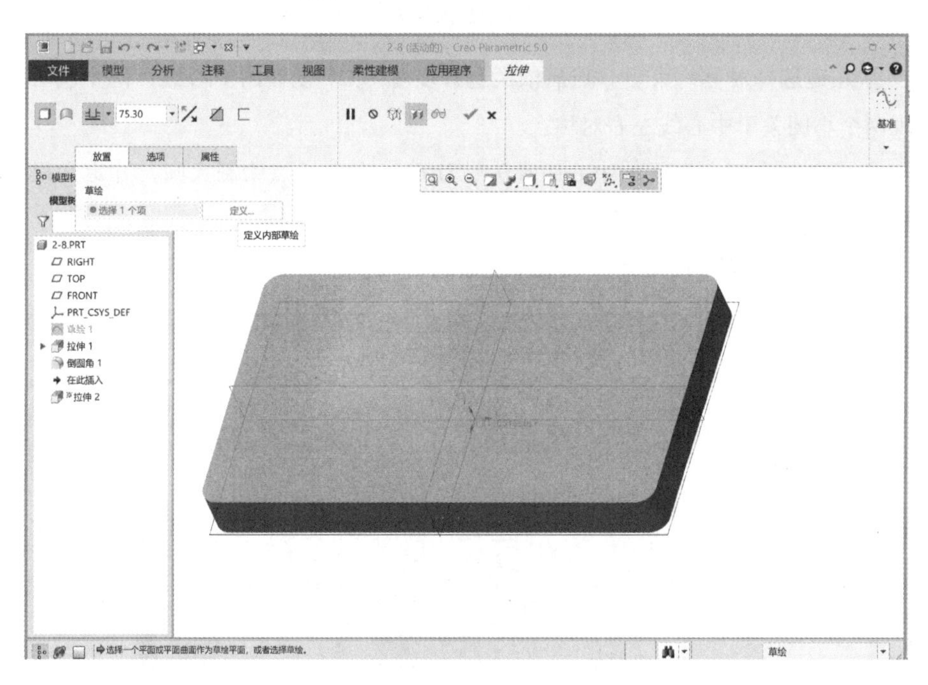

图2.58　定制草绘平面

（3）绘制草图

绘制三个圆孔草图，具体操作步骤如下。

① 单击绘图区域“草绘”工具栏中的“中心线”按钮中心线，选择几何中心线，绘制竖直对称线。

② 选择区能功上方图形工具栏中的“视图”命令，调整草绘方向，单击“圆”按钮○，绘制出左右两个圆。在绘制第 2 个圆时出现相等约束符号═时按下左键，这时绘制出两个保持相等约束的圆，设置直径为“30”，如图 2.59 所示。

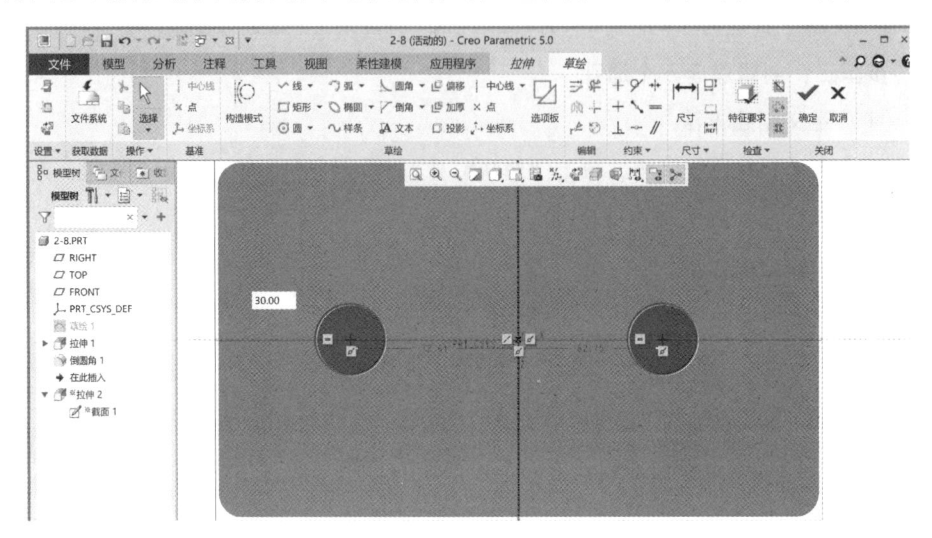

图 2.59　添两个圆施加相等及对称约束

③ 左键选择对称约束⁺|⁺，然后依次选择步骤 ① 中设置的中心线、两个圆心，实现两个小圆关于中心线左右对称。

④ 定义两个圆心之间的中心距离为“210”，在中心点绘制大圆，并定义尺寸直径为 ϕ“78”，如图 2.60 所示。

⑤ 单击“完成”按钮✔，完成草图绘制。

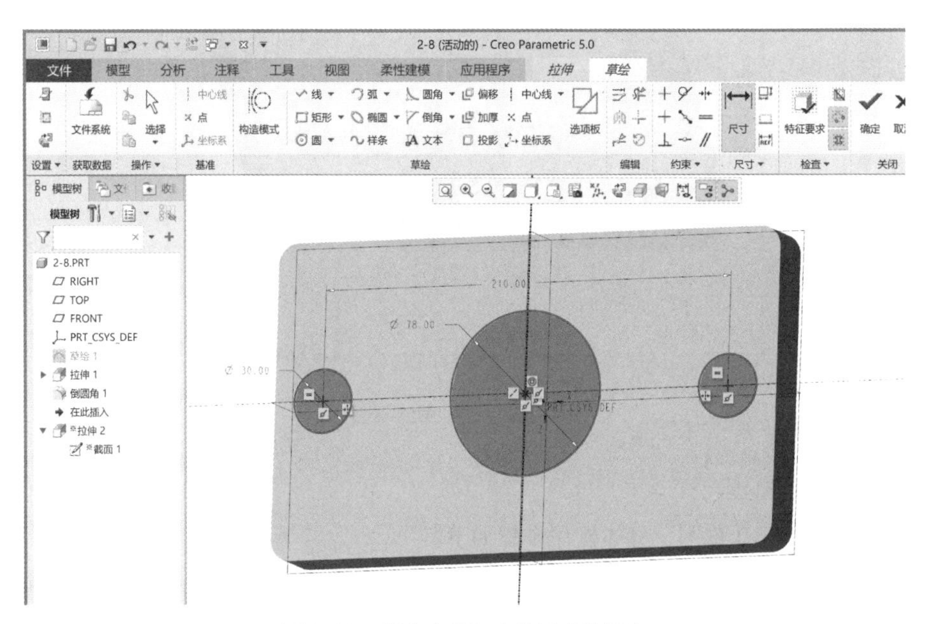

图 2.60　圆的定形和定位尺寸的标注

（4）生成拉伸体

完成草绘后，弹出“拉伸”操控面板，在“拉伸”操控面板上进行如下操作，如图 2.61 所示。

① 选择“实体”命令。

② 选择方式；输入拉伸深度值为“25”。

③ 点击拉伸方向按钮，设置拉伸方向指向长方体内部。

④ 点击“移除材料”按钮。

⑤ 单击“完成”按钮，完成拉伸特征设置。

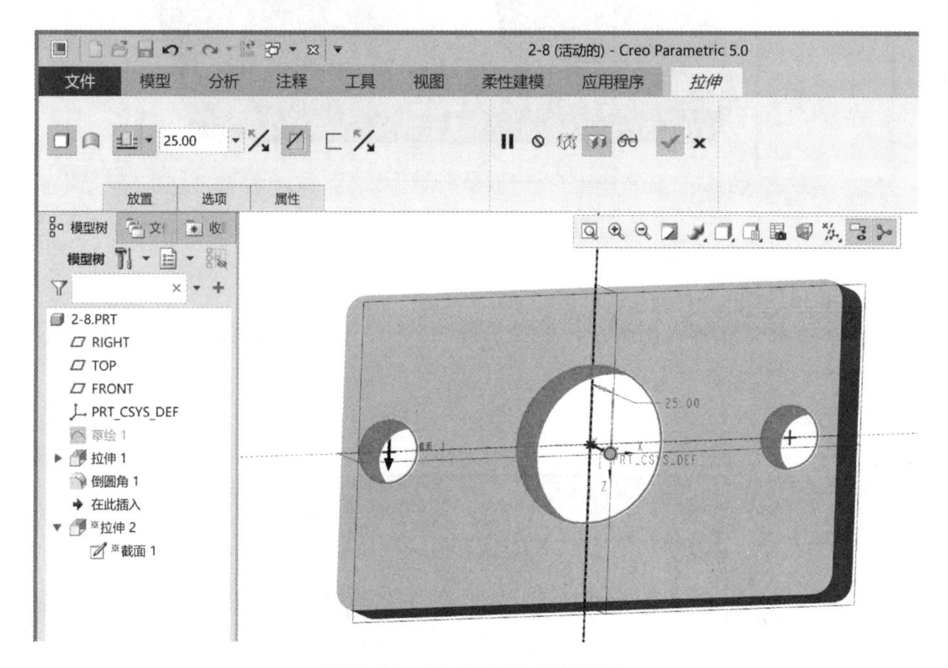

图 2.61　生成移除材料拉伸体

步骤四：绘制矩形柱

（1）定义创建方法

在绘图区上方图形工具栏中，单击“形状”工具栏的“拉伸”命令按钮，系统打开“拉伸”属性栏。

（2）定制草绘平面

定制草绘平面的操作如图 2.62 所示，具体操作步骤如下。

① 在“拉伸”操控面板上选择“放置”选项。

② 单击“放置”下滑面板中的定义...按钮，系统打开“草绘”对话框。

③ 在绘图区中选择长方体上表面为草绘平面，其他选项为系统默认。

④ 单击“草绘”按钮草绘，进入绘制草图界面。

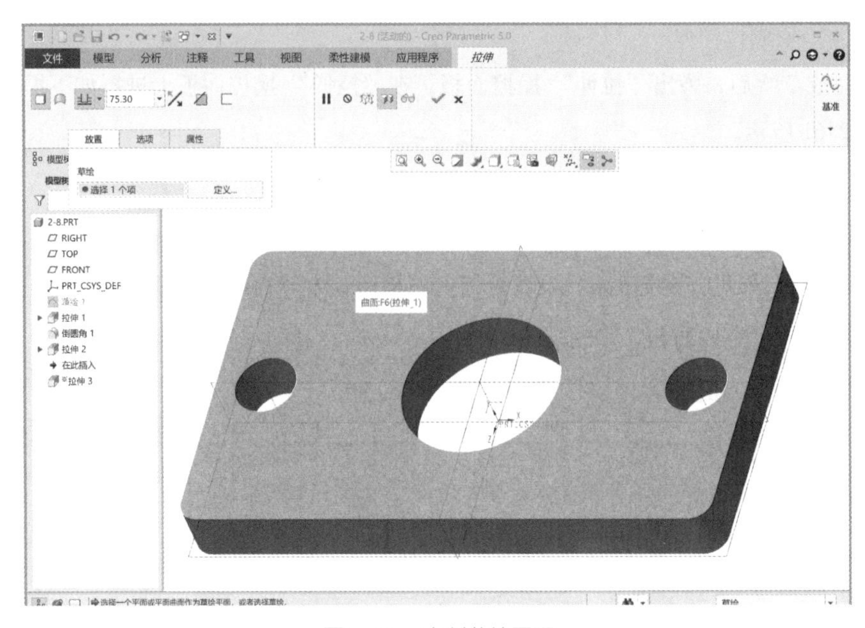

图 2.62 定制草绘平面

（3）绘制草图

选择“视图”命令，调整草绘视图方向，绘制如图2.63所示的草图，具体步骤如下。

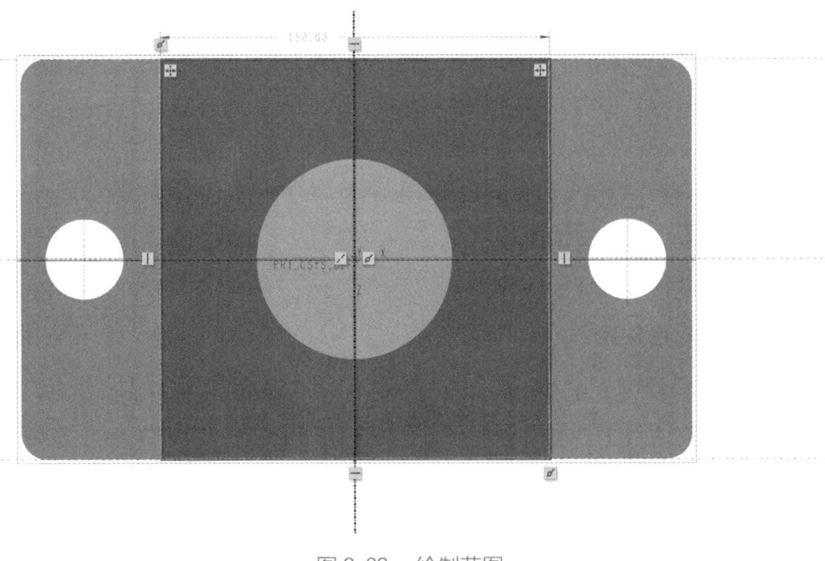

图 2.63 绘制草图

① 单击“草绘”工具栏上的“中心线”按钮，捕捉图形中圆心绘制竖直对称线，为后续步骤中施加对称约束做准备。

② 单击“矩形”按钮，起点捕捉底板矩形上边线，终点捕捉底板矩形下边线，绘制出矩形，单击圆角按钮，给矩形框各角倒圆角，按下鼠标滚轮，直接双击尺

寸，修改圆角半径为“10”；其余三个圆角半径值可以通过施加相等约束实现尺寸值设定。

③ 将矩形左右两条边施加对称约束，即选择对称约束命令，并依次选取中心轴、矩形左右两条边端点，完成矩形左右对称的设置。选中要修改的尺寸，双击鼠标左键，修改长度为“150”。

④ 单击“完成”按钮，完成草图绘制。

（4）生成拉伸体

完成草绘后，界面调整为“拉伸”操控面板，按下鼠标左键移动鼠标，旋转图形至立体预览效果，生成拉伸体的操作如图 2.64 所示，具体步骤如下：

① 选择“实体”命令。

② 选择方式。

③ 输入高度为“150”。

④ 选择“完成”按钮，完成拉伸特征设置。

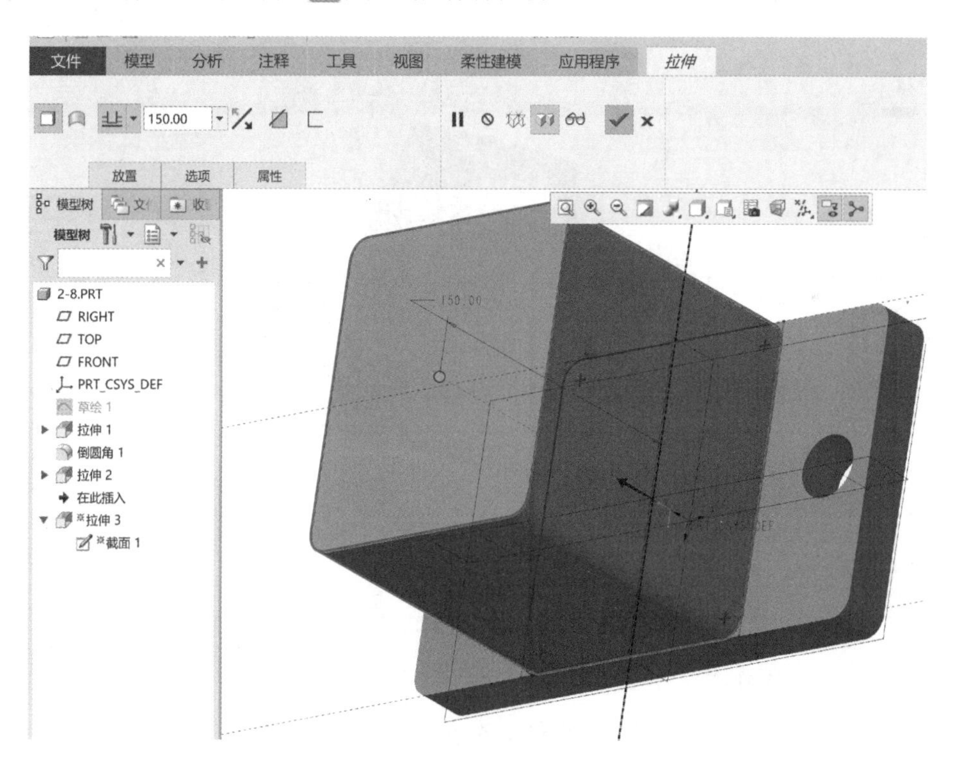

图 2.64　生成拉伸体

最终生成的实体如图 2.65 所示。

步骤五：绘制中间腔体结构

（1）定义创建方法

在绘图区右侧图形工具栏中，单击“形状”工具栏的“拉伸”命令按钮，系统打开“拉伸”属性栏。

（2）定制草绘平面

定制草绘平面的操作如图 2.66 所示，具体操作步骤如下。

① 在“拉伸”操控面板上选择“放置”选项。

② 单击“放置”下滑面板中的 定义... 按钮，系统打开“草绘”对话框。

③ 在绘图区中选择实体上表面作为绘图界面，其他选项为系统默认。

图 2.65　实体

④ 单击“草绘”按钮 草绘 ，进入绘制草图界面。

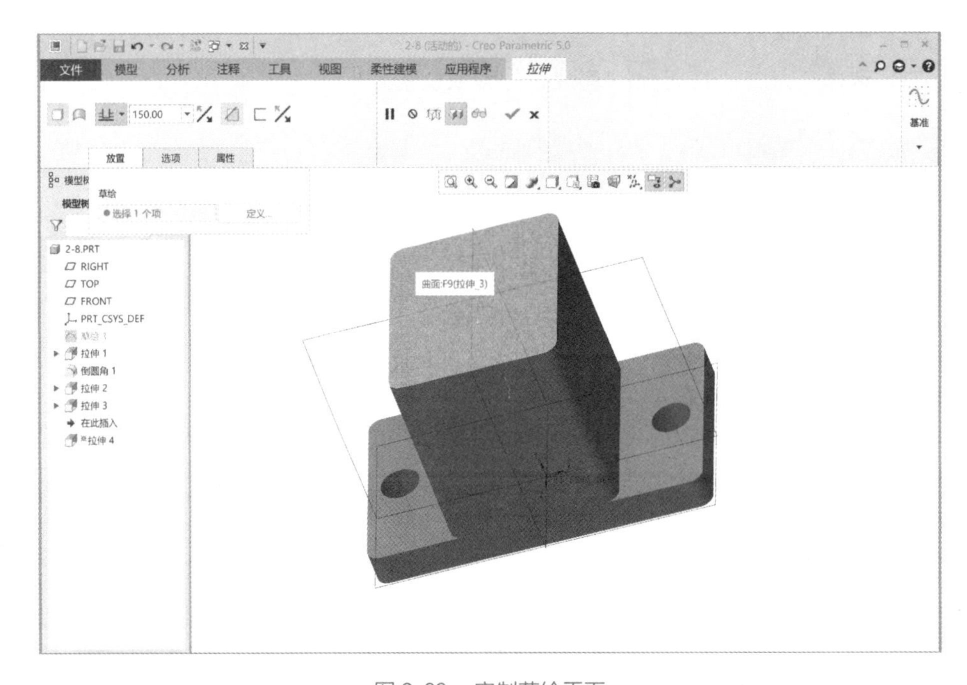

图 2.66　定制草绘平面

（3）绘制草图

绘制如图 2.67 所示的草图，操作步骤如下。

① 单击“草绘”工具栏上的“中心线”按钮，捕捉图形中坐标系中心点绘制竖直、水平两条对称中心线，为后续步骤中施加对称约束做准备。

② 绘制上下两条平行且相等的线段，并利用对称约束实现以对称中心线为基准上下、左右对称。

③ 点击“三点 / 相切端”按钮 ，利用绘制弧命令绘制圆弧草图。选中要修

改的尺寸，双击鼠标左键，将直线段的长改为“118”，宽改为“90”；单击弧线，将半径改为“187”。

④ 单击“完成”按钮✓，完成草图绘制。

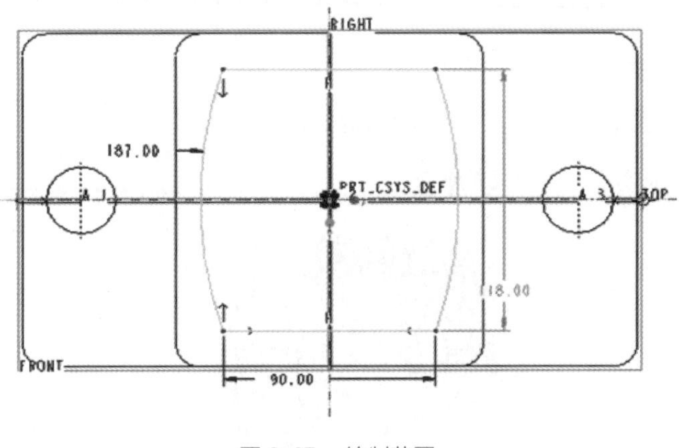

图 2.67　绘制草图

（4）生成拉伸体

生成实体的具体步骤如图 2.68 所示。

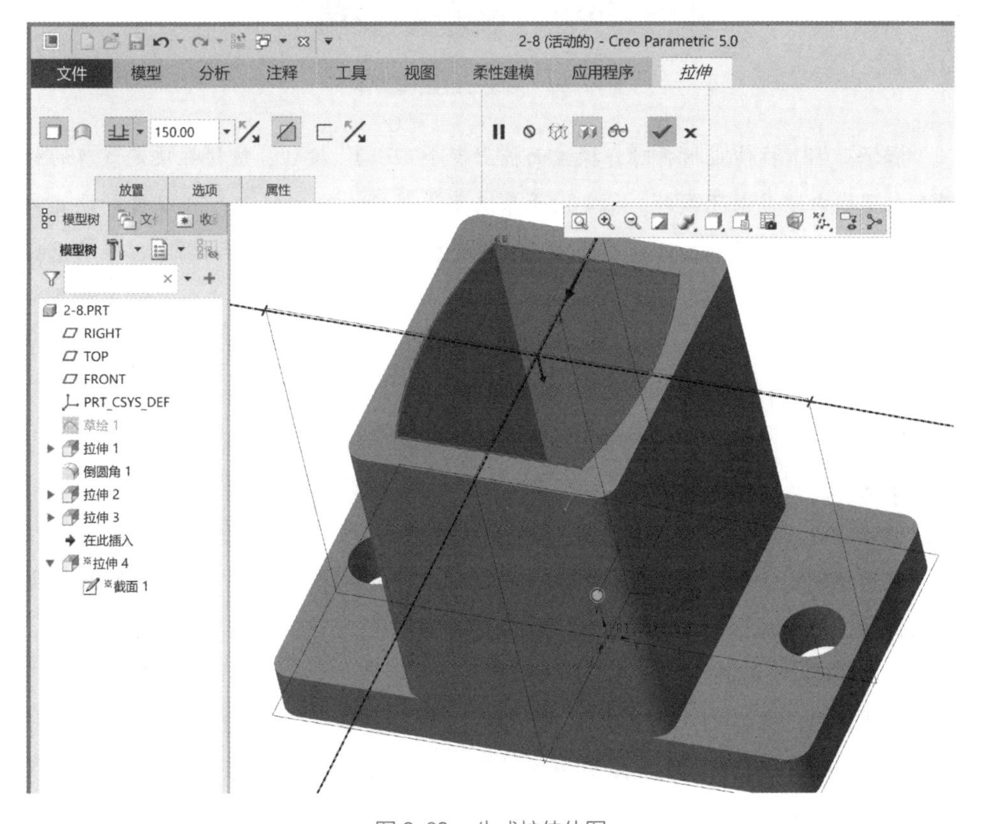

图 2.68　生成拉伸体图

在“拉伸”操控面板上。

① 选择“实体”命令。

② 选择方式。

③ 输入高度“150”。

④ 单击“移除材料”按钮。

⑤ 单击“完成”按钮，完成拉伸特征。

最终得到的实体如图2.69所示。

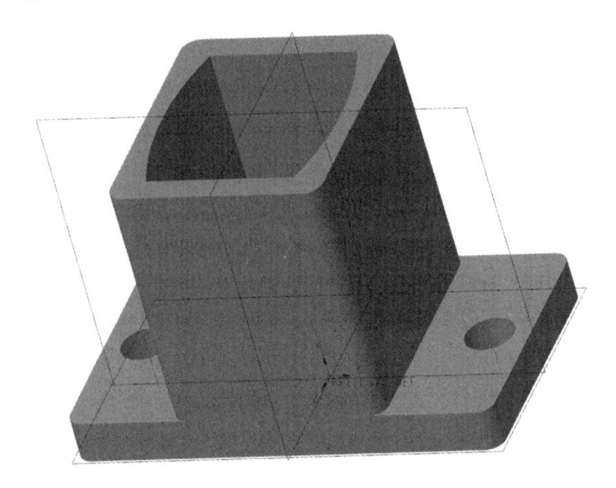

图2.69 完成三维建模实体

提示：（1）拉伸减材料时，操控面板上有个“反向”按钮，该按钮决定裁剪的材料是封闭线内还是封闭线外。（2）由于系统默认草绘图线比较细，可以自行设置较粗图线显示。方法步骤：选择界面左上角“文件”→“选项”→“草绘器”，拖动下拉菜单滑动条至“线条粗细”，线型值设为“2.0”，然后点击“是”，完成草绘中线条粗细的设置。

2.1.3 旋转特征

旋转是创建3D实体的另一个基本命令，它利用一截面绕着一中心轴旋转来创建实体特征或剪切特征。操控面板选项分别介绍如下。

1.“旋转”对话框

在零件设计主界面上方，选取“形状”→“旋转”菜单命令，系统打开图2.70所示的“旋转”操控面板。

（1）公共“旋转”选项

：创建实体特征。

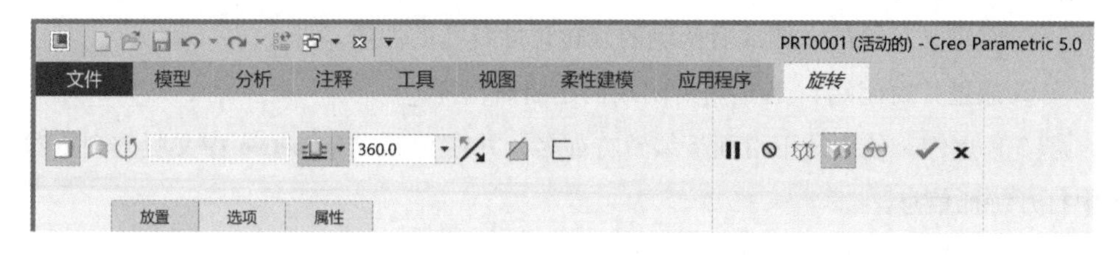

图 2.70 “旋转”操控面板

：创建曲面特征。

(可变)：从草绘平面以指定的角度值旋转。

(对称)：在草绘平面的两个方向上以指定角度值的一半在草绘平面的双侧旋转。

(到选定项)：旋转至选定的点、平面或曲面。

角度文本框：指定旋转特征的角度值。

：相对于草绘平面反转特征的角度值。

(2) 用于创建切口的选项

：使用旋转特征体积创建切口。

：创建切口时改变要移除的侧。

(3)“加厚草绘”使用的选项

：通过为截面轮廓指定厚度创建特征。

：改变添加厚度的一侧，或向两侧添加厚度。

厚度文本框：指定应用于截面轮廓的厚度值。

(4) 用于旋转曲面修剪的选项

：使用旋转截面修剪曲面。

：改变要被移除的面组侧，或保留两侧。

2. 下滑面板

“旋转”工具提供下列下滑面板，如图 2.71 所示。

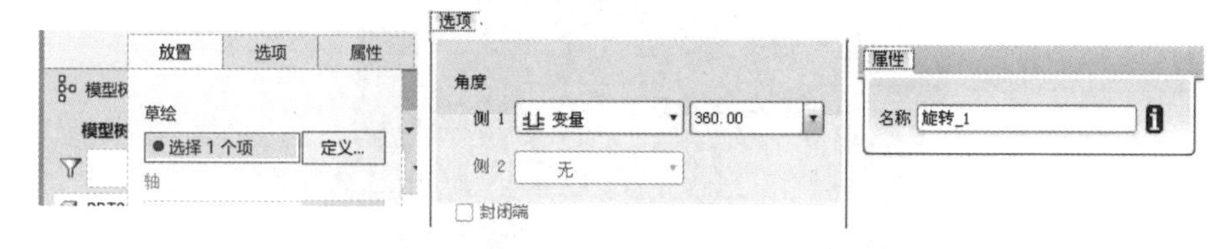

图 2.71 旋转下滑面板

(1) 轴。使用此下滑面板重定义草绘界面并指定旋转轴。单击“定义”按钮创建或更改截面。在“轴”列表框中单击并按提示定义旋转轴。

(2) 选项。使用该下滑面板可进行下列操作。

① 重定义草绘的一侧或者两侧的旋转角度及孔的性质。

② 通过“封闭端”选项用封闭端创建曲面特征。

（3）属性。使用该下滑面板编辑特征名，并在Creo Parametric中文版的浏览器中打开特征信息。

3. “旋转”特征的截面

创建旋转特征需要定义旋转的截面和旋转轴。该轴可以是线性参照或草绘界面中心线。

微视频2-9
旋转加材料

案例2-9　旋转加材料

如图2.72所示的环状零件，就是由图2.73中的右侧封闭曲线绕左侧中心线旋转得到的。图2.72是旋转360°后得到的实体，如果输入的旋转角度为180°，则得到如图2.74所示的实体。

图2.72　旋转360°得到的实体

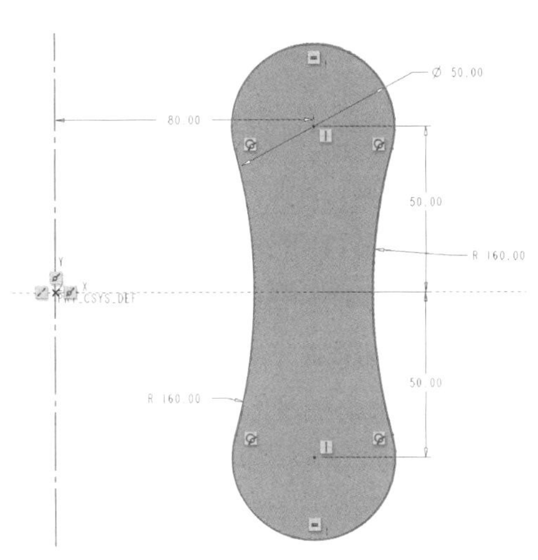

图2.73　封闭曲线和中心线

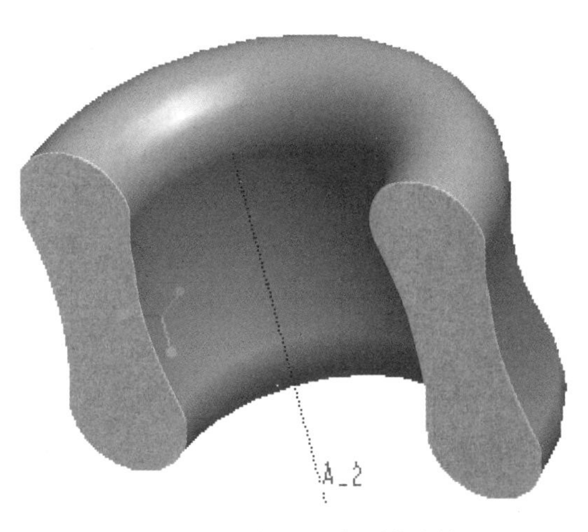

图2.74　旋转180°得到的实体

案例 2 - 9 具体建模步骤如下。

（1）创建新文件

① 单击界面上的“新建文件”命令按钮。

② 接受系统默认的“零件”类型和“实体”子类型；在“类型”栏中选择“零件”选项。

③ 在“文件名”文本框内输入“旋转2 - 9”；取消勾选系统默认的模板，弹出新文件选项对话框，下拉选择“mmns_part_solid”毫米制单位。

④ 单击“确定”按钮，进入零件建模主界面。

（2）创建草绘文件，完成旋转轮廓草图的绘制

① 在模型主界面绘图区上方功能区中，单击“基准”模块中的“草绘”命令按钮，在左侧“模型树”中选择正平面“Front”为草绘平面，接受系统默认的视图参照，点击“草绘”进入草绘界面。

② 选择主界面绘图区上方工具栏中的“圆”指令，在竖直轴右侧，水平轴的上下方各绘制大小相等的两个圆。再选择“3 点相切圆弧”指令，连接创建左右两侧圆弧，并设置图形的定形尺寸与定位尺寸，如图 2.73 所示。

③ 选择主界面绘图区上方工具栏中的“中心线”指令，以坐标系原点处创建的竖轴作为旋转中心线。

④ 单击“完成”按钮，完成草绘特征绘制，返回空间建模界面。

（3）创建旋转实体

选择主界面上方“旋转”指令，弹出“旋转”的操控面板，设置角度为 360° 或者 180° 获得旋转建模实体如图 2.72 和图 2.74 所示。

案例 2 - 10 旋转材料

微视频 2 - 10
旋转减材料

步骤一：新建文件

（1）创建新文件

根据图 2.75 所示螺母的工程图尺寸，创建其三维实体模型。具体操作步骤如下。

① 单击界面上的“新建文件”命令按钮。

② 接受系统默认的“零件”类型和“实体”子类型，在“类型”栏中选择“零件”选项。

③ 在“文件名”文本框内输入“luomu”，取消“使用默认模板”选项。

④ 单击“确定”按钮。

（2）选取模板

弹出“新文件选项”对话框，选择 mmns _part _solid，单击“确定”按钮，具体过程如图 2.76、图 2.77 所示，绘图区出现系统默认基准。

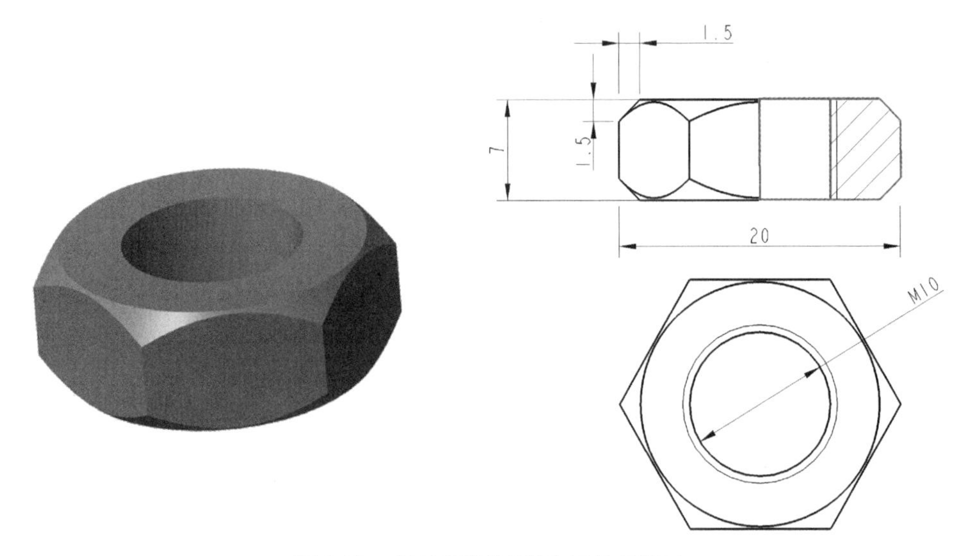

图2.75　螺母三维效果图与二维工程图

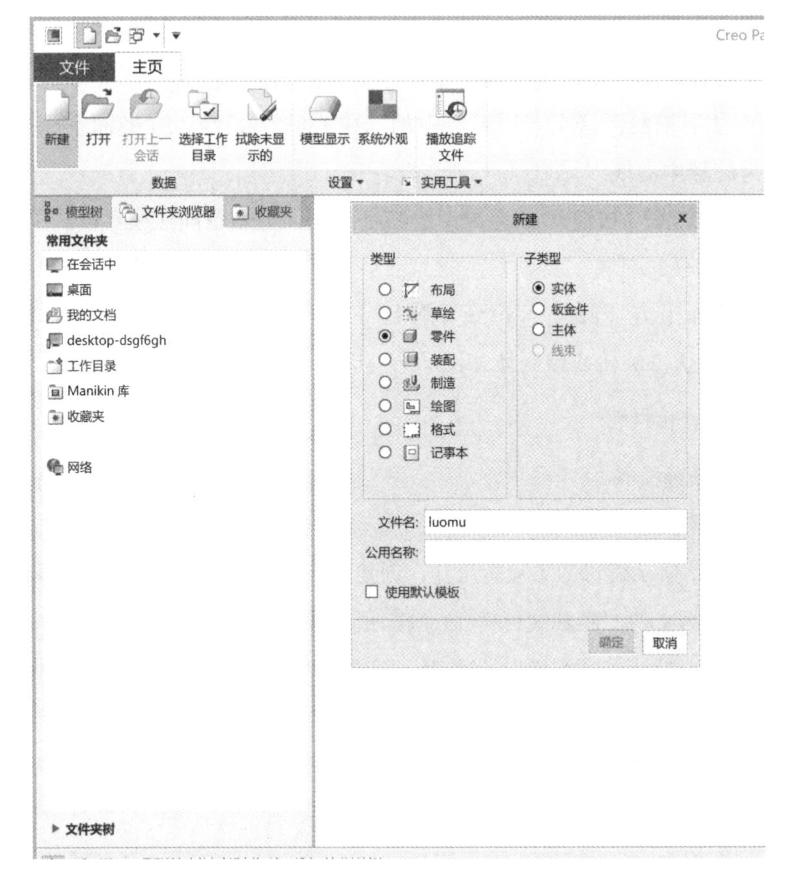

图2.76　创建新文件

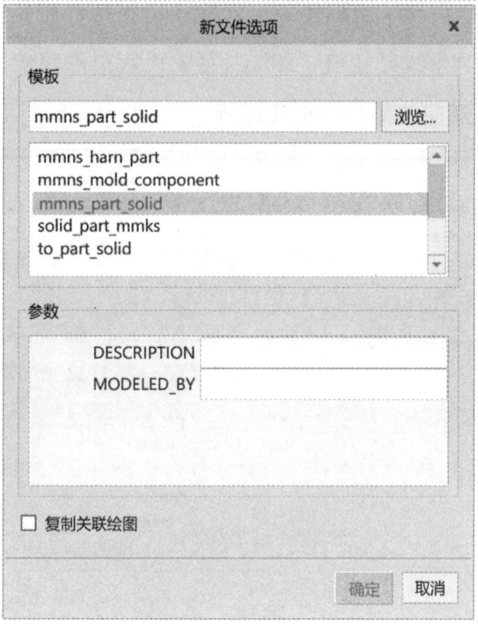

图 2.77 选取模板

步骤二：创建底面

（1）定义创建方法

在绘图区上方功能区中，单击“形状”模块中的“拉伸”命令按钮，系统打开“拉伸”操控面板。

（2）定制草绘平面

定制草绘平面的操作如图 2.78 所示，具体步骤如下：

① 在“拉伸”操控面板上选择“放置”选项。

② 单击“放置”下滑面板中的 定义... 按钮，系统打开“草绘”对话框。

③ 在绘图区左侧的模型树中选择基准平面 TOP 作为草绘界面，其他选项为系统默认。

④ 单击“草绘”按钮 草绘 ，进入绘制草图界面。

（3）绘制草图

绘制对角线长为 20 mm 的正六边形的具体步骤如图 2.79 所示。单击主界面上方“草绘”区域中的选项板按钮，弹出“草绘器选项板”，在“多边形”下拉菜单中选择“六边形”，拖出放置在绘图界面，然后鼠标左键捕捉六边形中心，重新放置在系统坐标系的圆心位置，实现将中心点放置于原点，左键单击选择“完成”按钮，完成六边形的生成。此时系统默认尺寸标注是单边长度，这时重新标注对角线尺寸，左键选择主界面上方工具栏中的尺寸标注指令，左键单击选择六边形的对角线两个端点，然后按下鼠标滚轮，在弹出窗口选择删除的单边尺寸，保留对角线尺寸标注，输入对角线尺寸值“20”。完成正六边形草绘，左键点击“完成”按钮☑，完成草绘，返回拉伸特征创建过程。

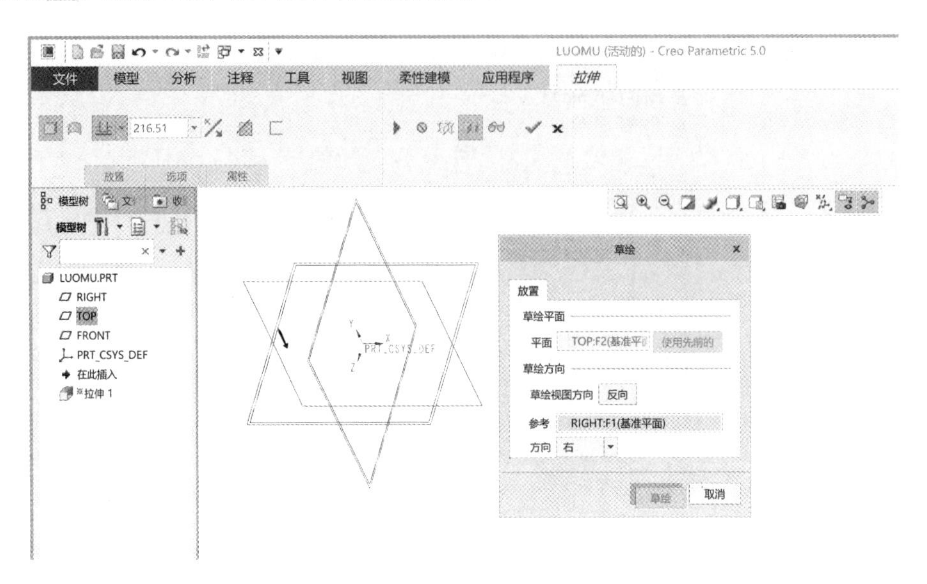

图 2.78　定制草绘平面

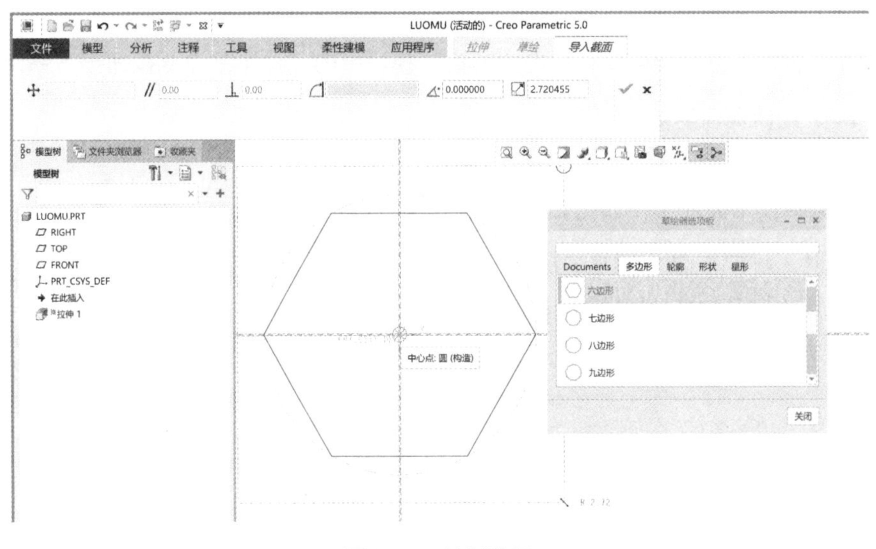

图 2.79　绘制草图

（4）生成拉伸体

完成草绘后，返回拉伸过程，将出现拉伸操控面板，生成拉伸体的操作如图 2.80 所示。在“拉伸”操控面板上的操作步骤如下。

① 选择“实体”命令▢。

② 选择拉伸深度方式⊥。

③ 输入深度为“7”。

④ 单击“完成”按钮，完成拉伸特征创建。

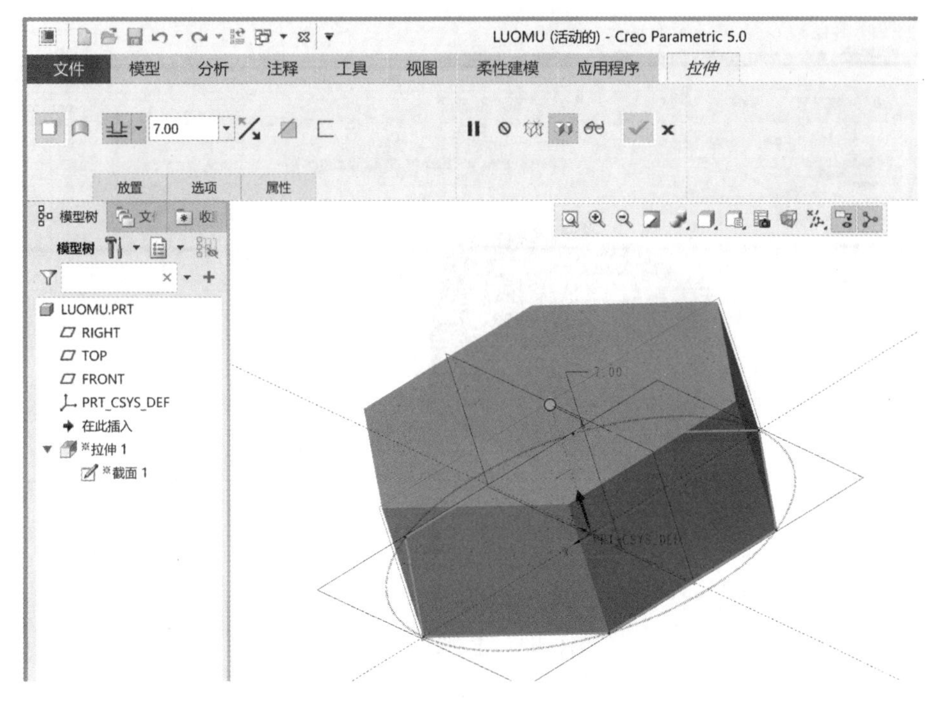

图 2.80 生成拉伸体

最终得到的实体如图 2.81 所示。

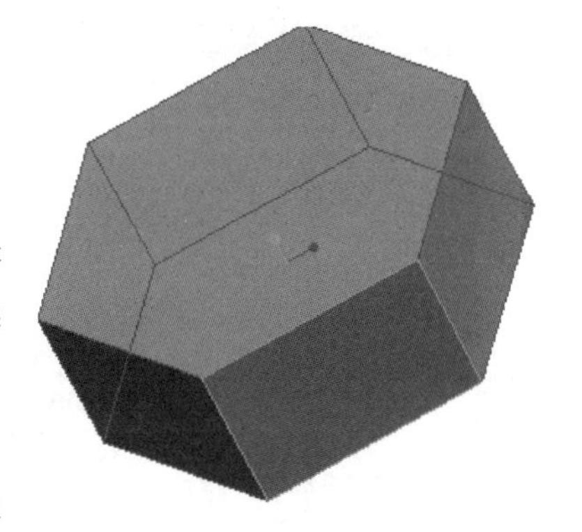

图 2.81 实体

步骤三：绘制通孔

（1）定义创建方法

在绘图区上方功能区中单击“形状”模块中的“拉伸”命令按钮，系统打开“拉伸”操控面板。

（2）定制草绘平面

定制草绘平面的操作如图 2.82 所示，具体步骤如下。

① 在“拉伸”操控面板上选择“放置”选项。

② 单击“放置”下滑面板中的定义...按钮，系统打开“草绘”对话框。

③ 在绘图区中选择六棱柱上表面作为绘图界面，其他选项为系统默认。

④ 单击草绘按钮草绘，进入绘制草图界面。

（3）绘制草图

绘制直径为 10 mm 圆的操作如图 2.83 所示，其具体步骤如下。

① 单击“草绘”工具栏“圆”按钮，并将尺寸修改为“10”。

② 单击“完成”按钮，完成草图绘制，返回拉伸过程的操控面板。

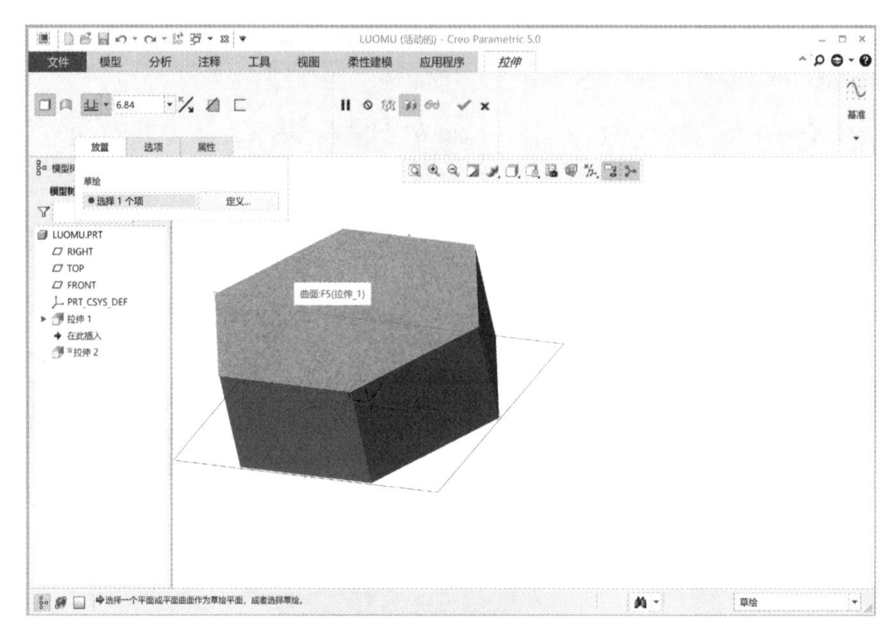

图 2.82　定制草绘平面

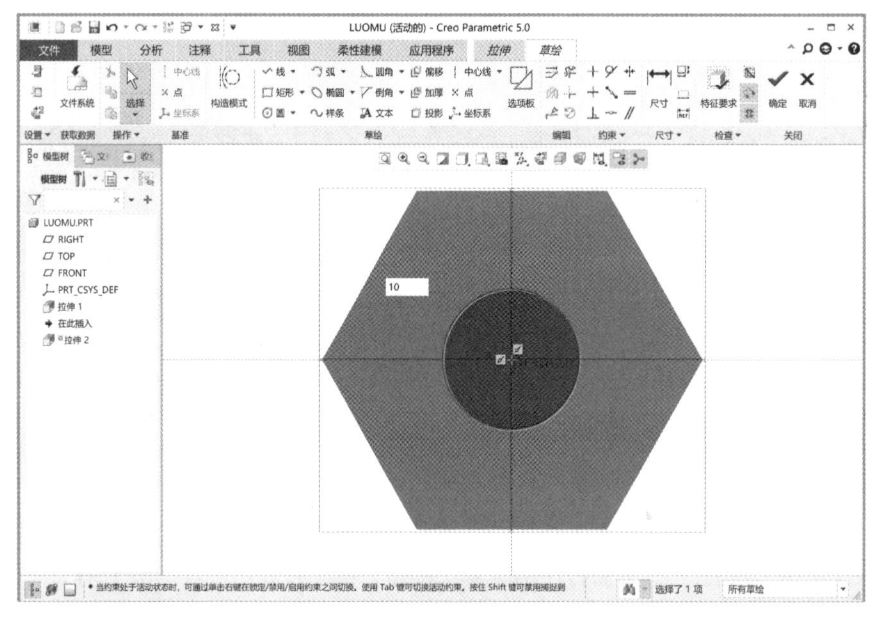

图 2.83　绘制草图

（4）生成拉伸体

生成拉伸体的操作如图 2.84 所示。在“拉伸”操控面板上的具体操作步骤如下。

① 选择“实体” 命令。

② 选择“通孔” 方式。

③ 输入高度“7”。

④ 单击“移除材料” 按钮，调整拉伸方向指向材料内部。

⑤ 单击“完成” 按钮，完成拉伸特征创建。

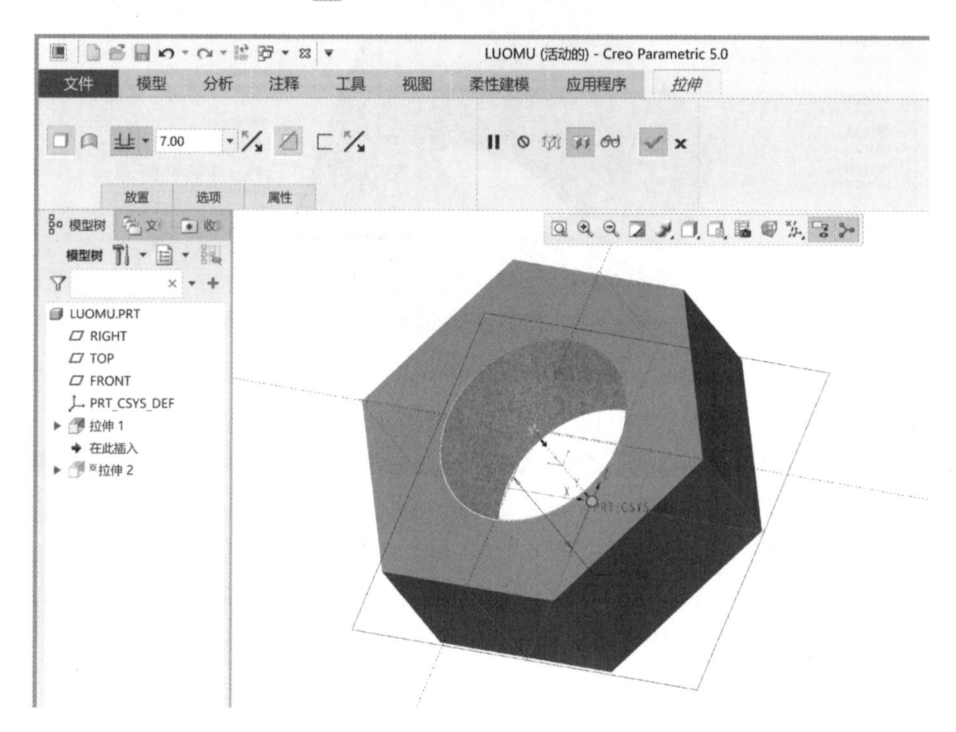

图 2.84　生成拉伸体

最终得到的实体如图 2.85 所示。

步骤四：绘制倒角

（1）定义创建方法

单击绘图工具栏的“旋转” 按钮，系统打开“旋转” 的操控面板。

（2）定制草绘平面

定制草绘平面的操作如图 2.86 所示，其具体步骤如下。

图 2.85　完成圆孔减除材料

① 在“旋转” 操控面板选择“放置” 选项。

② 单击“放置” 下滑面板中的 定义... 按钮，系统打开“草绘” 对话框。

③ 在绘图区左侧模型树内选择平面 FRONT 作为绘图界面，其他选项为系统默认。

④ 单击草绘 草绘 按钮，进入绘制草图界面。

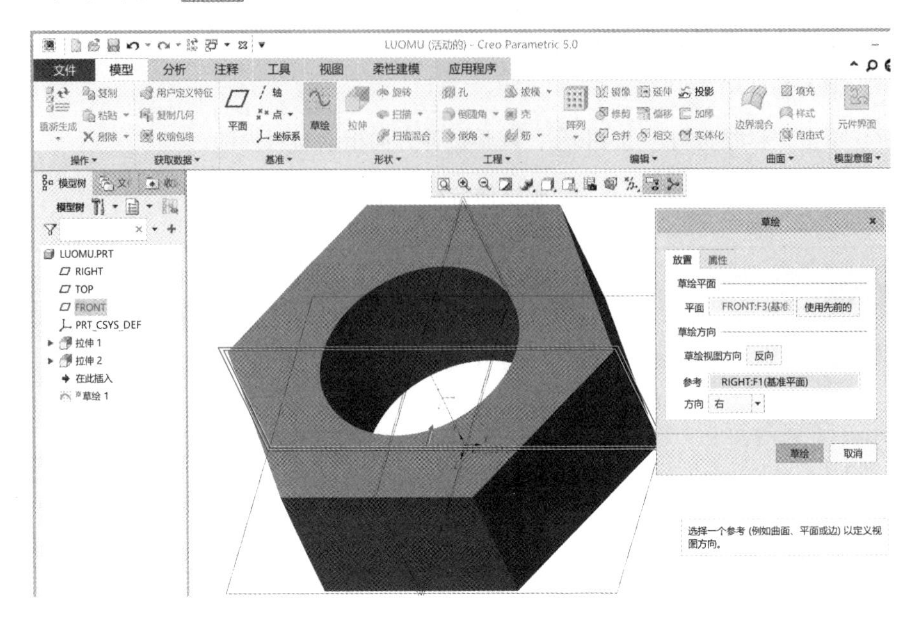

图 2.86　定制草绘平面

（3）绘制草图

绘制如图 2.87 所示的草图，操作步骤如下。

① 创建中心线作为草绘轮廓的旋转轴，在绘图界面上方草绘工具栏中选择中心线指令 ┆，选取系统坐标系原点绘制竖直中心线。

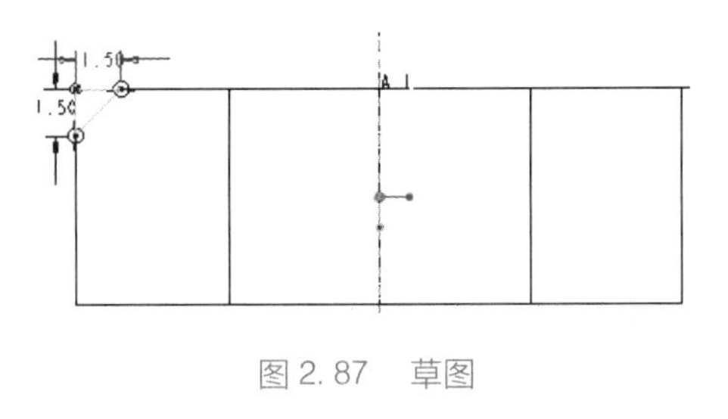

图 2.87　草图

② 单击“草绘器”工具栏“线”按钮 ╲，绘制出一个直角三角形，并将两直角边尺寸都修改为“1.5”，单击“完成”按钮 ✔，完成草图绘制。

（4）生成旋转体

生成旋转体的具体步骤如下。

选择中心线作为旋转中心线，接受默认的“360”，选择“去除材料”指令，单击“完成” ✔ 按钮，完成旋转去除材料特征创建，如图 2.88 所示。

得到的实体如图 2.89 所示。重复步骤④，对螺母另外一侧进行操作，或者采用镜像特征指令，对去除材料旋转特征进行镜像，最终得到螺母实体，如图 2.90 所示。

旋转特征镜像步骤如下。

① 创建镜像平面，在主界面上方用左键单击选择“基准”模块中的平面指令 ▱，选取 TOP 平面作为参考平面，偏移值为 3.5，具体如图 2.91 所示，点击“确

定”完成平面 DTM1 的创建，作为后续镜像参考平面。

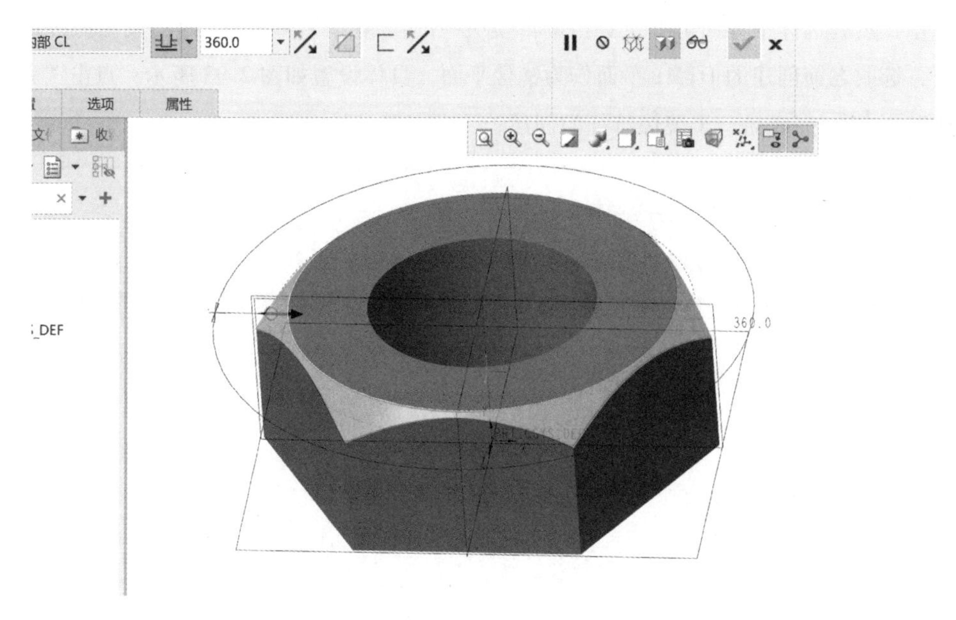

图 2.88　旋转减材料

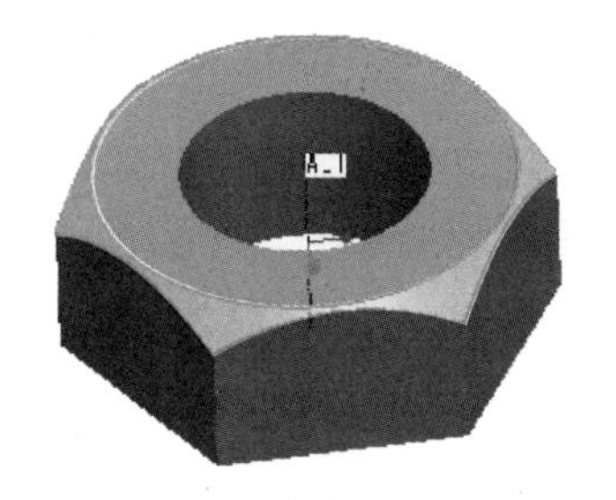

图 2.89　完成单侧旋转去除材料

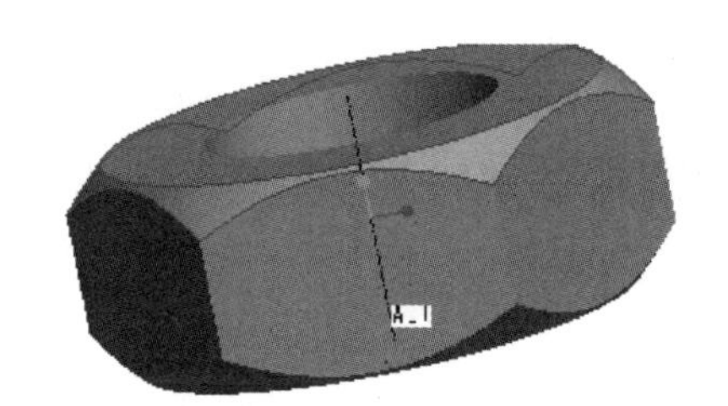

图 2.90　最终螺母实体

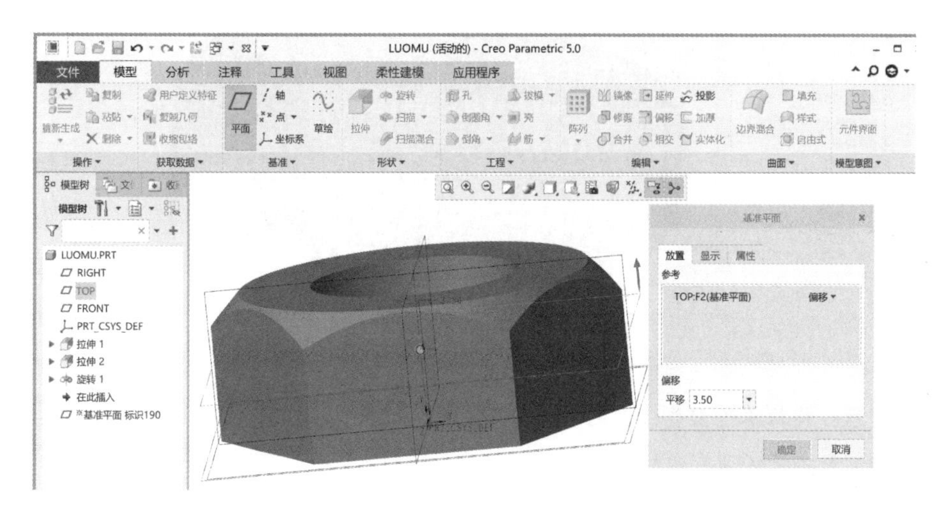

图 2.91　平面 DTM1 创建

② 在绘图主界面左侧模型树中用左键单击选择刚完成的旋转特征，如图2.92所示，然后选择主界面上方工具栏编辑模块中的镜像指令 镜像，弹出镜像操控面板，选取之前创建的DTM1平面作为镜像平面，具体设置如图2.93所示，点击“完成”按钮完成另一半镜像特征的创建。

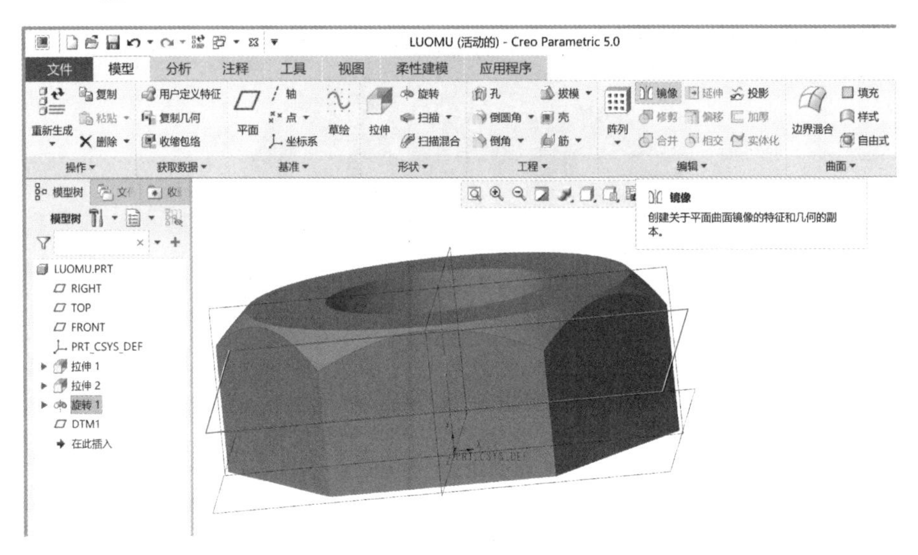

图2.92　旋转特征进行镜像操作

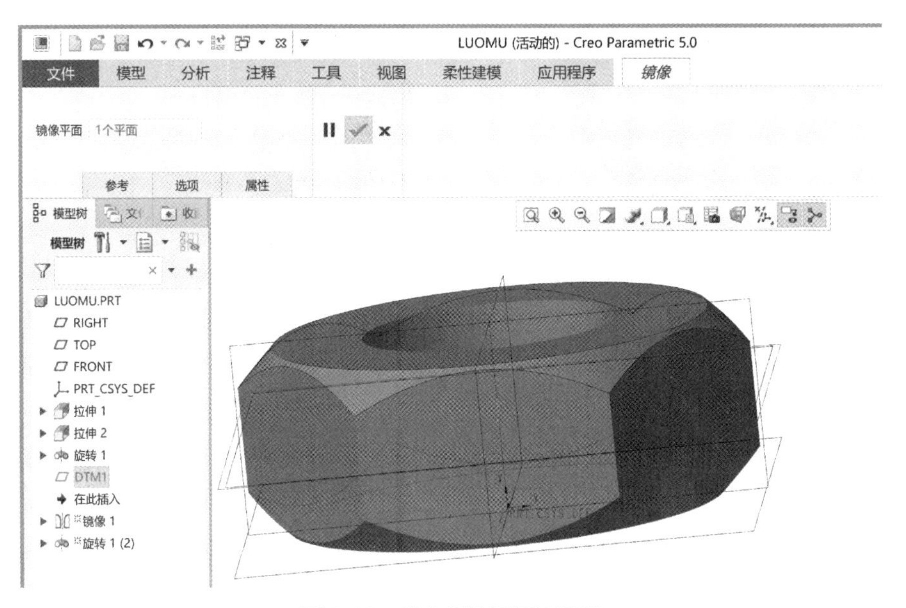

图2.93　镜像操控面板的设置

提示：旋转草绘需要注意的事项如下。

(1) 草绘时必须有旋转中心线。

(2) 草绘界面必须是封闭的。

(3) 草绘截面落于中心线一边，不能跨越中心线。

2.1.4　扫描特征

扫描特征是将一个截面沿着给定的轨迹“掠过”而生成的，所以也叫“扫掠”特征，要创建或者重新定义一个扫描特征，需给定两大特征要素，即扫描轨迹和扫描截面。扫描可以获得实体，也可以获得曲面，若扫描获得实体要确保扫描截面的草绘图为封闭环。

案例 2-11　扫描实体

微视频 2-11
扫描实体

创建实体扫描特征的步骤如下。

（1）单击“新建”命令按钮，在弹出的“新建”对话框中选择“零件”类型，在“文件名”后面的文本框中输入零件名称“saomiao”，然后单击“确定”按钮，取消勾选系统默认的模板，弹出新文件选项对话框，下拉选择“mmns_part_solid”毫米制单位，单击“确定”按钮进入零件建模主界面。

（2）创建扫描实体步骤分为两部分：第一步要创建扫描的路径（轨迹），第二步要创建扫描的截面。首先，在主界面上方工具栏中选择草绘指令，在主界面左侧模型树中选择平面 FRONT 作为草绘平面，选择主界面上方工具栏中的样条曲线命令，绘制如图 2.94 所示的扫描轨迹图。

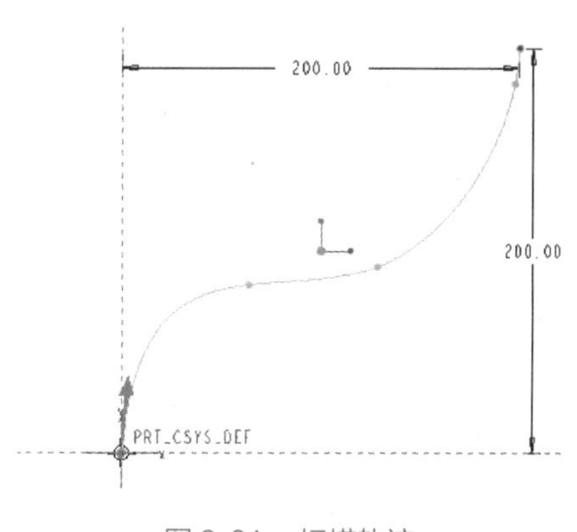

图 2.94　扫描轨迹

（3）点击“完成”指令，返回建模空间，选择主界面上方功能区“形状”模块中的“扫描”命令，弹出扫描操控面板，如图 2.95 所示。

（4）绘制扫描截面步骤，首先在扫描操控面板上选择草绘命令，界面调整为草绘界面，在出现的横竖轴线的中心绘制椭圆截面并输入长轴直径为 30，短轴直径为 20，如图 2.96 所示的尺寸值。

（5）截面绘制完成后，单击工具栏上的“完成”按钮。返回至扫描操控面板，选择扫描实体或者曲面两种模式，选择实体，单击工具栏上的“完成”按钮，得到的扫描实体如图 2.97 所示。

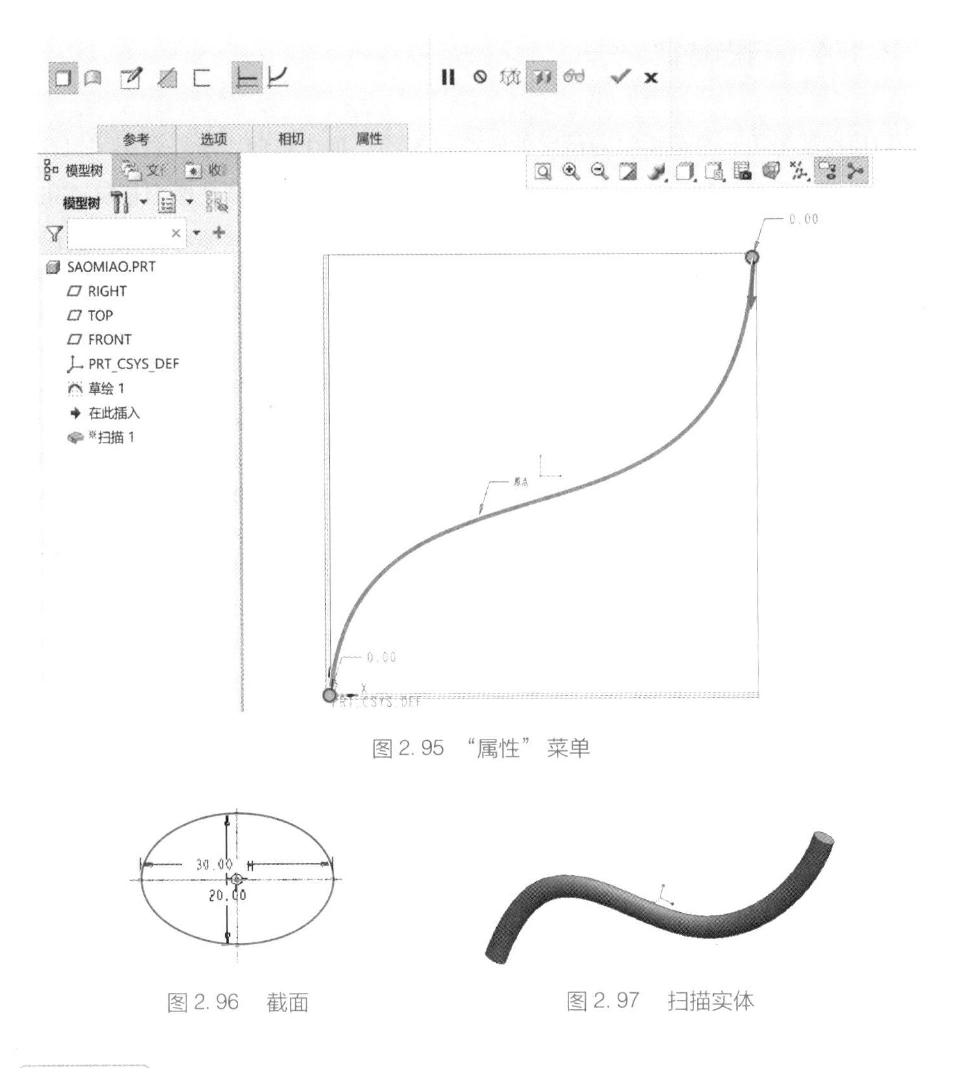

图 2.95 “属性”菜单

图 2.96 截面

图 2.97 扫描实体

微视频 2-12
扫描曲面

案例 2-12 扫描曲面

创建曲面扫描特征的步骤如下。

（1）单击“新建”命令按钮，在弹出的“新建”对话框中选择“零件”类型，在“文件名”后面的文本框中输入零件名称“扫描曲面”，然后单击“确定”按钮，取消勾选系统默认的模板，弹出新文件选项对话框，下拉选择“mmns_part_solid”毫米制单位，单击“确定”按钮，进入零件建模主界面。

（2）创建扫描曲面的步骤分为两部分：第一步要创建扫描的路径（轨迹），第二步要创建扫描的截面。

（3）首先创建扫描的轨迹，在主界面上方功能区中选择“草绘”指令，在主界面左侧模型树中选择平面 Front 作为草绘平面，选择主界面上方工具栏中的绘制圆弧（圆心和半径）指令，绘制半径为 10 的 1/4 圆弧，再使用 3 点/相切命令端绘制其余圆弧。绘制如图 2.98 所示的扫描轨迹图。

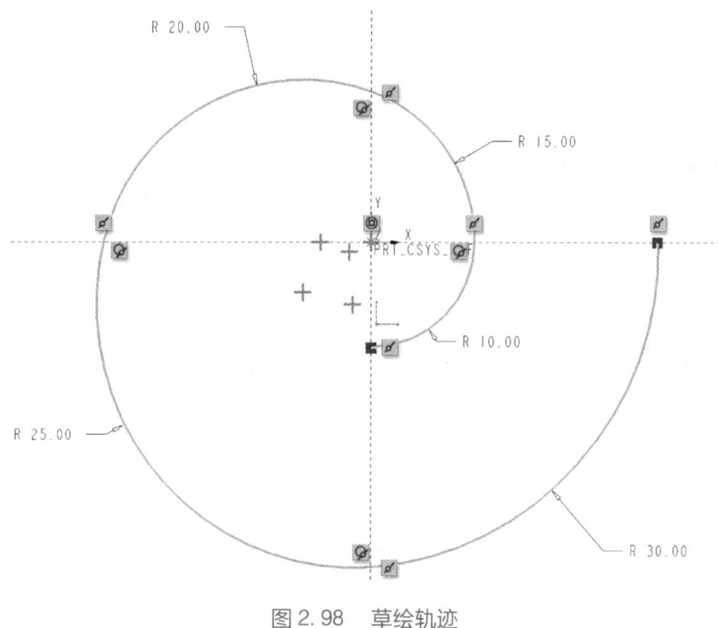

图 2.98　草绘轨迹

（4）点击“完成”按钮，返回建模空间，选择主界面上方功能区“形状”模块中的“扫描”命令，弹出扫描操控面板，选择扫描曲面指令，在该操控面板中选择草绘指令，进入草绘界面，以出现的坐标系中心为圆心绘制半圆弧作为扫描截面，如图 2.99 所示。

（5）单击“完成”按钮完成截面草绘。系统返回扫描操控面板，单击“完成”按钮，完成截面扫描曲面，得到的扫描曲面如图 2.100 所示。

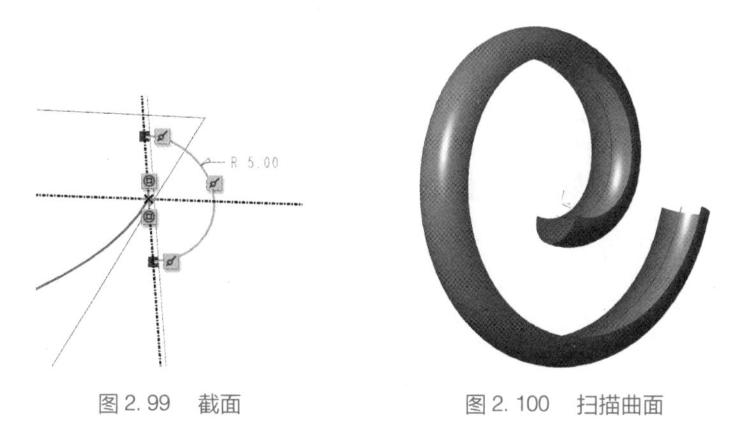

图 2.99　截面　　图 2.100　扫描曲面

2.1.5　混合特征

扫描特征是截面沿着轨迹扫描而成的，但是截面形状单一，而混合特征是由两个或两个以上的截面组成的，通过将这些截面在其边缘处用过渡曲面连接形成的一个连续特征。混合特征可以满足用户实现在一个实体中出现多个不同截面的要求。

混合特征有如下3种类型：

（1）平行。所有混合截面都位于截面草绘中的多个平行面上。

（2）旋转。混合截面绕 Y 轴旋转，最大角度可达120°，每个截面都单独草绘，并用截面坐标系对齐。

（3）一般（常规）。一般混合截面可以绕 X 轴、Y 轴和 Z 轴旋转，也可以沿这三个轴平移。每个截面都单独草绘，并用截面坐标系对齐。

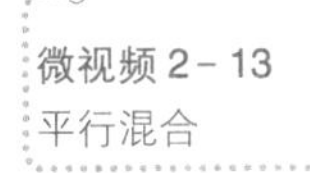

案例2-13 平行混合

平行混合是混合的所有截面都处于平行状态，其具体步骤如下。

（1）单击“新建”命令按钮，在弹出的“新建”对话框中，选择“零件”类型，在“文件名”后面的文本框中输入零件名称“平行混合”，然后单击“确定”按钮，取消勾选系统默认的模板，弹出新文件选项对话框，下拉选择“mmns_part_solid”毫米制单位，单击“确定”按钮，进入零件建模主界面。

（2）用左键单击选择主界面上方功能区中“形状”旁边的小黑三角中隐含的混合特征，即平行混合，弹出平行混合的操控面板，如图2.101所示。

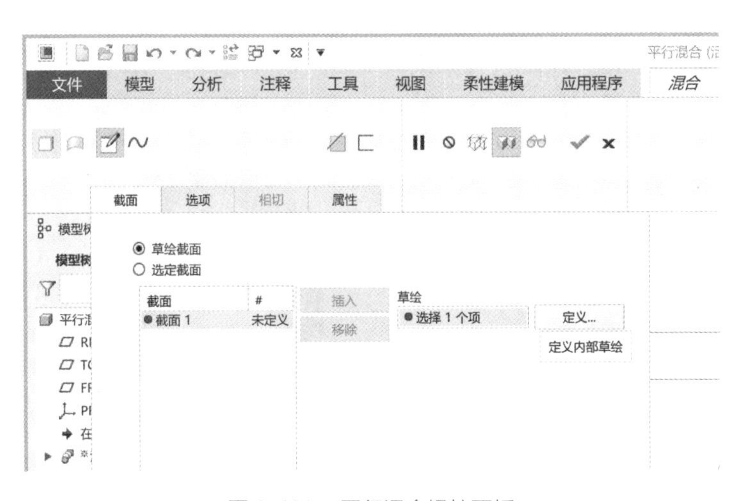

图2.101 平行混合操控面板

（3）在平行混合操控面板中，选择混合建模实体，用左键点击“截面”→“定义”，弹出放置参考窗口，选择Front平面作为第一个截面草绘平面，绘制第一个截面。添加中心轴线，使用对称约束指令实现绘制上下、左右对称，边长为100的正方形，如图2.102所示。点击“完成”按钮✔完成草绘截面1，返回平行混合操控面板界面。

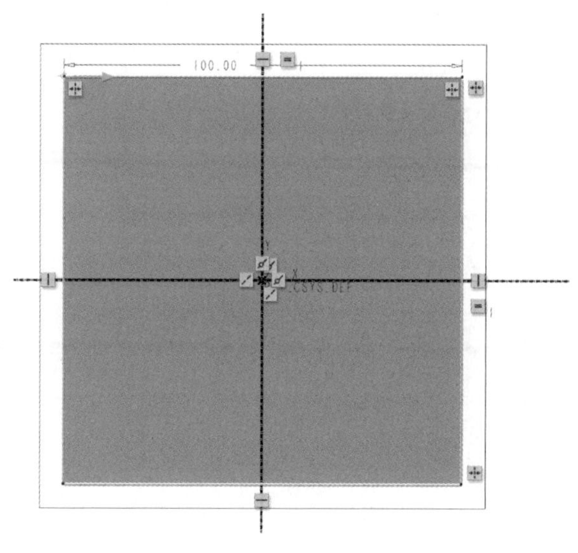

图 2.102 截面 1 草绘图

（4）继续用左键单击“截面”，选择截面 2→“偏移尺寸”输入“50”，用左键选择草绘，进入截面 2 草绘界面。绘制直径为 60 的圆，为了确保截面端点的数目相同，需要将圆分割为 4 个端点，创建辅助中心线，使用工具栏中的分割指令将圆分为和截面 1 位置相呼应的 4 个点，具体设置如图 2.103 所示。点击“完成”按钮✔完成草绘截面 2。

（5）重复上面步骤，点击“插入”，创建截面 3，输入截面 3 的“偏移尺寸值”为“50”，用左键点击草绘，创建截面 3 的草绘图是边长为 80 的正方形，如图 2.104 所示。点击“完成”按钮✔完成草绘截面 3。返回混合空间预览模型，如图 2.105 所示，点击“完成”按钮✔完成平行混合特征创建。

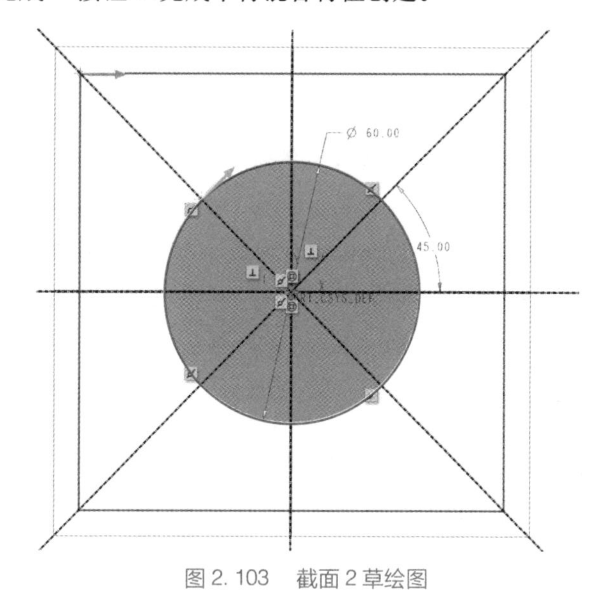

图 2.103 截面 2 草绘图

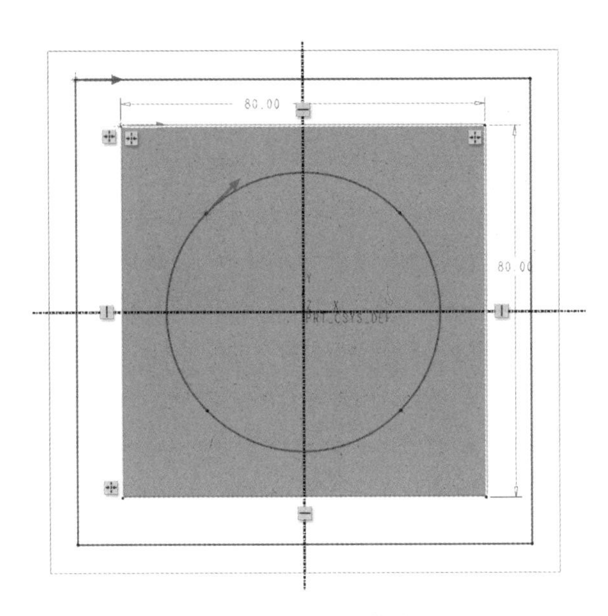

图2.104　截面3草绘图

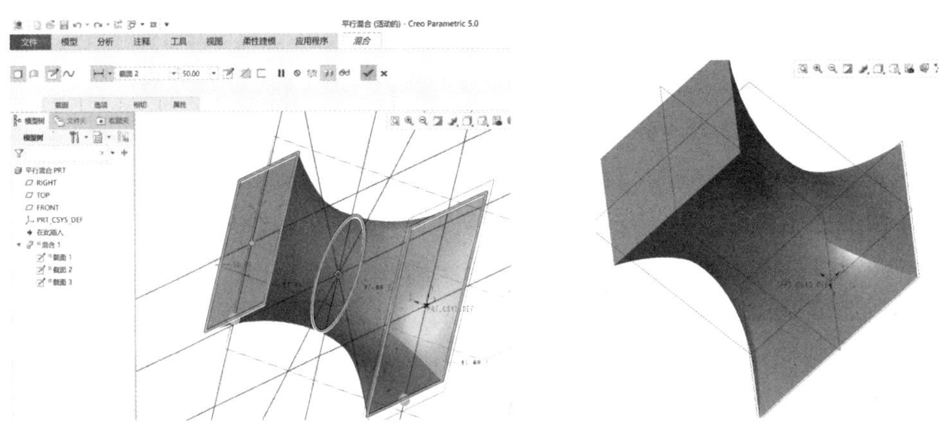

图2.105　完成3个截面草绘后平行混合预览及最终结果

注意：(1) 若各截面的起点位置没有保持一致将会导致混合母线产生扭转效果，则需要重新设置起点，选择需设置为起点的端点，然后长时间按下鼠标右键，在弹出的对话框中选择起点，即可修改起点位置。(2) 混合截面端点数目要保持相同，若不相同，要将端点数目少的截面其中一个端点设置为混合端点。(3) 圆截面由于是没有端点的，所以要根据具体情况分割对应数目的端点。

微视频2-14
旋转混合

案例2-14　旋转混合

旋转混合是通过使用绕旋转轴旋转的截面创建的。如果第一个草绘图或选择的截面包含一个旋转轴或中心线，会将其自动选定为旋转轴。如果第一个草绘图不包含旋转轴或中心线，可选择边作为旋转轴。

（1）单击“新建”命令按钮，在弹出的“新建”对话框中，选择“零件”类型，在“文件名”后面的文本框中输入零件名称“旋转混合”，然后单击“确定”按钮，取消勾选系统默认的模板，弹出“新文件选项”选项对话框，下拉选择“mmns_part_solid”毫米制单位，单击“确定”按钮，进入零件建模主界面。

（2）左键单击选择主界面上方功能区中“形状”旁边的小黑三角中隐含的旋转混合特征，即旋转混合。弹出的旋转混合操控面板，如图 2.106 所示。

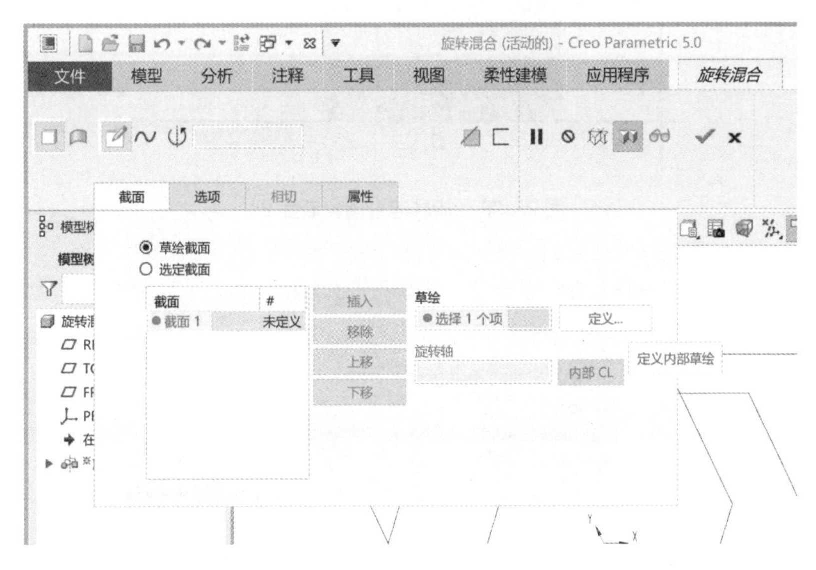

图 2.106　旋转混合操控面板

（3）在旋转混合操控面板中，选择混合建模实体，用左键单击“截面”→“定义”，弹出放置参考窗口，选择 Front 平面作为第一个截面的草绘平面，绘制第一个截面。在系统坐标系的圆心位置绘制边长为 100 的正方形，添加中心轴线，定义与正方形边长距离为 200，如图 2.107 所示。点击“完成”按钮完成草绘截面 1，返回旋转混合操控面板界面。

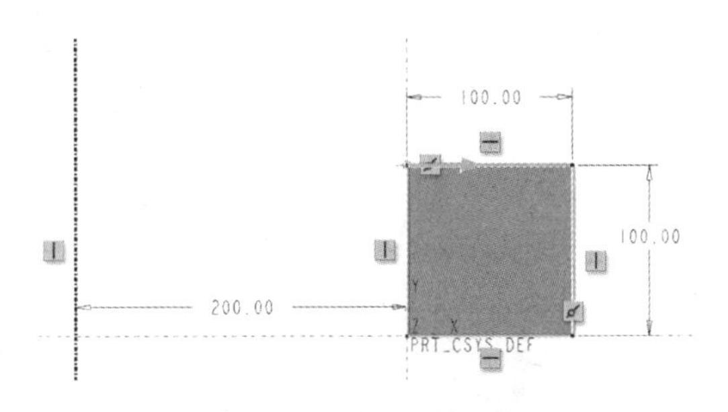

图 2.107　旋转混合创建截面 1

（4）继续用左键单击“截面”，选择截面 2→“偏移尺寸”输入“60”，用左键选择草绘图，进入截面 2 草绘。在距离纵向参考中心轴线 60 的位置绘制边长为 140

的正方形截面，如图 2. 108 所示。点击“完成”按钮完成草绘截面 2，预览效果如图 2. 109 所示。点击“确定”按钮✔完成旋转混合建模，如图 2. 110 所示。

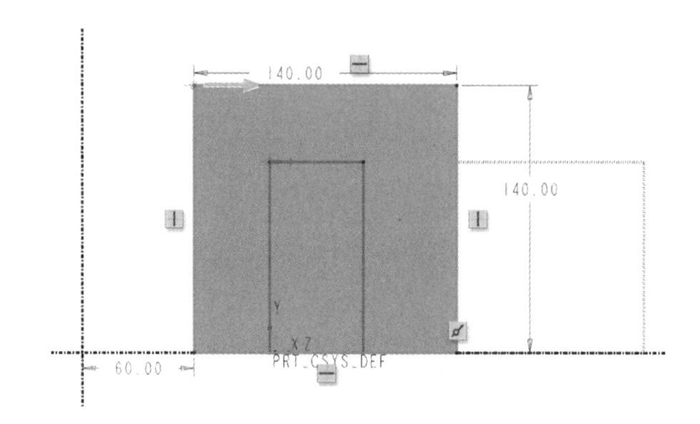

图 2. 108　旋转混合创建截面 2

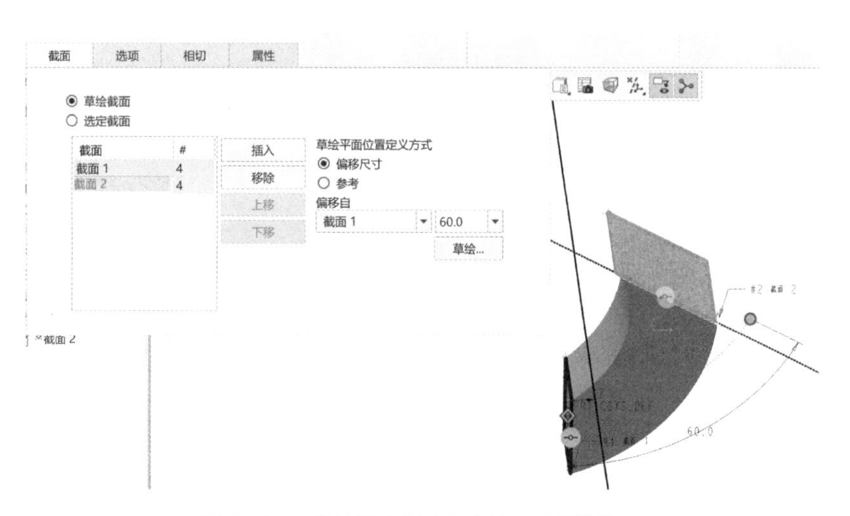

图 2. 109　旋转混合创建两个截面后预览效果

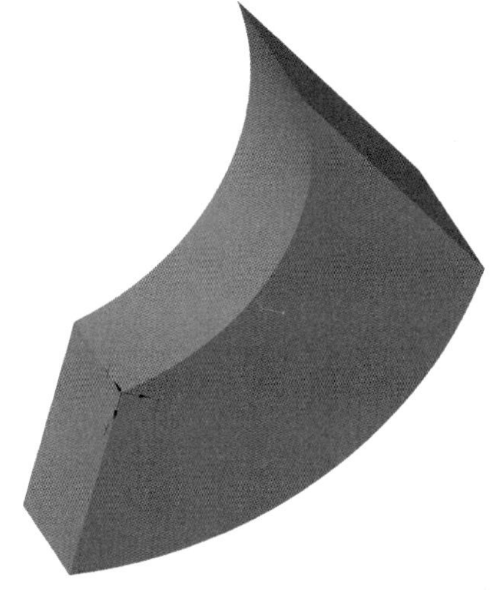

图 2. 110　旋转混合结果

案例 2-15　一般（常规）混合特征创建蜗杆建模

微视频 2-15
一般混合创建蜗杆

一般（常规）混合截面可以绕 *X* 轴、*Y* 轴和 *Z* 轴旋转，也可以沿这三个轴平移。每个截面都单独草绘，并用截面坐标系对齐。Creo 版本的一般混合不在工具栏“形状”菜单内，因此需要添加设置。设置步骤如下：

① 添加配置选项，依次选择“文件”→“选项”→“配置编辑器”→“添加”，输入选项名称“enable_obsoleted_features”，选项值设置为“yes”→“确定”，完成添加自定义功能区。

② 依次选择“文件”→“选项”→“自定义”→“功能区”→“所有指令”，查找出伸出项图标或在过滤命令处搜索“常规混合”→添加至右侧图框内“零件设计”的“形状”模块中，完成“一般混合”特征指令的添加，具体操作如图 2.111 所示。这时，在零件设计主界面上方工具栏“形状”模块中将显示一般混合特征命令图标。

图 2.111　添加一般混合指令至“形状”模块中

下面介绍使用一般混合特征完成蜗杆建模的步骤：

（1）单击“新建”命令按钮，在弹出的“新建”对话框中，选择“零件”类型，在“文件名”后面的文本框中输入零件名称“蜗杆建模”，然后单击“确定”按钮，取消勾选系统默认的模板，弹出“新文件选项”对话框，下拉选择“mmns_part_solid”毫米制单位，单击“确定”按钮进入零件建模主界面。

（2）在主界面上方工具栏“形状”模块区域选取一般混合“伸出项”命令，弹出如图 2.112 所示菜单管理器。通过该菜单管理器用户可以设置混合选项，各个选项的意义如下：

图 2.112　混合菜单管理器

① 选取截面。选取已创建截面图元；

② 草绘截面。草绘截面图元。

（3）在菜单管理器依次选取“草绘截面”→“完成”，系统弹出“伸出项：混合”对话框和菜单管理器的“属性”菜单，如图 2.113 所示。

（4）在“属性”菜单中选择“平滑”→“完成”命令，弹出“设置草绘平面”菜单。

（5）在“设置草绘平面”菜单中选取“平面”命令后，信息行提示“选取或创建一个草绘平面”，选取基准平面 RIGHT 作为草绘界面，然后依次选取“确定（默认为正向）”→“缺省”命令，菜单管理器的具体设置如图 2.114 所示。

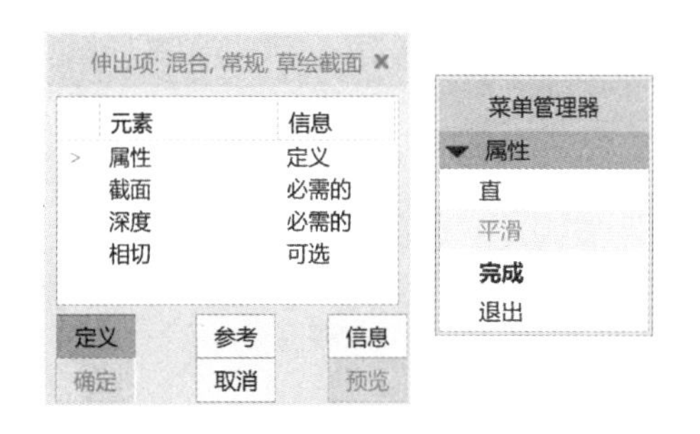

图 2.113　混合对话框和“属性”菜单

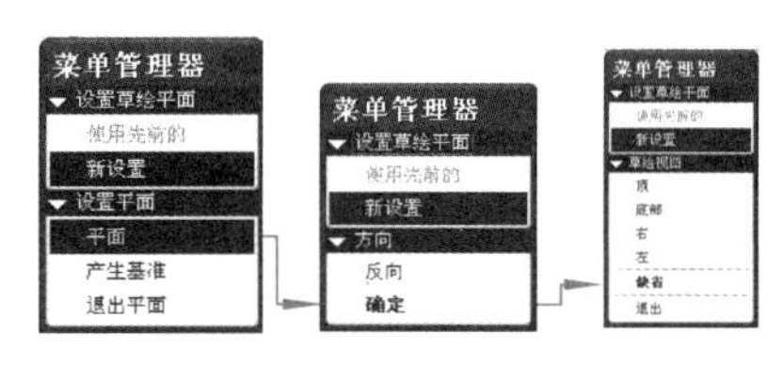

图 2.114　菜单管理器设置

（6）系统进入草绘界面，绘制直径为 160 mm 和 100 mm 的两个同心圆，然后使用线段指令绘制夹角 20° 的倾斜直线，端点与纵轴距离 5 mm，创建中心轴线，使用镜像指令，修剪指令完成截面绘制，如图 2.115 所示，作为第一混合截面。

（7）单击“草绘器”工具栏上的“坐标系”按钮，将它放置在坐标系原点。然后单击左键，全选整个草绘界面，再单击右键，单击左键选择“复制”命令。单击“完成”按钮完成第一截面的草绘。输入绕 X 轴旋转角度为 0°，回

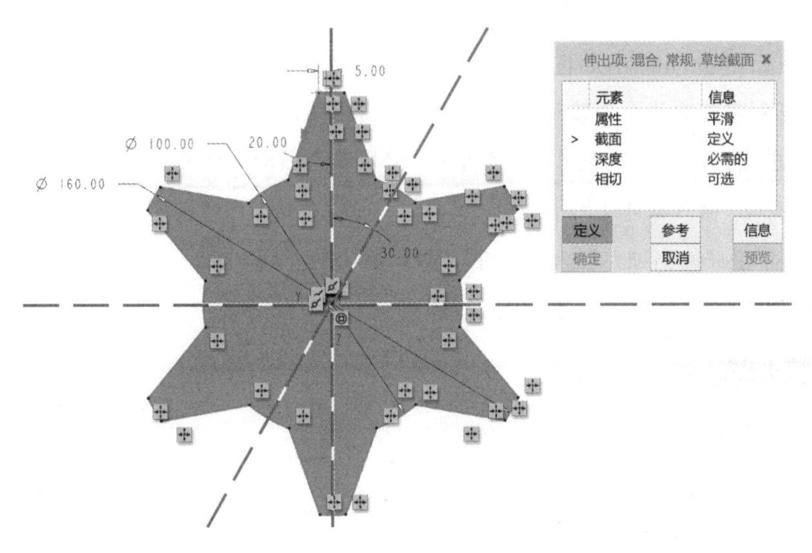

图 2.115　第一混合截面

车 → 输入绕 Y 轴旋转角度为 0°，回车 → 输入绕 Z 轴旋转角度为 45°，回车完成第二个截面旋转角度值的设定。弹出粘贴第二个混合截面的粘贴界面。

（8）在弹出界面中单击右键 →“粘贴”，弹出粘贴设置对话框，如图 2.116 所示。设置粘贴操控面板中水平尺寸值为 0，竖直尺寸值为 0，图形放大缩小比例因子值为 1，点击“确定”按钮✔，界面调整为第二个截面草绘，包含与第一个截面相同的图形草绘，用左键点击“确定”按钮✔完成设定。

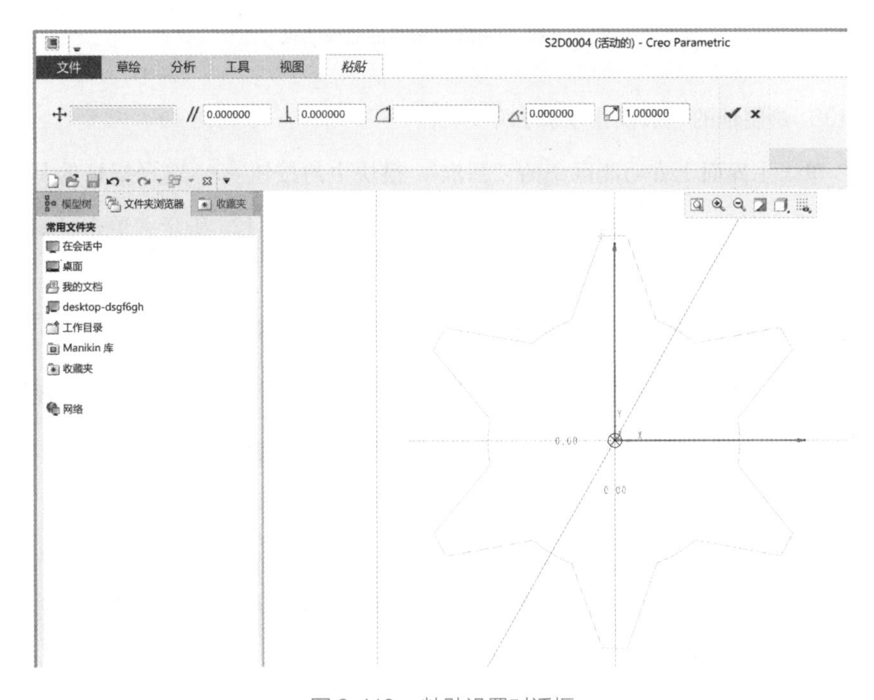

图 2.116　粘贴设置对话框

（9）系统自动弹出如图2.117的窗口，选择“是（Y）”选项；重复步骤（8），直到需要的截面个数时，在“确认”窗口中选择“否（N）”，本例的截面个数为5。系统会自动弹出如图2.118所示，分别输入截面2的深度为“200”，按“回车”键返回；输入截面3的深度为“200”，如此重复输入截面间的距离值200，直到结束。单击“伸出项：混合，一般”对话框中的 确定 按钮，完成一般混合建模的创建，一般混合建模的结果如图2.119所示。

图2.117 “确认”对话框图

图2.118 截面间距离的输入

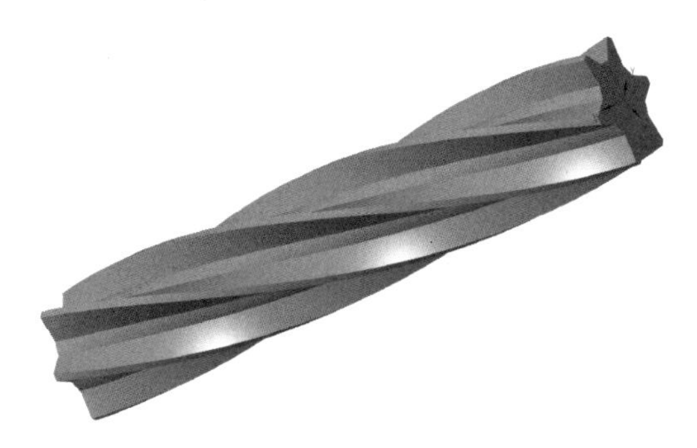

图2.119 完成一般混合建模结果

（10）绘制轴的一般操作步骤如下。

① 单击主界面上方功能区中的“基准”模块中的按钮，选择蜗杆的其中一个端面作为草绘平面，绘制出直径为40 mm的圆，如图2.120所示。单击“完成”按钮✔，完成草绘特征的创建。

② 单击主界面上方功能区中的“形状”模块中“拉伸”命令按钮，在“拉伸”操控面板中选择“实体”命令，选择拉伸深度方式，输入深度值“200”，单击“完成”按钮，完成拉伸特征的创建，手柄实体如图2.121所示。

③ 绘制另一侧轴。单击主界面上方工具栏中的“基准”中的“平面”按钮，系统弹出“基准平面”的对话框，如图2.122所示。选择RIGHT平面作为基准平面，偏移的距离为“4000”，然后单击 确定 按钮，完成DTM1参考平面的创建，如图2.123所示。

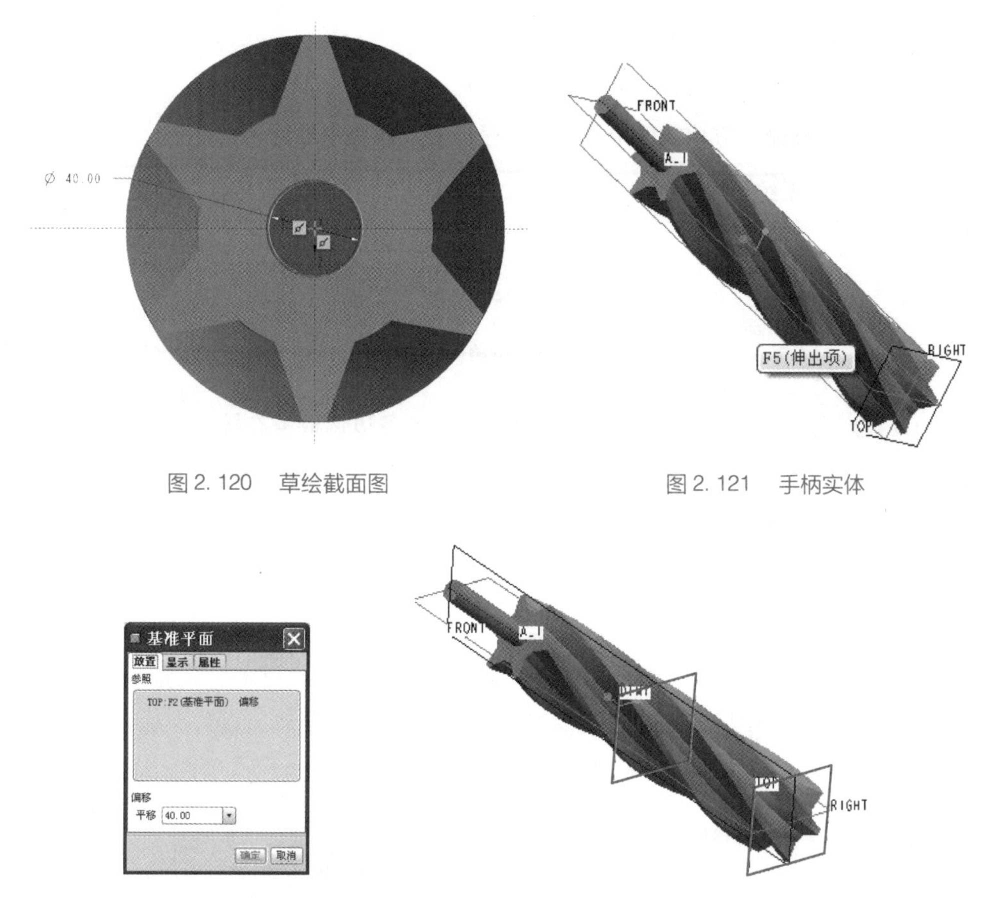

图 2.120 草绘截面图

图 2.121 手柄实体

图 2.122 “基准平面”对话框

图 2.123 偏移平面位置

④ 单击界面左侧“模型树”中的“拉伸1”，即可选中步骤②所创建的轴。单击界面上方工具栏“编辑”中的“镜像”按钮，窗口下会弹出“镜像”对话框，选择步骤③所生成的“DTM1 平面”，作为镜像平面；单击“完成”按钮，完成镜像特征的创建，蜗杆实体如图 2.124 所示。至此，完成整个蜗杆的建模。

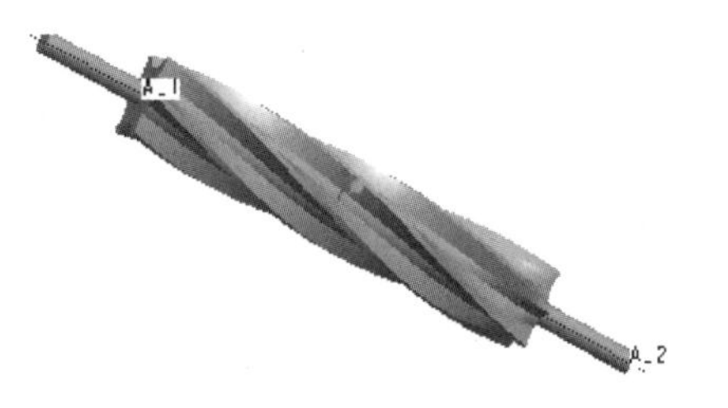

图 2.124 蜗杆实体

2.1.6 倒角特征

倒角特征是对边或拐角进行斜切削。曲面可以是实体模型曲面，也可以是常规的 Creo Parametric 零厚度面组和曲面。可创建的两种倒角类型：边倒角和拐角倒角。

1. 边倒角

（1）打开第2章源文件/daojiao. prt 文件。

（2）在主界面上方功能区中选取“工程特征”模块中的倒角下拉菜单“边倒角”命令，系统进入倒角界面，如图2.125所示。

图2.125　倒角操控面板

（3）点击“新建集”，选取需要倒角的边，多条边选取需在按下Ctrl键同时的取边。

选择倒角方式为“D1×D2”，并设置D1倒角距离尺寸为2,D2为1，如图2.126所示。

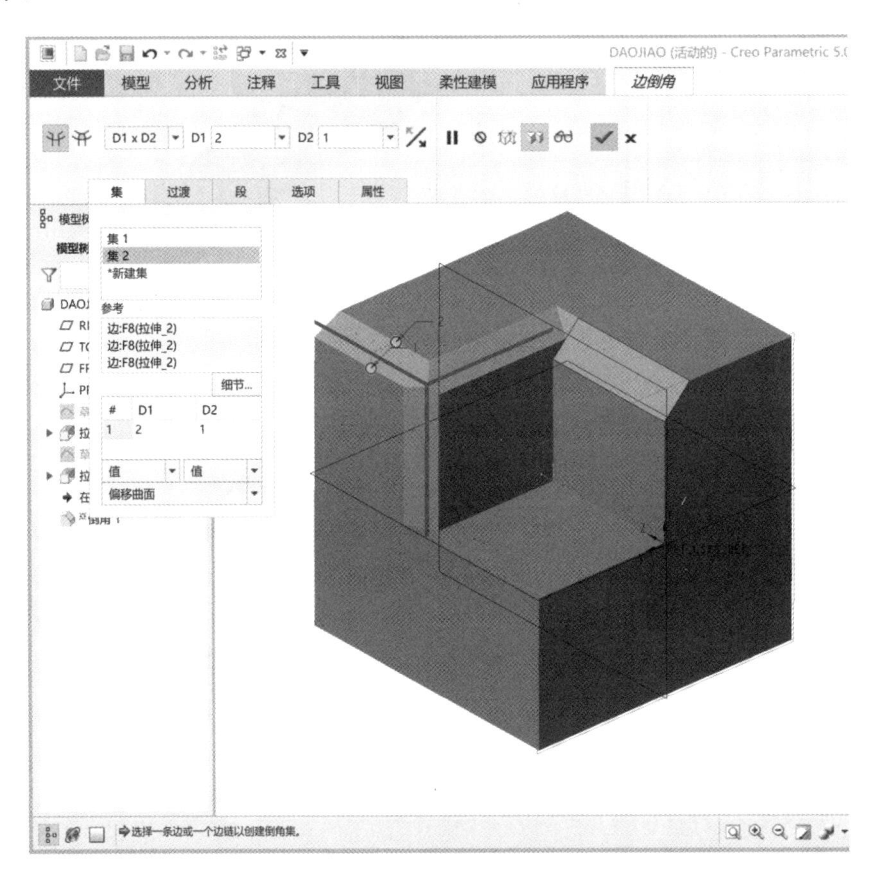

图2.126　创建集2：三条边倒角

（4）选择“过渡”，单击选择已完成倒角的几何顶点区域，则“过渡”模式被激活，修改过渡类型为“曲面片”，选择实体顶平面，结果如图2.127所示。

（5）单击控制区的“完成”按钮，完成倒角操作，如图2.127所示。

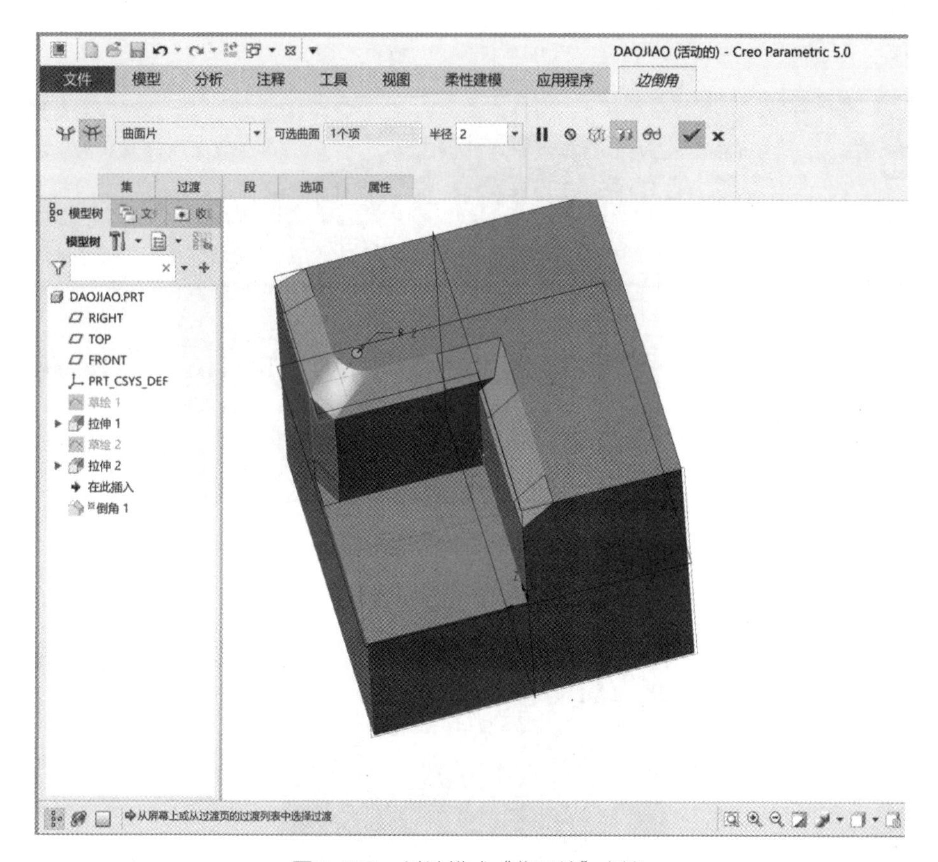

图2.127　过渡模式“曲面片”倒角

2. 拐角倒角

（1）打开第2章源文件/guaijiaodaojiao. prt文件。

（2）在主界面上方功能区中选取“工程特征”模块中的倒角下拉菜单“拐角倒角”命令，系统进入倒角界面。在弹出的“倒角”操控面板中，用鼠标左键选择实体的一个三条边交汇的顶点，并设置三条倒角边的值均为4，具体设置如图2.128所示，完成拐角倒角结果如图2.129所示。

3. 操控面板介绍

（1）“倒角”操控面板

Creo Parametric可创建不同的倒角，能创建的倒角类型取决于选取的参照类型。

主界面上方功能区中选取“工程特征”模块中的倒角下拉菜单“边倒角”命令，系统打开“边倒角”操控面板。操控面板包含下列选项：

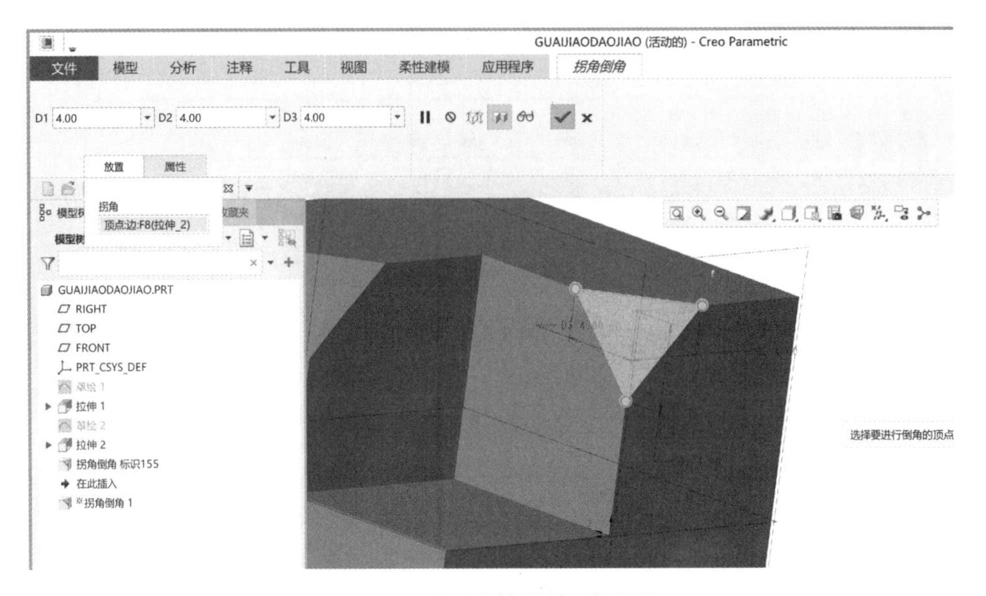

图 2.128 拐角倒角操控面板设置

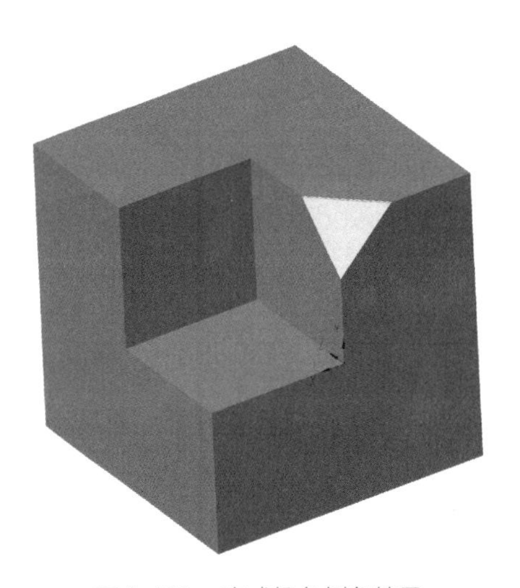

图 2.129 完成拐角倒角结果

1)“集” 模式按钮。用来处理倒角集。系统默认选取此选项，如图 2.130 所示。

图 2.130 “集” 模式倒角操控面板

“标注形式” 的下拉菜单显示倒角集的当前标注形式，并包含基于几何环境的有效标注形式列表，系统包含的标注形式有：“D × D”“D1 × D2”“角度 × D”“45 × D” 4 种。

2）“过渡” 模式按钮。当在绘图区中选取倒角几何时，图 2.131 中的“过渡” 模式被激活，单击倒角模式转变为过渡模式。相应的操控面板如图 2.131 所示，可以定义倒角特征的所有过渡类型。其中“过渡类型” 下拉菜单显示当前过渡的默认过渡类型，并包含基于几何环境的有效过渡类型列表。此框可用来改变当前过渡的过渡类型。

图 2.131 “过渡” 模式倒角操控板

① 集。是由倒角段组成的。倒角段包含唯一属性、几何参照、平面角及一个或多个倒角距离等信息，是由倒角和相邻曲面所形成的三角边。

② 过渡。连接倒角段的填充几何。过渡位于倒角段或倒角集端点汇合或终止处。在最初创建倒角时，Creo Parametric 使用默认过渡，并提供多种过渡类型，允许用户创建和修改过渡。

（2）下滑面板

“倒角” 操控面板的下滑面板和前面介绍的“倒圆角” 操控面板的下滑面板类似。

2.1.7 孔特征

利用“孔” 工具可向模型中添加简单孔、定制孔和工业标准孔。通过定义放置参照、设置次（偏移）参照及定义孔的具体特性来添加孔。

通过“孔” 命令可以创建以下类型的孔。

（1）直孔。由带矩形剖面的旋转切口组成。其中直孔的创建又包括矩形、标准和草绘三种创建方式。

① 矩形孔。使用 Creo Parametric 预定义的（直）几何。默认情况下，Creo Parametric 创建单侧矩形孔，也可以使用“形状” 下滑面板来创建双侧简单直孔。双侧“矩形” 孔通常用于组件中，允许同时格式化孔的两侧。

② 标准形状孔。孔底部有实际钻孔时的底部倒角。

③ 草绘孔。使用“草绘器” 创建草绘孔轮廓。

（2）标准孔。由基于工业标准紧固件表的拉伸切口组成。Creo Parametric 提供了紧固件工业标准孔图表以及螺纹或间隙直径，也可以创建自己的孔图表。注意，对于“标准” 孔，会自动创建螺纹注释。

创建孔特征的具体操作过程如下。

① 新建一个零件模型，文件名称为“kong. prt”。

② 单击“基础特征”工具栏上的“拉伸”命令按钮，选取基准平面FRONT作为草绘平面，绘制如图2. 132所示的截面。

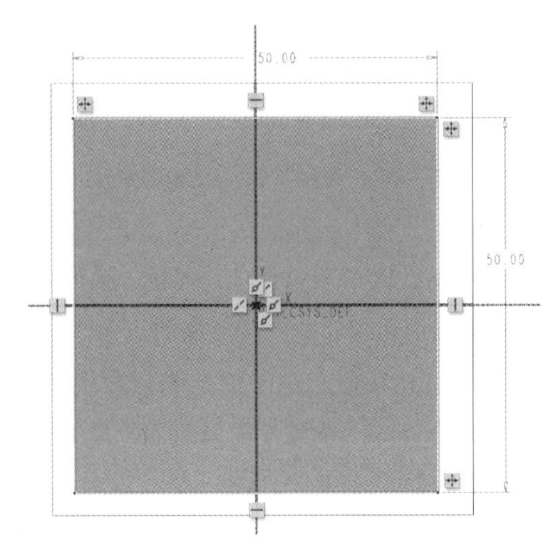

图2. 132　绘制截面

③ 单击操控区中的“完成”按钮，完成草绘。

④ 操控面板的设置如图2. 133所示。

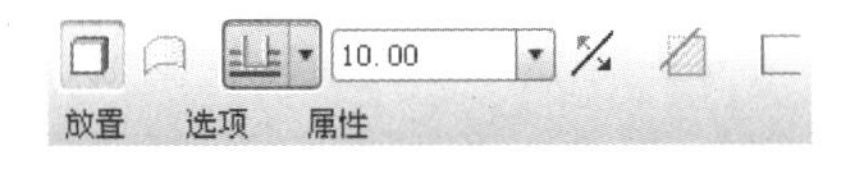

图2. 133　孔操纵板设置

⑤ 单击“完成”按钮，完成拉伸操作，所创建的拉伸实体如图2. 134所示。

⑥ 单击主界面上方“工程特征”工具栏中的“孔”按钮，选取拉伸实体的上表面来放置孔，被选取的表面加亮显示，并预显孔的位置和大小，如图2. 135所示，通过孔的控制手柄来调整孔的位置和大小。

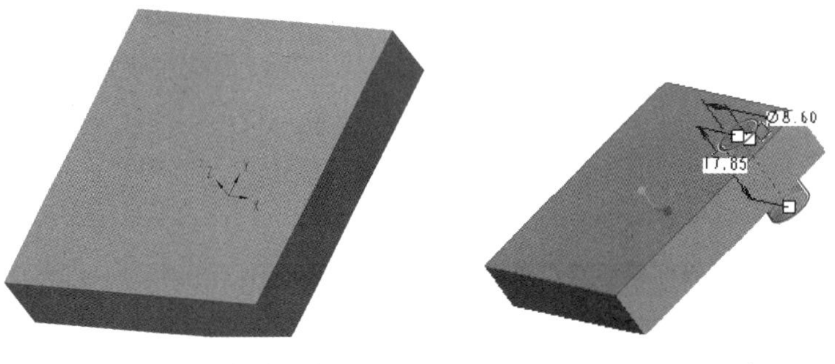

图2. 134　拉伸实体　　图2. 135　预显孔

⑦ 通过如图 2.136 所示的操控面板及“放置”按钮的下滑面板设置孔的放置平面、位置和大小。单击“放置”选项下的文本框后，选取拉伸实体的上表面作为孔的放置平面，单击“反向”按钮改变孔的创建方向，单击“偏移参照”选项中的文本框，选取拉伸实体的一条参照边，按住 Ctrl 键同时在绘图区选择另外一条边，被选中边的名称及孔中心到该边的距离均显示在下面的文本框中，单击距离值文本框，就可以编辑该文本框，修改距离值。本例中距离均设置为“10”。

⑧ 设置完孔的各项参数后，单击操控面板的“形状”按钮，在弹出的如图 2.137 所示的下滑面板中显示当前孔的形状，可修改孔直径为 $\phi8$，盲孔深度（即孔深度）为 10。

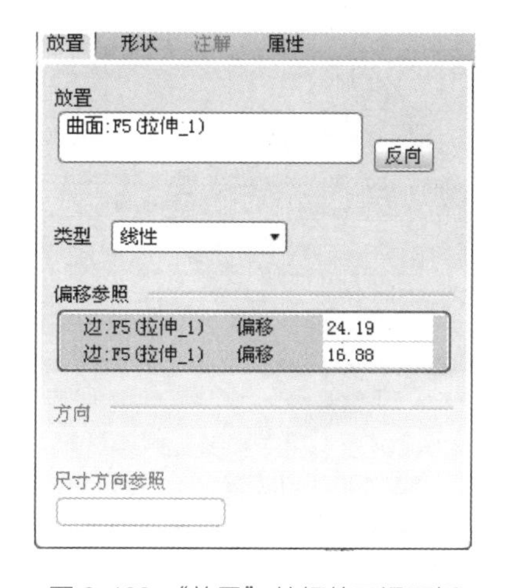

图 2.136 “放置”按钮的下滑面板

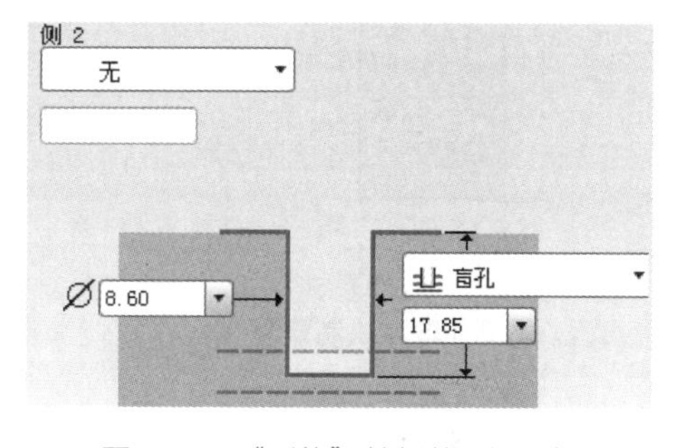

图 2.137 “形状”按钮的下滑面板

⑨ 单击控制区的“完成”按钮，完成孔的操作，所创建的孔如图 2.138 所示。

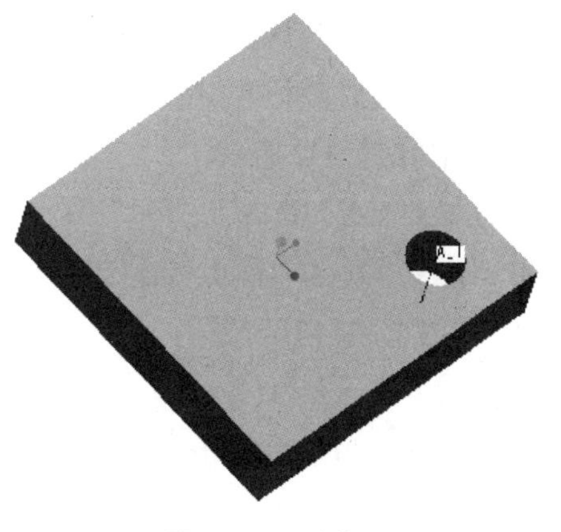

图 2.138 孔效果

⑩ 单击“工程特征”模块中的“孔”按钮，在操控面板上选取“简单孔” → “草绘”命令。

⑪ 单击操控面板的“草绘剖面”按钮，系统进入草绘界面。绘制如图 2.139 所示的旋转截面，添加中心线为旋转轴，然后单击工具栏上的“完成”按钮，完成草绘并回到主界面。

⑫ 单击“放置”按钮，再单击“主参照”选项下的文本框，仍选取拉伸实体的上表面放置孔；单击“偏移参照”选项下的文本框，选取拉伸实体的一条边为参

照边，按住 Ctrl 键同时在绘图区选择另外一条边，被选取边的名称及孔中心到该边的距离均显示在下面的文本框中，再单击距离值文本框，分别输入“10”“10”，如图 2. 140 所示。

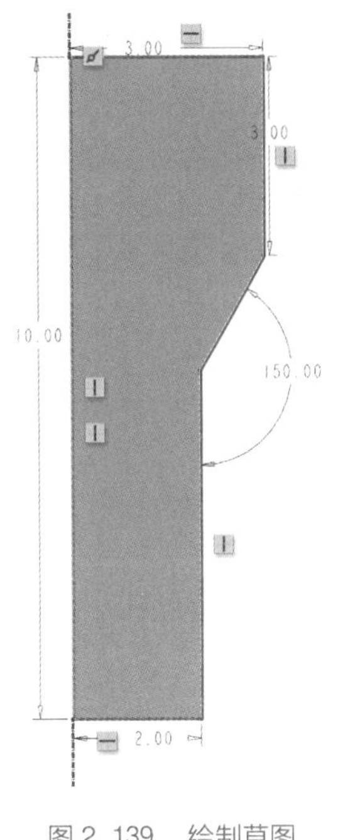

图 2. 139 绘制草图

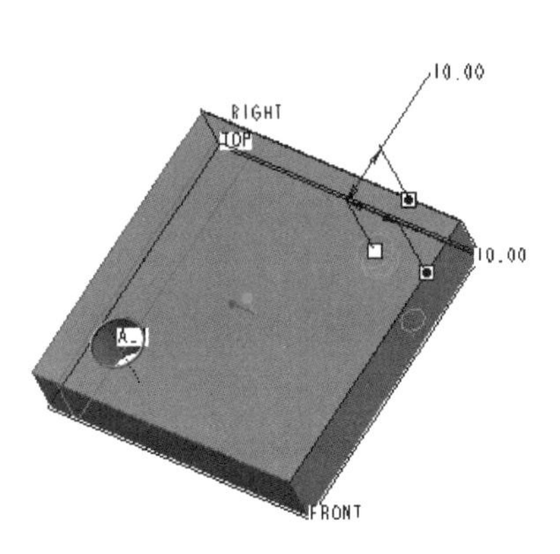

图 2. 140 孔设置

⑬ 单击控制区的“完成”按钮，其草绘孔的效果如图 2. 141 所示。

⑭ 单击“工程特征”模块中的“孔”按钮，在操控面板上选择“标准孔”按钮，操控面板选项如图 2. 142 所示。

⑮ 操控面板的设置为“ISO”标准，“M6×1”螺钉、孔深为 10 和“沉孔”直径为 10、下沉深度为 3，如图 2. 143 所示。

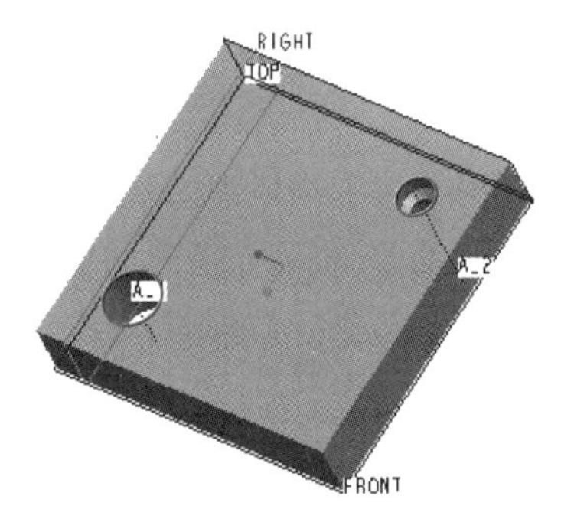

图 2. 141 草绘孔效果

图 2. 142 “标准孔”操控面板

⑯ 选取拉伸实体的上表面放置螺纹孔，单击“放置”按钮，再单击“主参照”选项下的文本框，选取拉伸实体的上表面放置孔；单击“偏移参照”选项下的文本框，选取拉伸实体的一条边为参照边，按住 Ctrl 键同时在绘图区选择另外一条边，被选取边的名称及孔中心到该边的距离均显示在下面的文本框中，单击距离值文本

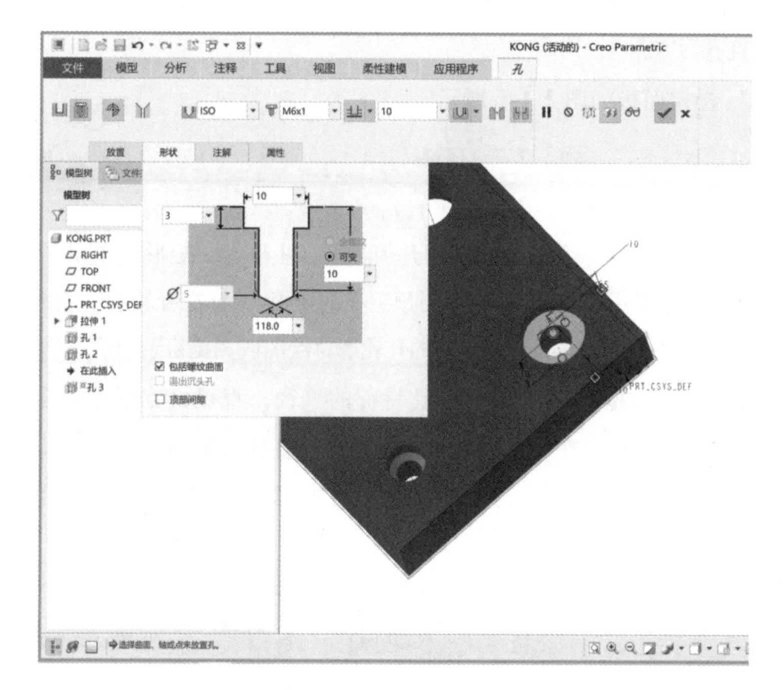

图 2.143　操控面板设置

框，分别输入“10”“10”，如图 2.144 所示。

⑰ 单击控制区的“完成” 按钮，其草绘孔的效果如图 2.145 所示。

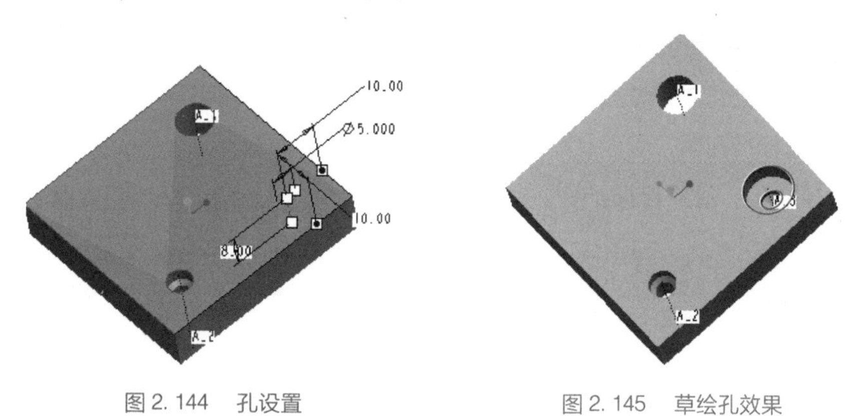

图 2.144　孔设置　　　　图 2.145　草绘孔效果

操控面板各选项介绍如下。

1. “孔” 对话框

单击“工程特征” 模块中的“孔” 按钮，或者单击“插入” →“孔” 菜单命令，系统打开“孔” 的操控面板。

“孔” 操控面板是由一些命令组成的，这些命令从左往右排列，引导用户逐步完成整个设计过程。根据设计条件和孔类型的不同，某些选项会不可用。主要可以创建以下两种类型的孔。

(1)“直孔”

“直孔”操控面板如图2.146所示。

图2.146 “直孔”操控面板

①“孔轮廓”。指用于孔特征轮廓的几何类型。主要有“矩形”“标准孔轮廓”和“草绘”3种类型。其中，“矩形”孔使用预定义的矩形，“标准孔轮廓”孔使用标准轮廓作为钻孔轮廓；“草绘”孔允许创建新的孔轮廓草绘图或浏览目录中所需草绘图。

②“直径”文本框∅。控制简单孔特征的直径。直径文本框中包含最近使用的直径值，新定义直径时在文本框中输入创建孔特征的直径值即可。

③“深度选项”文本框。列出直径孔的可能深度选项，具体图标含义如表2.2所示。

表2.2 深度选项图标介绍

图标	功能	图标	功能
	从放置参照以指定深度值在第一个方向钻孔		在放置参照的两个方向上，以指定深度值的一半分别在各方向钻孔
	在第一方向钻孔直到下一个曲面（“组件”模式下不可用）		在第一方向钻孔直到与所有曲面相交
	在第一方向钻孔直到与选定曲面或平面相交（“组件”模式下不可用）		在第一方向钻孔直到选定的点、曲面、平面或曲面

(2)标准孔

“标准孔”操控面板如图2.147所示。

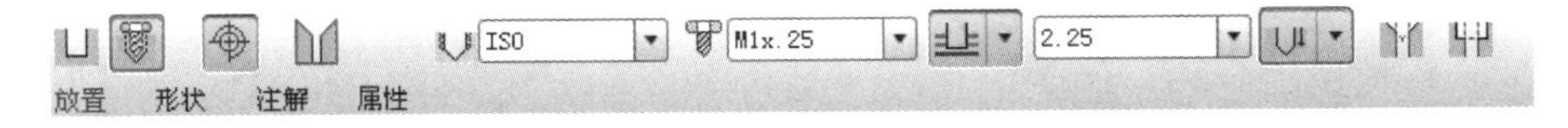

图2.147 “标准孔”操控面板

①“螺纹类型”下拉菜单。列出可用的孔图表，其中包含螺纹类型/直径信息。初始会列出工业标准（UNC、UNF和ISO）孔图表。

②下列列表框。根据在“螺纹类型”下列表中选取的孔图表，列出可用的螺纹尺寸。在文本框中输入值，或拖动直径图标让系统自动选取最接近的螺纹尺寸。默认情况下，选取列表中的第一个值，螺纹尺寸框显示最近使用的螺纹尺寸。

③“深度选项”下拉菜单与“深度值”文本框。与直径类型类似，不再重复介绍。

④按钮。指出孔特征是螺纹孔，还是间隙孔，即确定是否需要攻螺纹。如果标准孔使用“盲孔”深度选项，则不能清除螺纹选项。

⑤ [icon]按钮。 指示当前尺寸值为钻孔的肩部深度。

⑥ [icon]按钮。 指示孔特征为钻孔深度。

⑦ [icon]按钮。 指示孔特征为埋头孔。

⑧ [icon]按钮。 指示孔特征为沉头孔。

2. 下滑面板

下滑面板中包含有关孔特征参照、形状、螺纹注释和属性的信息。孔特征使用以下几种面板。

(1)"放置" 面板

"放置" 面板用于选取和修改孔特征的位置与参照，如图 2.148 所示。

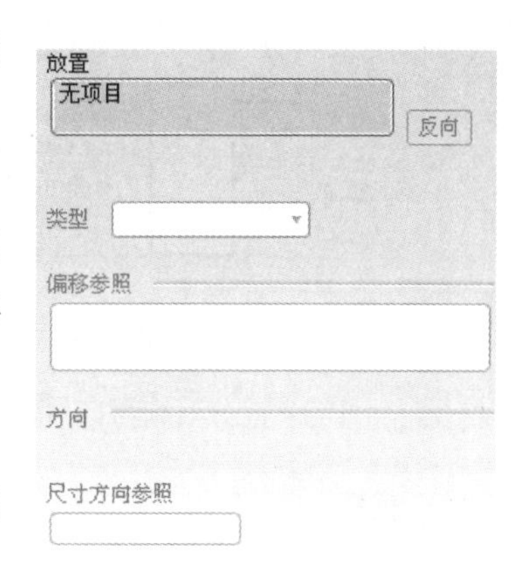

图 2.148 "放置" 面板

"放置" 面板包含以下功能模块。

①"放置" 列表。 指示孔特征放置参照的名称。主参照列表只能包含一个孔特征参照。该工具处于活动状态时，用户可以选取新的放置参照。

②"反向" 按钮。 改变孔放置的方向。

③"放置类型" 下拉菜单。 指示孔特征使用偏移/偏移参照的方法。通过定义放置类型，选取可用参照类型，如表 2.3 所示。

表 2.3　可用参照类型

放置主参照	放置类型列表
平面实体曲面 / 基准平面	线型 / 径向 / 直径 / 同轴
轴 (Axis)	同轴 (Cozxial)
点	在点上
圆柱实体曲面	径向 / 同轴
圆锥实体曲面	径向 / 同轴

④"偏移参照" 列表：指示在设计中放置孔特征的偏移参照。如果主放置参照是基准点，则该列表不可用。该表共有如下 3 列。

第 1 列提供参照名称。

第 2 列提供偏移类型的信息。偏移参照类型的定义：对于线性参照类型，定义为"对齐" 或"线性"；对于同轴参照类型，定义为"轴向"；对于直径和径向参照类型，则定义为"轴向" 和"角度"。通过单击该列并从列表中选取偏移定义，可改变线性参照类型的偏移参照定义。

第 3 列提供参照偏移值。可输入正值和负值。但负值会自动反向于孔的选定参照侧。偏移值包含最近使用的值。

孔工具处于活动状态时，可选取新参照以及改变参照类型和参照偏移值。如果放置主参照改变，则仅当现有的偏移参照对于新的孔放置有效时，才能继续使用。

（2）“形状”面板

用于预览当前孔的2D视图并修改孔的特征属性，包括深度选项、直径和全局几何。下滑面板中的预览孔几何会自动更新，以反映所做的任何修改。直径和标准孔有各自独立的下滑面板选项，如图2.149所示。

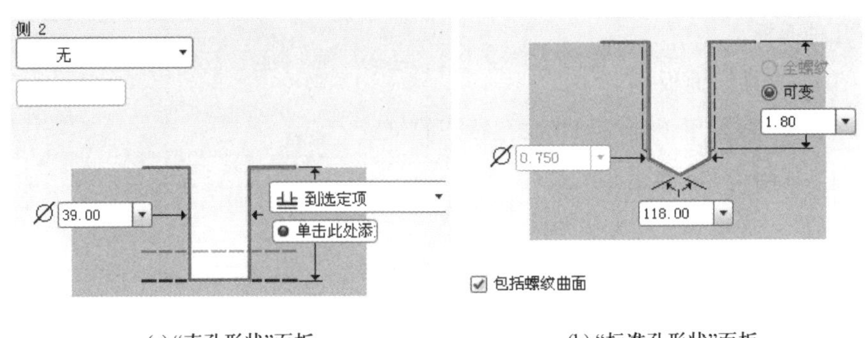

(a)“直孔形状”面板　　(b)“标准孔形状”面板

图2.149 “形状”面板

1）直孔

①“侧2”下拉菜单。对于直孔特征，可确定直孔特征第二侧的深度选项格式。所有直孔深度选项均可用。默认情况下，“侧2”下拉菜单中深度选项为“无”。“侧2”下拉菜单不可用于“草绘”孔。对于“草绘”孔特征，在打开“形状”下滑面板时，在嵌入窗口会显示草绘几何。可以在各参数下拉菜单中选择前面使用过的参数值或输入新的值。

②“包括螺纹曲面”复选框。创建螺纹曲面以代表孔特征的内螺纹。

③“退出埋头孔”复选框。在孔特征的底面创建埋头孔。孔所在的曲面应垂直于当前的孔特征。

2）标准螺纹孔特征

①“全螺纹”单选按钮。创建贯通所有曲面的螺纹。此选项对于“可变”和“穿过下一个”孔以及在“组件”模式下，均不可用。

②“可变”单选按钮。创建到达指定深度值的螺纹。可输入一个值，也可以从最近使用的值中选取。

3）无螺纹的标准孔特征

定义孔配合的标准孔（不选中按钮，且选孔深度为），如图2.150所示。

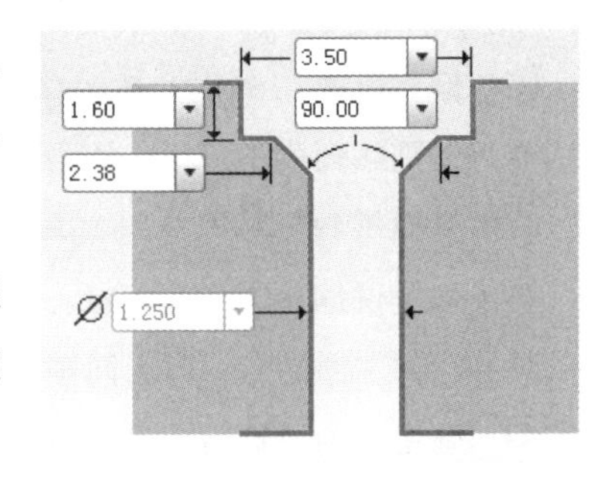

图2.150 “标准”孔形状

① 精密拟合。 用于保证零件的精确位置，零件装配后必须无明显的运动。

② 中级拟合。 适用于保证普通钢质件的精确位置，或轻型钢材的热压轧配合。它们可能用于高级铸铁件外部的最紧密配合。此配合仅适用于公制孔。

③ 自由拟合。 专用于精度要求不是很重要的场合，或者用于温度变化可能会很大的情况。

(3)“注释” 面板

仅适用于“标准” 孔特征。对于图 2.151 所示的标准孔“注释” 面板，用于预览正在创建或重定义的“标准” 孔特征注释。螺纹注释在模型树和图形窗口中显示，而且在打开“注释” 下滑面板时，还会出现在嵌入窗口中。

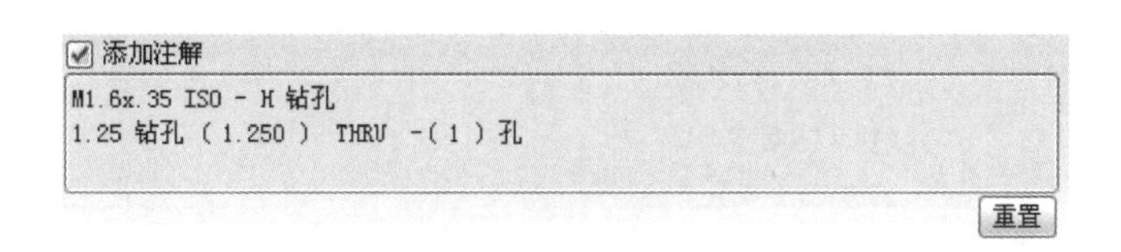

图 2.151 标准孔的“注释” 面板

(4)“属性” 面板

用于获得孔特征的一般信息和参数信息，并可以重命名孔特征，如图 2.152 所示。标准孔的“属性” 下滑面板比直孔多了一个参数表。

“属性” 面板中包含以下功能模块。

①“名称” 框。 允许通过编辑名称来定制孔特征的名称。

② 按钮。 打开包含孔特征信息的嵌入式浏览器，如图 2.153 所示。

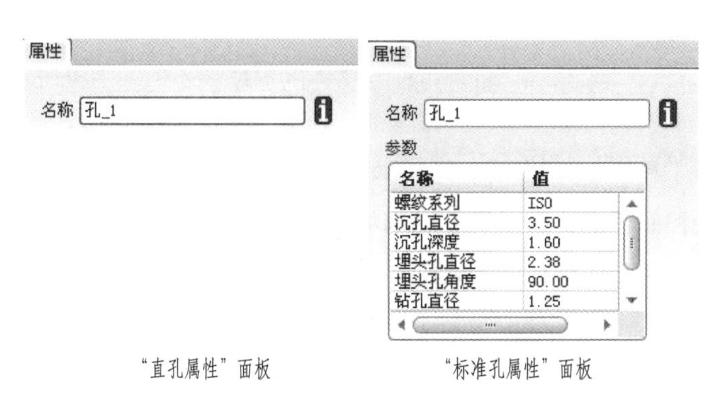

图 2.152 直孔与标准孔“属性” 面板

③“参数” 列表。 允许查看所使用标准孔图表文件（.hol）中设置的定制孔数据。该表包含“元素名称” 和“信息” 列，要修改参数元素名称和信息，必须先修改孔图表文件。

特征元素数据 - 孔

编号	元素名称	信息
1	孔	已定义
1.1	孔类型	标准孔
1.2	标准类型	钻孔
1.3	螺纹名称	ISO

特征尺寸:

尺寸ID	尺寸值	显示的值
d9	39.0 (0.01, -0.01)	39 Dia
d10	81.82 (0.01, -0.01)	81.82
d11	1.6 (0.01, -0.01)	1.6M
d12	118.0 (0.5, -0.5)	118
d13	3.0 (0.01, -0.01)	3
d14	7.751 (0.01, -0.01)	7.75 Dia

图 2. 153　嵌入式浏览器

3. 创建草绘孔

（1）在模型上选取孔的近似位置，为主放置参照，系统自动加亮该选取项。

（2）单击主界面上方“工程特征”模块中的“孔”命令按钮，系统打开“孔”操控面板，并显示“直孔”按钮，如图 2. 154 所示。

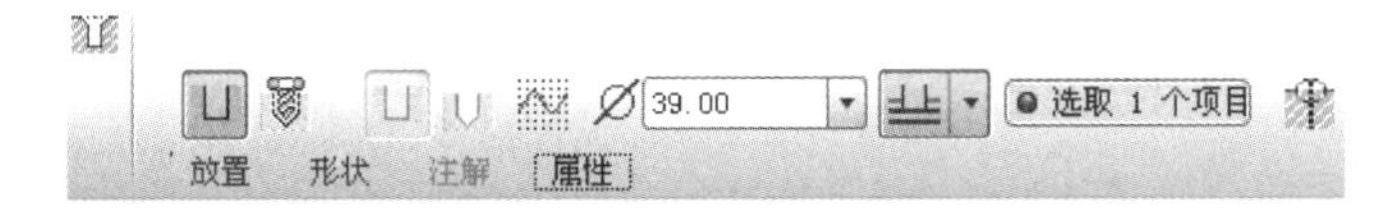

图 2. 154　“孔”操控面板

（3）单击“直孔”按钮，创建直孔，系统会默认选取此选项。

（4）从操控面板上选取“草绘”选项按钮，系统显示“草绘”孔选项。

（5）在操控面板中进行以下操作。

① 单击“打开”按钮，系统打开 OPEN SECTION 对话框，选取现有草绘（. sec）文件。

② 单击“草绘剖面”按钮，进入草绘界面，创建一个新的草绘剖面（草绘轮廓）。在空窗口中，草绘并标注草绘剖面。单击草绘绘图区右侧图形工具栏中的“完成”按钮，系统完成草绘剖面创建并退出草绘界面（注意：草绘时要有旋转轴即中心线，它的要求与旋转命令相似）。

（6）如果需要重新定位孔，需将主放置句柄拖到新的位置，或将其捕捉至放置参照。必要时，可从“放置”面板的“放置类型”框中选取新的类型，以此来更改孔的放置类型。

（7）将此放置（偏移）参照句柄拖到相应参照上以约束孔。

（8）如果要将孔与偏移参照对齐，请从“偏移参照”列表（在“放置”面板中）中选取该偏移参照，并将“偏移”改为“对齐”，如图 2.155 所示。

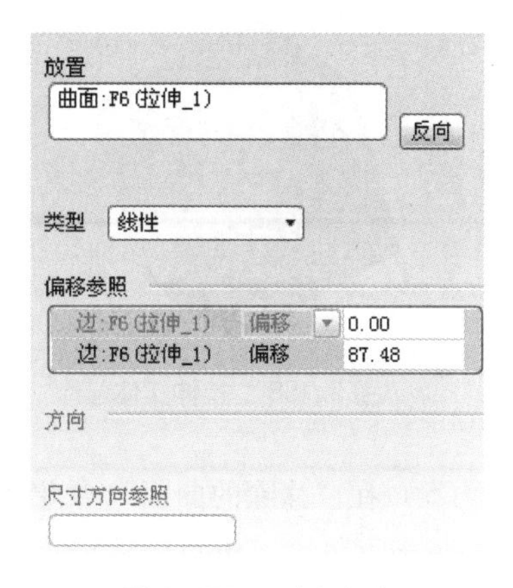

图 2.155 对齐方式

（9）如果要修改草绘剖面，单击“草绘剖面”按钮，显示草绘剖面界面。

（10）单击“孔”操控面板中的“完成”按钮✔，完成“草绘”孔。

2.1.8 抽壳特征

壳特征可将实体的内部掏空，只留一个特定壁厚的壳。它可用于指定要从壳移除的一个或多个曲面。如果未选取要移除的曲面，则会创建一个封闭壳，将零件的整个内部掏空，且空心部分没有入口。这种情况下，可在以后添加必要的切口或孔来获得特定的几何结构。如果反向厚度侧（例如，通过输入负值或在对话栏中单击），壳厚度将被添加到零件的外部。

定义壳特征时，也可选取需要指定不同厚度的曲面，为每个此类曲面指定单独的厚度值。但是，无法为这些曲面输入负的厚度值或反向厚度侧。厚度侧由壳的默认厚度确定。也可通过在“移除曲面”收集器中指定曲面来移除一个或多个曲面，使其不被完全壳化。此过程称作部分壳化。要移除多个曲面，在按住 Ctrl 键的同时选取这些曲面。不过，Creo Parametric 不能移除壳化时在“移除曲面”收集器中指定互相垂直的材料。

创建“壳”特征的具体操作过程如下。

（1）新建一个“ke.prt”文件。

（2）单击主界面上方“形状”工具栏的“拉伸”命令按钮，系统进入创建拉伸特征界面，绘制出长为 50 mm 的正方体，创建的拉伸实体如图 2.156 所示。

（3）单击主界面上方功能区“工程”模块中的“抽壳”命令按钮，系统显示出抽壳界面。

（4）单击操控面板上的“参照”按钮，弹出如图 2.157 所示的下滑面板。

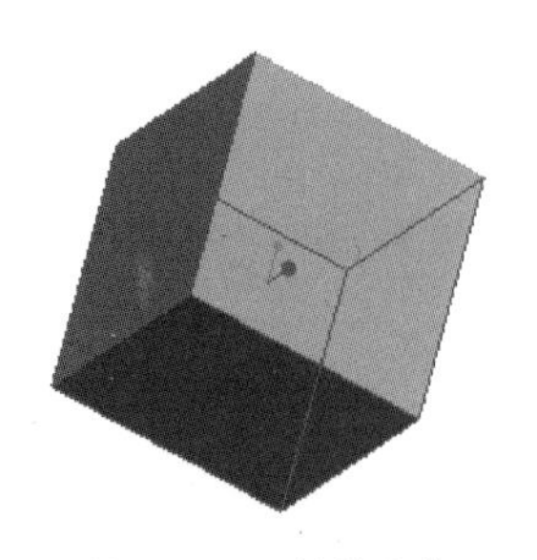

图2.156　拉伸实体

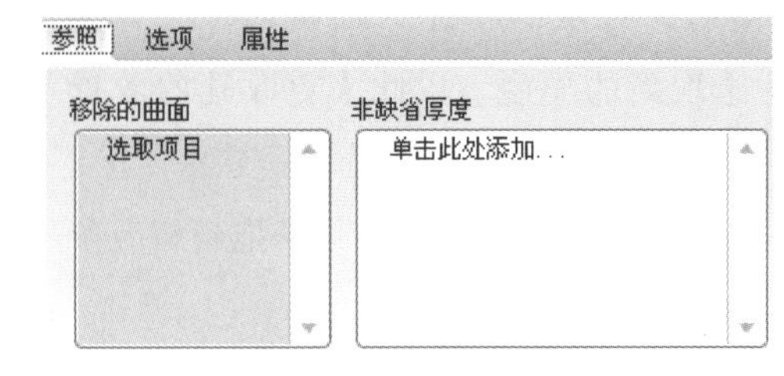

图2.157　“参照”下滑面板

（5）在“移除的曲面”收集器中单击从实体上选取的要被移除的曲面，被选取的曲面加亮显示，如图2.158所示。

（6）修改壁厚为5。

（7）单击控制区的“完成”按钮完成抽壳操作，结果如图2.159所示。

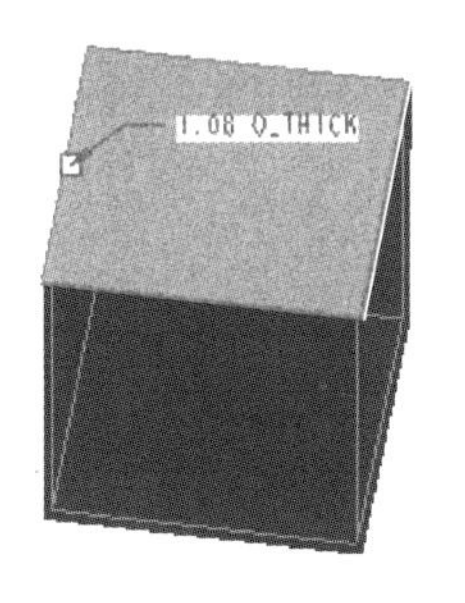

图2.158　选取要被移除曲面

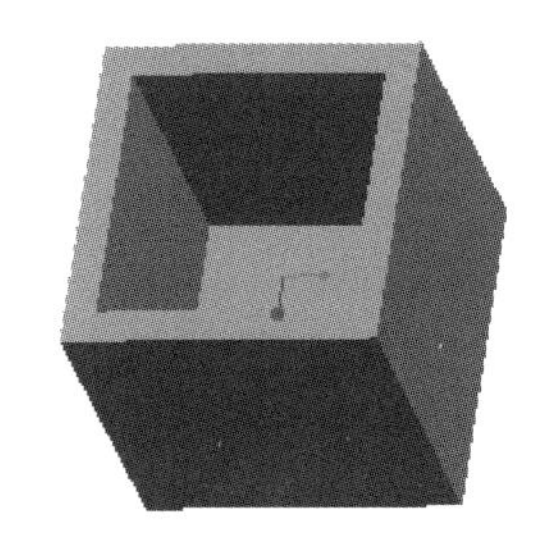

图2.159　抽壳

“壳”操控面板由以下内容组成。

（1）“厚度”文本框。可用来更改默认壳厚度值，也可输入新值，或从下拉列表中选取一个最近使用的值。

（2）下滑面板。“壳”对话框包含下列面板。

1）“参照”面板如图2.160所示，包含下列元素。

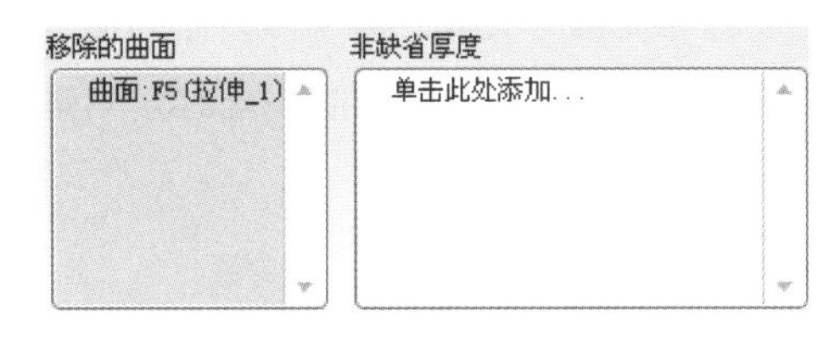

图2.160　“参照”面板

①“移除的曲面”列表。可用来选取要移除的曲面。如果未选取任何曲面，则会创建一个封闭壳，将零件的整个内部掏空，且空心部分没有入口。

②“非默认厚度”列表。可用于选取指定不同厚度的曲面。可以为此列表中的每个曲面分别指定单独的厚度值。

2）选项。包含用于从壳特征中排除曲面的选项，如图 2.161 所示。

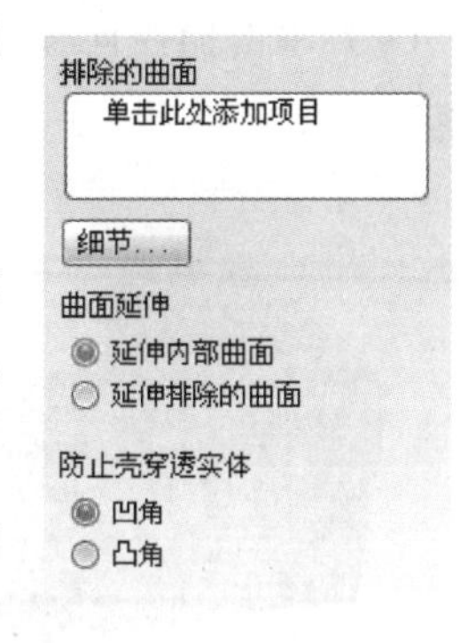

图 2.161 “选项”面板

“选项”面板包含下列元素。

①“排除的曲面”列表。可用于选取一个或多个要从壳中排除的曲面。如果未选取任何要排除的曲面，则将壳化整个零件。

②“细节”按钮。打开用来添加或排除曲面的“曲面集”，如图 2.162 所示。

注意：通过“壳”用户界面访问“曲面集”对话框时不能选取面组曲面。

③“延伸内部曲面”选项。在壳特征的内部曲面上形成一个盖。

④“延伸排除的曲面”选项。在壳特征的排除曲面上形成一个盖。

3）属性。包含特征名称和用于访问特征信息的图标，如图 2.163 所示。

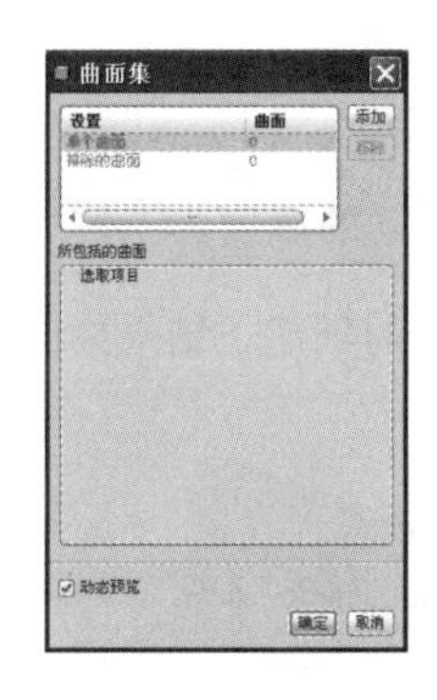

图 2.162 “曲面集”对话框

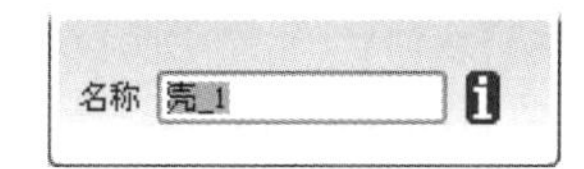

图 2.163 “属性”面板

2.1.9　筋特征

筋特征是连接实体曲面薄翼或腹板的伸出项。筋通常是用来加固设计中的零件，防止出现不需要的折弯。利用筋工具可快速开发简单的或复杂的筋特征。

创建筋特征的具体操作如下。

（1）新建一个“jin.prt”文件。

（2）单击“形状”模块中的“拉伸”命令按钮，系统进入创建拉伸特征界面，创建的拉伸实体如图 2.164 所示。

（3）单击主界面上方功能区“工程”特征模块中的“筋”命令按钮，选择下拉菜单中的轮廓筋指令，系统进入创建筋界面。

（4）单击操控面板上的“参照”按钮，弹出如图 2.165 所示的“筋”操控面板。

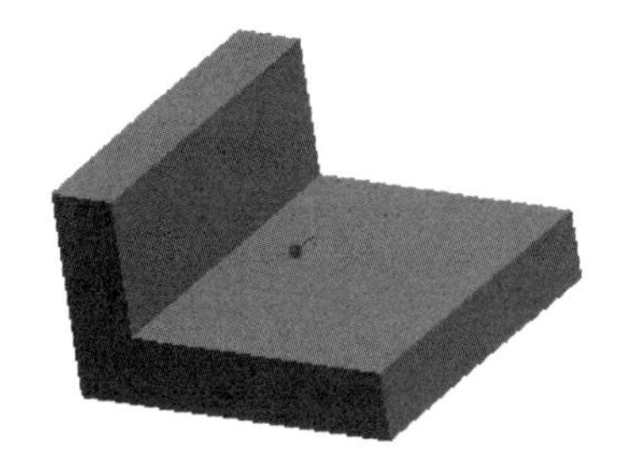

图 2.164　拉伸实体

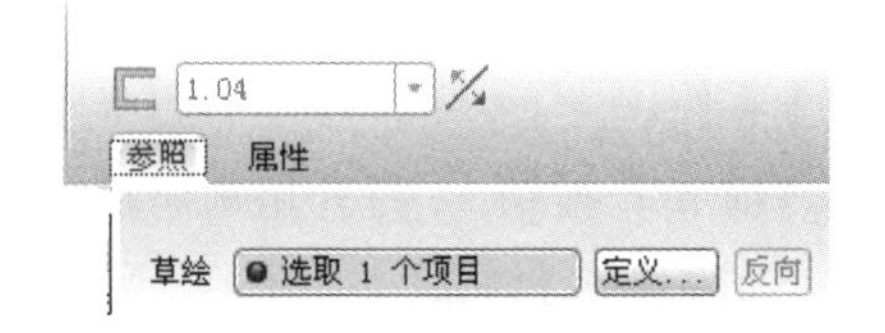

图 2.165　“筋”操控面板

（5）单击“定义”按钮，在弹出的“草绘”对话框中单击“定义”选项，然后选取 TOP 平面作为草绘平面，进入草绘界面。

（6）绘制出如图 2.166 所示的截面。注意：只需要绘制筋外围的轮廓，不需要绘制封闭环。

（7）单击工具箱上的“完成”按钮✔，完成草绘。

（8）单击操控面板上的“厚度”按钮，设置筋的厚度为“4”。

（9）单击控制区的“完成”按钮完成筋特征的创建，结果如图 2.167 所示。

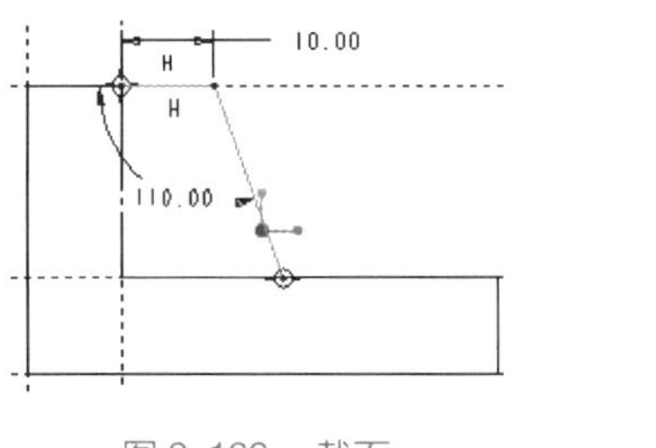

图 2.166　截面

图 2.167　筋

2.1.10　螺纹修饰特征

带有螺纹的零件在转换成二维工程图时要按照制图的标准表达螺纹的画法。螺纹的画法是使用一条粗实线和细实线分别来代表螺纹牙顶和牙底的投影所在位置。为了保持和工程制图中螺纹的表达方法一致，在三维建模带螺纹结构的轴类零件不需要使用螺旋扫描作出螺纹的效果，而是使用“螺纹修饰”功能完成三维零件螺纹的表达。

创建螺纹修饰特征的具体操作如下。

（1）打开第 2 章源文件中的“luomu.prt”零件建模文件，对螺母内螺纹进行修饰。

（2）在螺母模型中选中孔的内曲面，然后在功能区的“模型”选项卡中单击“工程”组溢出按钮（黑三角形），接着从打开的下拉菜单中选择“修饰螺纹”命令，打开“螺纹”操控面板。

（3）在“螺纹”操控面板中单击“定义标准螺纹”按钮，以使用标准系列直径，并可显示标准螺纹选项。

（4）或者在第（1）步后直接在功能区的“模型”选项卡中单击“工程”组溢出按钮下的“修饰螺纹”命令，打开“螺纹”操控面板。在“放置”面板，单击激活“螺纹曲面”收集器，然后选择一个曲面。在本例中，选择螺母模型的中心圆孔内圆柱曲面作为Creo螺纹曲面，设置“定义标准螺纹”。

（5）在“螺纹尺寸”下拉菜单中选择所需的Creo螺纹尺寸。在本例中接受系统默认推荐的螺纹尺寸“M11×1”。

（6）设置螺纹的起点。在“螺纹”操控面板中单击“螺纹起始自”收集器，或者打开“螺纹”操控面板的“深度选项”下拉菜单并单击“螺纹起始自”收集器，然后选择一个参考平面（曲面或面组）。在本例中选择螺母的端面定义螺纹的起始位置，深度为7 mm。或者在“螺纹”操控面板的“深度选项”下拉菜单中选择“到选定项”，选择螺母另一侧端面作为螺纹终止时所在的参考面。具体设置如图2.168所示。

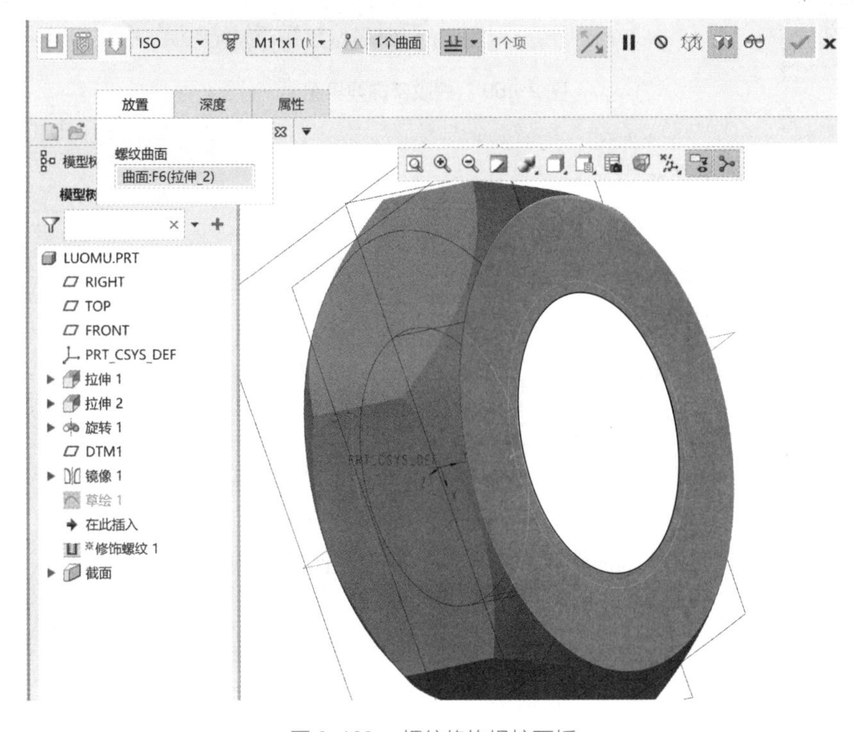

图2.168 螺纹修饰操控面板

（7）此时，若打开“螺纹”操控面板的“属性”面板，则可以查看具体的螺纹参数值。若需要，则在该“属性”面板的“参数”表中修改相应的参数值。最后在“螺纹”操控面板中单击“完成”按钮，完成 Creo 中修饰螺纹特征的创建，其效果如图 2. 169 所示。

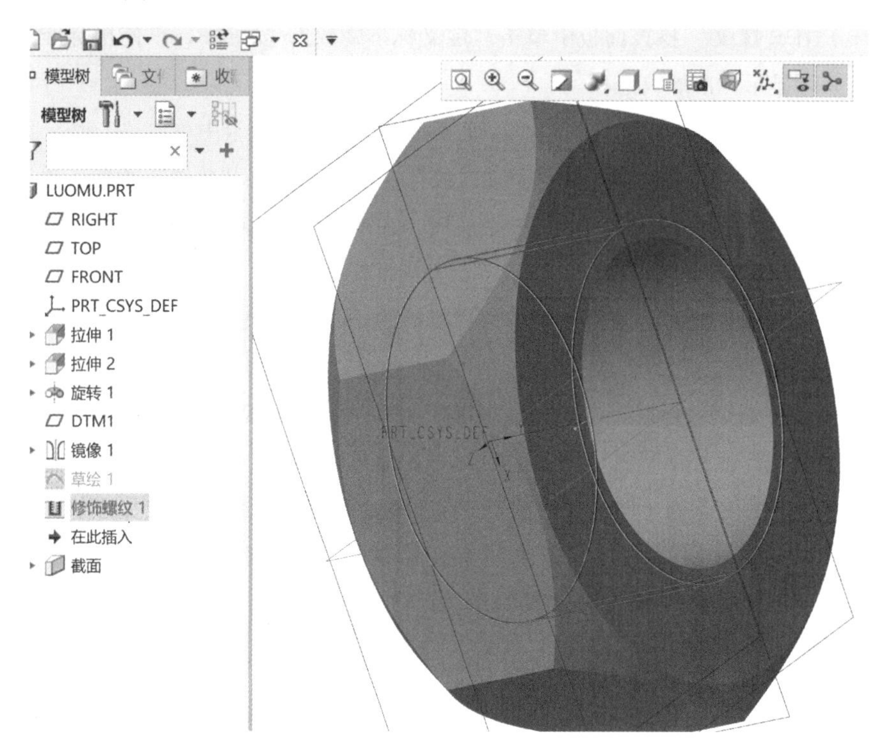

图 2. 169　螺纹修饰效果图

微视频 2-16
轴承座建模

案例 2-16　轴承座建模

轴承座工程图及三维实体如图 2. 170 所示。

步骤一：新建文件

（1）创建新文件

创建新建文件的操作如图 2. 171 所示，具体步骤如下。

① 单击界面上的“新建文件”命令按钮。

② 接受系统默认的“零件”类型和“实体”子类型，在“类型”栏中选择（零件）选项。

③“文件名”文本框内输入“zhijia”；取消“使用默认模板”选项。

④ 单击“确定”按钮。

（2）选取模板

在弹出的“新文件选项”对话框中，选择 mmns _part _solid，如图 2. 172 所示，单击“确定”按钮。

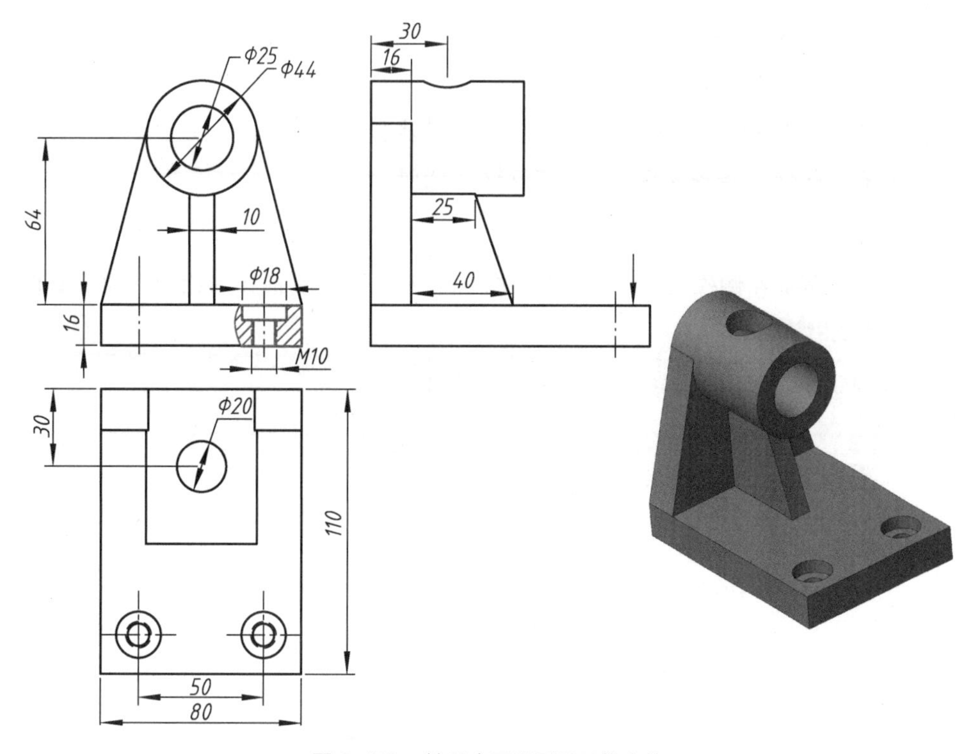

图 2.170 轴承座工程图及三维实体

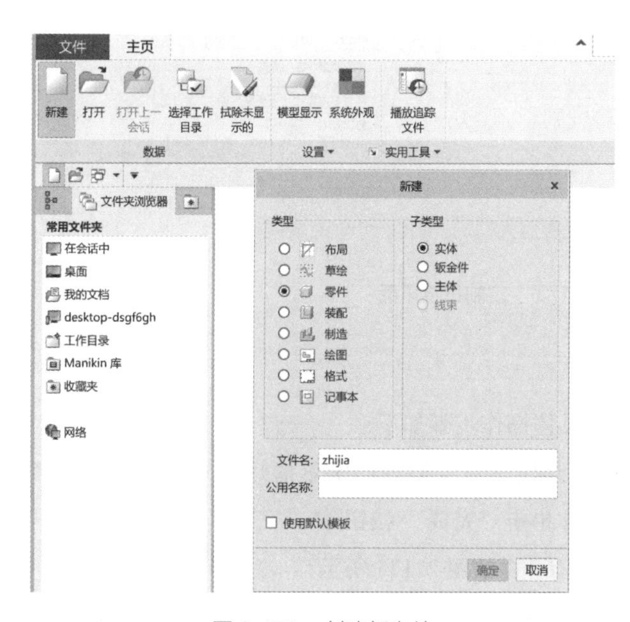

图 2.171 创建新文件

图 2.172 选取模板

步骤二：创建底座

（1）定义创建方法

在绘图区上方功能区单击“形状”模块中的“拉伸”命令按钮 系统打开

“拉伸”属性操控面板。

（2）定制草绘平面

定制草绘平面的操作如图 2.173 所示，具体步骤如下。

① 在“拉伸”操控面板上选择“放置”选项。

② 单击“放置”下滑面板中的 定义... 按钮，系统打开“草绘”对话框。

③ 在主界面左侧模型树中或者在绘图区中选择 TOP 平面作为绘图界面，其他选项为系统默认。

④ 单击草绘按钮 草绘 ，进入绘制草图界面。

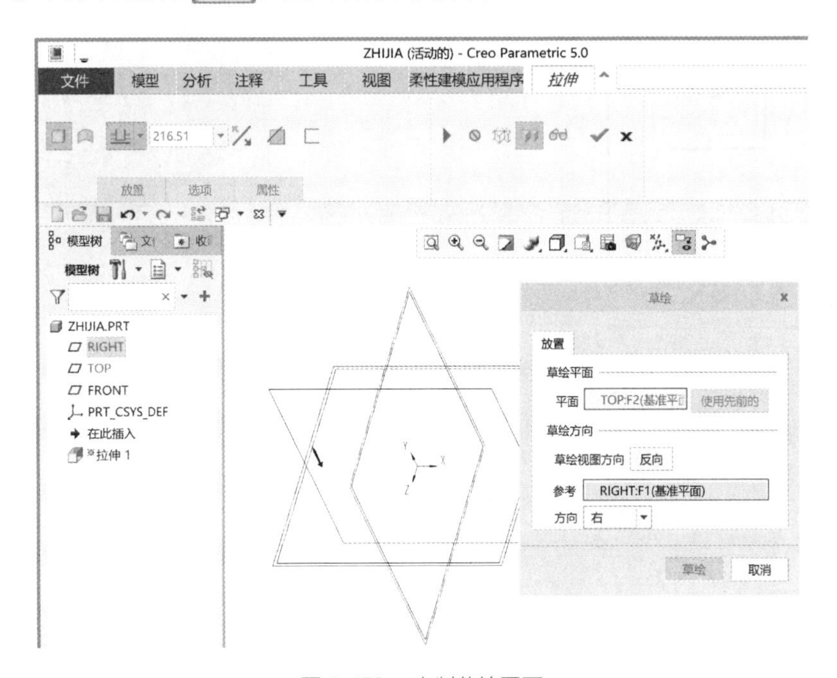

图 2.173 定制草绘平面

（3）绘制草图

绘制如图 2.174 所示的草图，具体操作步骤如下：

① 使用矩形命令在坐标系原点起始位置绘制如图所示的矩形，添加水平参考轴，使用对称约束，使矩形上下对称单击“完成”按钮✔，完成草图绘制；

② 在“深度”文本框中输入“16”，如图 2.175 所示；

③ 单击操控面板上的“接受”按钮✔，得到拉伸实体。

步骤三：创建立板

（1）定义创建方法

在绘图区上方功能区单击“形状”模块中的“拉伸”命令按钮，系统打开“拉伸”操控面板。

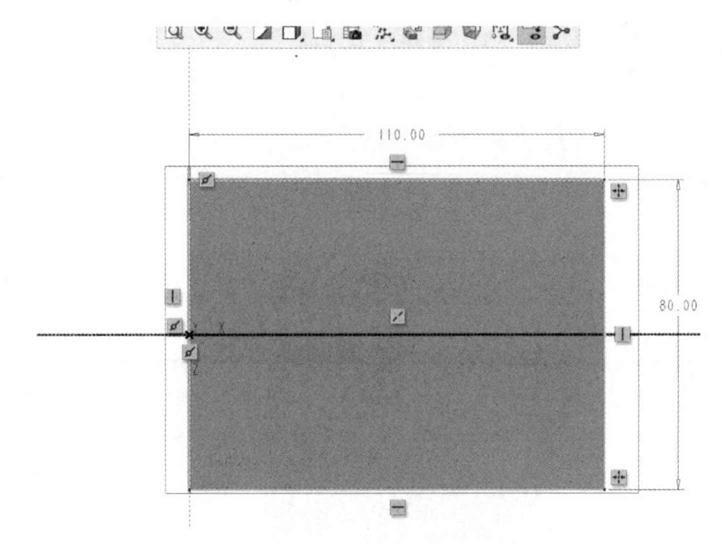

图 2.174　草图及实体厚度

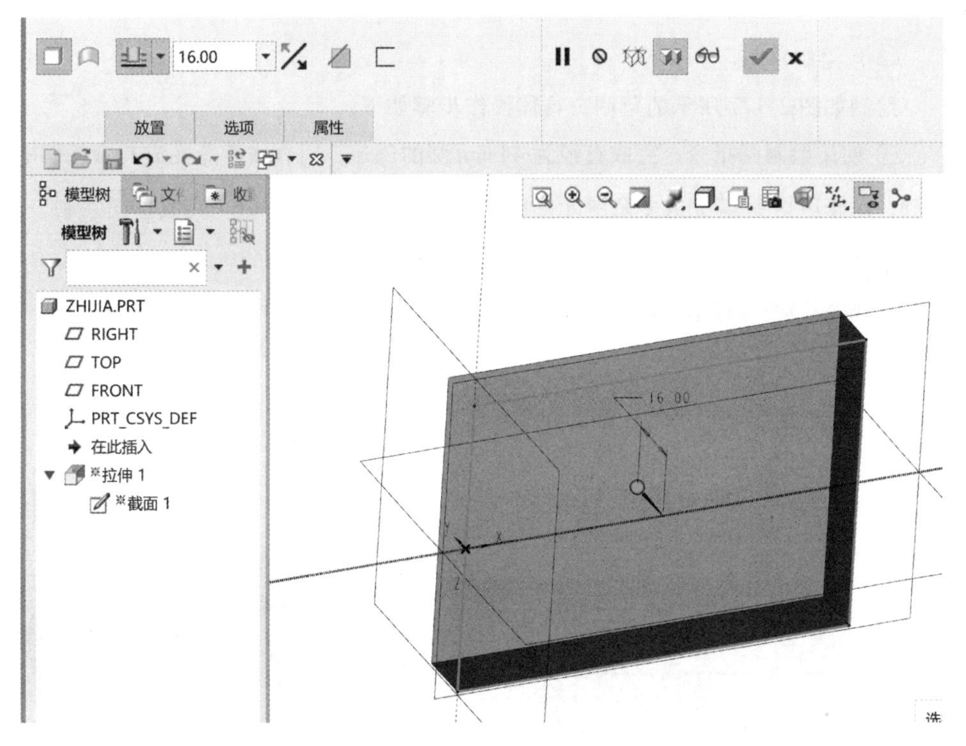

图 2.175　拉伸预览实体模型

（2）定制草绘平面

定制草绘平面的操作如图 2.176 所示，具体操作步骤如下。

① 在“拉伸” 操控面板上选择“放置” 选项。

② 单击“放置” 下滑面板中的 定义... 按钮，系统打开“草绘” 对话框。

③ 在绘图区中选择底板侧面作为绘图平面，其他选项为系统默认。

④ 单击草绘按钮 草绘，进入绘制草图界面。

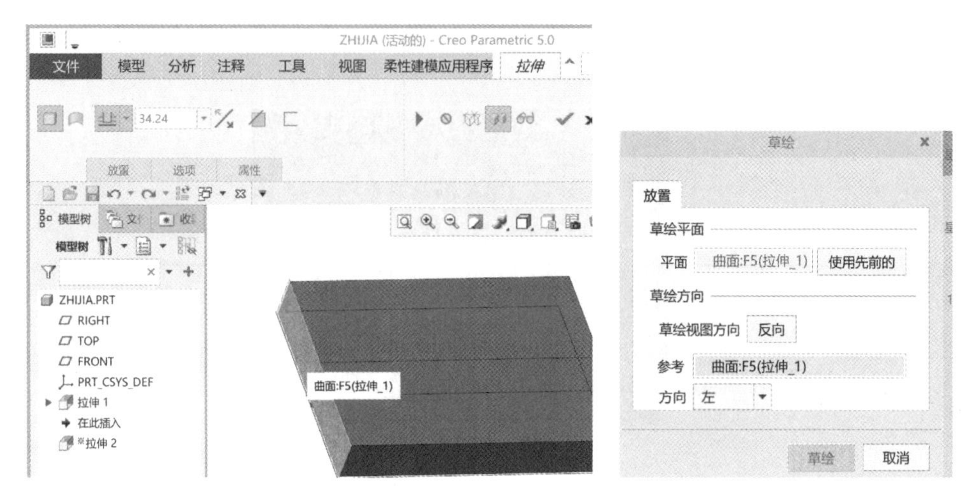

图 2.176 定制草绘平面

（3）绘制草图

绘制如图 2.177 所示的草图，具体操作步骤如下。

① 使用绘制圆指令，完成直径为 44 mm 圆的创建，用直线指令完成其余轮廓的绘制，用修剪指令完成多余图元修剪，单击“完成”按钮，完成草图绘制。

② 在“深度”下拉列表框中输入“16”。

③ 单击操控面板上的“接受”按钮，拉伸得到的实体如图 2.178 所示。

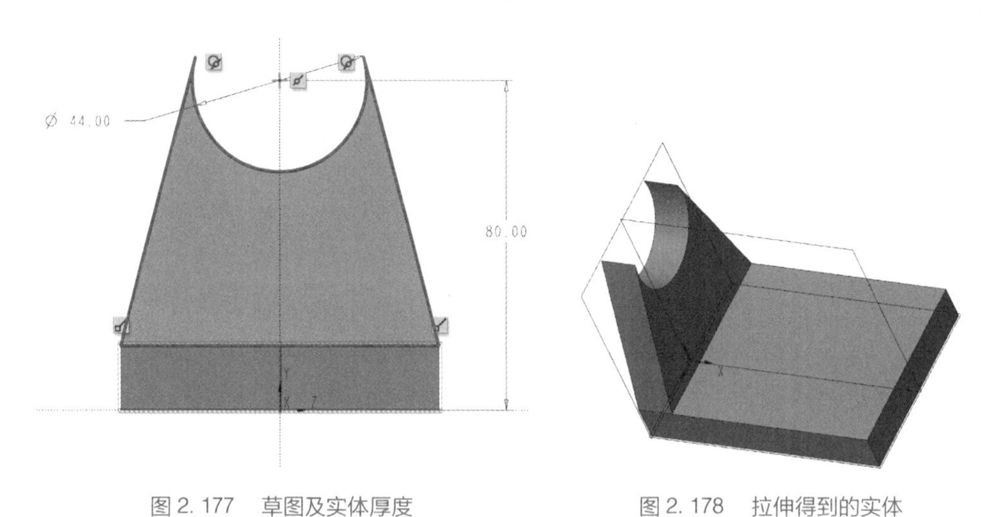

图 2.177 草图及实体厚度　　图 2.178 拉伸得到的实体

步骤四：创建凸台

（1）定义创建方法

在绘图区上方功能区单击“形状”模块中的“拉伸”命令按钮，系统打开

“拉伸” 操控面板。

（2）定制草绘平面

定制草绘平面的操作如图 2.179 所示，具体操作步骤如下。

① 在“拉伸” 操控面板上选择“放置” 选项。

② 单击“放置” 下滑面板中的 定义... 按钮，系统打开“草绘” 对话框。

③ 在绘图区中选择立板侧面作为绘图界面，其他选项为系统默认。

④ 单击草绘按钮 草绘，进入绘制草图界面。或者直接在步骤 ① 单击如图 2.179 所示的立板侧面，系统直接进入草绘界面，进行草绘。

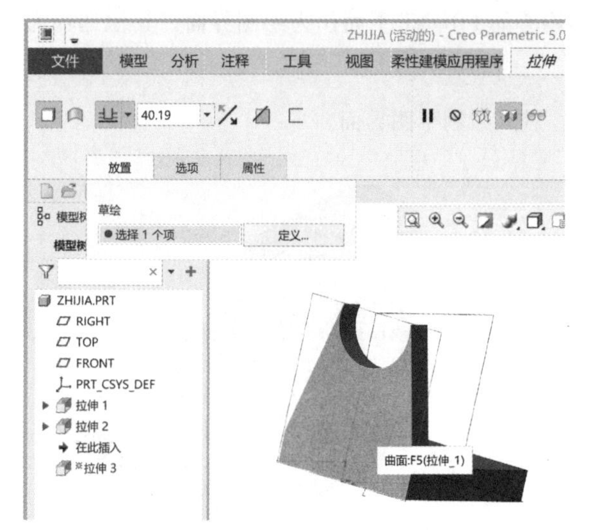

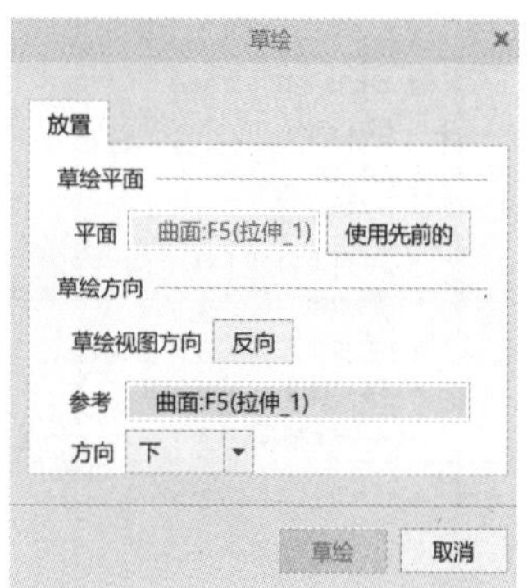

图 2.179 定制草绘平面

（3）绘制草图

绘制如图 2.180 所示的草图，具体操作步骤如下：

① 单击“完成” 按钮，完成草图绘制；

② 在“深度” 文本框中输入“60”；

③ 单击操控面板上的“接受” 按钮，拉伸得到的实体如图 2.181 所示。

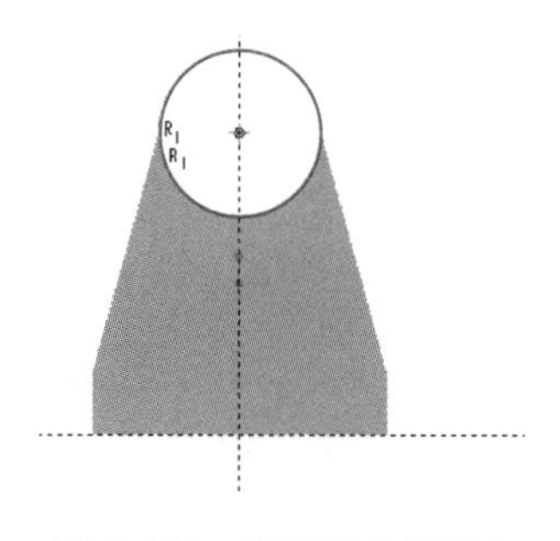

图 2.180 草图及实体厚度

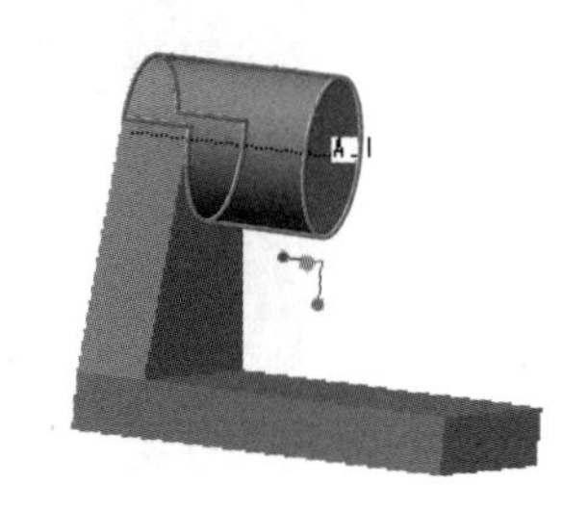

图 2.181 拉伸得到的实体

步骤五：创建筋

（1）定义创建方法

单击“工程特征”模块的“筋”命令按钮，系统打开“轨迹筋”操控面板。

（2）定制草绘平面

定制草绘平面的操作如图2.182所示，具体操作步骤如下。

① 在“筋”操控面板上选择“放置”选项。

② 单击“筋”对话框的“放置”下滑面板中的 定义... 按钮，系统打开“草绘”对话框。

③ 在绘图区中选择位于实体中心的FRONT平面作为绘图界面，其他选项为系统默认。

④ 单击“草绘”按钮 草绘 ，进入绘制草图界面。

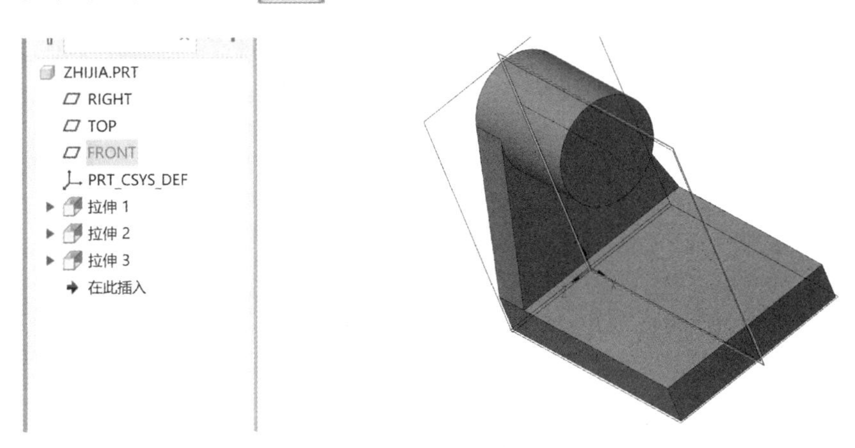

图2.182　定制草绘平面

（3）绘制草图

绘制如图2.183所示的草图，具体操作步骤如下：

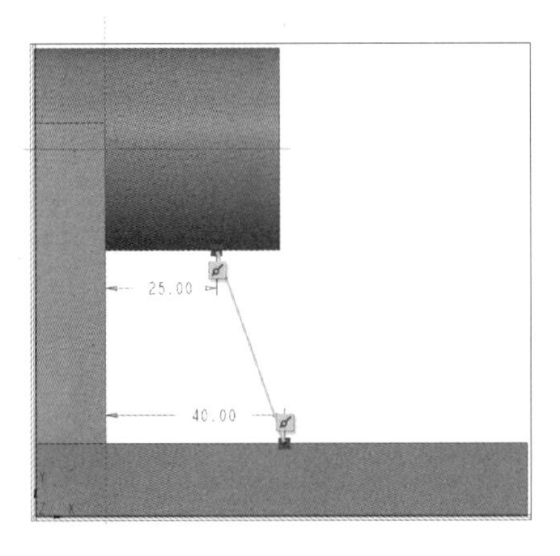

图2.183　草图及筋厚度

① 单击“完成”按钮✔，完成草图绘制；

② 调整图中方向指向材料内部，在“厚度”文本框中输入“10”，调整筋板生成方向 为双侧对称生成的方式；

③ 单击操控面板上的“接受”按钮 ，得到的实体如图 2.184 所示。

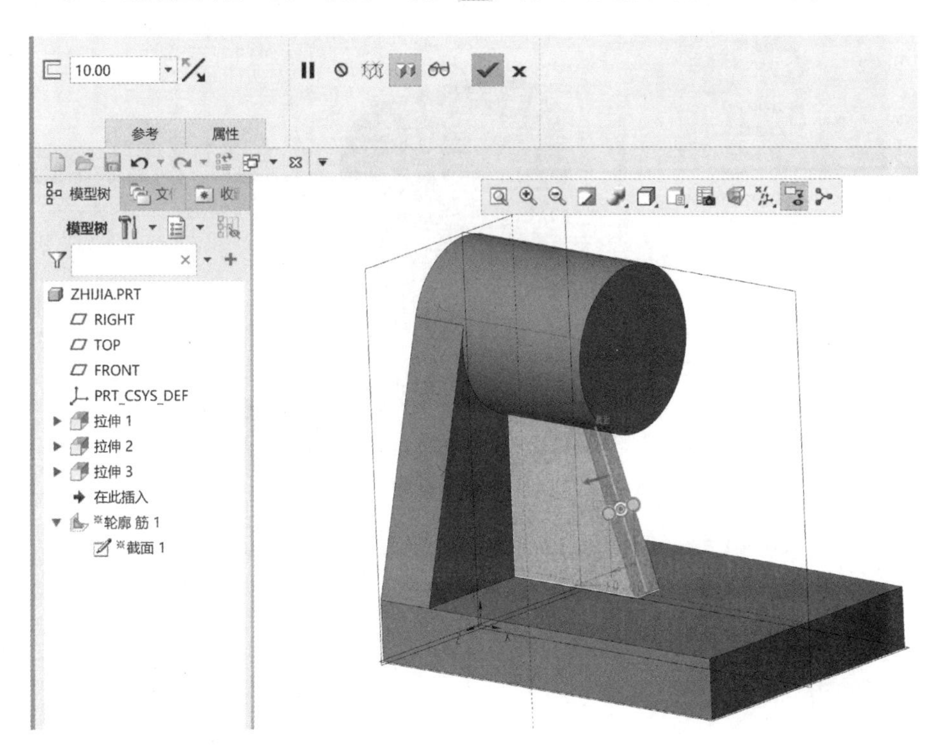

图 2.184　筋的实体

步骤六：创建圆柱孔

（1）定义创建方法

在绘图区上方功能区单击“形状”模块中的“拉伸”命令按钮 ，系统打开“拉伸”操控面板。

（2）定制草绘平面

定制草绘平面的操作如图 2.185 所示，具体操作步骤如下。

① 在“拉伸”操控面板上选择“放置”选项。

② 单击“放置”下滑菜单中的 定义... 按钮，系统打开“草绘”对话框。

③ 在绘图区中选择圆柱端面作为绘图界面，其他选项为系统默认。

④ 单击草绘按钮 草绘 ，进入绘制草图界面。

（3）绘制草图

绘制如图 2.186 所示的草图，具体操作步骤如下：

① 单击“完成”按钮✔，完成草图绘制；

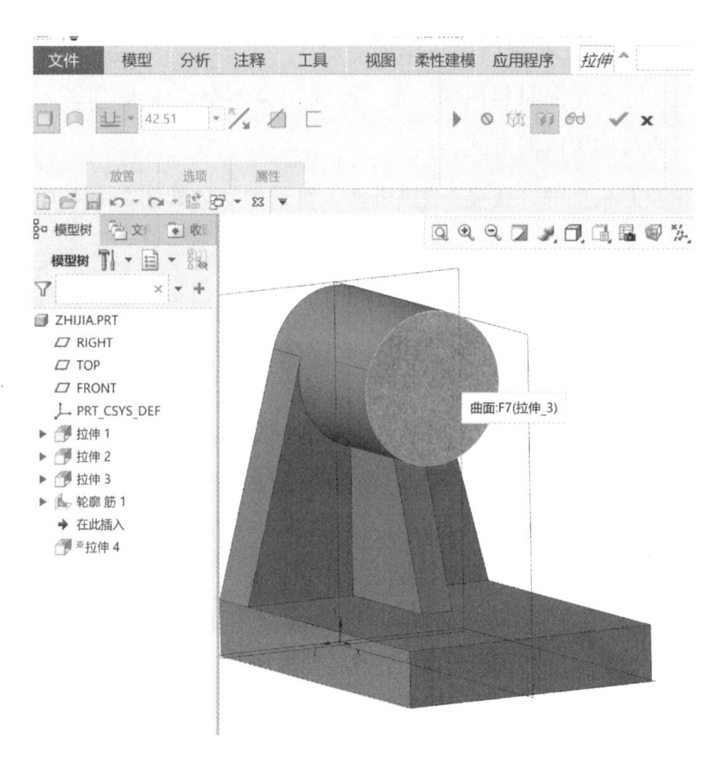

图 2.185　定制草绘平面

② 在“深度”文本框中输入“55”；

③ 单击“去除材料”按钮；

④ 单击操控面板上的“接受”按钮，拉伸得到的实体如图 2.187 所示。

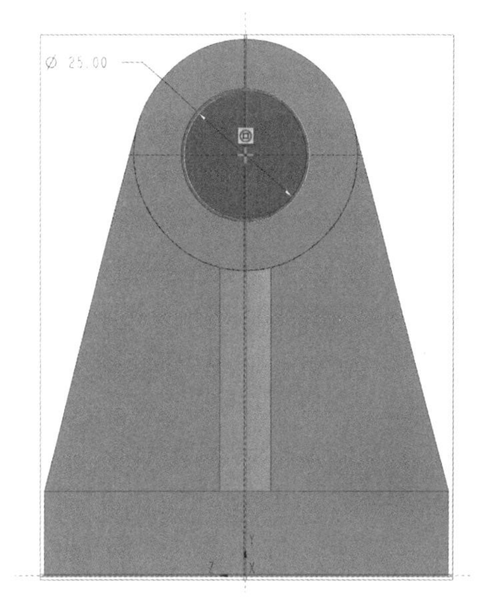

图 2.186　圆孔草绘

图 2.187　拉伸减除材料得到的实体

提示： 此凸台圆孔也可以在拉伸圆柱特征操作时，同时绘制圆柱孔的轮廓直径为 25 mm 的圆，也就是圆环面拉伸出带孔的圆柱，读者可自行练习。

步骤七：创建凸台上孔结构

（1）创建参考平面

创建参考平面的步骤如下。

① 单击主界面上方功能区“基准”模块的“平面”命令按钮，系统打开“基准平面”属性栏。

② 选择底板的上表面作为基准平面，系统弹出“基准平面”对话框。

③ “偏移”后面的数值改为“86”，如图 2.188 所示。

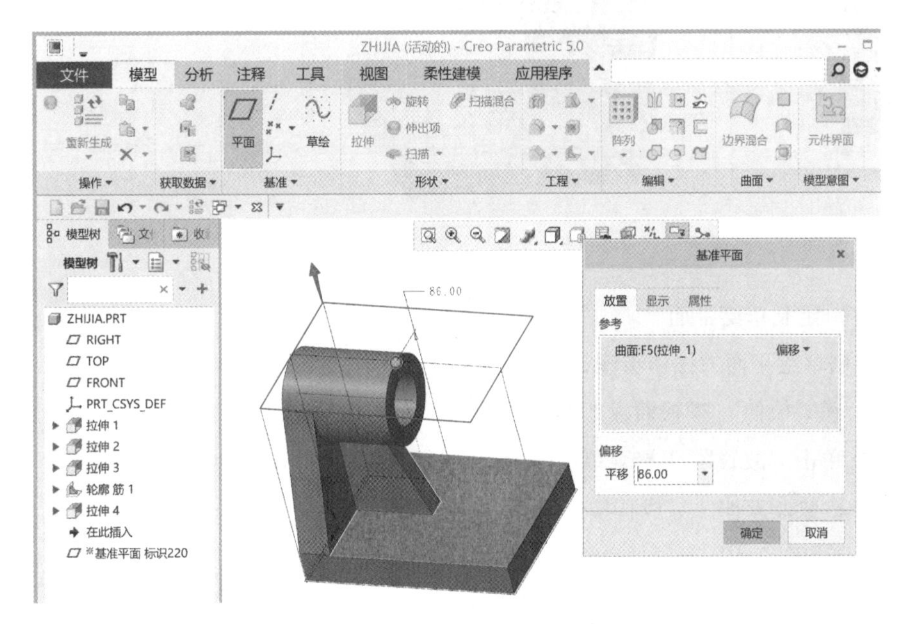

图 2.188　创建平面

④ 单击“确定”按钮 确定 ，创建平面 DTM1，如图 2.189 所示。

（2）定义创建方法

定义创建方法如下。

① 在绘图区上方功能区单击“形状”模块中的“拉伸”命令按钮，系统打开“拉伸”操控面板。

② 单击“放置”下滑菜单中的 定义... 按钮，系统打开“草绘”对话框，选择 DTM1 平面作为草绘平面，单击 草绘 按钮，进入绘

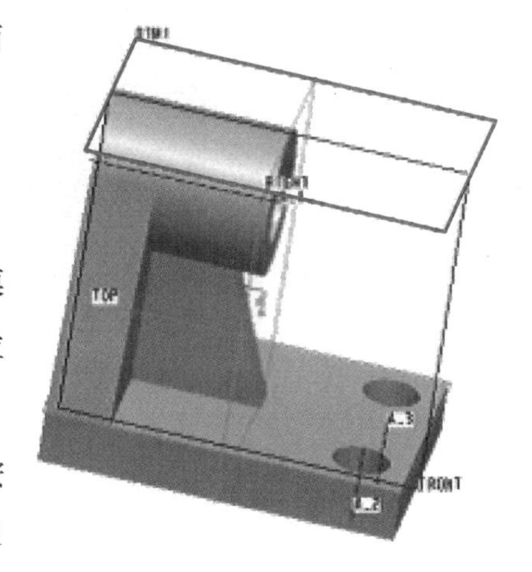

图 2.189　平移得到的平面

制草图界面，如图 2. 190 所示。

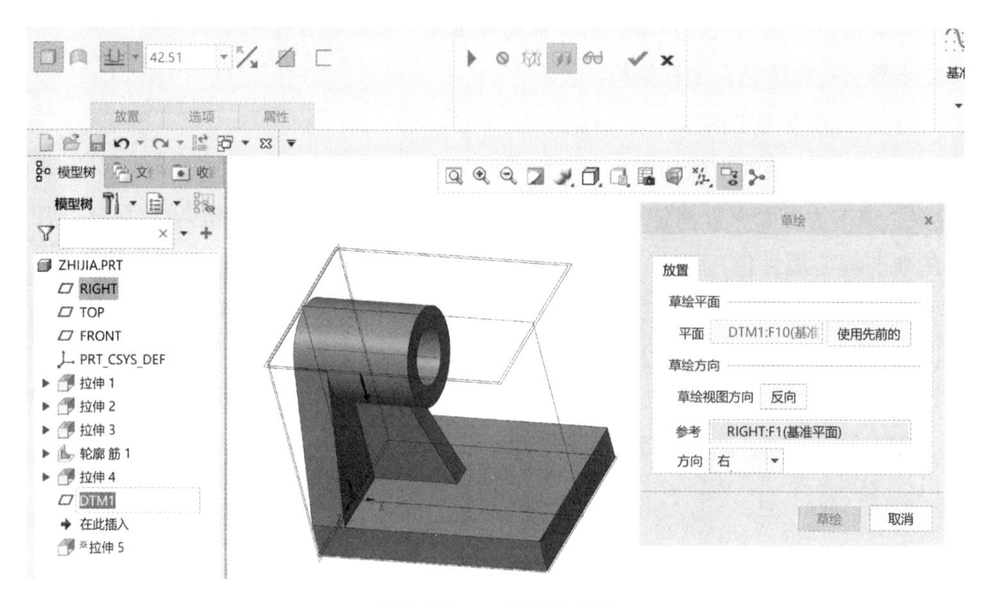

图 2. 190 定制草绘平面

（3）定制草绘平面

定制草绘平面的操作步骤如下。

① 在“拉伸”操控面板上选择“放置”选项。

② 单击“放置”下滑菜单中的 定义... 按钮，系统打开“草绘”对话框。

（4）绘制草图，完成孔拉伸

绘制如图 2. 191 所示的草图，具体操作步骤如下：

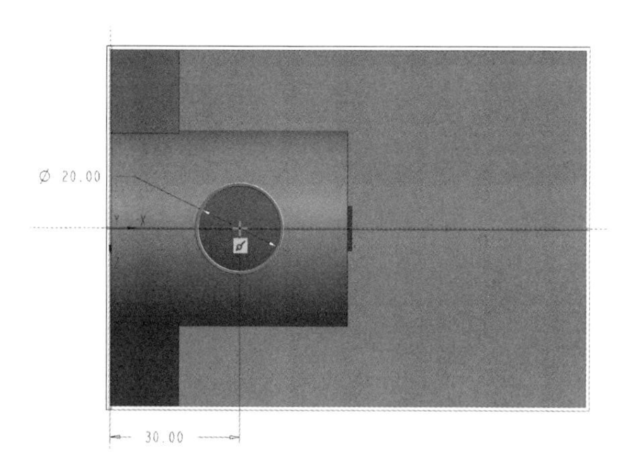

图 2. 191 草绘

① 单击“完成”按钮✔，完成草图绘制；

② 选择方式，选择圆筒内表面上部曲面作为拉伸终止曲面；

③ 单击“移除材料”按钮；

④ 单击操控面板上的“接受”按钮，拉伸得到的实体如图 2.192 所示。

步骤八：创建底座的两个标准孔

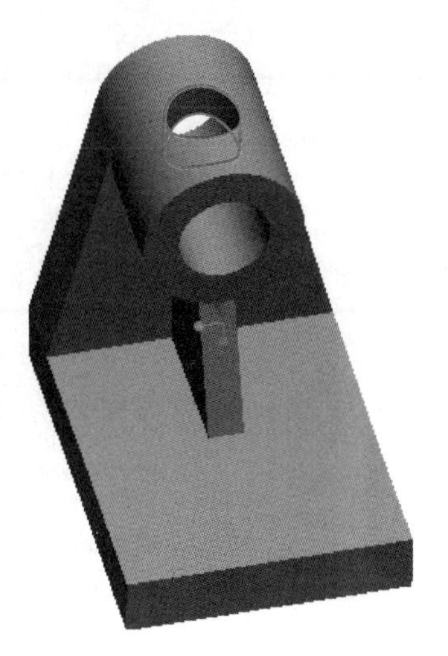

图 2.192 拉伸得到的实体

（1）单击“工程特征”模块中的“孔”按钮。

（2）选择底座平面为放置表面。

（3）单击“标准孔”按钮，确定建立标准孔。

（4）选择操控面板上的“放置”选项。

（5）选择尺寸为“M10 × 1”螺钉、孔深 16 和“沉孔”选项。

（6）单击激活“偏移参照”选项组后，按住 Ctrl 键分别选取底座的两条对角边作为“偏移参照”。

（7）被选取边的名称及孔中心到该边的距离均显示在下面的文本框中，单击距离值文本框，分别输入“15”“15”，如图 2.193 所示。

（8）单击操控面板上的“形状”按钮，设置沉头孔形状尺寸如图 2.194 所示。

（9）单击控制面板的“完成”按钮，得到的实体如图 2.195 所示。

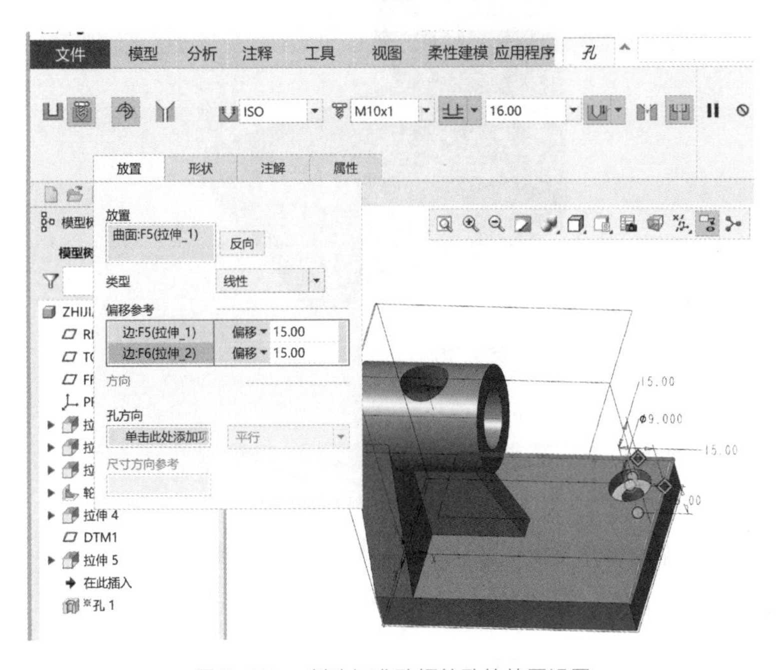

图 2.193 创建标准孔螺纹孔的放置设置

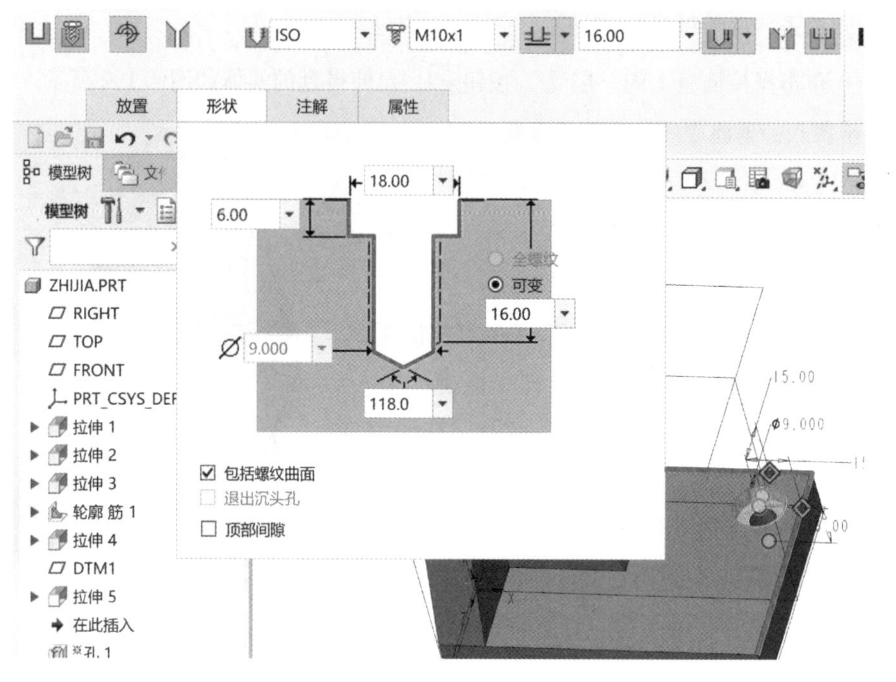

图 2.194　形状尺寸设置

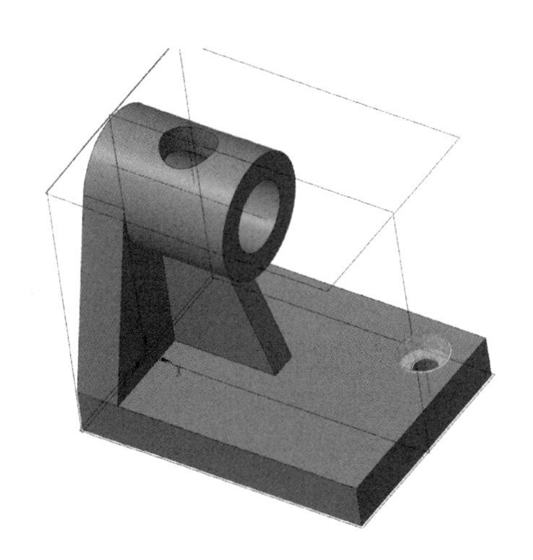

图 2.195　标准孔效果

步骤九：镜像孔

镜像孔的操作如图 2.196 所示，具体操作步骤如下。

(1) 在主界面左侧模型树中选择要镜像操作的对象“孔”。

(2) 单击“工程特征”模块中的“镜像”按钮。

(3) 选择 FRONT 平面作为镜像平面。

(4) 单击操控面板的“完成”按钮，得到的实体如图 2.197 所示。

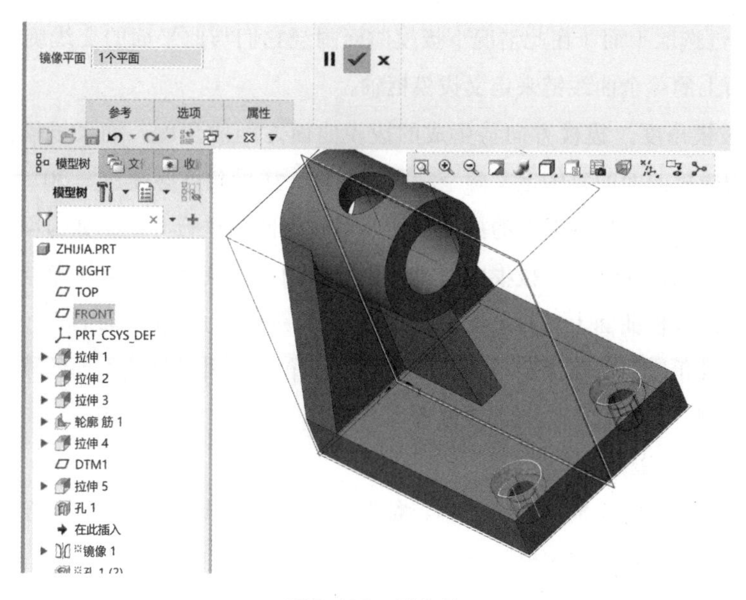

图 2.196　镜像孔

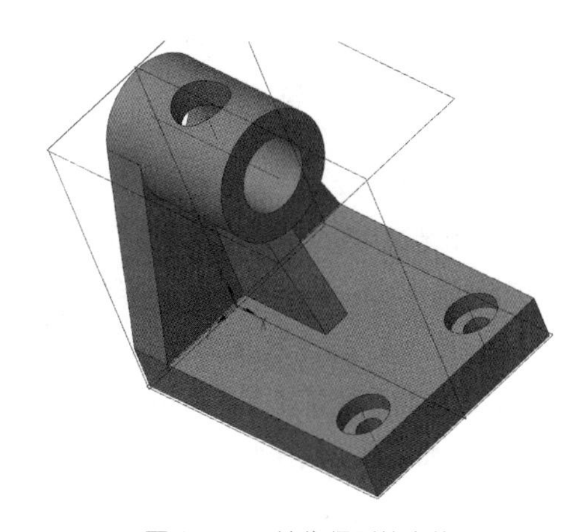

图 2.197　镜像得到的实体

2.1.11　拔模特征

拔模特征的创建是向单独曲面或一系列曲面中添加一个介于 - 30°~ 30° 之间的拔模角度。仅当曲面是由列表圆柱面或平面形成时，才可拔模。曲面边的边界周围有圆角时一般不能拔模。不过，也可以先拔模，然后对边进行过渡。

操控面板选项介绍如下。

对于拔模，Creo Parametric 系统使用以下术语。

（1）拔模曲面。要拔模的模型曲面。

（2）拔模枢轴。曲面围绕其旋转的拔模曲面上的线或曲线（也称作中立曲线）。可通过选取平面（在此情况下拔模曲面围绕它们与此平面的交线旋转）或选取拔模曲面上的单个曲线链来定义拔模枢轴。

（3）拔模角度。拔模方向与生成的拔模曲面之间的角度。如果拔模曲面被分割，则可为拔模曲面的每侧定义两个独立的角度。拔模角度必须在 - 30°~ 30° 范围内。拔模曲面可按拔模曲面上的拔模枢轴或不同的曲线进行分割，如与面组或草绘曲线的交线。如果使用不在拔模曲面上的草绘分割，系统会以垂直于草绘平面的方向将其投影到拔模曲面上。如果拔模曲面被分割，可以为拔模曲面的每一侧指定两个独立的拔模角度；也可指定一侧的拔模角度，第二侧则以相反方向拔模；若仅拔模曲面的一侧，另一侧仍位于中性位置。

1. “拔模” 操控面板

选取主界面上方功能区的“工程特征” 模块中的“拔模” 命令按钮，系统打开如图 2. 198 所示的“拔模” 操控面板。

图 2. 198 “拔模” 操控面板

“拔模” 操控面板由以下内容组成：

（1）“拔模枢轴” 列表。用来指定拔模曲面上的中性直线或曲线，即曲面绕其旋转的直线或曲线。可单击列表将其激活。定义拔模枢轴时，最多可选取两个平面或曲线链。要选取第二枢轴，必须先用分割对象分割拔模曲面。

（2）“拖动方向” 列表。用来指定测量拔模角所指的方向。单击列表将其激活，然后选取平面、基准轴、两点（如基准点或模型顶点）或坐标系作为方向参照。

（3）“反转拖动方向” 按钮。用来反转拖动方向（由黄色箭头指示）。对于具有独立拔模侧的“分割拔模”，该对话框包含第二“角度” 组合框和“反转角度” 图标，以控制第二侧的拔模角度。

2. 下滑面板

“拔模” 对话框中显示下列面板，分别如图 2. 199~ 图 2. 203 所示。

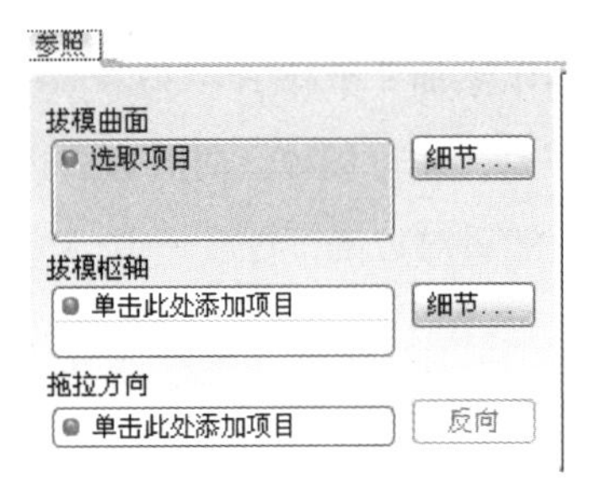

图 2. 199 “参照” 面板

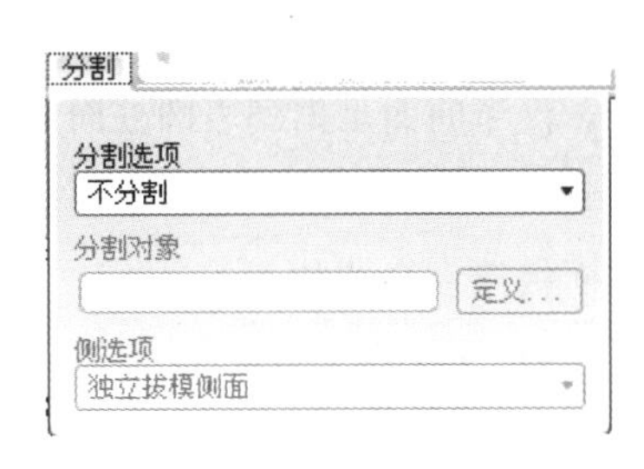

图 2. 200 “分割” 面板

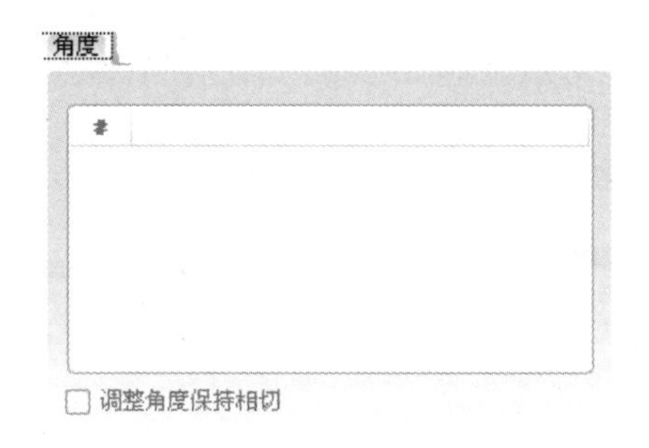

图 2.201 “角度” 面板

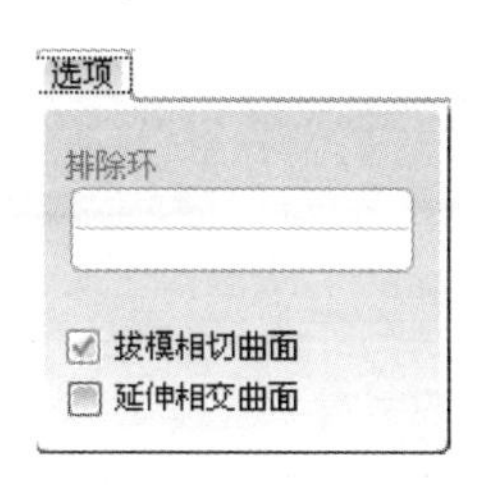

图 2.202 “选项” 面板

（1）“参照” 面板。包含拔模曲面、拔模枢轴和拖动方向的列表，如图 2.199 所示。

（2）“分割” 面板。包含分割选项、分割对象、侧选项的列表，如图 2.200 所示。

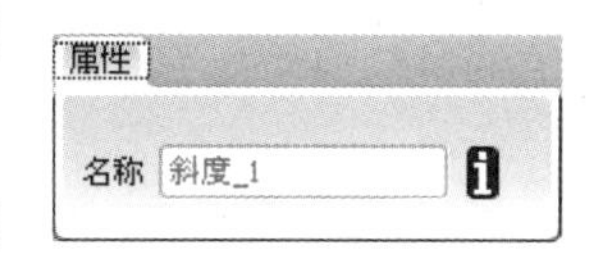

图 2.203 “属性” 面板

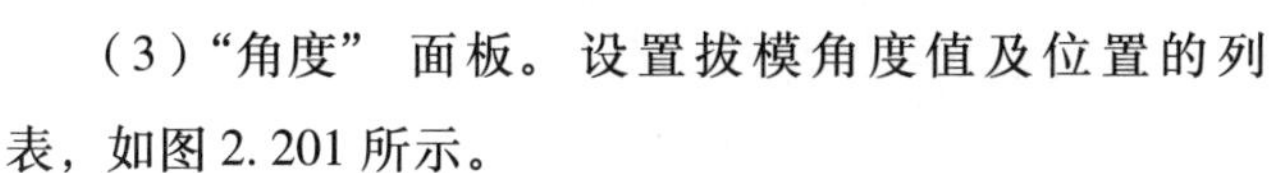

（3）“角度” 面板。设置拔模角度值及位置的列表，如图 2.201 所示。

（4）“选项” 面板。设置定义拔模几何的列表，如图 2.202 所示。

（5）“属性” 面板。包含特征名称和用于访问特征信息的图标，如图 2.203 所示。

案例 2-17　拔模特征

微视频 2-17
拔模特征创建

步骤一：新建一个 “bamo.prt” 文件。

步骤二：单击主界面上方功能区 “形状” 特征工具栏的 “拉伸” 命令按钮，系统进入创建拉伸特征界面，绘制出长为 50 mm 的正方体，创建的拉伸体如图 2.204 所示。

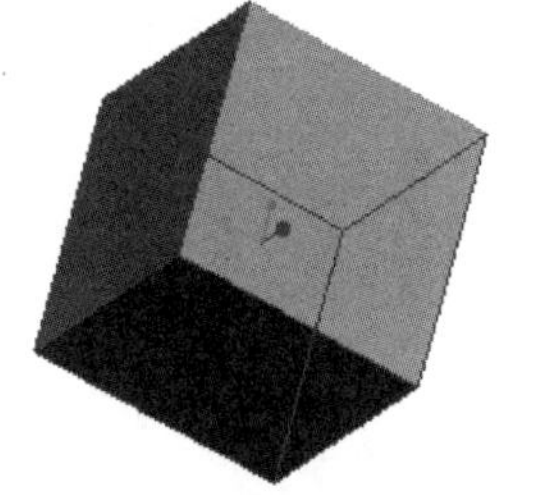

图 2.204　拉伸得到的实体

步骤三：拔模。

（1）单击主界面上方功能区 “工程特征” 模块中的 “拔模” 命令按钮，系统打开 “拔模” 操控面板。

（2）单击 “拔模” 操控面板的 “参照” 按钮。

（3）在弹出的下滑面板中单击 “拔模曲面” 中的 “选取项目”，选中拉伸体中要拔模的曲面，本例中单击正方体的其中一个面。

（4）单击 “参照” 下滑面板中 “拔模枢轴” 后的 细节... 选项。

（5）在弹出的 “链” 对话框中，单击 “确定” 按钮。

（6）选中拔模曲面要绕其旋转的枢轴，本例中单击拔模曲面相邻的一个面。

（7）在选中的拔模曲面上方出现一个箭头指示测量方向，可以单击 “方向” 按钮，改变拖动方向，即可预览不同的拔模效果如图 2. 205、图 2. 206 所示。

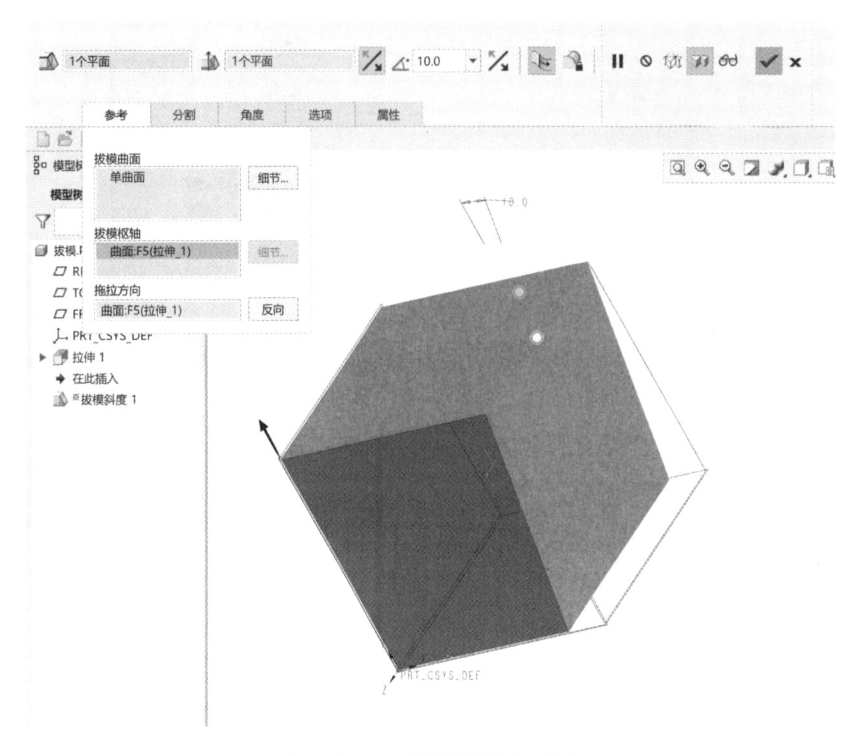

图 2. 205　拔模设置控制面板

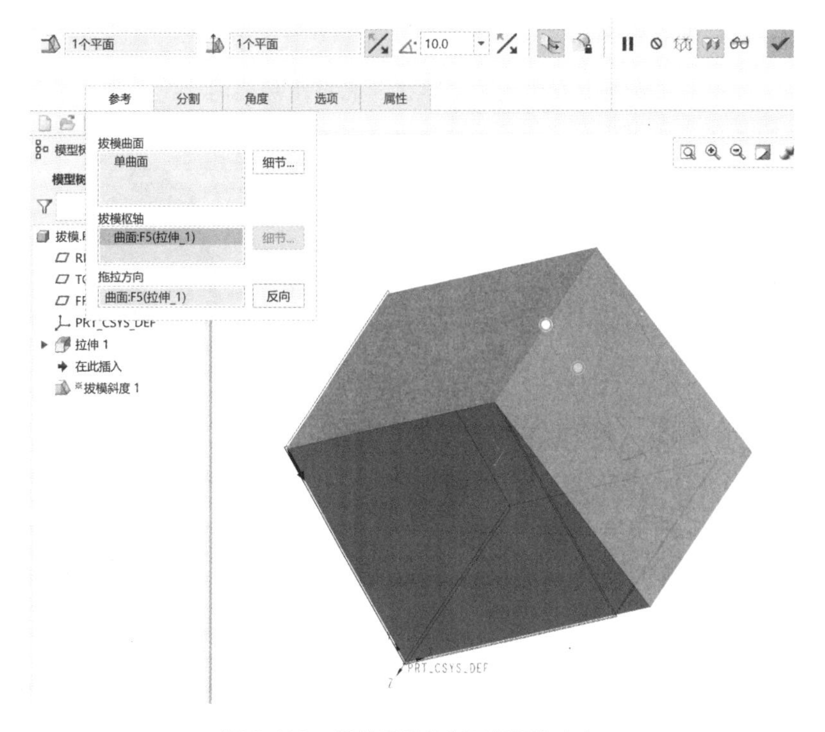

图 2. 206　拔模设置控制面板调整方向

(8) 在“角度”按钮后的文本框中输入拔模角度10。

(9) 单击控制区的“完成”按钮，完成拔模特征的创建，如图2.207所示。

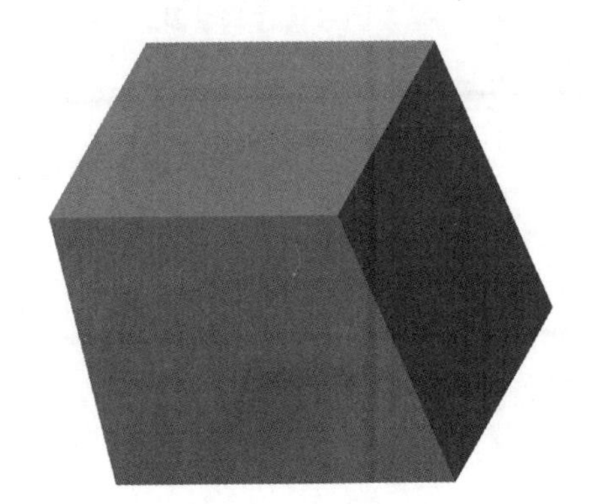

图2.207 拔模实体

2.2 计算机辅助曲面高级特征造型

2.2.1 扫描混合

恒定截面扫描的特点是截面的形状和大小不发生变化，截面的方向随着扫描轨迹的方向连续变化；而混合的特点是截面的形状和大小都可以发生变化，但方向不像扫描特征那样可以人为地控制其连续变化。扫描混合特征则兼具扫描、混合的特性。因此，扫描混合特征既需要有一条扫描轨迹线，还需要两个以上的截面构成特征。

创建扫描混合特征的操作过程：选择主界面上方功能区“形状”→“扫描混合”命令，系统进入扫描混合界面，单击操控面板上的或按钮，设置将要创建的模型为实体或曲面类型，如图2.208所示。默认时，操控面板上的“曲面”按钮处于被选中的激活状态。

微视频2-18
扫描混合

案例2-18 创建扫描混合特征造型

创建扫描混合实体的操作步骤如下。

(1) 选择主界面上方功能区“草绘”按钮，选择FRONT基准面作为绘图平

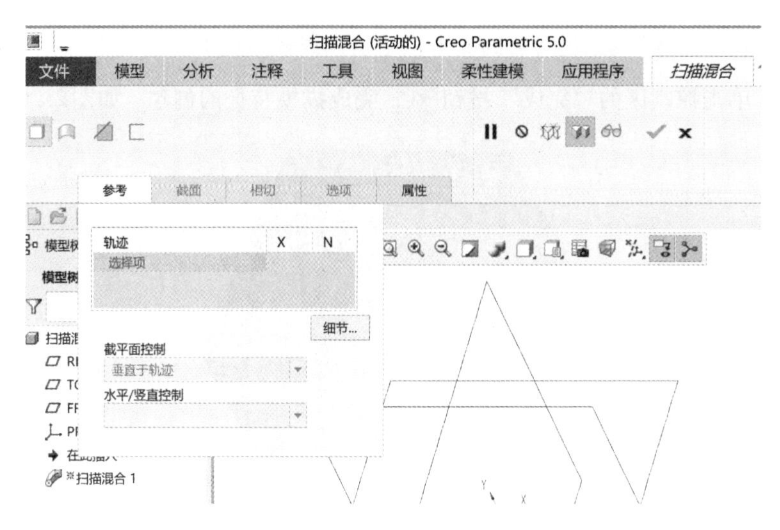

图 2. 208　扫描混合操控面板

面，绘制如图 2. 209 所示的草图作为轨迹。

（2）选择主界面上方功能区“形状”→“扫描混合”命令，如图 2. 210 所示。单击操控面板上的按钮，再单击“参照”按钮，在轨迹列表中单击，然后在绘图空间选择刚刚绘制的轨迹，则轨迹呈高亮状态，或者在选中草绘曲线的情况下选择“扫描混合”指令，系统直接弹出扫描混合操控面板。

提示：箭头所在位置为轨迹线的原点，要改变原点位置，只需单击轨迹线上的端点，然后单击箭头即可。

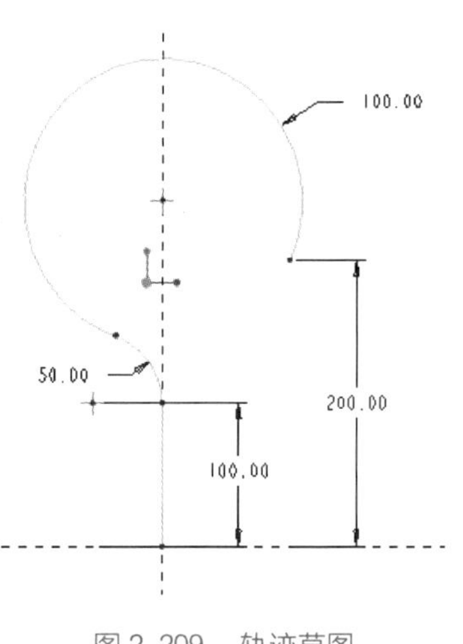

图 2. 209　轨迹草图

（3）单击操控面板上的“截面”按钮，选择“草绘截面”，单击轨迹线原点，接受系统的默认设置（不改变旋转角度值）；单击“草绘”按钮，进入第一截面绘制界面，绘制如图 2. 211 所示的草图。

（4）单击“完成”按钮，在“截面”下滑板中单击“插入”按钮，在轨迹线上单击切点，单击“草绘”按钮，进入第二截面绘制界面。在坐标系原点位置绘制直径为 50 mm 的圆，由于圆没有端点，所以需要使用分割点指令，并设置中心线确定分割点的位置，在圆上分割四个端点，注意要与截面混合起点的位置相对应。第一个添加的分割点是默认混合起点的位置，若修改起点，则需要选择要设置的分割点，长按右键将会弹出对话框，在该对话框中选择起点。完成的草绘截面如图 2. 212 所示。

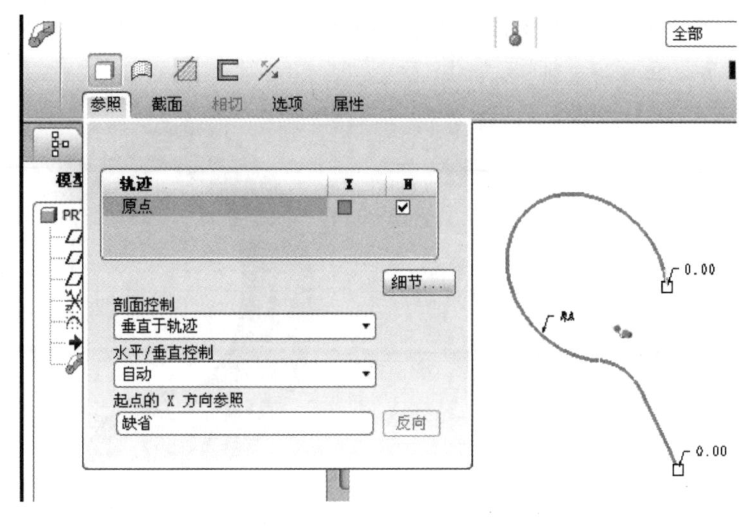

图 2.210　选择轨迹

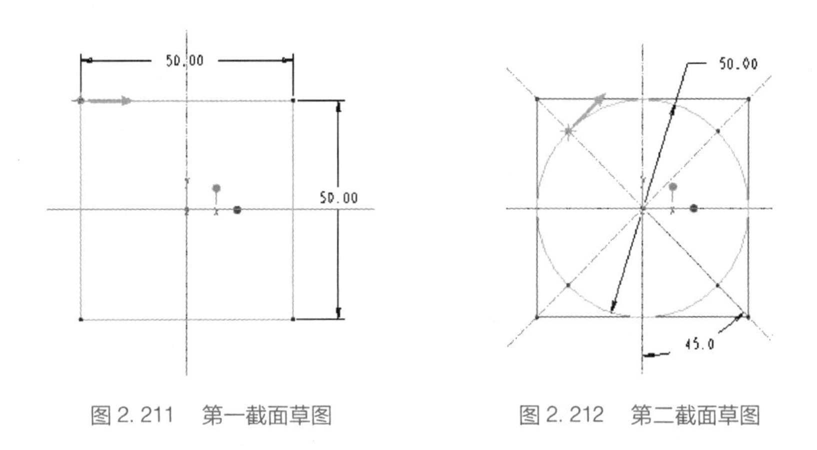

图 2.211　第一截面草图　　　　图 2.212　第二截面草图

（5）单击“完成”按钮✔，在“截面”下滑板中单击“插入”按钮，在轨迹线上单击第二个切点，单击“草绘”按钮，进入草绘界面，绘制第三截面，用同样的分割端点的方法设置分割点，绘制完成如图 2.213 所示的草图。

（6）单击“完成”按钮✔，在“截面”下滑板中单击“插入”按钮，在轨迹线上单击终点，单击“草绘”按钮，进入草绘界面，绘制第四截面，绘制一个点作为截面草图。

（7）单击“完成”按钮✔，完成截面绘制。单击“预览”按钮☑ 👓，观察效果，单击操控面板上的“接受”按钮，得到的效果如图 2.214 所示，将其保存为 2_1. prt。

若要绘制扫描混合曲面，则需在步骤（2）中单击操控面板上的按钮，即可创建扫描混合曲面。

提示：对于第二截面和第三截面来说，它们一定是四段的，因为第一截面就是四段。因此，完成圆的草图绘制，再创建两条辅助参考线，利用“分割”按钮将圆切割为四段圆弧（这里起点位置及方向的选择与第一截面一致），否则在退出截面绘制时，系统将提示出错。

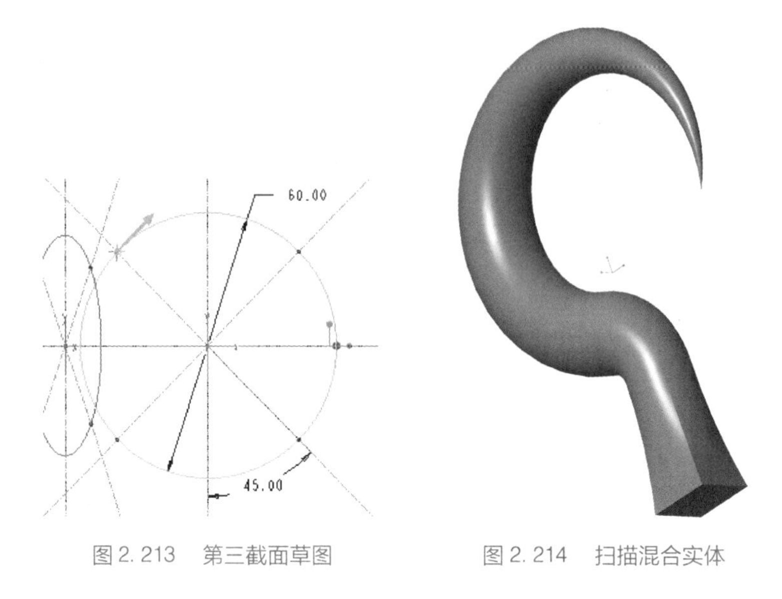

图2.213　第三截面草图　　　图2.214　扫描混合实体

2.2.2　螺旋扫描

螺旋扫描是扫描截面沿着螺旋轨迹扫掠来创建螺旋扫描特征的。扫描的轨迹由旋转曲面的轮廓（定义螺旋特征的截面原点到其旋转轴的距离）与螺距（螺圈之间的距离，弹簧和螺纹建模过程中需要设置弹簧的节距与螺纹的螺距，为讲述方便，本书统称为螺距）来定义。而特征创建过程中所用到的轨迹线和旋转面并不会在最后的几何特征上显现出来。

通过螺旋扫描命令可以创建实体特征、曲面特征以及其对应的剪切材料特征。下面通过实例讲述运用螺旋扫描命令来创建恒定螺距和可变螺距的螺旋扫描实体特征及创建剪切材料特征的一般过程。

螺旋扫描特征的步骤：定义螺距类型（恒定或者可变的）、截面性质（穿过轴或者轨迹法向）、螺旋方向（左手或者右手法则）→ 创建扫描轨迹线和螺旋中心线 → 确定螺距的值 → 创建截面 → 完成。

微视频2-19
恒定螺距的螺旋扫描

1. 恒定螺距的螺旋扫描

案例2-19　创建恒定螺距的螺旋扫描实体

创建恒定螺距的螺旋扫描实体的操作步骤如下。

（1）新建一个零件文件，输入名称为“螺旋扫描.prt”，取消选中“使用默认模板”复选框，选择 mmns_part_solid 选项，单击“确定”按钮，进入零件设计界面。

（2）选择主界面上方功能区“形状”中“扫描” 下拉隐藏 → “螺旋扫描”命令，系统弹出“螺旋扫描”操控面板，如图 2.215 所示，选择参考 → 定义，弹出“草绘”对话框，在主界面左侧模型树中选择 FRONT 平面进入草绘界面，螺旋扫描的轨迹的长度为“200”，并添加中心线作为旋转轴，设置中心线与扫引轨迹的距离为“100”，如图 2.216 所示（在图中，左侧为旋转中心线，右侧为扫引轨迹），点击完成扫引轨迹和旋转轴的绘制，系统返回螺旋扫描的操控面板。

图 2.215　“螺旋扫描”操控面板

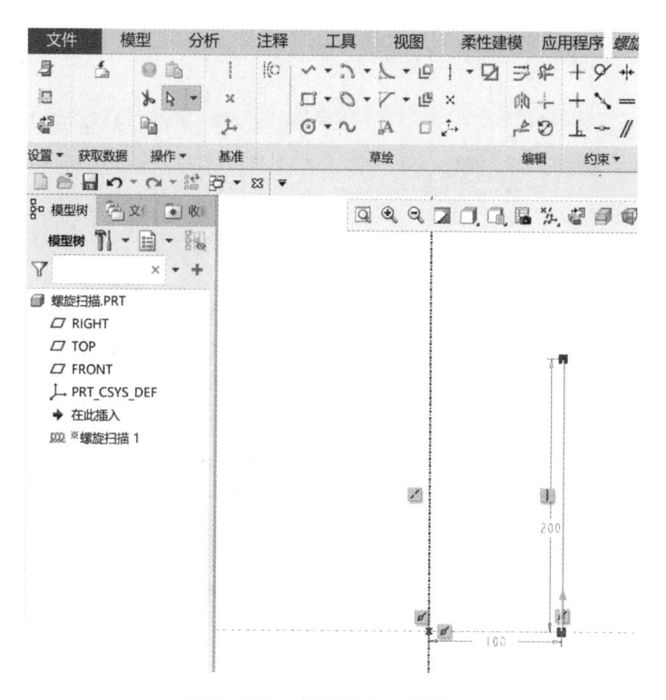

图 2.216　绘制螺旋扫描轮廓

（3）在操控面板中设置弹簧间距值为“40”，然后选择草绘指令，进入草绘界面绘制弹簧截面，在扫引线的起点位置绘制圆直径为“20”，如图2.217所示。

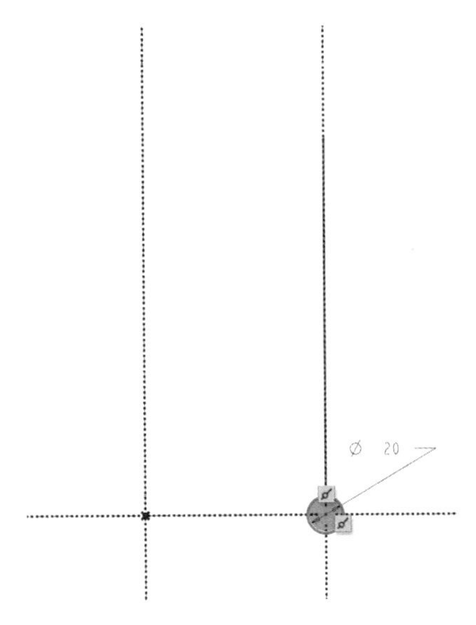

图2.217　绘制螺旋扫描截面

（4）单击按钮，完成截面绘制。可预览生成弹簧，如图2.218所示。单击选择操控面板上的弹簧旋向设置指令左旋和右旋，即可调整弹簧的旋向。点击

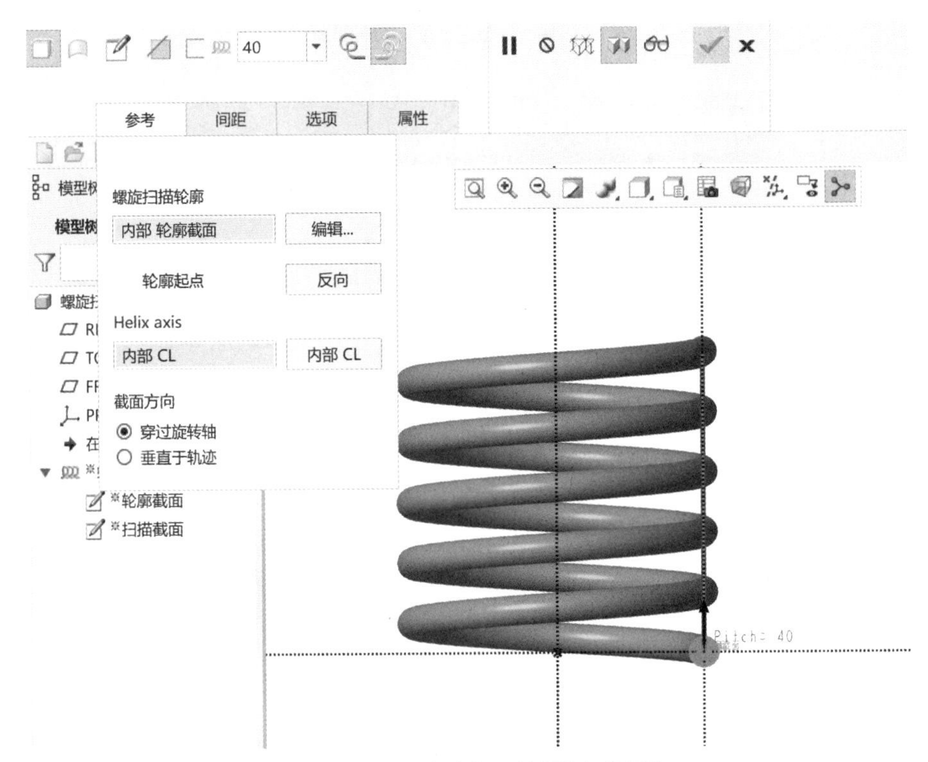

图2.218　完成恒定螺距的螺旋扫描预览

✔按钮完成弹簧的建模。

提示：“螺旋扫描操控面板”各指令的含义如下。

（1）“常数”。表示螺距为常数。

（2）可变的。表示螺距可变，而且有图形定义。

（3）穿过轴。横截面位于穿过旋转轴的平面内，即横截面的法向垂直于旋转轴。

（4）轨迹法向。确定横截面方向，使之垂直于螺旋轨迹线，即扫描截面垂直于螺旋轨迹线。

（5）右手定则。使用右手定则定义轨迹线的螺旋方向，即称为右旋。系统默认状态为右手定则，即创建右旋螺旋扫描实体。

（6）左手定则。使用左手定则定义扫描轨迹。

2. 可变螺距的螺旋扫描

定义可变螺距的螺旋扫描实体需要在“螺旋扫描操控面板”的“选项”菜单下设置选择“变量”，还需要在扫引轨迹的绘制过程中添加设置可变螺距位置的分段点。

案例 2-20 创建可变螺距的螺旋扫描实体

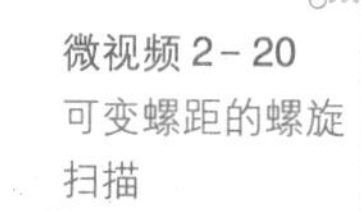

创建可变螺距的螺旋扫描实体操作步骤如下。

（1）新建一个零件文件，输入名称为“螺旋扫描可变截面.prt”，取消选中“使用默认模板”复选框，选择mmns_part_solid选项，单击“确定”按钮，进入零件设计界面。

（2）选择主界面上方功能区内“形状”→“扫描” 扫描 下拉菜单“螺旋扫描”命令，系统弹出“伸出项：螺旋扫描”操控面板，在“选项”菜单中选择“变量”（即为可变的螺距），如图 2.219 所示。

图 2.219 定义可变螺距

（3）单击操控面板中“参考”，选择“定义”，选取一个平面作为轨迹线和中心线的草绘平面，选择FRONT平面为基准面，草绘方向为正向，视图方向为默认，进入草绘界面完成绘制扫引轨迹和中心线，绘制如图 2.220 所示的扫引轨迹线和中心线，单击“完成”按钮，系统返回螺旋扫描操控面板。

（4）选择操控面板中的“草绘”指令，进入草绘界面，绘制螺旋扫描弹簧的截面，在扫引轨迹原点处绘制直径为10 mm的截面圆作为弹簧的截面，如图2.221所示。点击完成，返回螺旋扫描操控面板。

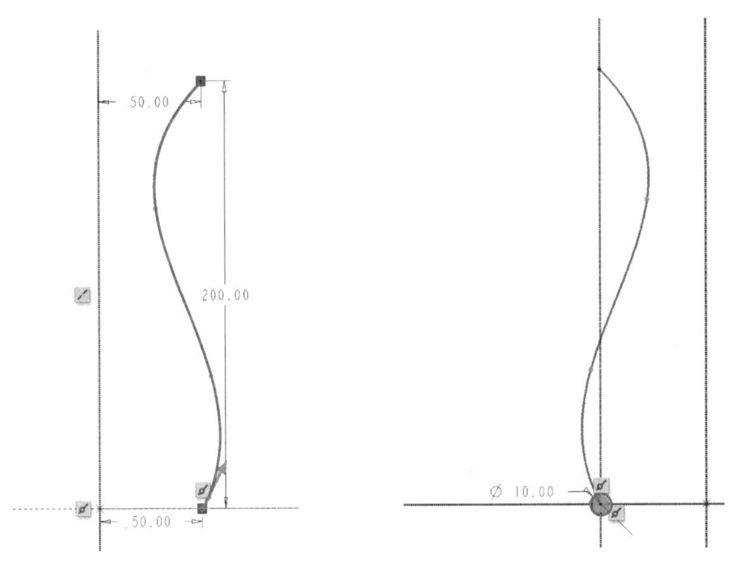

图2.220　扫引轨迹线和中心线　　　　图2.221　螺旋扫面截面的绘制

（5）单击操控面板中的“间距”，设置如图2.222所示间距值，即在不同高度

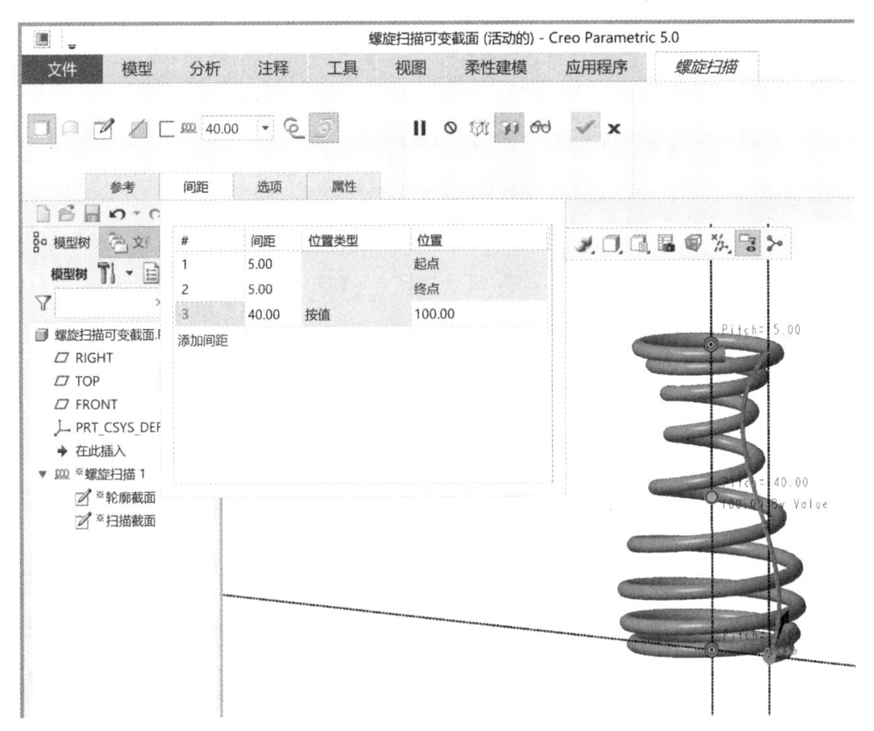

图2.222　可变螺距的设置

位置上设置弹簧螺距值。在轨迹起点和终点位置设置间距值均为5，中间位置设置间距值为40。输入轨迹两个端点的间距以后，从系统间距变化曲线图中可以看出在轨迹起点和终点之间保持均匀相同的螺距。设置在高度100处的间距值为40，预览系统中弹簧螺距发生均匀过渡的变化。点击✔完成螺旋扫描弹簧可变螺距的建模。

3. 剪切螺旋扫描

案例2-21　创建剪切（体积块）螺旋扫描

微视频2-21
剪切螺旋扫描

创建剪切螺旋扫描的操作步骤如下。

（1）新建一个零件文件，输入名称为“剪切螺旋扫描.prt”，取消选中“使用默认模板”复选框，选择mmns_part_solid选项，单击“确定”按钮，进入零件设计界面。

（2）单击主界面上方功能区“基准”模块上的“草绘”按钮，选择FRONT基准面作为绘图平面，绘制如图2.223所示的草图。

（3）单击“完成”按钮✔，完成草图截面的绘制。

（4）单击主界面上方功能区“形状”模块上的“拉伸”按钮，在拉伸操控面板上输入数值30，单击“接受”按钮，完成如图2.224所示的圆柱实体绘制。然后，将在圆柱实体侧表面上创建剪切螺旋扫描特征。

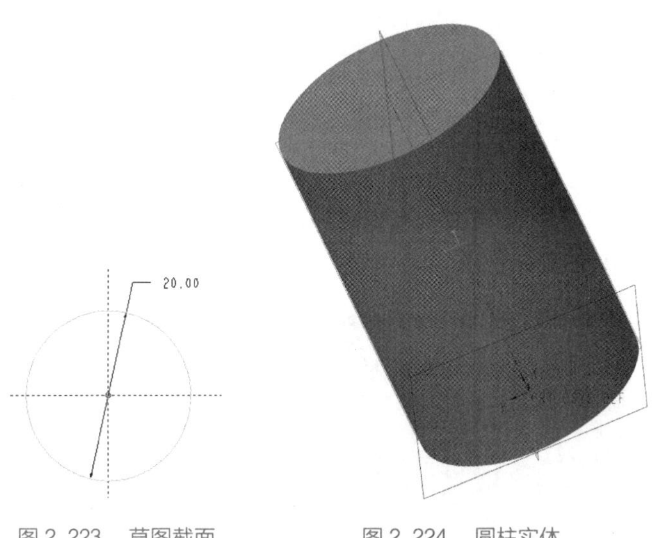

图2.223　草图截面　　　　图2.224　圆柱实体

（5）选择主界面上方功能区内“形状”→“扫描” 扫描 ▾下拉菜单“体积块螺旋扫描”命令，系统弹出“体积块螺旋扫描”菜单管理器操控面板。

（6）在操控面板的“参考”下拉菜单中选择“定义”→弹出“草绘”对话框→选择TOP平面作为草绘平面，选择“确定”命令，即接受系统默认方向。系统弹出“草绘视图”菜单，选择“缺省”命令。系统进入草绘界面，首先，沿着圆柱侧面边线绘制扫引轨迹。其次，在坐标系原点处创建一条中心线平行于扫引轨迹，作为扫描旋转的轴线，如图 2.225 所示。最后点击✔按钮完成草绘，系统返回螺旋扫描操控面板。

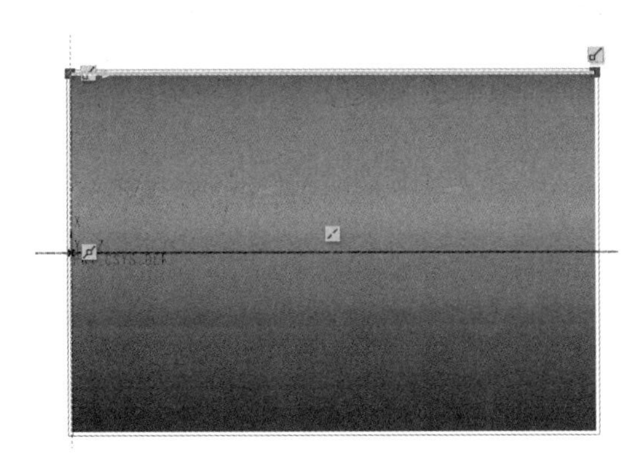

图 2.225　螺旋扫描轨迹线

（7）在操控面板中设置间距值为 3.2，也可根据需要选择螺纹旋向，选择左旋或者右旋，如图 2.226 所示。

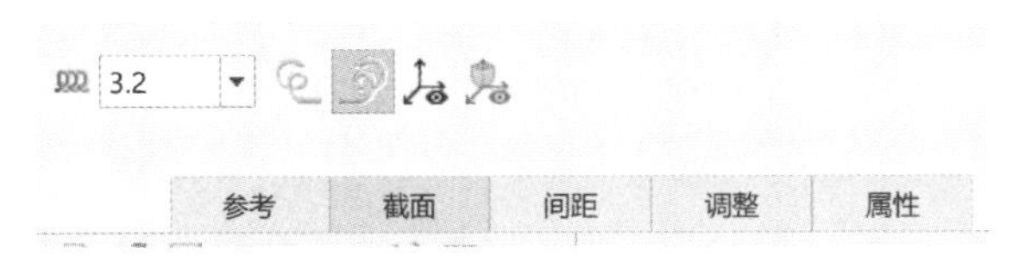

图 2.226 “输入间距值”提示框

（8）单击操控面板下方的截面→草绘截面→创建/编辑截面，系统进入草绘界面，在指定的坐标中心位置绘制螺旋扫描截面，如图 2.227 所示，扫描螺纹的牙型为三角形，具体尺寸如图 2.228 所示。

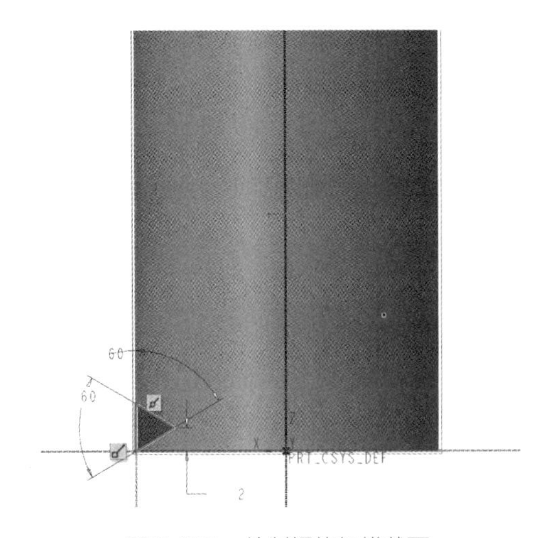

图 2.227　绘制螺旋扫描截面

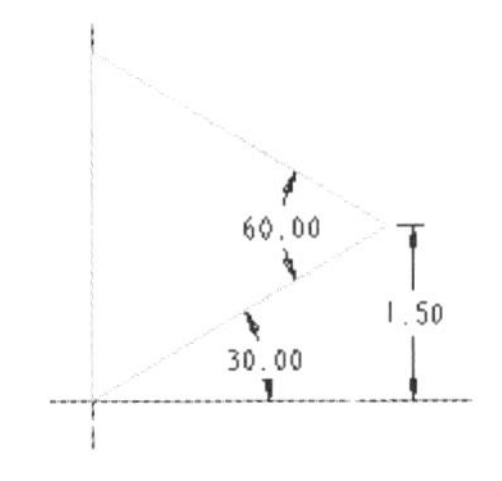

图 2.228　扫描三角形截面尺寸

（9）单击“完成”按钮✔，完成截面绘制，在“剪切：螺旋扫描”对话框中单击“确定”按钮，完成剪切螺旋扫描实体创建，如图 2.229 所示。

图 2.229　剪切螺旋扫描实体

2.2.3　可变截面扫描

可变截面扫描特征是一种在扫描过程中，截面的方向和形状由若干轨迹线所控制的特征。可变截面扫描特征一般要定义一条原点轨迹线、一条 X 轨迹线、多条一般轨迹线和一个截面。沿一个或多个选定的轨迹扫描剖面时通过控制剖面的方向、旋转和几何来添加或移除材料，以创建实体或曲面特征，这是一种经常用到的曲面创建方法。当给定的截面较少，轨迹线的尺寸很明确，并且轨迹线较多时，则较适合使用可变截面扫描。在扫描过程中，可使用恒定截面或可变截面创建扫描。在 Pro/ENGINEER 版本中，可变截面扫描属于单独的一个特征指令。在 Creo Parametric 版本中可变截面扫描和扫描特征整合到了一起。

（1）可变截面。将草绘图元约束到其他轨迹（中心平面或现有几何），或使用由“trajpar”参数设置的截面关系来使草绘可变。草绘所约束到的参照可改变截面形状。另外，以控制曲线或关系式定义标注形式也使草绘可变。草绘在轨迹点处再生，并相应更新其形状。

（2）恒定截面。在沿轨迹扫描的过程中，草绘的形状不变，仅截面所在框架的方向发生变化。

可变截面扫描过程中所出现的轨迹线种类及作用如下。

（1）原点轨迹线。用来定义扫出原点（起始点）的轨迹。在扫描的过程中，二维截面的原点永远落在此轨迹线上。

提示： 绘制二维截面时，系统会自动在画面上呈现 X 轴及 Y 轴，其交点即为原点。

（2）X - 向量轨迹线。或称为水平向量轨迹线，它用来定义扫描时截面的水平方向。它只在垂直于原始轨迹扫描时才有意义。在 Creo Parametric 中，它的具体表现是：在草绘截面时，其水平面通过原点轨迹线上的起点及 X - 向量轨迹线上的点，并垂直于原点轨迹线。

（3）垂直轨迹线。用以指定在扫描过程中，截面永远垂直于此轨迹线。

微视频 2 - 22 可变截面扫描曲面

案例 2 - 22　创建可变截面扫描曲面

创建可变截面扫描曲面的操作步骤如下。

（1）新建一个零件文件，输入名称为“可变截面扫描 . prt”，取消选中“使用默认模板”复选框，选择 mmns_part_solid 选项，单击“确定”按钮，进入三维零件设计界面。

（2）单击主界面上方功能区中基准工具栏上的“草绘”按钮，选择 FRONT 基准面作为草绘平面，接受系统默认的视图参照；单击“线”按钮，在坐标原点绘制一条通过 RIGHT 基准面的直线段，该直线段即称为原点轨迹线，继续绘制如图 2. 230 所示的曲线。绘制完成后单击“完成”按钮。

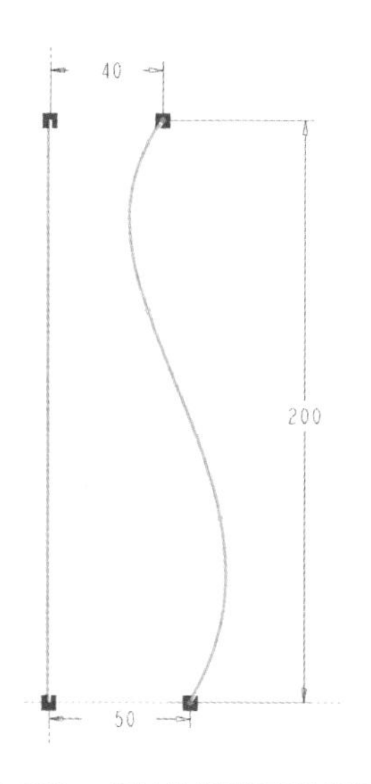

图 2. 230　原始轨迹线和轮廓轨迹

（3）对轮廓曲线进行复制旋转操作。在空间界面中左键选择曲线→选中变为红色→右键弹出复制对话框，选中“复制”指令，如图 2. 231 所示。或者在选中红色曲线的状态下按下“Ctrl + C”键，弹出“粘贴选项”对话框，在“粘贴选项”下

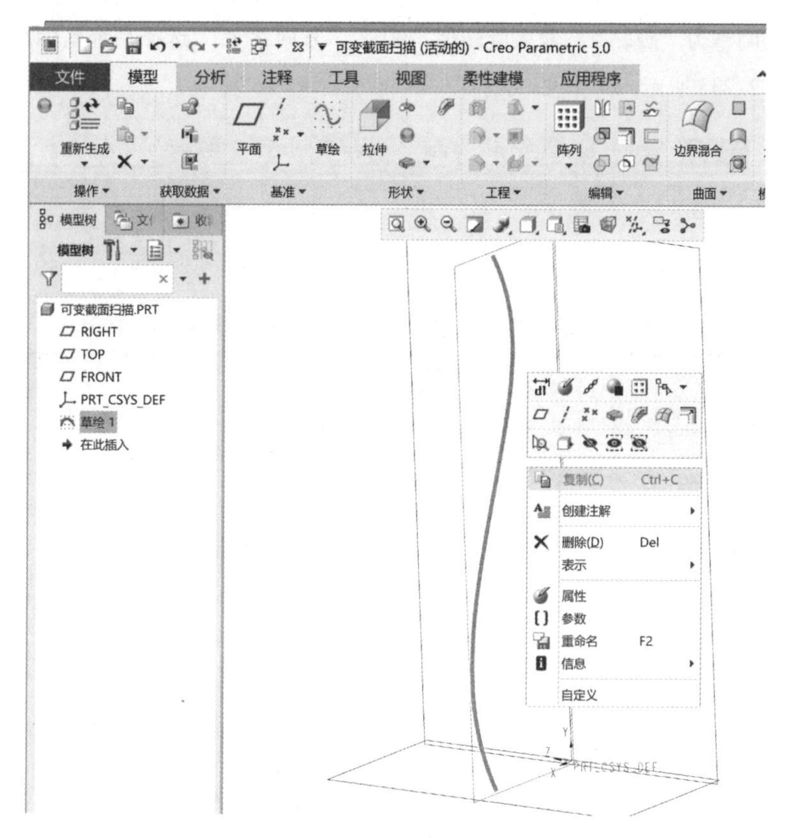

图 2.231 复制轮廓轨迹

有两个“粘贴” 图标，选择第二个“粘贴” 图标（即应用属性，例如相关性和旋转），具体如图 2.232 所示。

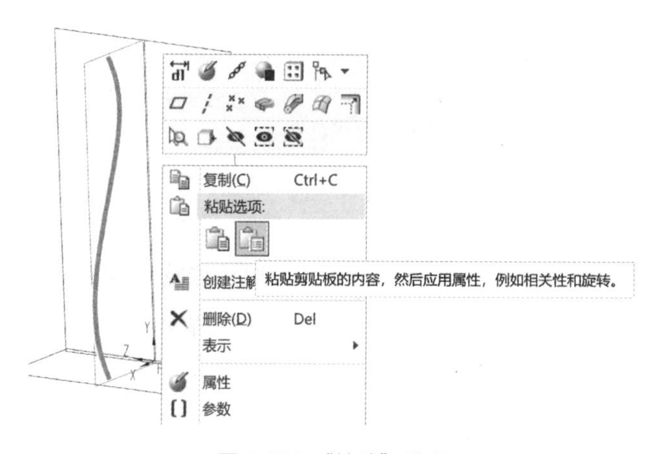

图 2.232 “粘贴” 选项

（4）系统弹出“移动（复制）” 对话框，在绘图空间中选择竖直方向的 Y 轴作为旋转轴。

（5）左键单击操控面板下方的“变换” 菜单，将下拉菜单中“设置” 选项的

“移动”调整为“旋转”，输入旋转值“90”，“方向参考”选择系统坐标系 Y 轴，具体如图 2.233 所示。

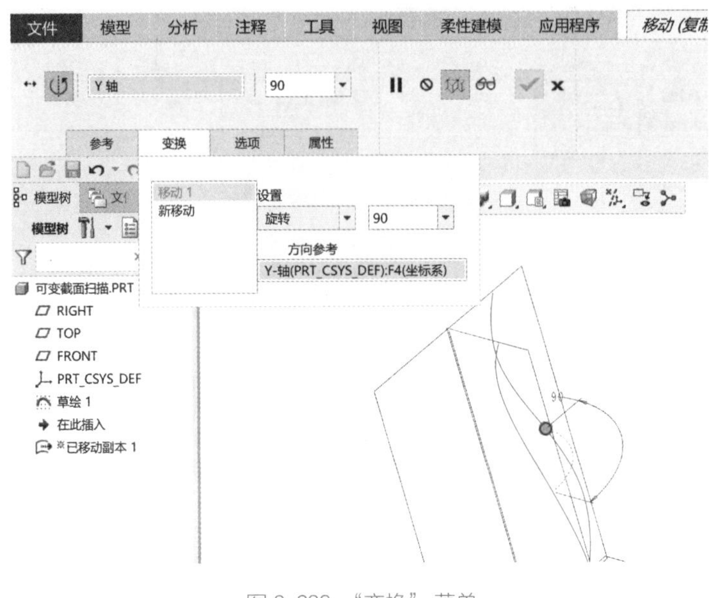

图 2.233 “变换”菜单

（6）左键单击操控面板下方的“选项”，取消勾选“隐藏原始几何”，如图 2.234 所示。单击✔完成轮廓曲线的旋转复制，效果如图 2.235 所示。

图 2.234 “选项”菜单

（7）使用镜像命令将已创建的两条轮廓轨迹进行镜像复制操作。首先选取已创建的其中一条曲线，选中显示为红色。然后在主界面上方功能区“编辑”模块中选择镜像指令，弹出“镜像”操控面板，选择与该曲线所在平面垂直的参考平面为镜像平面。

（8）重复步骤（7），完成另外一个轮廓轨迹曲线镜像复制，结果如图 2.236 所示。

提示：绘制轨迹线时，一般要求所有的轨迹线长度必须一致，如果长度不一致，则扫描时沿长度最短的轨迹线扫描形成曲面。

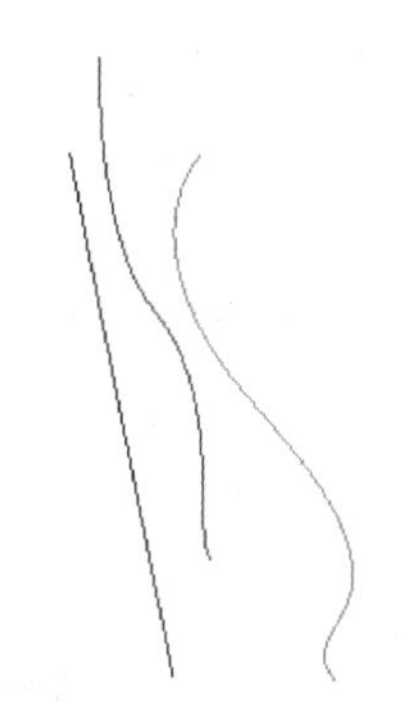

图 2.235　完成旋转复制轮廓轨迹线

图 2.236　条轮廓轨迹线

（9）选择主界面上方功能区“形状”中的“扫描”特征下拉菜单中的扫描命令，弹出扫描操控面板。

（10）操控面板上的“曲面”按钮处于被选中的激活状态。选择操控面板下方的“参考”选项，选取中间的直线线为原点轨迹。

（11）再按住 Ctrl 键，按顺序依次选取其他四条轮廓轨迹线，如图 2.237 所示。设置“剖面轨迹”为“垂直于轨迹”，其他接受系统的默认设置。

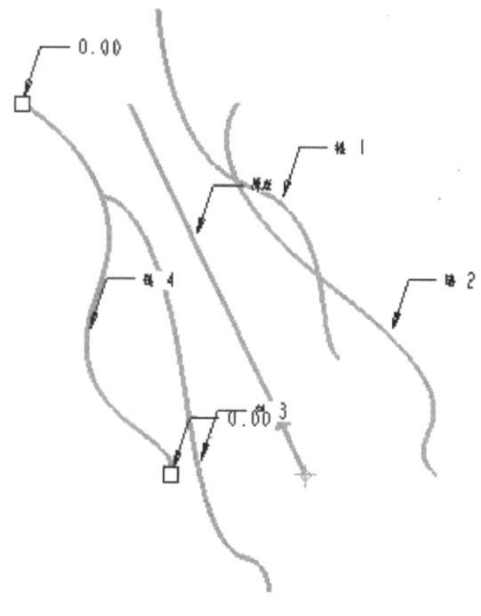

图 2.237　选取轨迹

提示：选取轨迹时需按顺序选取，顺时针或逆时针都可以，但不能间隔选取，否则将影响曲面的形成质量。

（12）单击操控面板上的“草绘”按钮，进入截面草绘界面，使用功能区“草绘”中的线链指令，捕捉显亮的四个点绘制如图 2.238 所示的截面图形。

（13）单击“完成”按钮，完成截面绘制。单击“预览”按钮，观察效果。单击操控面板上的“接受”按钮，得到的效果如图 2.239 所示。

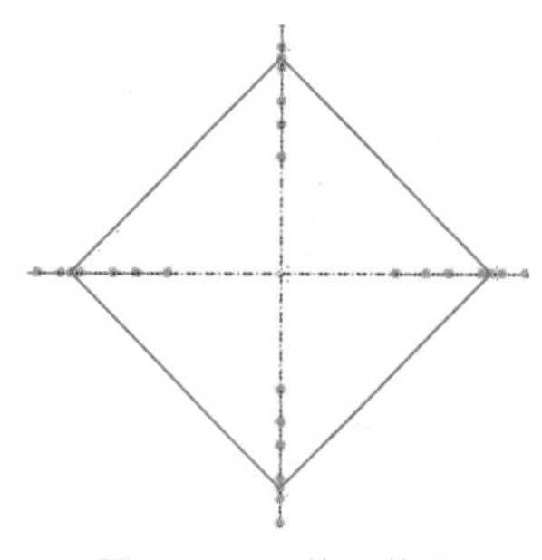

图 2.238　截面草图

图 2.239　可变截面扫描曲面

（14）可变截面扫描曲面创建完成之后，添加草绘底面轮廓线，然后可对曲面进行底面填充（“曲面”→“填充”指令），如图 2.240 所示。

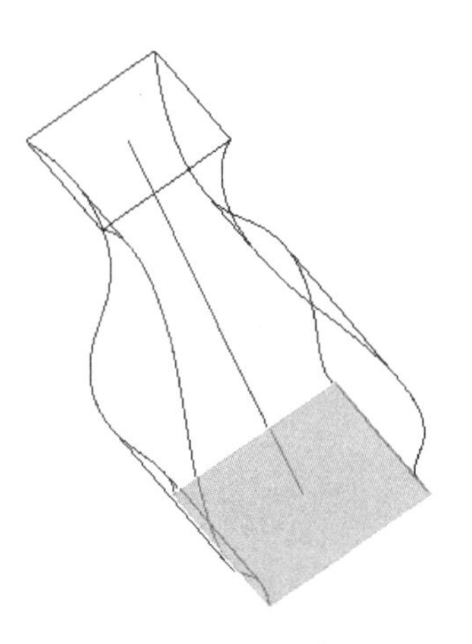

图 2.240　填充曲面

（15）将填充的底面和扫描曲面进行合并，然后可整体加厚。具体步骤：按下 Ctrl 键选择主界面左侧模型树中的填充 1 和扫描 1，如图 2.241 所示；选择主界面上方功能区“编辑”中的合并指令，弹出合并操控面板，如图 2.242 所示；单击“确定”按钮✔，完成曲面合并。

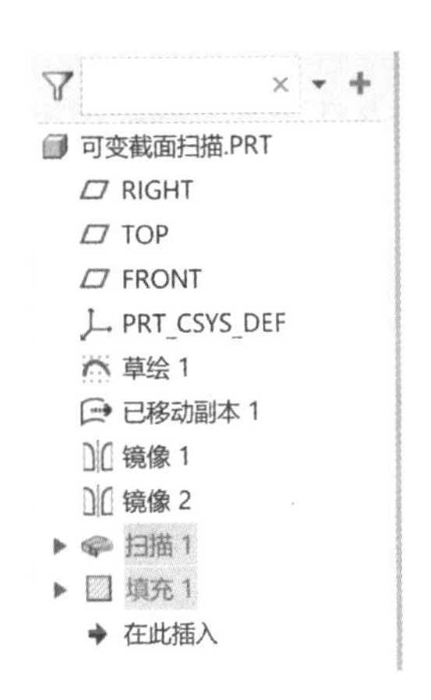

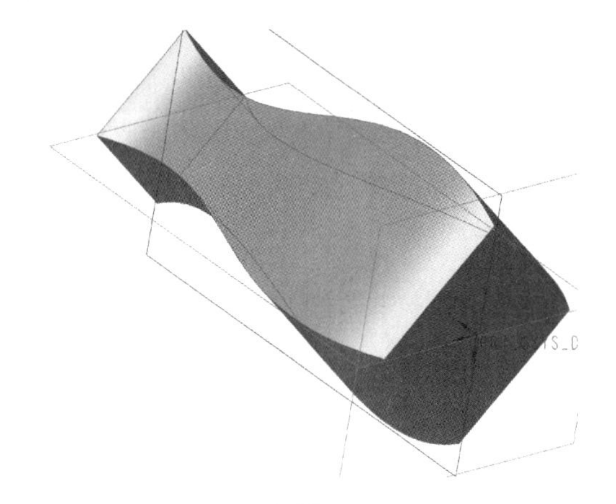

图 2.241　同时选择填充 1 和扫描 1

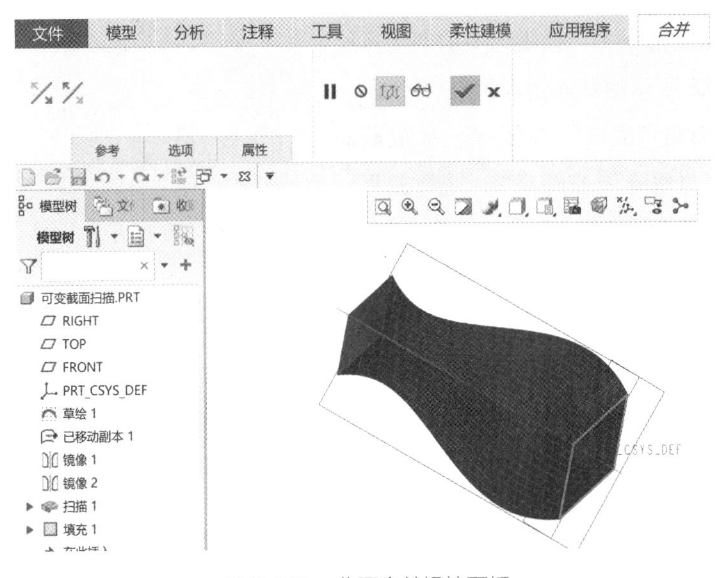

图 2.242　曲面合并操控面板

（16）在“合并1”选中的情况下，选择主界面上方功能区“编辑”中的加厚指令，完成瓶体加厚，如图2.243所示。

图2.243　加厚得到实体

若要绘制可变截面扫描实体，只需在步骤（10）中，单击操控面板上的“接受”按钮之前单击操控面板上的“实体”按钮，即可创建可变截面扫描实体。

2.2.4　边界混合特征

当曲面的外形难以使用常规的曲面特征来表达时，用户可以先绘制其外形上的关键线，然后使用边界混合曲面将这些曲线围成一张曲面。

边界混合曲面就是使用“边界混合”工具在参照实体线（它们在一个或多个方向上定义曲面）之间创建边界混合特征的，在每个方向上选定两个或多个图元来定义曲面的边界。

选择主界面上方功能区中“曲面”→“边界混合”按钮，系统弹出“边界混合”操控面板，如图2.244所示。

图2.244　“边界混合”操控面板

“边界混合”操控面板各选项的含义如下。

(1)“曲线”按钮

设置创建边界混合特征的参照曲线，包括“第一方向”和“第二方向”两种。选择“曲线”选项，系统将弹出“曲线”下滑板，如图2.245所示。

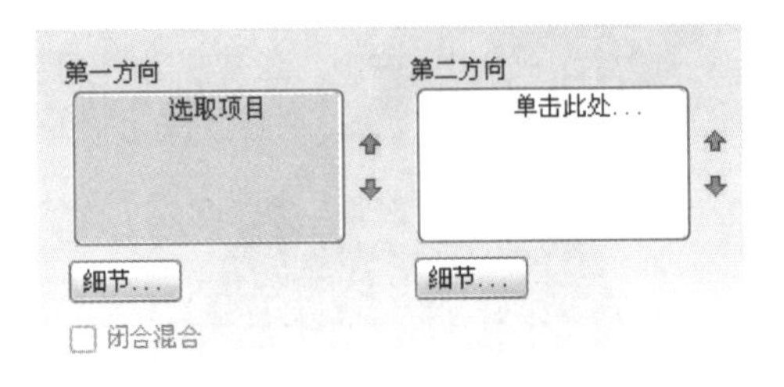

图2.245 “曲线”下滑板

①“第一方向”。创建边界混合特征的第一方向曲线。

②“第二方向”。设置创建边界混合特征的第二方向曲线，选择“第二方向”曲线收集器中的“单击此处”，将其激活，即可选取第二方向的曲线。

③“细节”按钮。通过“链”对话框来修改或重定义曲线。

注意：创建边界混合曲面时，可以只定义第一方向的曲线，也可以只定义第二方向的曲线；“闭合混合”复选框只有在定义第一方向曲线(即可构建成混合曲面)时才可选择，否则该复选框不被激活，处于无效状态。如果选择两个方向的曲线构成边界混合曲面时，所选取的边界线必须相交，否则，无法构成曲面。

(2)“约束”按钮

设置边界混合特征的约束方式和约束对象，包括边界、图元和拉伸值。单击“约束”按钮，系统弹出“约束”下滑板，如图2.246所示。

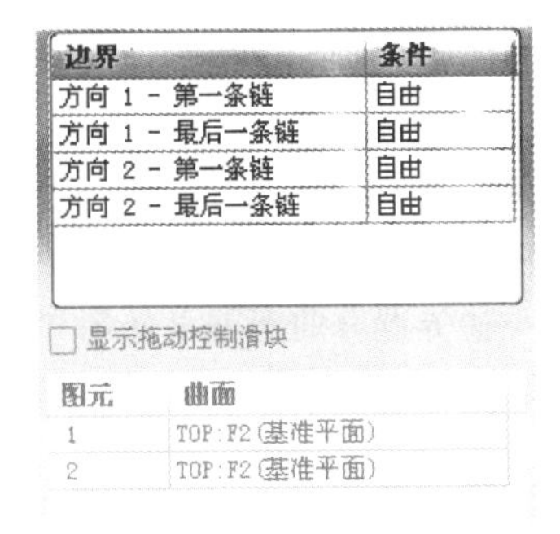

图2.246 “约束”下滑板

①“边界”栏。显示约束的对象和对应的约束方式，包括“自由”“切线”“曲率”和“垂直”四种。

②“自由”选项。自由地沿边界进行特征创建，不需要任何约束条件。

③“切线”选项。设置混合曲面沿边界与参照曲面相切。在应用“切线”约束条件时，用户可以通过拖动特征箭头或修改数值调整相切的大小变化。

④“曲率”选项。设置混合曲面沿边界具有曲率连续性，其操作步骤与“切线”一致。

⑤“垂直”选项。设置混合曲面与参照曲面或基准平面垂直。

提示：(1) 一般参照曲面为边界曲线所在的曲面，也是系统的默认选项，如果边界曲线同时在多个曲面上，则可以自己选择曲面；(2) 在“约束”操控面板中，可以在“拉伸值”文本框中输入拉伸值，默认拉伸因子为1，不可为0，拉伸因子会影响曲面的拉伸方向，拉伸方向由拉伸值的正负控制，对双方向混合只能为正值；(3) 在“约束”操控面板中，如果选中“显示拖动控制滑块”复选框，则在视图中显示“拉伸值”的控制句柄，并可改变拉伸因子和拉伸方向；(4) 如果相接的边界曲线不相切，则不能设置边界相切约束。

⑥“显示拖动控制滑块”复选框。显示用于调整约束数值的特征箭头，在“自由”约束条件下不起作用。

⑦“图元”栏和“曲面”栏。设置用于参考的曲面或基准面。

⑧“拉伸值”文本框。当边界条件变更为非“自由”的其他条件时，其“拉伸值”文本框激活，可输入拉伸因子；也可通过直接拖拽拉伸值的控制滑块来改变拉伸因子，或者拖动控制滑块，其目的是改变曲面的形状，类似于曲面自由形状中的拖拽。

⑨“添加侧曲线影响”复选框。使用侧曲线的影响来调整曲面形状。

⑩“添加内部边相切”复选框。为混合曲面的一个或两个方向设置相切内部边条件，此功能适用于具有多段边界的曲面。通过该功能可以创建有曲面片（通过内部边并与之相切）的混合曲面。

(3)“控制点”按钮

使用边界混合控制点可以控制曲面的形状，对每个方向上的曲线，可以指定彼此的连接点。有两种点可选作控制点：用于定义边界的基准曲线顶点或边顶点；曲线上的基准点。

选择“控制点”选项，系统弹出“控制点”上滑板，如图 2.247 所示。使用这一选项时，用户可以右击选定点，在弹出的快捷菜单中重新对曲线的排序和定义。

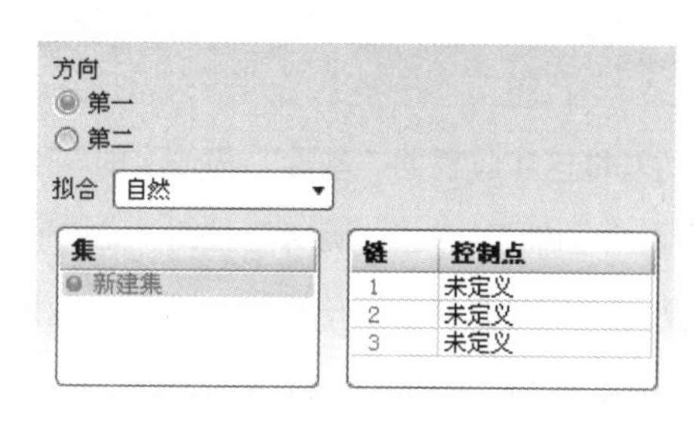

图 2.247 “控制点”下滑面板

在“控制点”下滑板中的“拟合”下拉菜单中有三个选项：“自然”“弧长”“段到段”。

①“自然”选项。表示使用一般混合方程进行混合，并使用相同的方程来重复

输入曲线的参数，以获取最相近的曲面。可以对任意边界混合曲面进行“自然”拟合控制点的设置。

②“弧长”选项。表示对原始曲线进行的最小调整。使用一般混合方程来混合曲线，被分成相等的曲线段并逐段混合的曲线除外。同样可以对任意边界混合曲面进行“弧长”拟合的控制点设置。

③“段到段”。表示段对段混合，用于曲线链或复合曲线的连接。此选项只可用于具有相同段数的曲线。

(4)“选项”按钮

选取曲线链来影响混合曲面的形状，包括“影响曲线”“平滑度”和“在方向上的曲面片”三种参照。此项功能用于创建圆锥曲面。选择“选项”，弹出“选项”下滑板，如图2.248所示。

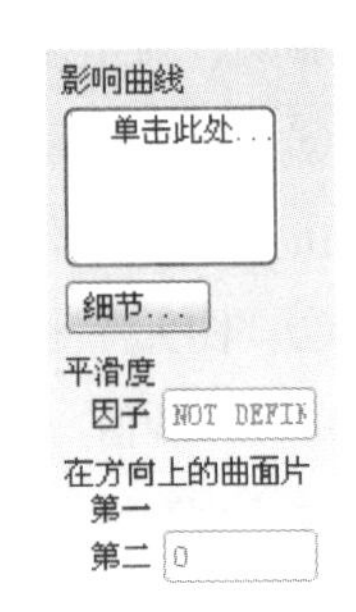

图2.248 “选项”下滑板

①“影响曲线”列表框。设置影响混合曲面形状的曲线。

②“平滑度”中的“因子”文本框。设置曲面的平滑度，设置范围为0~1。所设值越小，与影响曲线越逼近，平滑度越低；值越大，离影响曲线逼近越远，平滑度越高。

③“在方向上的曲面片”选项组。在第一方向和第二方向设置曲面片的个数，设置范围为1~29。值越大，越逼近控制线。

案例2-23　创建边界混合曲面

微视频2-23
边界混合曲面

创建边界混合曲面的操作步骤如下。

(1)新建一个零件文件，输入名称为“边界混合.prt”，取消选中“使用默认模板”复选框，选择mmns_part_solid选项，单击“确定”按钮，进入零件设计界面。

(2)单击主界面上方功能区工具栏上的“草绘”按钮，选择TOP基准面作为草绘平面，接受系统默认的视图参照；绘制如图2.249所示的草图，单击“完成”按钮✔。

(3)单击主界面上方功能区工具栏的“基准”模块上的“平面”按钮，选择TOP基准面作为偏移平面，输入“-100”，单击“确定”按钮，完成平面DTM1的创建。

(4)单击主界面上方功能区工具栏的“草绘”按钮，选择DTM1基准面作为草绘平面，接受系统默认的视图参照，绘制如图2.250所示的草图，单击“完成”按钮✔。

(5)单击主界面上方功能区工具栏的“点”按钮，选择FRONT基准面，按住Ctrl键选择第一截面上的一段圆弧，创建第一个点PNT0；再选择FRONT基准面，按住Ctrl键选择第一截面上的另一段圆弧，创建第二个点PNT1；以此方法在第二截面上创建另外两点PNT2和PNT3。单击“确定”按钮，完成基准点的创建。

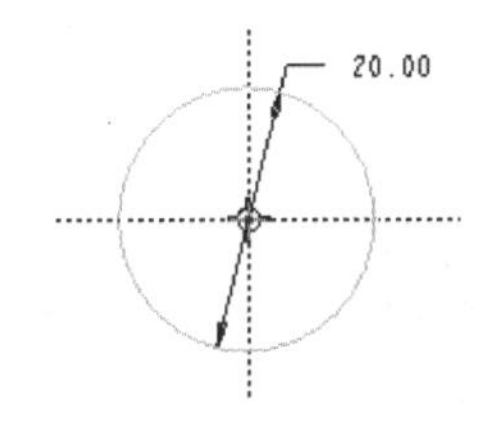

图 2.249 第一截面草图

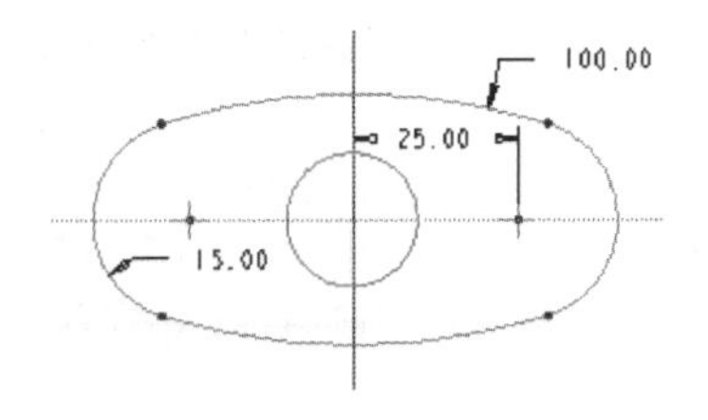

图 2.250 第二截面草图

（6）单击主界面上方功能区工具栏上的“草绘”按钮，选择 FRONT 基准面作为草绘平面，接受系统默认的视图参照，绘制如图 2.251 所示的引导线草图，单击“完成”按钮。

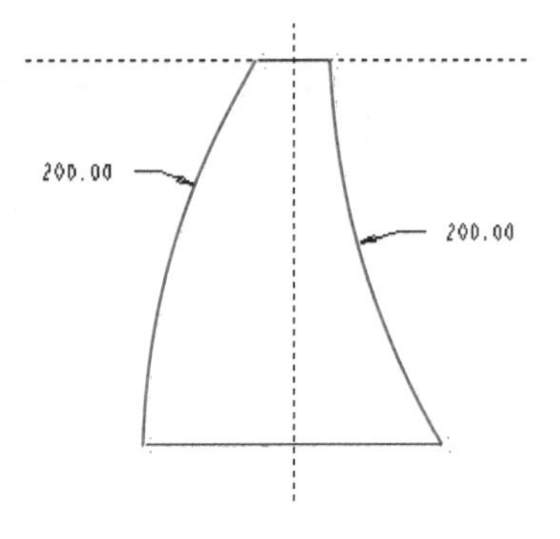

图 2.251 引导线草图

（7）单击主界面上方功能区工具栏“曲面”→“边界混合”命令，系统弹出“边界混合”操控面板，如图 2.252 所示。

图 2.252 “边界混合”操控面板

（8）单击“草绘 1”绘制的曲线，按住 Ctrl 键再单击“草绘 2”绘制的曲线，在“边界混合”操控面板的“收集器”显示所选曲线“2 链”变亮，且显示此时的混合状态如图 2.253 所示。单击第二方向“收集器”中的选项 选取项目，单击“草绘 3”绘制的第一条曲线，按住 Ctrl 键再单击第二条曲线，此时显示的混合状态如图 2.254 所示。

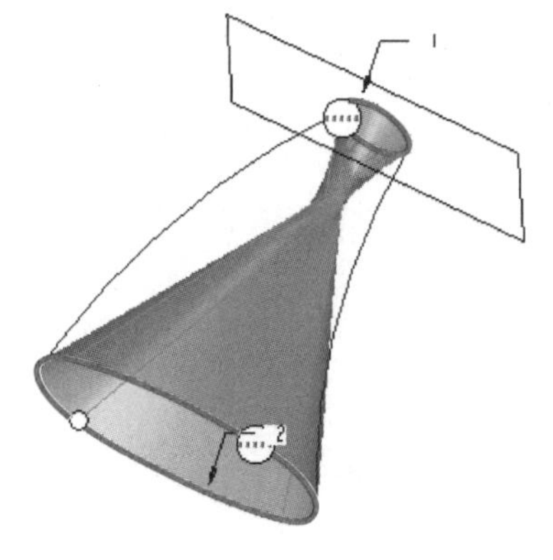

图 2.253 选取第一方向曲线

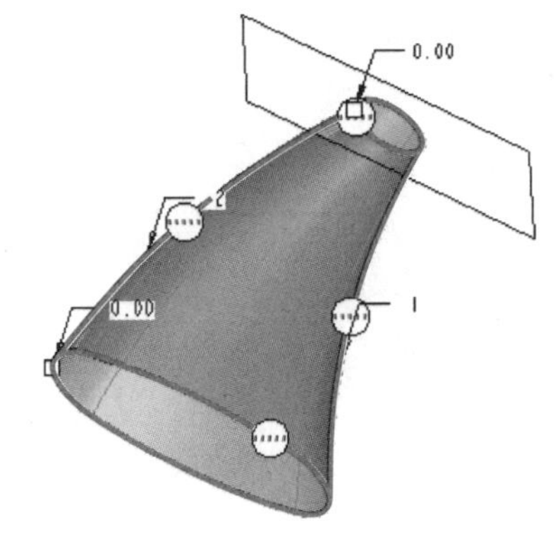

图 2.254 选取第二方向曲线

（9）选择“约束”选项，在“约束”下滑板中接受边界的默认选项，选中“添加侧曲线影响”复选框，如图 2.255 所示。

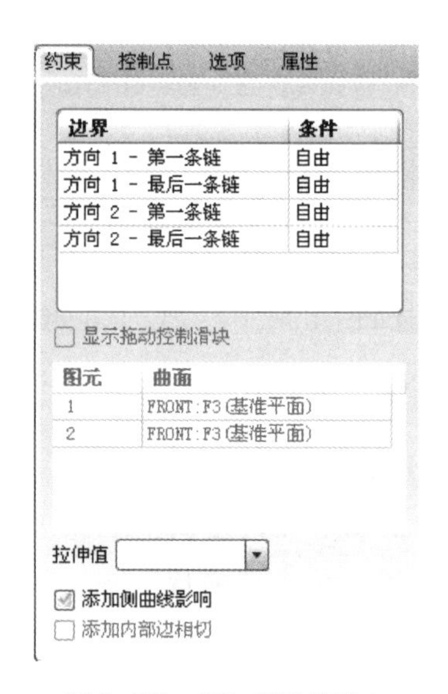

图 2.255　添加侧曲线影响

（10）“控制点” 和 “选项” 按钮均接受系统默认设置，单击操控面板上的 “接受” 按钮✔，完成边界混合曲面创建，如图 2.256 所示。

（11）在主界面绘图区域上方、功能区下方的 “快速工具条” 中可设置 “基准显示过滤器”，隐藏点、轴、坐标系、平面等信息，显示的效果图如图 2.257 所示，将其保存为 2_6.prt。

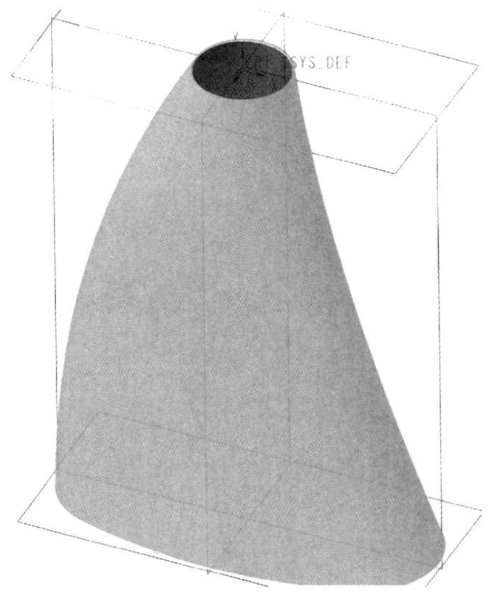

图 2.256　边界混合曲面完成

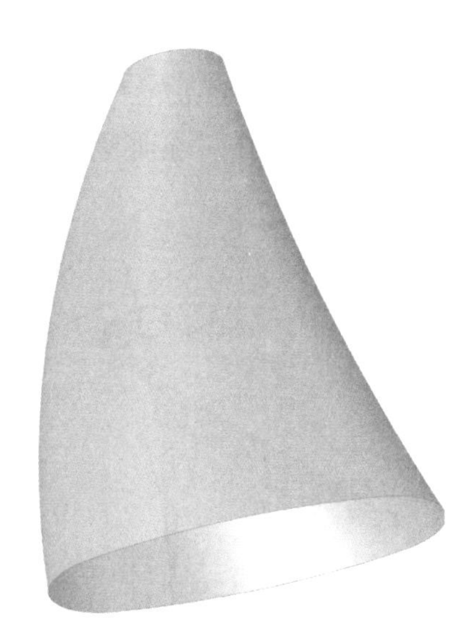

图 2.257　效果图

提示：创建边界混合曲面时，若只需一个方向的边界曲线即可确定边界曲面，则选取边界线的顺序相当重要，它将决定曲面的形状，也就是说，如果是由三条一个方向边界线组成的边界混合曲面，那么选取的第二条线往往是控制形状的边界线。

案例 2-24 洗衣液瓶造型过程

微视频 2-24
洗衣液瓶造型设计

洗衣液瓶造型的操作步骤如下。

步骤一：新建文件

（1）新建文件

新建文件的操作如图 2.258 所示，具体操作步骤如下。

① 单击“文件”→“新建”或单击工具栏上的“新建”按钮，弹出“新建”对话框，接受系统默认的“零件”类型和“实体”子类型。

② 在“文件名”文本框中将“prt001”更改为“洗衣液瓶体”，取消选中“使用默认模板”复选框。

③ 单击“确定”按钮，即新建了“洗衣液瓶体.prt”文件。

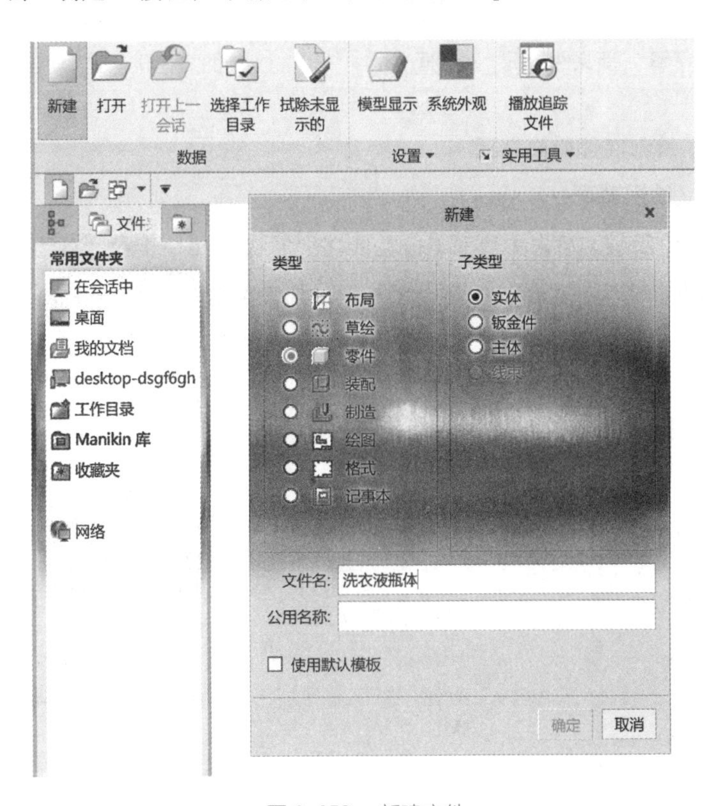

图 2.258 新建文件

（2）选取模板

如图 2.259 所示，在弹出的“新文件选项”对话框中选择 mmns_part_solid 模板，单击“确定”按钮，完成新建文件。建立“洗衣液瓶体.prt”文件后，在绘图区即出现如图2.260所示的系统默认基准。

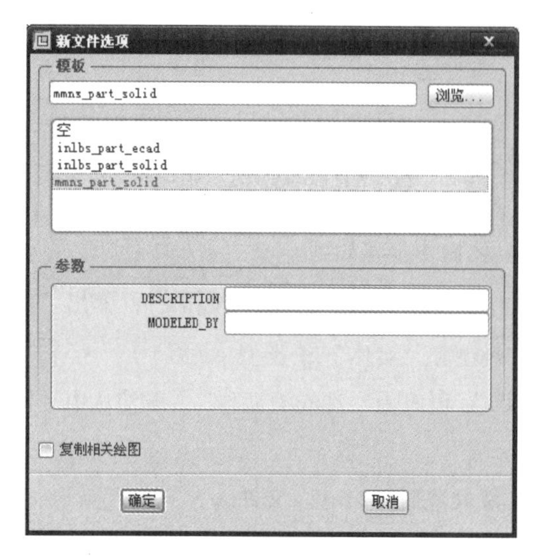

图2.259 “新文件选项”对话框

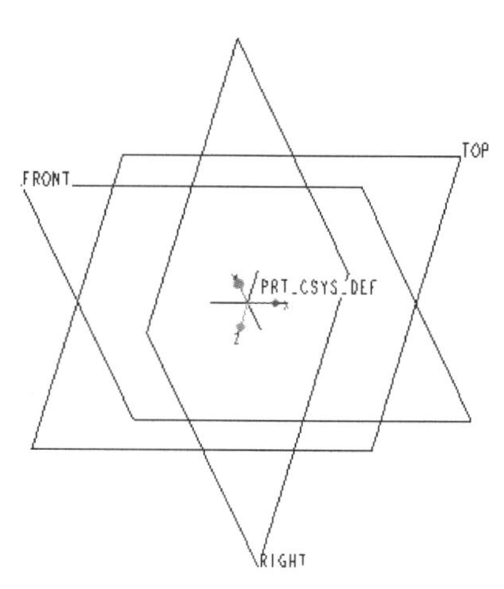

图2.260　系统默认基准

步骤二：绘制底部截面草图

（1）定义绘图截面

如图2.261所示，单击主界面上方功能区“形状”模块上的“草绘”按钮，选择TOP基准面作为草绘平面，接受系统默认的视图参照。

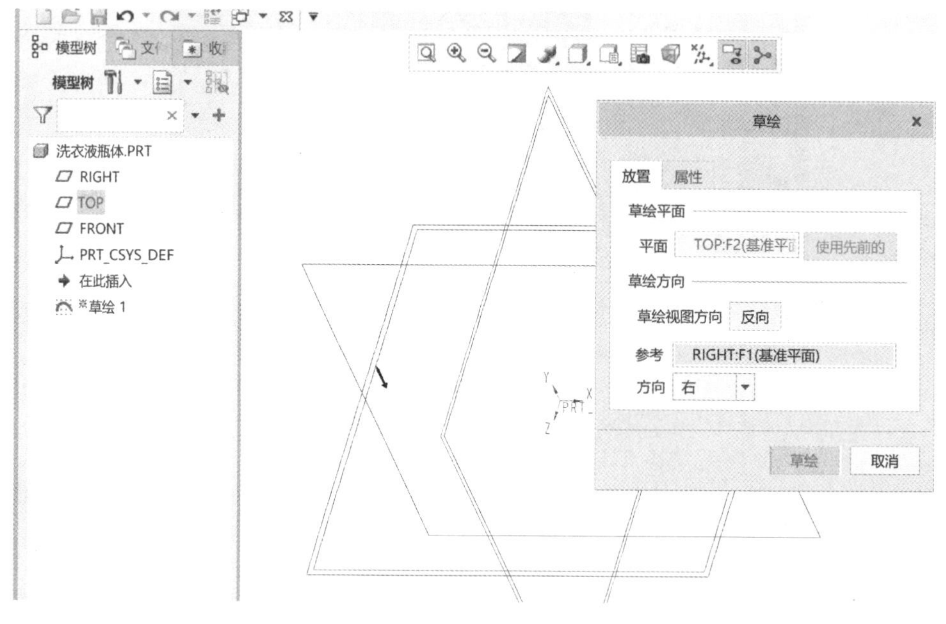

图2.261　选择草绘截面

（2）绘制草图

绘制如图 2.262 所示的草图，单击“完成”按钮✔，完成草图绘制。

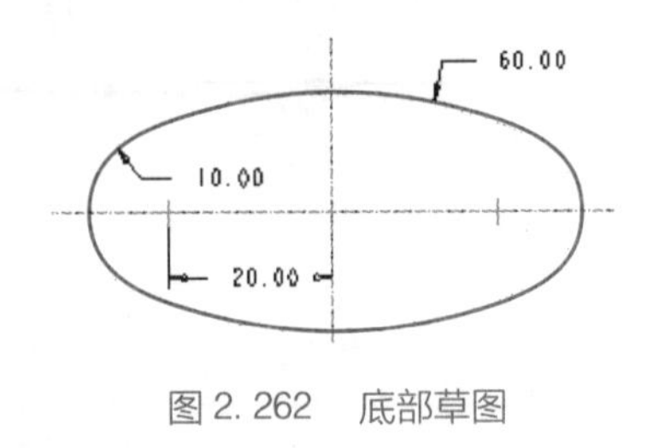

图 2.262　底部草图

步骤三：绘制顶部截面草图

（1）偏置基准面

偏置基准面的操作如图 2.263 所示，具体操作步骤如下。

① 选择 TOP 基准面作为偏移平面，单击基准工具栏上的“平面”按钮▱。

② 在弹出的“基准平面”对话框的“平移”文本框中输入“150”。

③ 单击“确定”按钮，得到距离 TOP 基准面 150 mm 的 DTM1 平面。

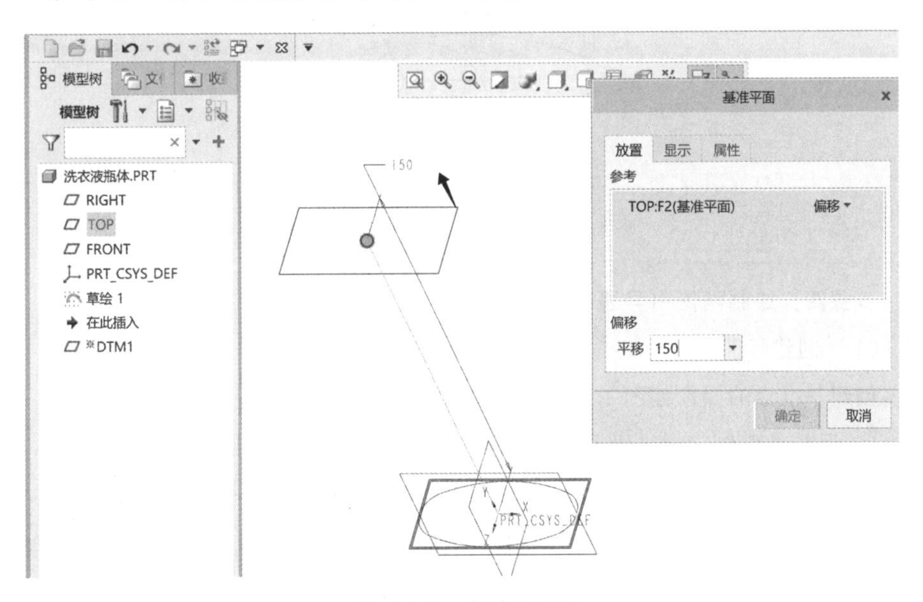

图 2.263　偏移基准面

（2）定义 DTM1 为绘图截面

如图 2.264 所示，单击基准工具栏上的“草绘”按钮，选择 DTM1 基准面作为草绘平面，并接受系统默认的视图参照。

（3）绘制顶部草图

绘制如图 2.265 所示的草图，单击“完成”按钮✔，完成草图绘制。

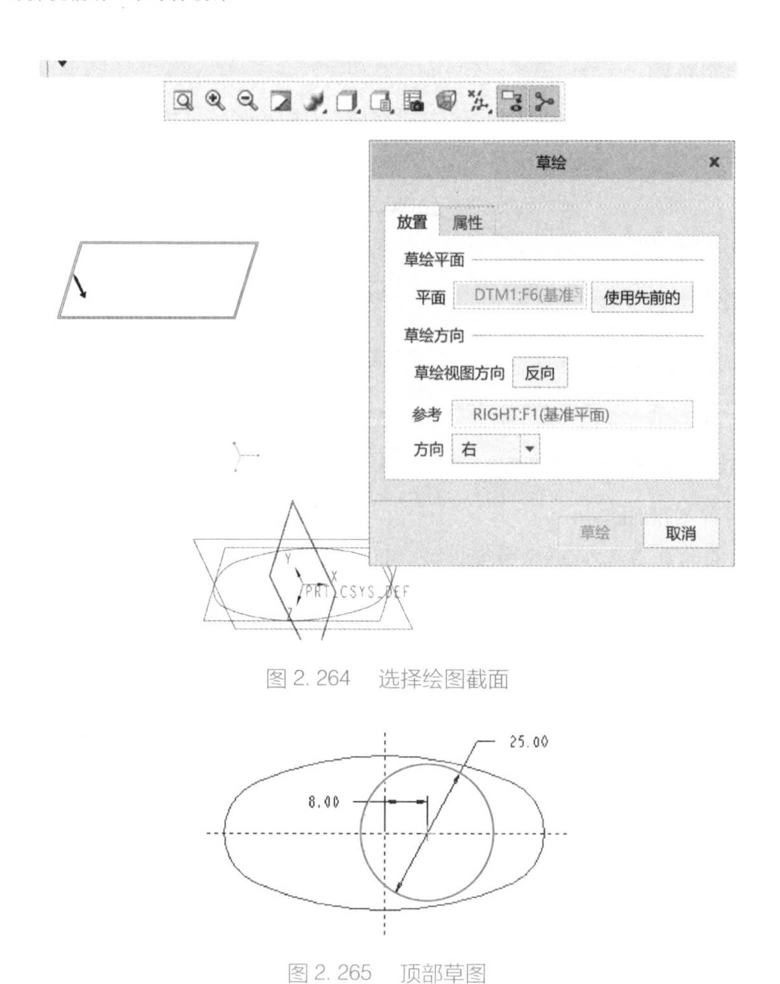

图 2.264　选择绘图截面

图 2.265　顶部草图

步骤四：绘制两侧引导线

（1）创建基准点

创建基准点的操作如图 2.266 所示，具体操作步骤如下。

① 单击“基准”工具栏上“点”按钮。

② 选择 FRONT 基准面，按住 Ctrl 键选择顶部草图上的一段圆弧，创建第一个点 PNT0；再选择 FRONT 基准面，按住 Ctrl 键选择顶部草图上的另一段圆弧，创建第二个点 PNT1；运用同样的方法在底部草图上创建另外两点，PNT2 和 PNT3。

③ 单击“基准点”对话框中的“确定”按钮，完成基准点的创建。

（2）绘制两侧引导线

① 单击主界面上方功能区工具栏上的“草绘”按钮，选择 FRONT 基准面作为草绘平面，并接受系统默认的视图参照。

② 在草绘绘图环境下，在绘图界面上方的快速工具栏内设置“基准显示过滤器”中仅选择“点显示”，使用圆弧指令“3 点／相切端”绘制如图 2.267 所示的两侧引导轨迹曲线。使用圆弧指令绘制曲线，多段弧相连时，不确定定位尺寸过多

导致尺寸修改困难，可改为样条曲线绘制，通过标注控制点尺寸来控制外形，读者可自行练习。

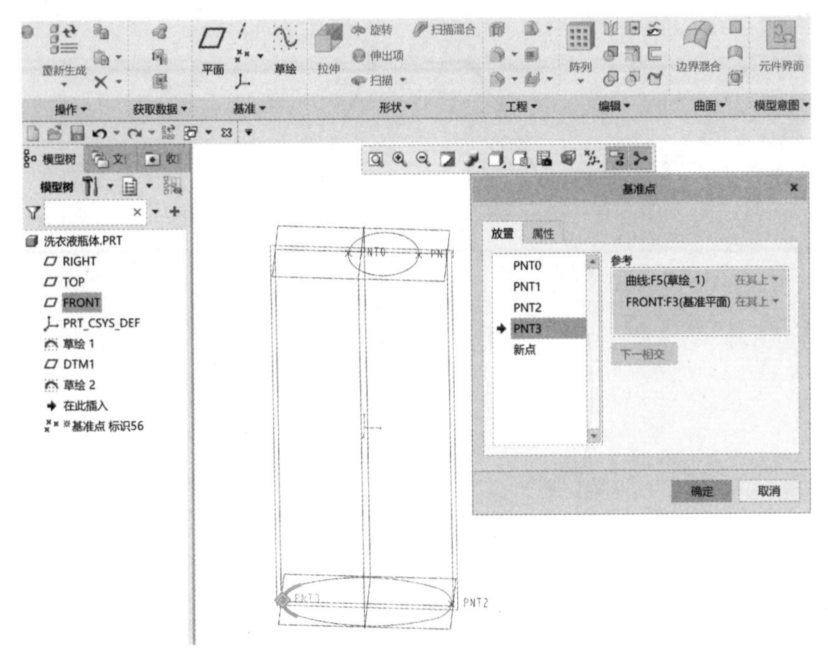

图 2.266　创建基准点

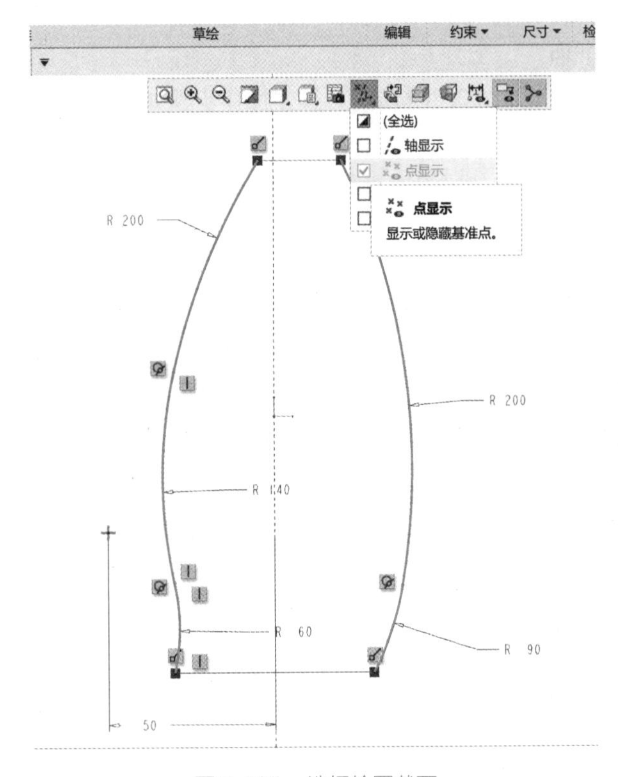

图 2.267　选择绘图截面

③ 绘制完成，旋转预览确保两侧引导轨迹线端点捕捉上一步骤中添加的基准参考点，如图2.268所示。单击✔按钮完成草绘。

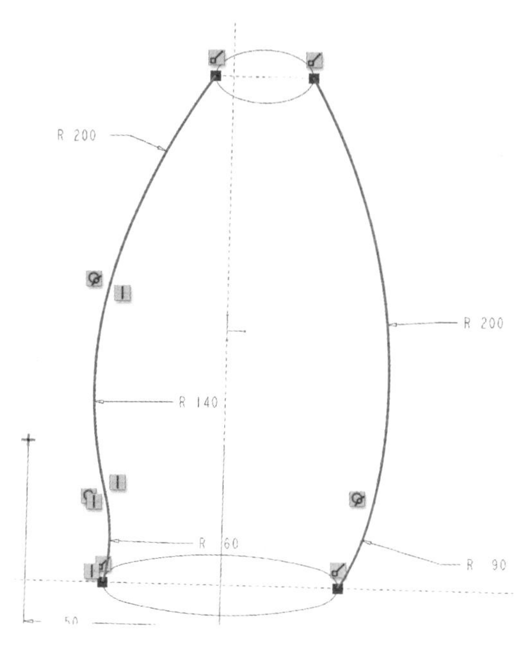

图2.268　引导线草图

步骤五：绘制中间截面线

（1）偏移基准面

偏移基准面的操作如图2.269所示，具体操作步骤如下。

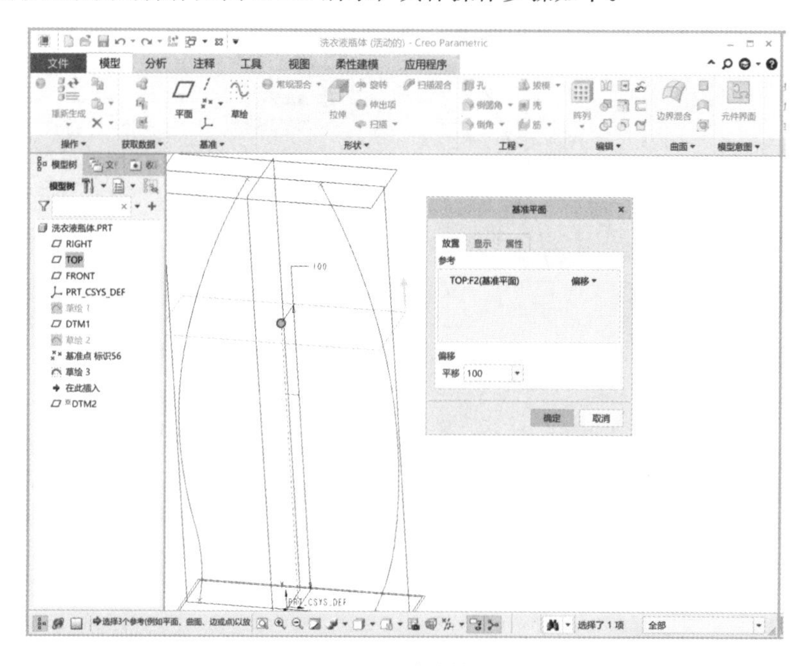

图2.269　偏移基准面

① 在绘图界面上方快速工具栏的“基准显示过滤器”下拉菜单中选择“平面显示”，系统显示参考平面。

② 选择 TOP 基准面作为偏移平面，单击功能区中“基准”模块上的“平面”按钮。

③ 在弹出的“基准平面”对话框的“平移”文本框中输入“100”。

④ 单击“确定”按钮，得到距离 TOP 基准面为 100 mm 的 DTM2 平面。

（2）创建基准点

创建基准点的操作如图 2.270 所示，具体操作步骤如下。

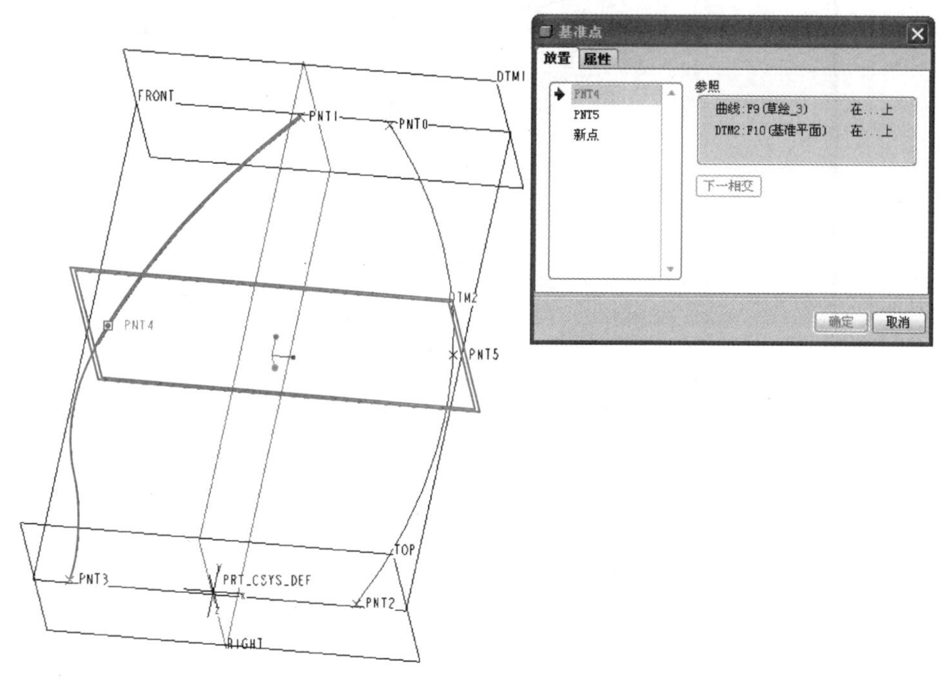

图 2.270　创建基准点

① 单击基准工具栏上“点”按钮。

② 选择 DTM2 基准面，按住 Ctrl 键依次选择两侧引导线中的一条，创建基准点 PNT4 和 PNT5。

③ 单击“基准点”对话框中的“确定”按钮，完成引导线基准点的创建。

（3）绘制中间截面

① 选择绘制截面的操作如图 2.271 所示，具体操作步骤如下。

单击主界面上方功能区“形状”模块上的“草绘”按钮，选择 DTM2 基准面作为草绘平面，并接受系统默认的视图参照。设置“基准显示过滤器”仅选择“点显示”。

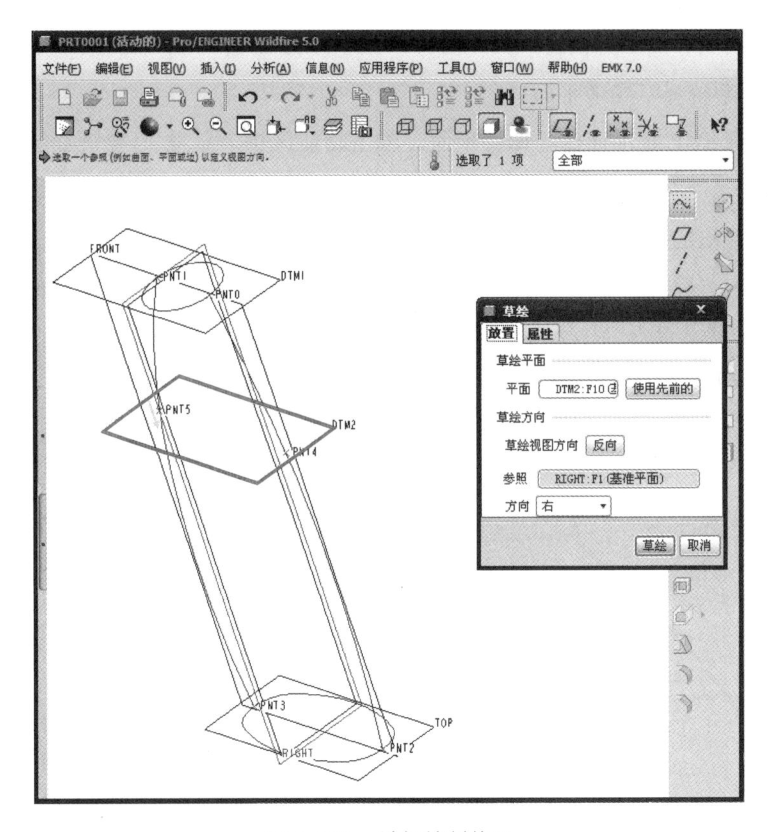

图 2. 271　选择绘制截面

② 利用草绘工具“圆”与“3 点/相切端”绘制圆弧草图，使用“删除段”完成图形的修剪，截面草图的具体尺寸如图 2. 272 所示。注意确保图形水平方向通过 PNT4 和 PNT5 点。

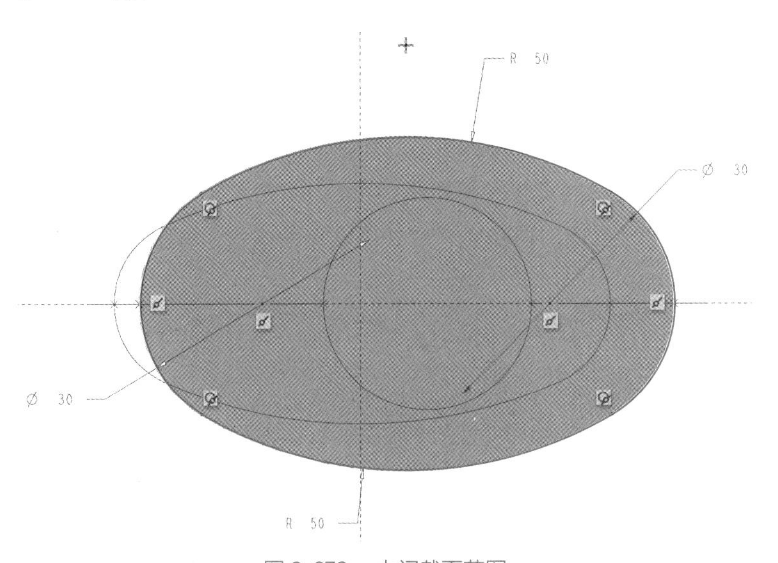

图 2. 272　中间截面草图

步骤六：创建瓶身曲面

创建瓶身曲面的操作如图 2.273 所示，具体操作步骤如下。

（1）在主界面上方功能区“曲面”模块中选择“边界混合”命令，系统弹出“边界混合”操控面板。

（2）在弹出的操控面板上激活第一方向链收集器。

（3）单击选择底部曲线。

（4）按住 Ctrl 键选择中部曲线。

（5）按住 Ctrl 键选择顶部曲线。

（6）在操控面板上激活第二方向链收集器。

（7）单击选择左边曲线。

（8）按住 Ctrl 键选择右边曲线。在“约束”下拉菜单勾选“添加侧曲线影响”复选框。

（9）单击“接受”按钮，得到的曲线效果图如图 2.274 所示。

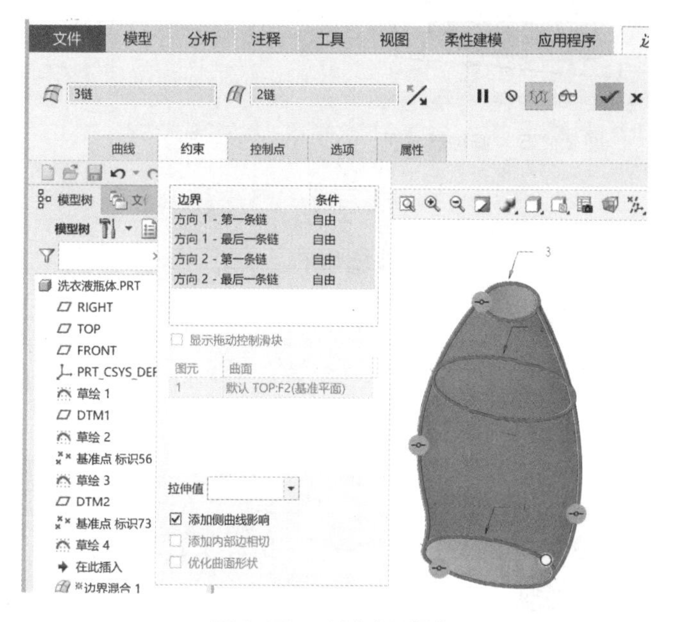

图 2.273 创建曲面操作

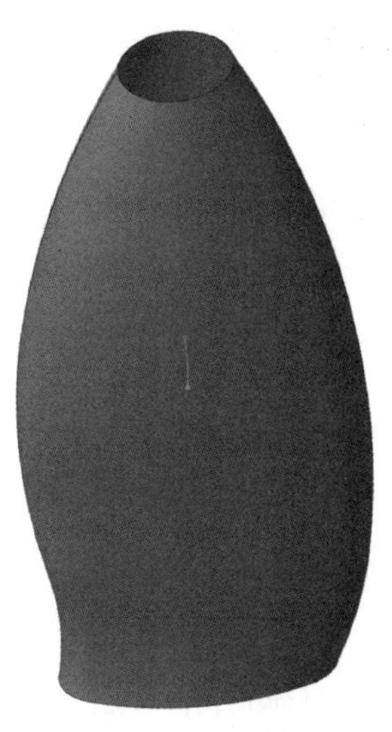
图 2.274 曲面效果图

步骤七：创建凹陷曲面

（1）偏移基准面

偏移基准面的操作如图 2.275 所示，具体操作步骤如下。

① 选择 TOP 基准面作为偏移平面，单击主界面上方功能区的“平面”按钮。

② 在弹出的“基准平面”对话框中的“平移”下拉列表中输入“130”。

③ 单击“确定”按钮，得到距离 TOP 基准面 130 mm 的 DTM3 平面。

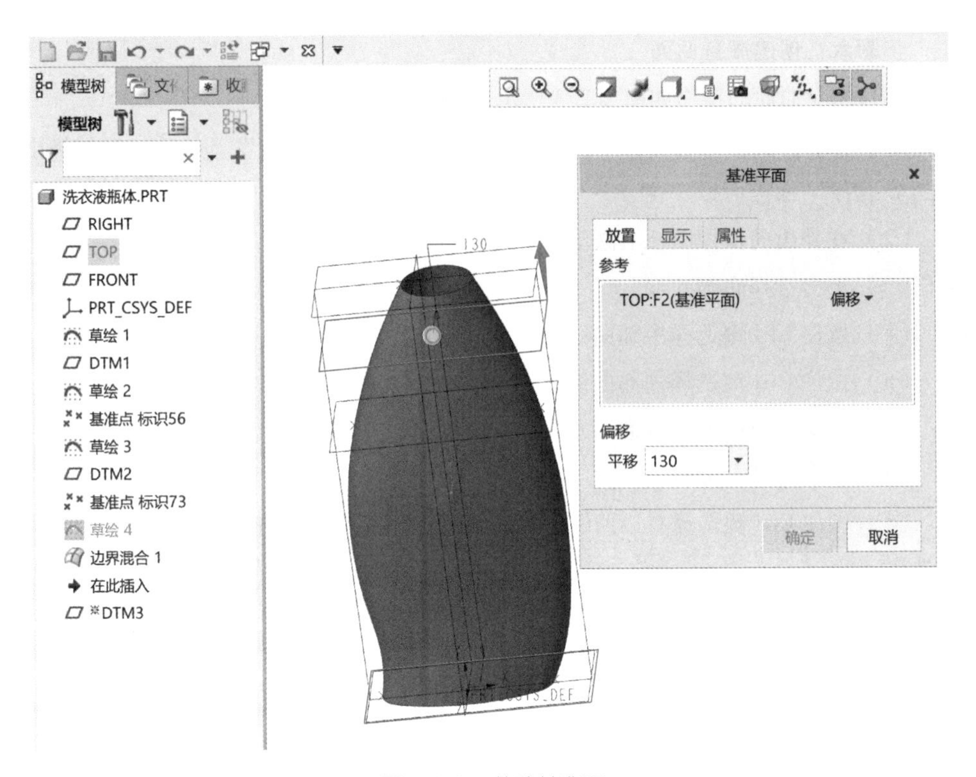

图 2. 275　偏移基准面

（2）创建基准点

创建基准点的操作如图 2. 276 所示，具体操作步骤如下。

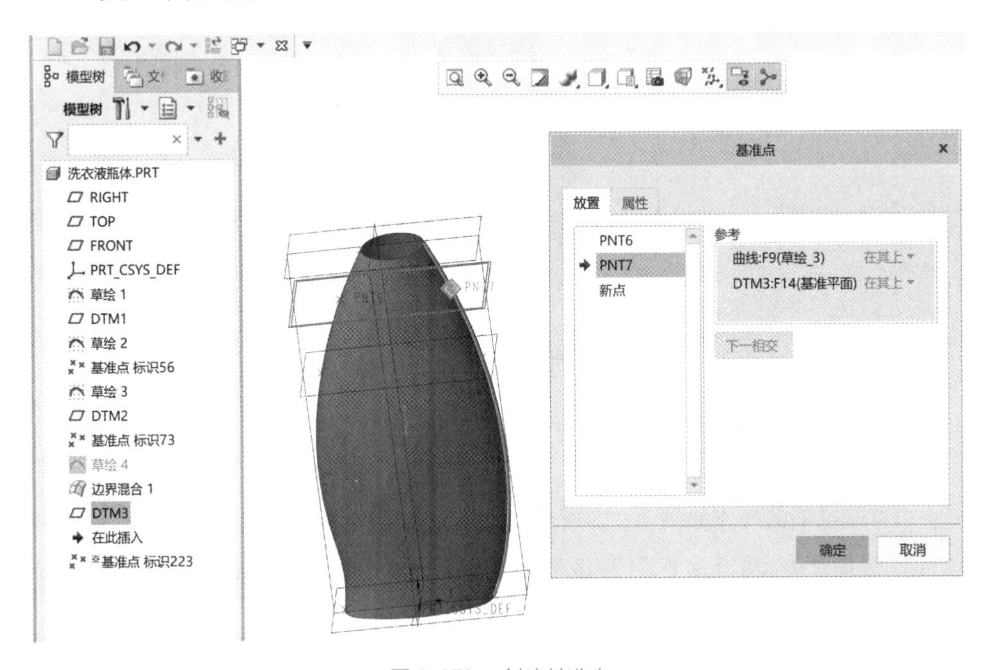

图 2. 276　创建基准点

① 单击基准工具栏上“点”按钮。

② 选择 DTM3 基准面，按住 Ctrl 键依次选择两侧引导线的一条，创建基准点 PNT6 和 PNT7。

③ 单击“基准点”对话框中的“确定”按钮，完成引导线基准点的创建。

（3）绘制凹陷曲线

① 单击主界面上方功能区“形状”模块上的“草绘”按钮，选择 FRONT 基准面作为草绘平面，并接受系统默认的视图参照。

② 在绘图界面上方快速工具栏的“基准显示过滤器”下拉菜单中仅勾选“点显示”，如图 2.277 所示。

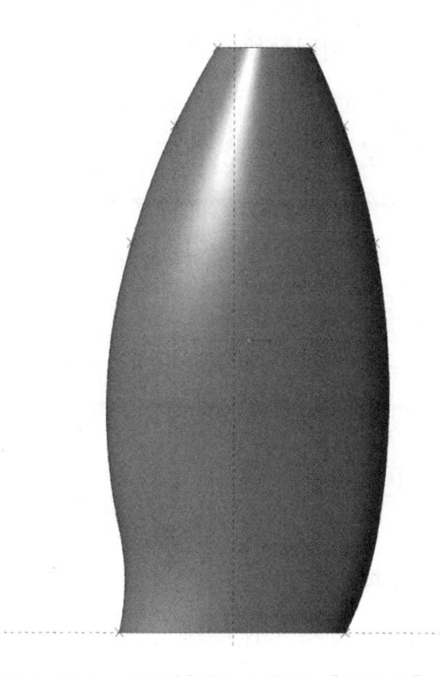

图 2.277 设置基准显示仅为“点显示”

③ 在绘图界面上方的快速工具栏的“显示样式”下拉菜单中选择“线框”模式，如图 2.278 所示。

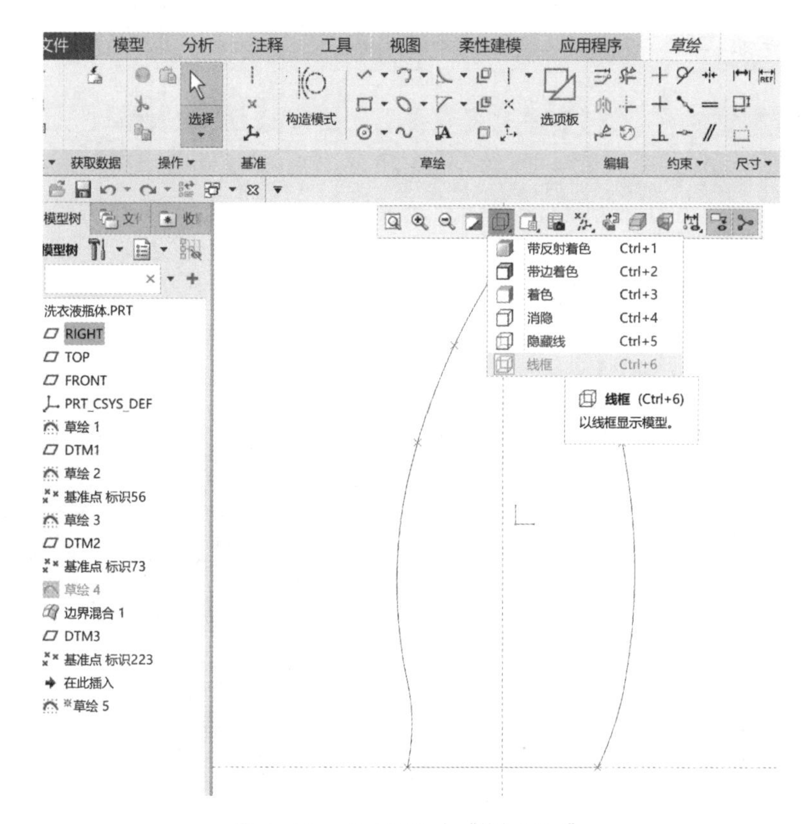

图 2.278 设置图形为“线框显示”

④ 利用草绘工具“3点绘圆”，设置两圆直径均为50 mm，绘制如图2.279所示的截面草图，图形水平方向通过点PNT4、PNT5、PNT6和PNT7。点击✔完成草图绘制。

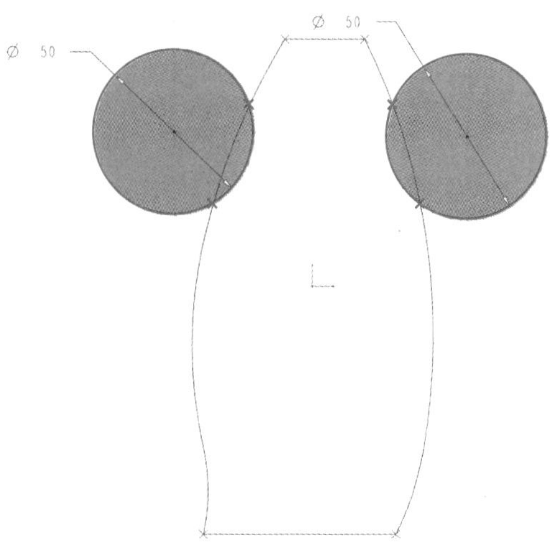

图2.279 凹陷截面草图

（4）拉伸凹陷曲面

拉伸凹陷曲面的操作如图2.280所示，具体操作步骤如下。

① 在绘图界面上方的快速工具栏中设置“显示样式”下拉菜单选择“带边着色”模式。

② 单击“拉伸”按钮，弹出拉伸操控面板。

③ 选择刚刚绘制的凹陷曲线。

④ 单击“曲面”按钮。

⑤ 单击拉伸方式“对称”按钮。

⑥ 在“拉伸深度”文本框中输入“50”。

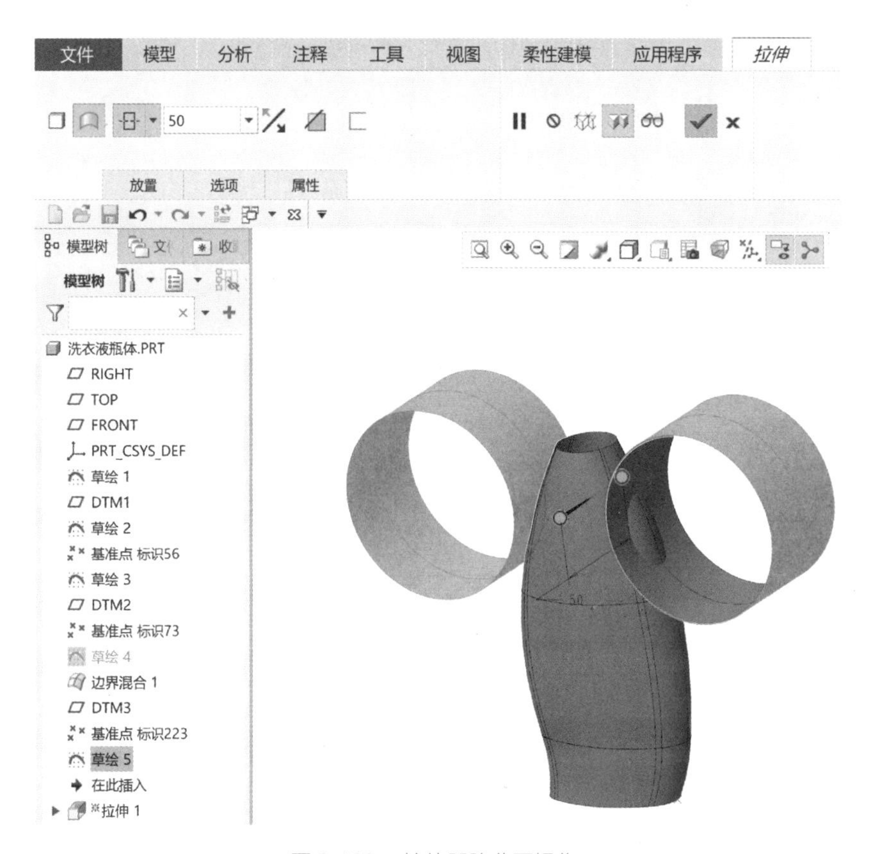

图2.280 拉伸凹陷曲面操作

⑦ 单击“接受”按钮✔，得到的效果图如图 2.281 所示。

图 2.281　拉伸凹陷曲面效果图

（5）合并曲面

合并曲面的操作如图 2.282 所示，具体操作步骤如下。

① 在绘图主界面左侧模型树中单击“拉伸 1”两个曲面，按下 Ctrl 键的同时选中“边界混合 1”。将拉伸曲面和边界混合瓶体进行合并操作。

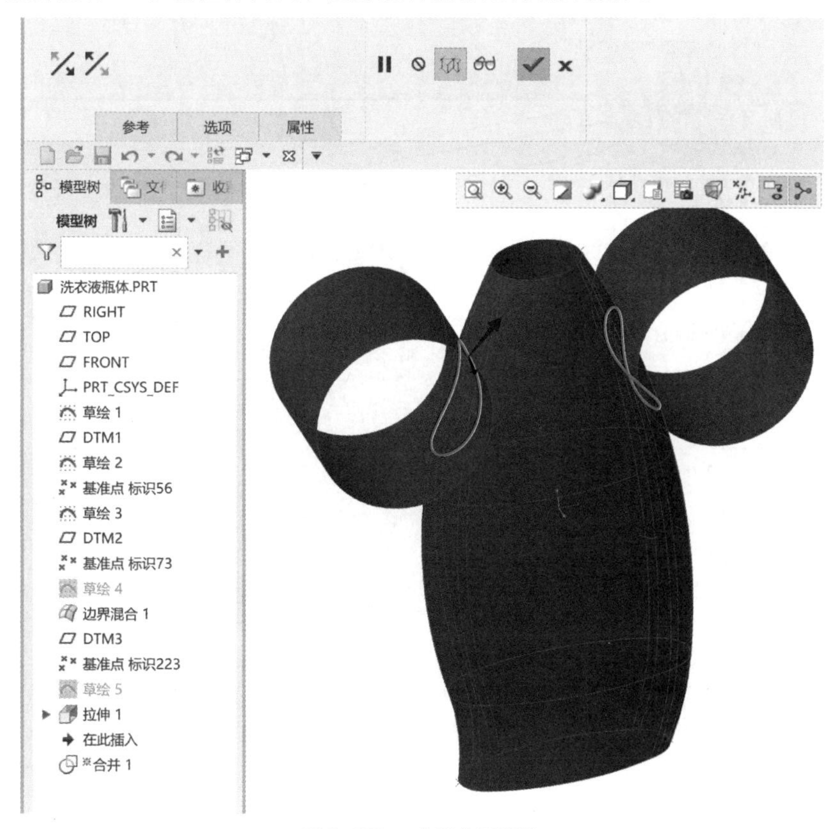

图 2.282　合并曲面操作

② 在主界面上方功能区“编辑”模块中单击“合并”按钮，弹出“合并”操控面板。

③ 在“合并”操控面板上单击“反向”按钮和，调整方向，点击预览按钮预览合并效果。

④ 单击“接受”按钮，得到的效果如图2.283所示。

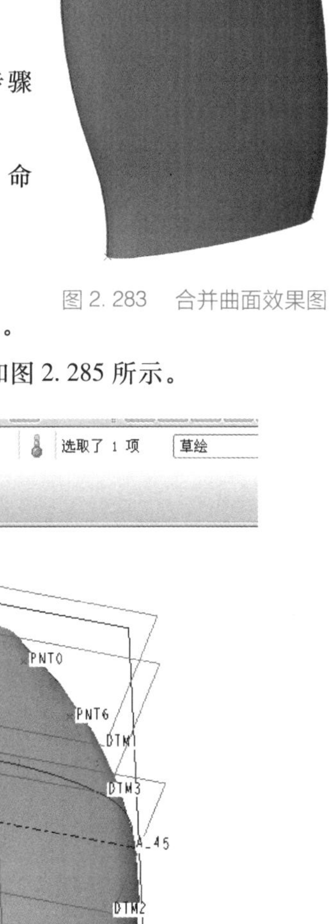

图2.283　合并曲面效果图

步骤八：曲面实体化

（1）填充曲面

填充曲面的操作如图2.284所示，具体操作步骤如下。

① 选择主界面上方功能区“曲面”→“填充”命令。

② 单击选择底部曲线。

③ 单击“接受”按钮，完成底部平面的填充。

以同样的方法将顶部曲面填充，得到的效果图如图2.285所示。

图2.284　填充曲面操作

（2）合并曲面

合并曲面的操作如图2.286所示，具体操作步骤如下。

① 单击选择主体曲面“合并 1” 和底部曲面“填充 1”。

② 在主界面上方功能区选择“编辑” →“合并” 命令。

③ 单击“接受” 按钮，完成合并。

以同样的操作方法将主体曲面和顶部曲面合并。

（3） 曲面实体化

曲面实体化的操作如图 2.287 所示，具体操作步骤如下。

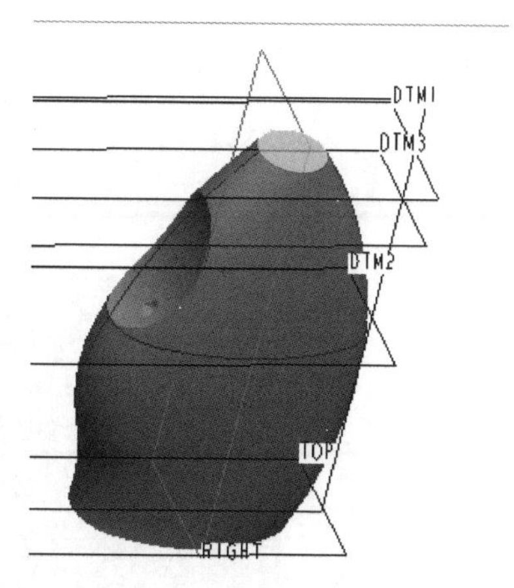

图 2.285　填充曲面效果图

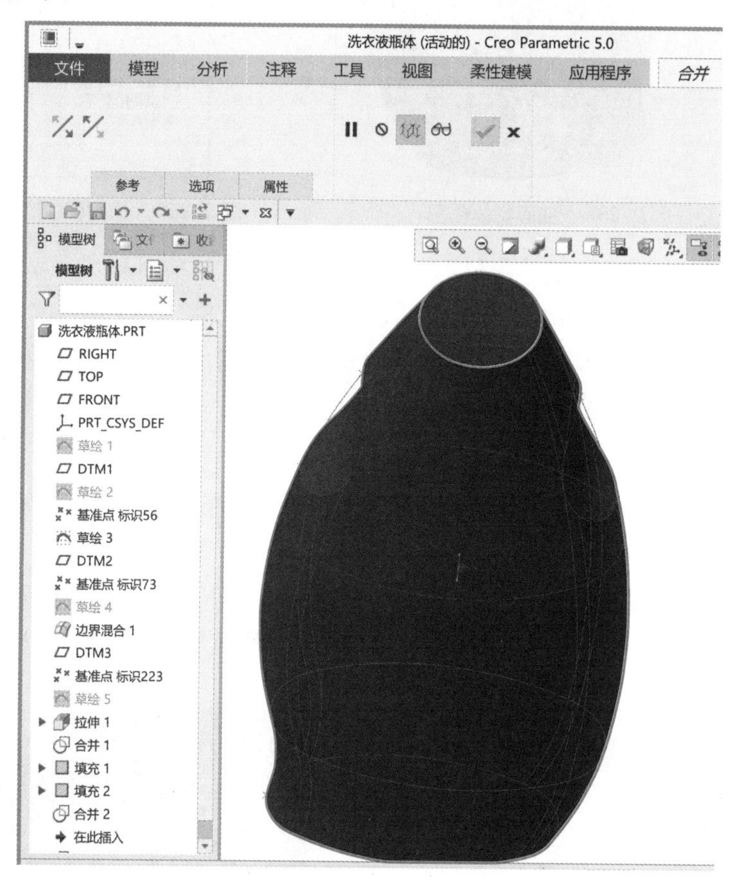

图 2.286　合并曲面操作

① 在主界面左侧模型树中单击选择“合并 3” 瓶体曲面。

② 选择主界面上方功能区“编辑” →“实体化” 命令。

③ 单击“接受” 按钮，完成实体化，则模型树窗格中增加“实体化” 特征，如图 2.288 所示。

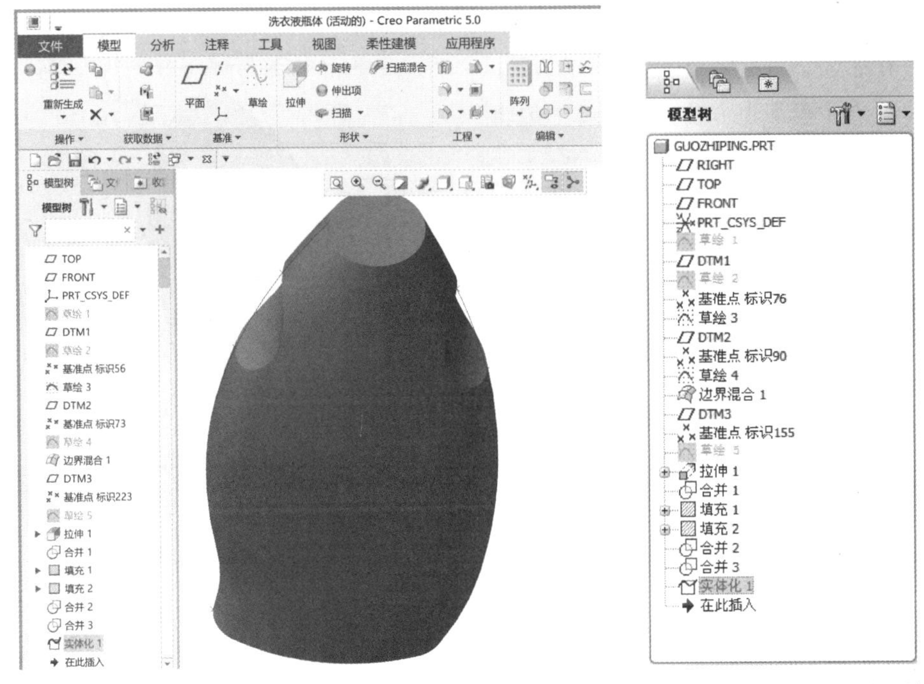

图 2.287　曲面实体化图　　　　图 2.288　模型树中的实体化特征

步骤九：创建瓶嘴

创建瓶嘴的操作如图 2.289 所示，具体操作步骤如下。

① 单击主界面上方功能区“形状”模块中的“拉伸”按钮，操控面板上出现“放置”“选项”“属性”选项。

② 选择“放置”选项。

③ 在弹出的“草绘”界面中单击“定义”按钮，即弹出“草绘”对话框。

④ 选择顶面为放置平面，并接受系统默认的视图参照。

⑤ 单击“草绘”对话框中的“草绘”按钮，进入草绘界面。在横轴上绘制直径为 20 mm 的圆，圆心距离纵轴的距离为 8 mm，瓶嘴拉伸草图如图 2.290 所示。

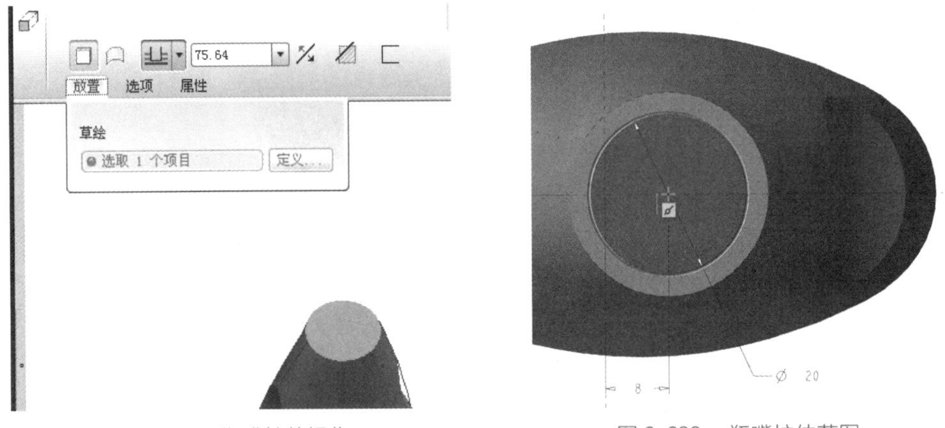

图 2.289　瓶嘴拉伸操作　　　　图 2.290　瓶嘴拉伸草图

⑥ 单击“完成”按钮✔，完成草图绘制。

⑦ 在“拉伸深度”文本框中输入“18”。

⑧ 单击“接受”按钮✔，完成瓶嘴的拉伸操作，得到的瓶嘴拉伸效果图如图 2.291 所示。

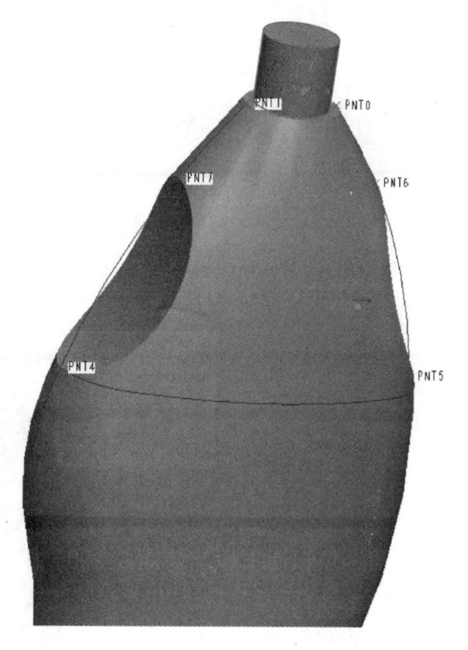

图 2.291　瓶嘴拉伸效果图

步骤十：抽壳

（1）倒圆角

抽壳之前先对相应位置进行倒圆角，选择瓶体凹陷轮廓边，对瓶底轮廓边进行倒圆角，设置圆角半径为 3 mm，具体设置操作如图 2.292 所示。单击✔按钮完成倒圆角。

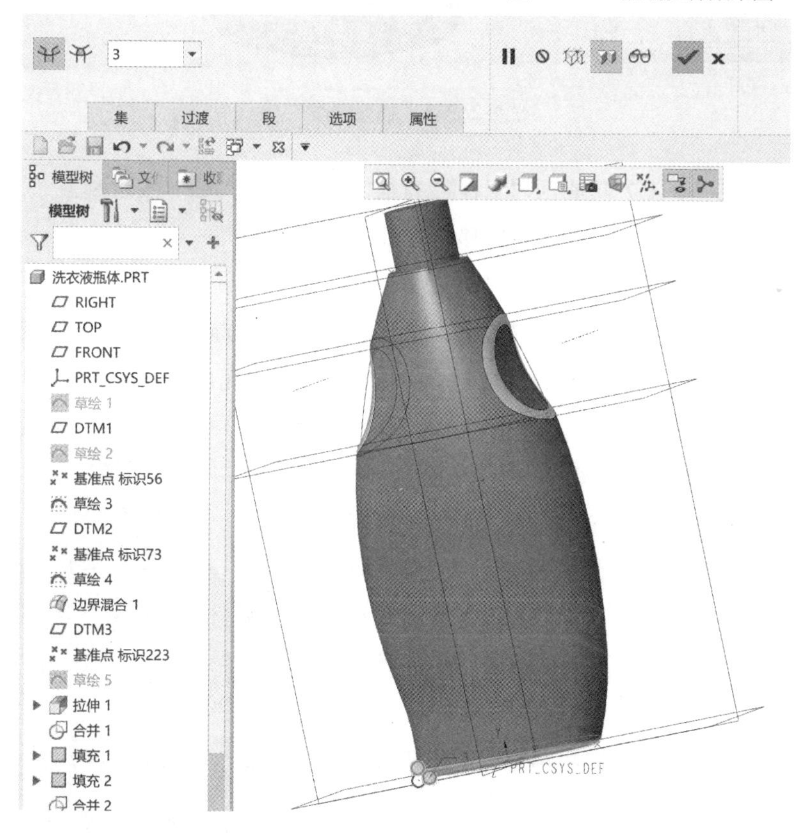

图 2.292　倒圆角

（2）抽壳操作

抽壳操作如图 2.293 所示，具体操作步骤如下。

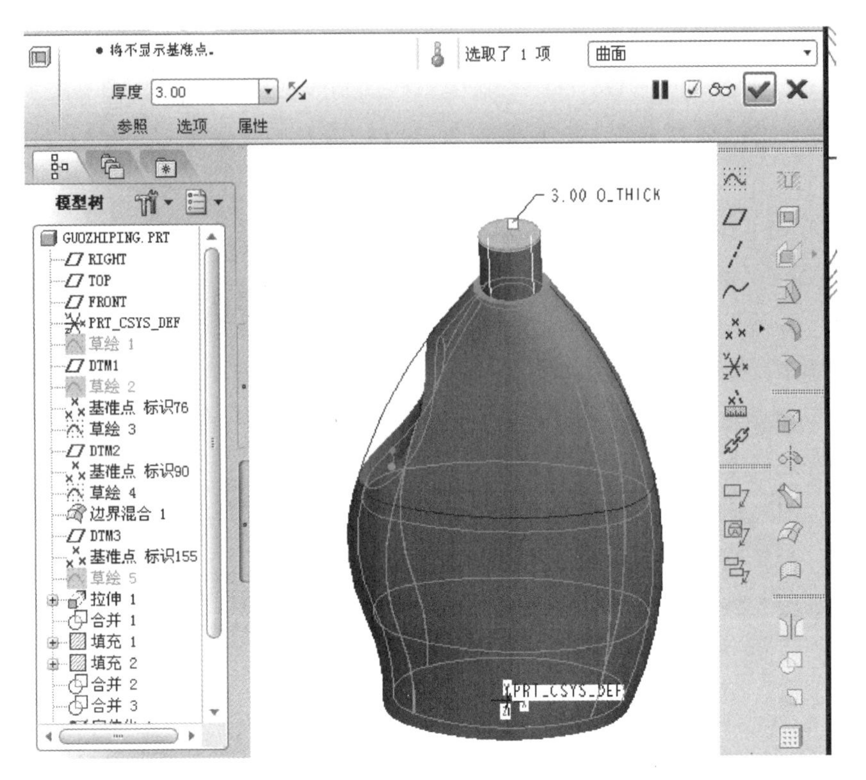

图 2.293　抽壳操作

① 单击主界面上方功能区“工程”特征工具栏上的“壳”按钮。

② 单击瓶嘴上表面，将其作为移除表面。

③ 在“厚度”文本框中输入“3”。

④ 单击“更改厚度方向”按钮，设置抽壳加厚的方向，根据实际需求设定。

⑤ 单击“完成”按钮，完成抽壳操作，得到的抽壳效果图如图 2.294 所示。

步骤十一：创建螺纹

创建螺纹的操作步骤如下：

（1）选择主界面上方功能区“形状”模块中“扫描”的下拉隐藏菜单中的“螺旋扫描”命令，系统弹出“螺旋扫描”操控面板。

（2）选择“参考”→“定义”，系统弹出“草绘”对话框，在主界面左侧模型树中选择 FRONT 平面作为草绘平面。调整图形为线框显示模式，利用草绘工具绘制轨迹曲线，并添加中心线作为旋转轴（在图 2.295 中，左侧为扫引轨迹，中间为旋转中心线）。为了获得螺纹有螺尾的效果，在扫引轨迹直线段两端设置圆弧，具体

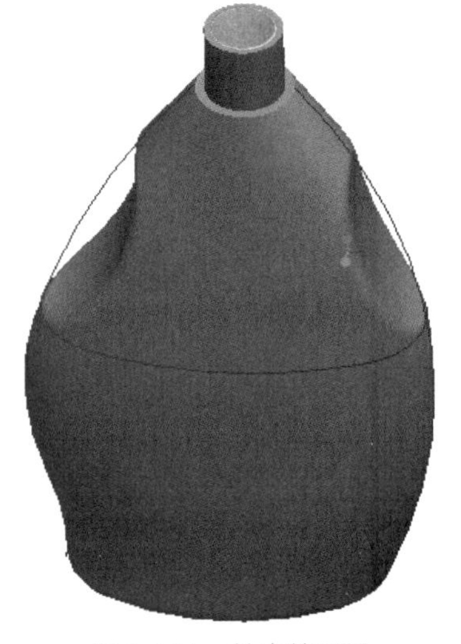

图 2.294　抽壳效果图

参考尺寸如图 2.296 所示。

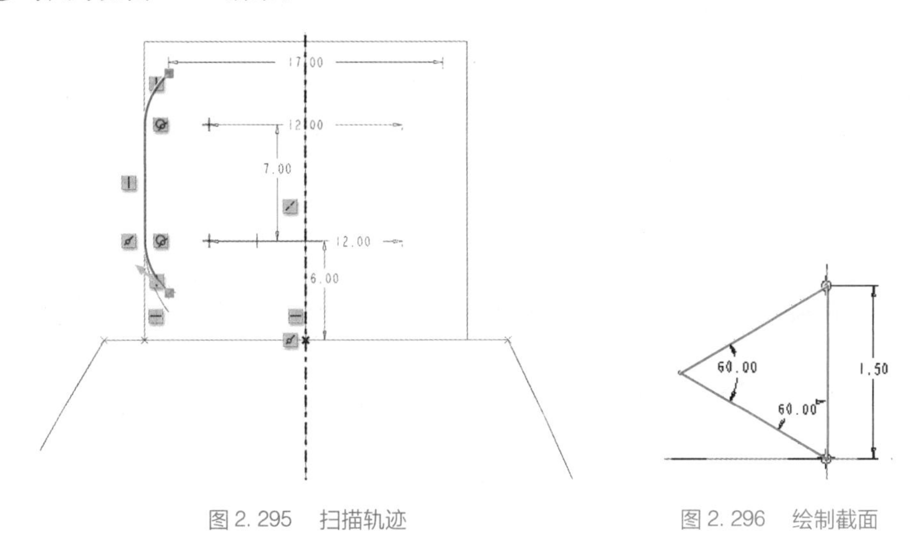

图 2.295 扫描轨迹　　图 2.296 绘制截面

（3）单击✔按钮完成扫引轨迹和旋转轴的绘制，系统返回螺旋扫描的操控面板。设置螺纹螺距为“1.5”。

（4）在螺旋扫描操控面板上单击“创建或编辑扫描截面”按钮，进入草绘界面，在出现的横纵坐标系起始位置绘制边长为 1.5 mm 的正三角形截面。单击✔按钮完成截面绘制，返回螺旋扫描操控面板。

（5）创建完成的果汁瓶瓶口螺纹及瓶体效果图分别如图 2.297、图 2.298 所示。

图 2.297 瓶口螺纹效果图

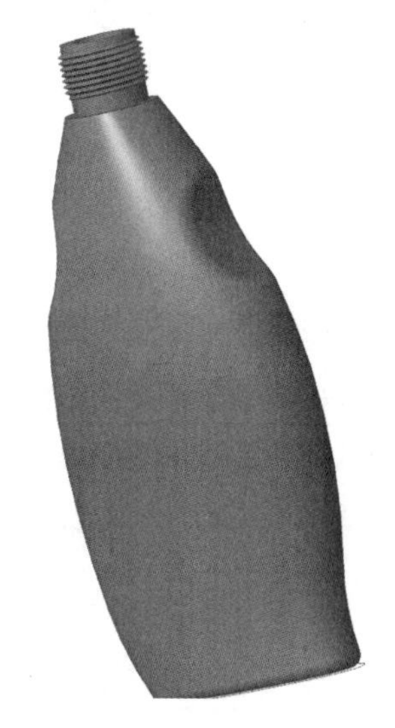

图 2.298 洗衣液瓶体效果图

注意：扫描起点应确保在轨迹曲线端点的起始位置，若不在端点起始位置，则选中要设置为扫描起点的端点，单击右键弹出菜单，选择“起点”，该点位置出现指示箭头，完成起点设置。

2.2.5　拓展实训

微视频 2-25
拓展案例：扳手建模

案例 2-25　拓展实训案例（一）——扳手建模

根据图 2.299 所示的扳手零件工程图创建其三维模型，将其保存为 banshou. prt 文件。

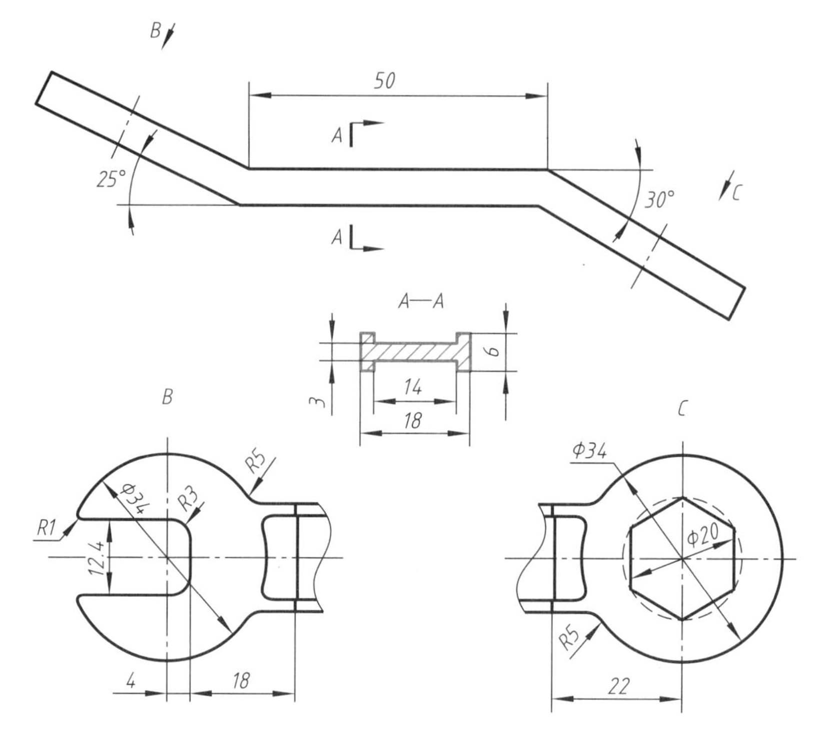

未注圆角为R2

图 2.299　扳手工程图

关键步骤提示：

步骤一：扫描主体，如图 2.300、图 2.301 所示。

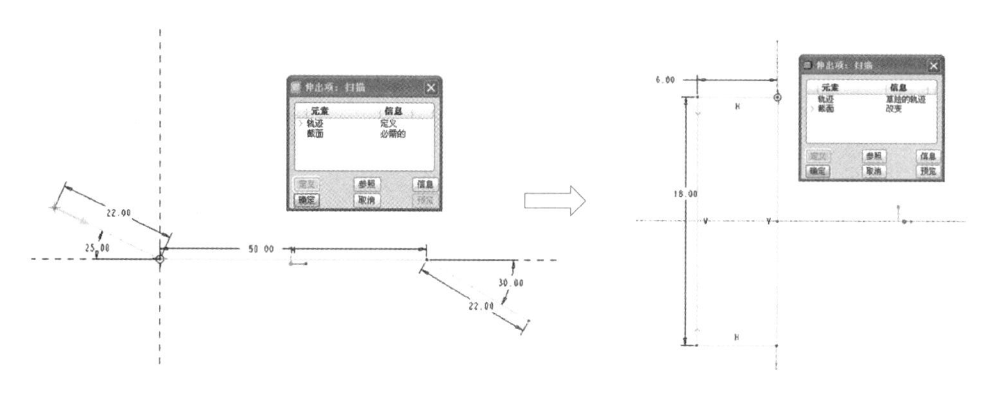

图 2.300　主体扫描路径及扫面截面

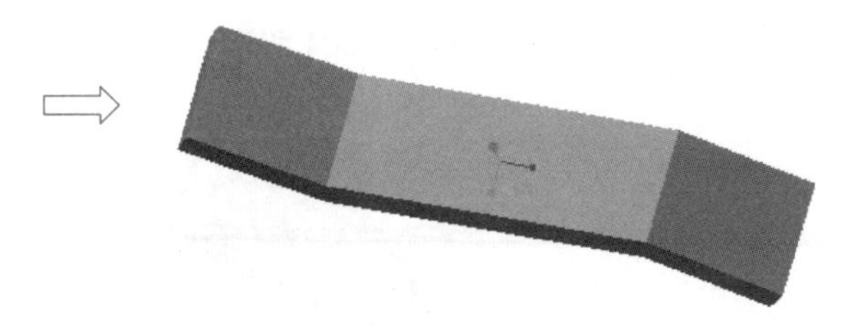

图 2.301　完成主体扫描

步骤二：扫描切口，如图 2.302 所示。

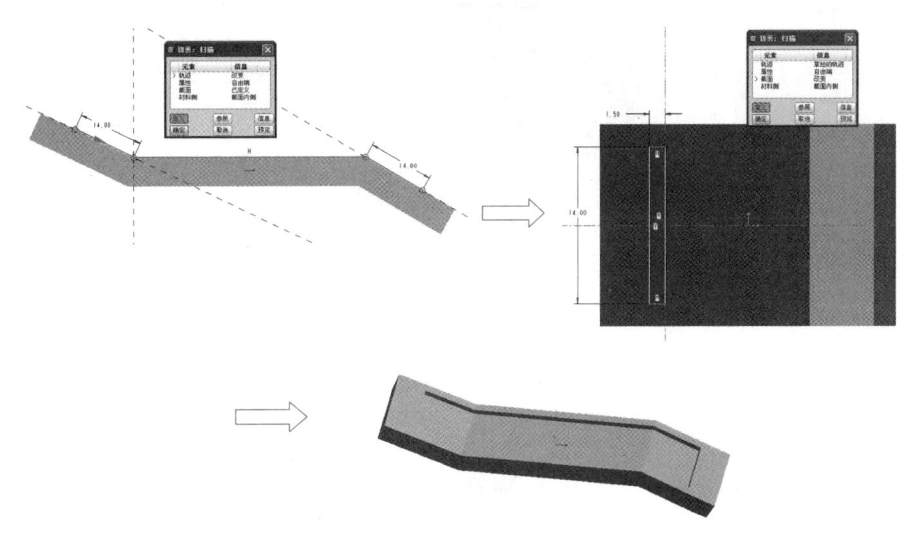

图 2.302　扫描切口关键提示

步骤三：以同样的方法扫描扳手下部切口，如图 2.303 所示。

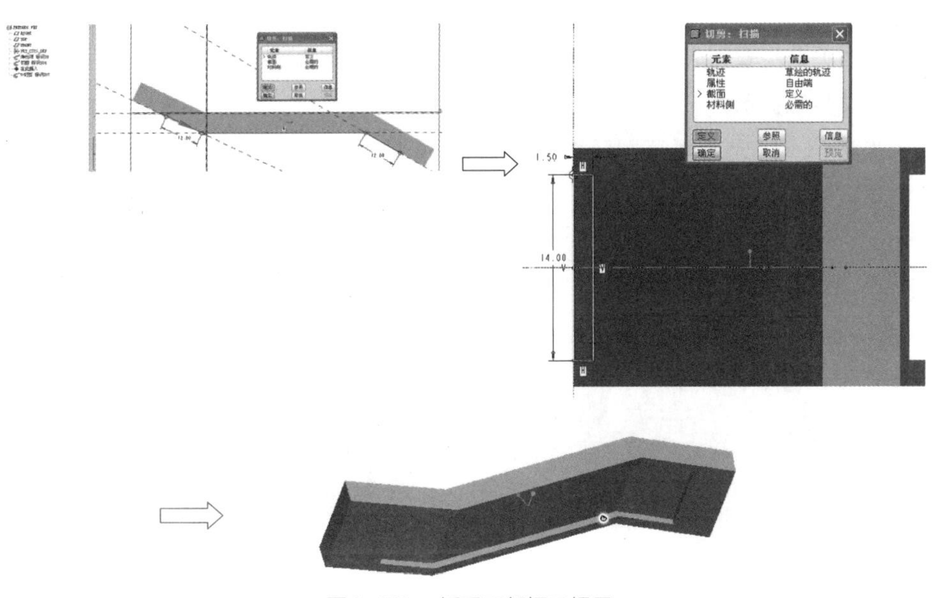

图 2.303　扳手下部切口提示

步骤四：拉伸完成扳手两端造型，如图 2.304 所示。

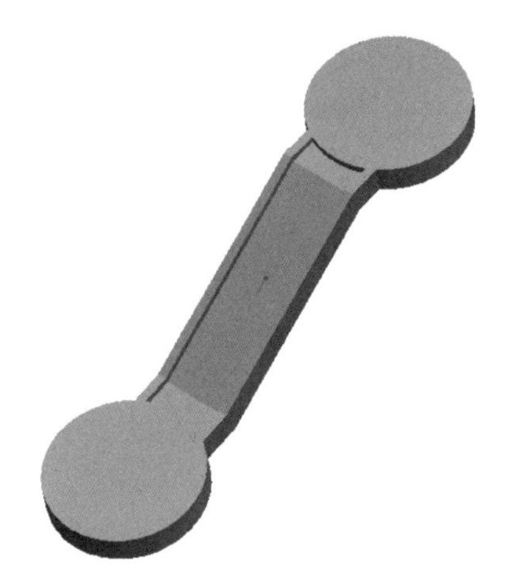

图 2.304　扳手两端造型

步骤五：拉伸去除材料，完成扳手两端切口造型，如图 2.305 所示。

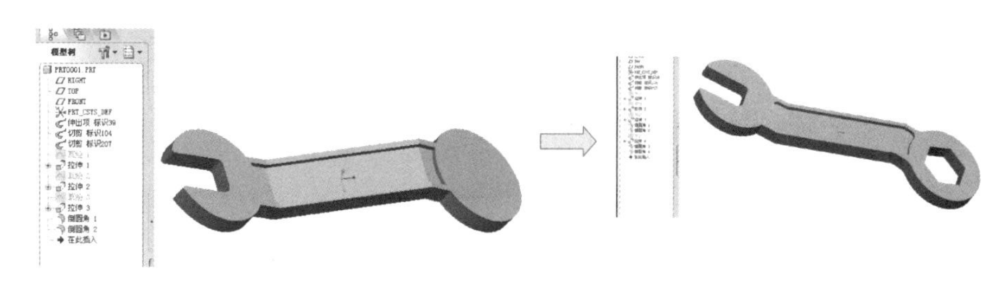

图 2.305　扳手两端切口造型

微视频 2-26
拓展案例：水壶造型设计

案例 2-26　拓展实训案例（二）—— 水壶造型设计

根据关键步骤完成如图 2.306 所示的高级曲面水壶造型，并保存源文件。

关键步骤提示。

步骤一：完成底面草图（图 2.307）、顶部截面草图（图 2.308）及轨迹线（图 2.309）的草绘。

图 2.306　水壶造型

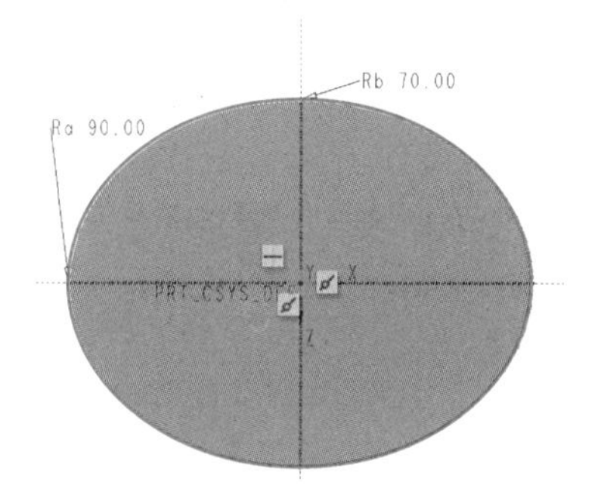

图 2.307　底部草图

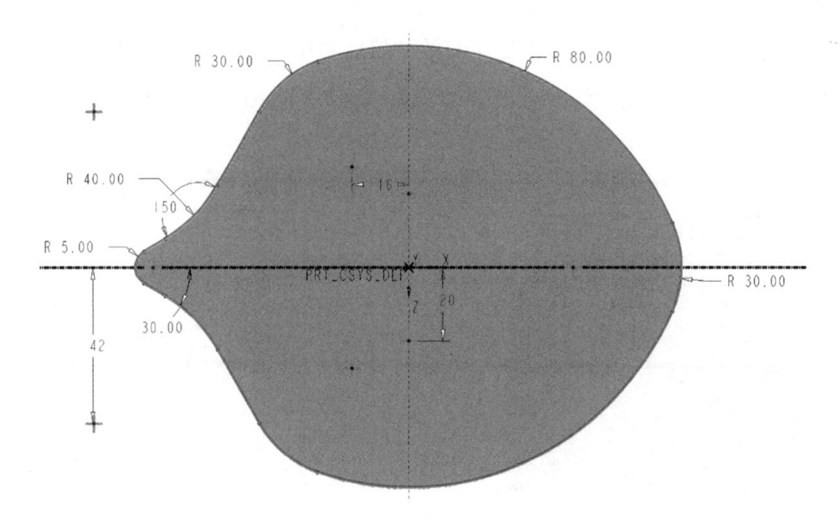

图 2.308 顶部草图

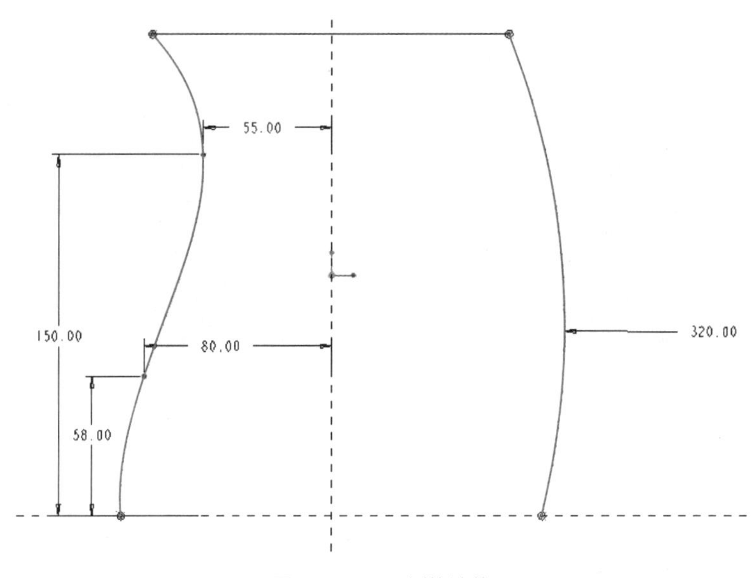

图 2.309 两侧轨迹线

步骤二：利用“边界混合”特征完成水壶的形体构造，如图 2.310 所示。

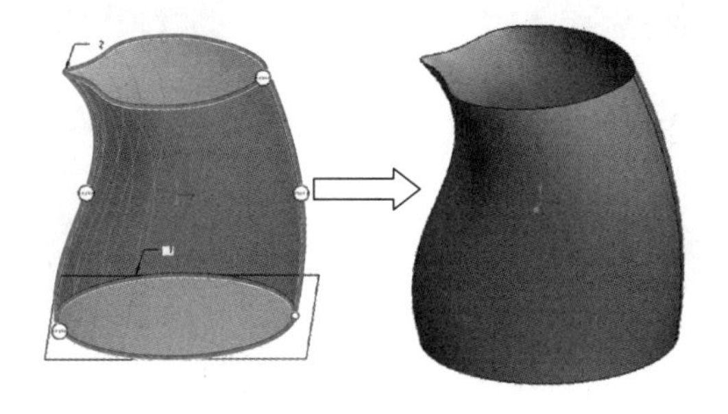

图 2.310 边界混合完成水壶的形体构造

步骤三：完成水壶手柄部分的三个草绘，然后利用“边界混合”特征完成手柄部分的曲面。通过与壶体曲面进行曲面合并，完成手柄部分造型，过程如图 2. 311 所示。

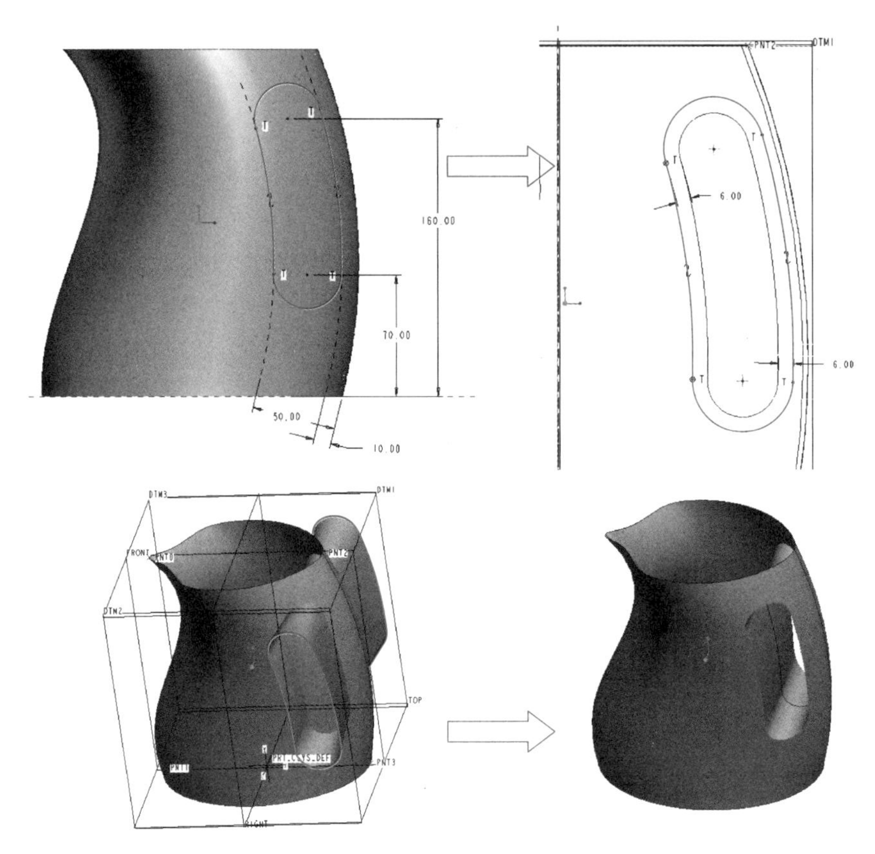

图 2. 311　手柄造型的实现建模工艺路线

步骤四：填充底部截面，再次整体合并，整体加厚形成实体，最后倒圆角细化，完成水壶造型，如图 2. 312 所示。

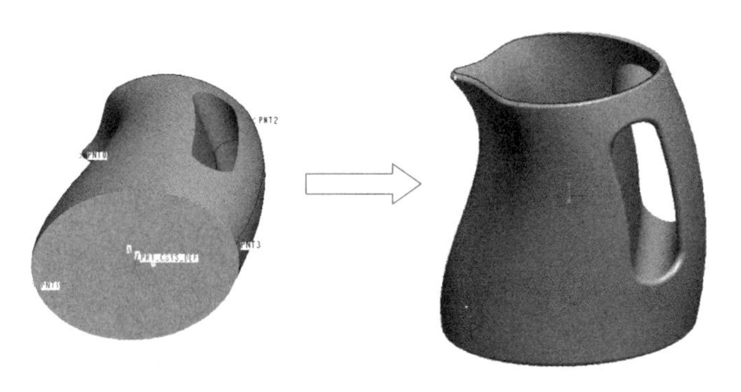

图 2. 312　水壶最终建模形成效果

思考与练习

2-1　根据图2.313和图2.314所示轴类零件的二维工程图创建其三维模型（图中未标注倒角为 $C1$），并保存文件。

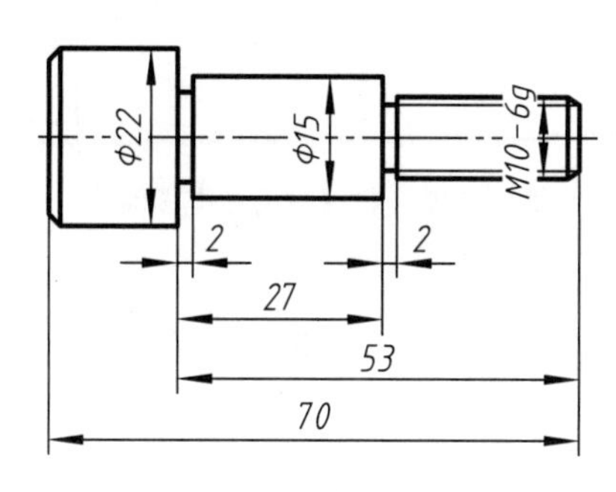

图2.313　轴零件图

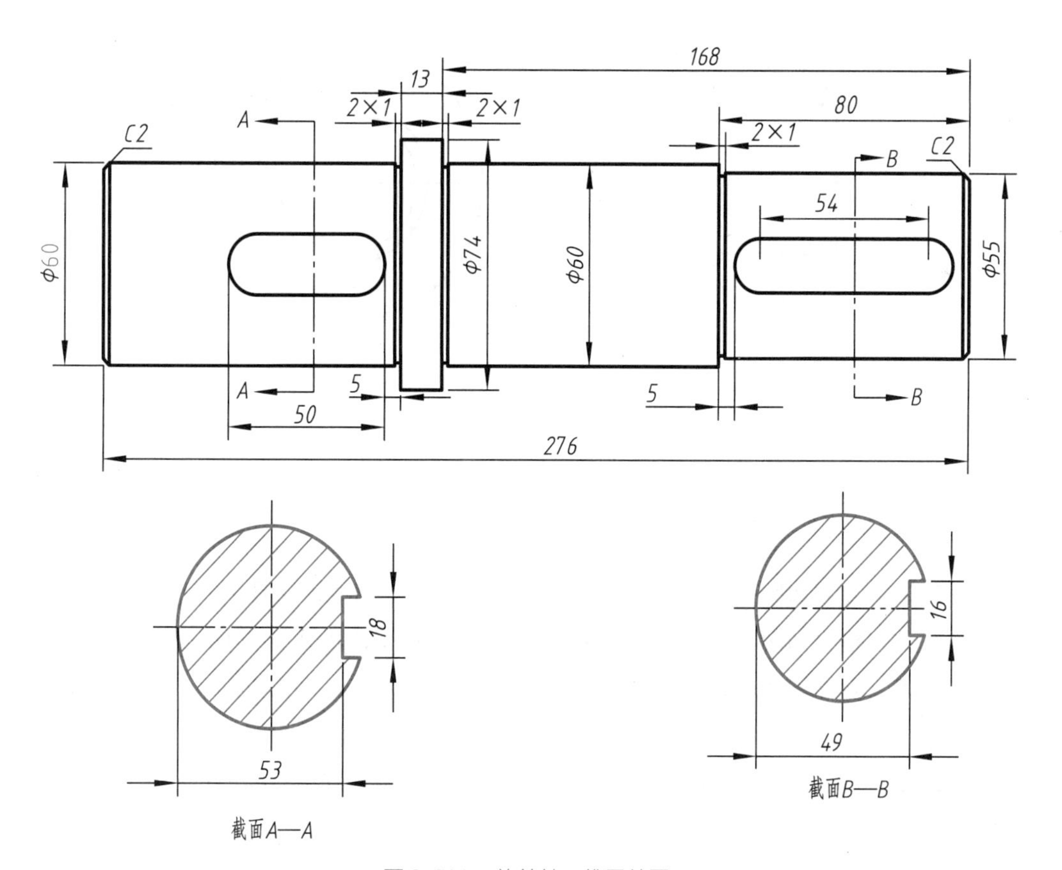

图2.314　旋转轴二维零件图

2-2　建立如图2.315所示锁紧螺母零件的三维模型，并保存文件。

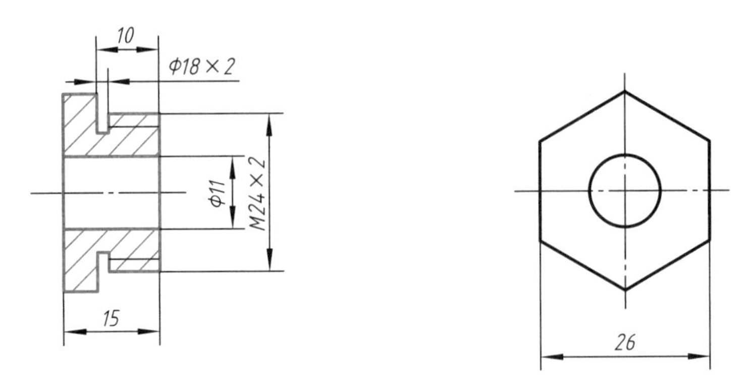

图2.315　锁紧螺母二维零件图

2-3　建立如图2.316所示阀芯零件的三维模型，并保存文件。

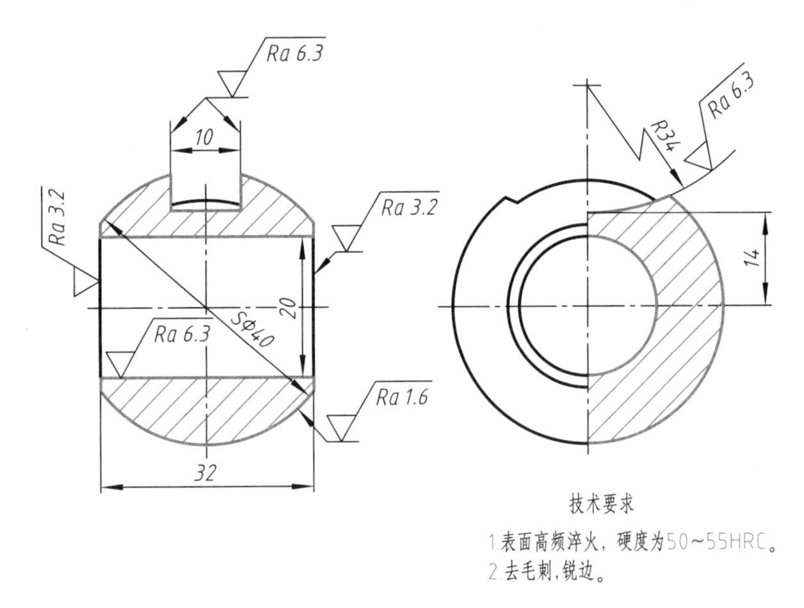

图2.316　阀芯二维零件图

2-4　建立如图2.317所示阀体零件的三维模型，并保存文件。

2-5　建立如图2.318所示开口销零件的三维模型，并保存文件。

2-6　建立如图2.319所示弹簧零件的三维模型，并保存文件。

2-7　建立如图2.320所示手柄零件的三维模型，并保存文件。

2-8　完成如图2.321所示仿古台灯的造型。造型过程中所需的尺寸可自行定义，但要求最后所生成的零件外形与图示相似。

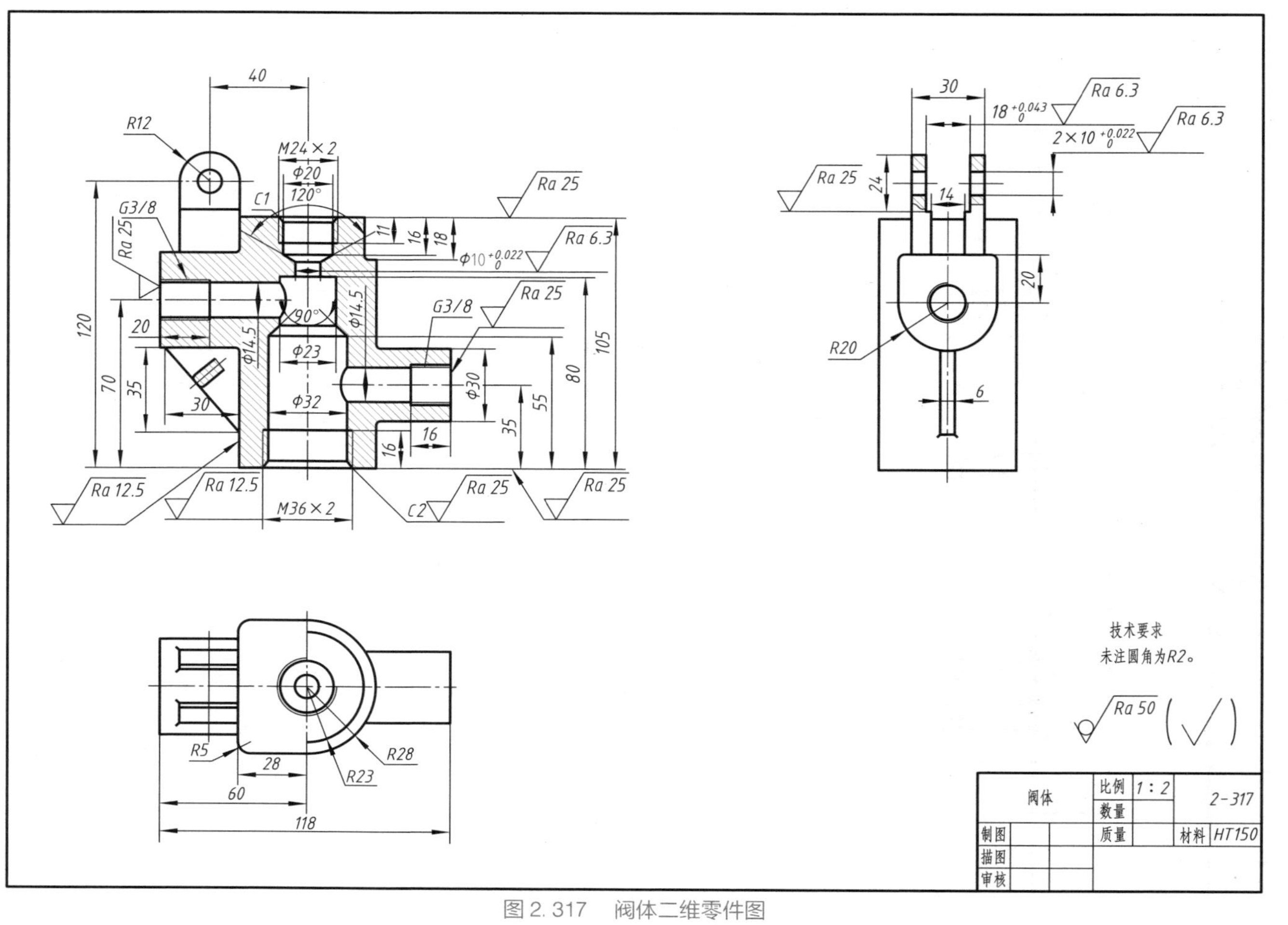

图 2.317　阀体二维零件图

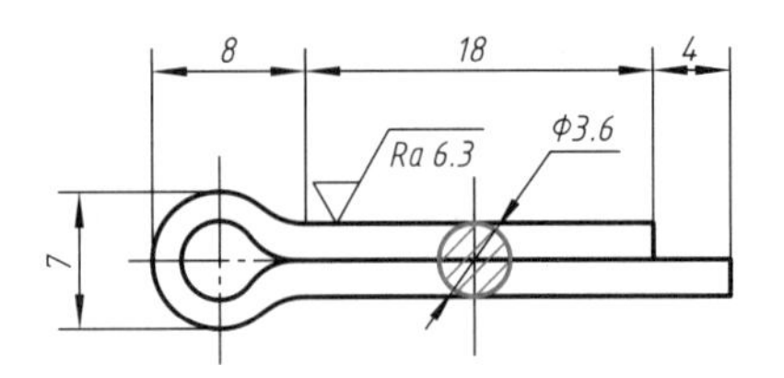

图2.318 开口销二维零件图

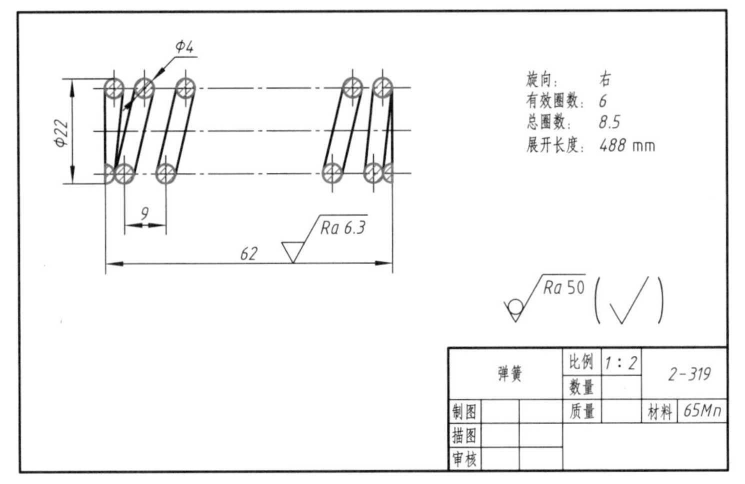

图2.319 弹簧二维零件图

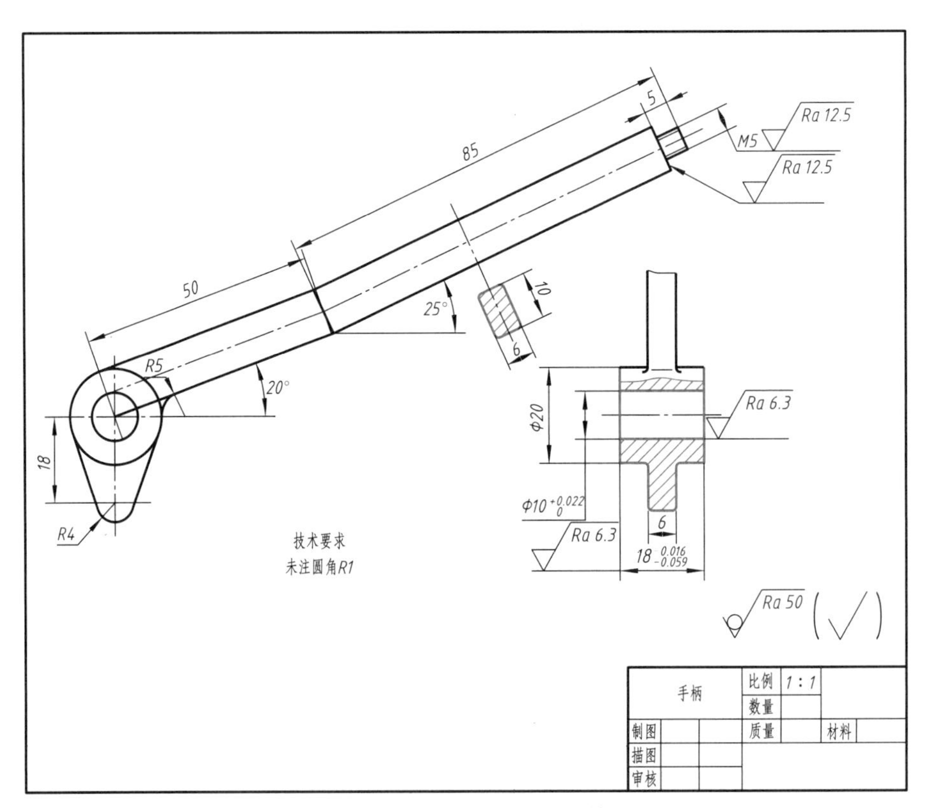

图2.320 手柄零件的二维零件图

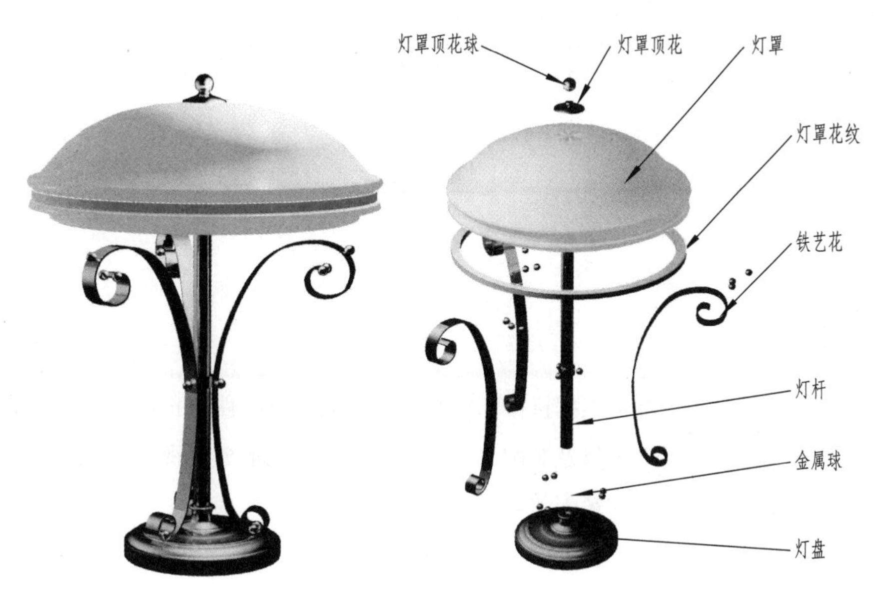

图 2.321 仿古台灯及其零件效果图

第3章　计算机辅助三维装配原理与应用

学习目标

通过本章的学习，能够根据机械部件装配要求完成各零件的正确装配；在组建模式下修改和编辑各元件位置及装配关系；能够创建装配的分解视图；具备参数化设计理念，提高计算机辅助装配效率。

学习要求

技能目标	知识要点
了解各类装配约束的种类与意义	装配约束常用种类：距离，平行、重合、法向等
熟练掌握 Creo Parametric 装配的一般步骤以及在装配环境下修改零件的方法	装配的过程，装配环境下单个零件的修改方法、编辑和保存方法，参数化设计的理念
掌握装配体视图的分解	装配体自动分解视图、装配体自定义分解视图

本章提示

本章部分案例用到的源文件可从《计算机辅助三维设计数字课程》下载，下载方法详见数字课程说明页。

3.1　装配概述

装配过程就是在装配中建立各部件之间的连接关系。它是通过一定的配对关联条件在部件之间建立相应的约束关系，从而确定部件在整体装配中的位置。在装配中，部件的几何实体是被装配引用，而不是被复制，整个装配部件都保持关联性。不管如何编辑部件，如果其中的部件被修改，则引用它的装配部件会自动更新，以反映部件的变化。在装配中可以采用自顶向下或自底向上的装配方法，或者混合使用上述两种方法。

当完成了零件创建之后，就可以使用Creo Parametric中的“装配模式”(assembly mode)把零件组装在一起构成“装配”(assembly)。“装配”可以作为一个“子装配”(subassembly)装配到另一个装配中去。下面介绍装配的功能、零部件的装配方法等。

微视频3-1
装配约束方法介绍

3.1.1 常用的装配约束类型

装配约束用于指定新载入的元件相对于装配体指定元件的放置方式，从而确定新载入的元件在装配体中的相对位置。在元件装配过程中，控制元件之间的相对位置时，通常需要设置多个约束条件。

载入元件后，单击“元件放置”操控面板中的“放置”按钮，打开“放置”下滑板，其中包含自动、距离、重合等11种类型的放置约束，如图3.1所示。

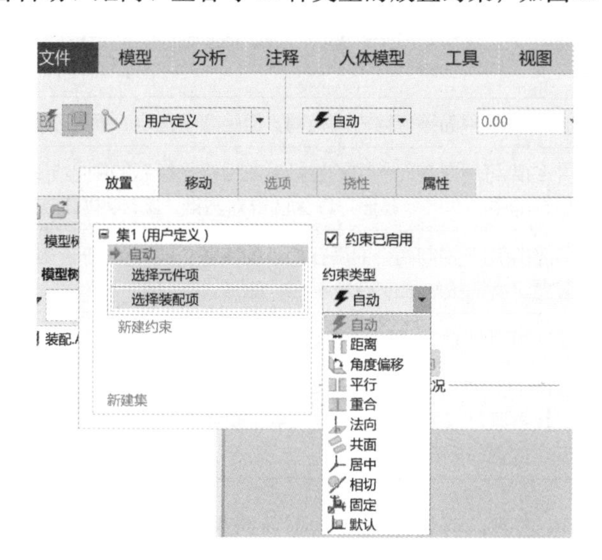

图3.1 装配约束的类型

在这11种约束类型中，如果使用“居中”类型进行元件的装配，则仅需要选择1个约束参照；如果使用“固定”或“默认”约束类型，则只需要选取对应列表项，而不需要选择约束参照。使用其他约束类型时，需要给定两个约束参照。11种约束类型的说明见表3.1。

表3.1 装配约束说明

装配约束类型	说　明
自动	系统自动按用户选择的元素进行智能判断约束类型，一般可用这样的默认约束提高工作效率

续表

装配约束类型	说 明
距离	距离约束用于将元件参照定位在距装配参考的设定距离处。该约束的参照可以为点对点、点对线、线对线、平面对平面、曲面对曲面、点对平面或线对平面
角度偏移	角度偏移约束用来将选定的元件参照以某一角度定位到选定的装配参照。该约束的一对参考可以是线对线（共面的线）的一对参考，也可以是线对平面或平面对平面的一对参考
平行	平行约束主要平行于装配参照、放置元件参照，其参照可以是线对线、线对平面或平面对平面
重合	重合约束用于将元件参照定位为与装配参照重合。该约束的参照可以为点、线、平面或曲面、圆柱、圆锥、曲线上的点以及这些参照的任何组合。在使用重合约束时，需要注意约束方向的正确设定，单击“反向” 按钮可以更改重合的约束方向
法向	法向约束用于将元件参照定位为与装配参照垂直，其参照可以是线对线（共面的线）、线对平面或平面对平面
共面	共面约束主要用于将元件的边、线、基准轴或曲面定位为与其类似的装配参照共面
定向	定向约束两平面平行且方向相同，但距离不指定，而是由其他参照来控制
居中	居中约束可用来使元件中的坐标系或目标坐标系的中心与装配中的坐标系或目的坐标系的中心对齐。参照可以为圆锥对圆锥、圆环对圆环或球面对球面
相切	相切约束用于控制两个曲面在切点的接触，该约束的一个应用实例为凸轮与其传动装置之间的接触面或接触点
固定	固定约束用于固定被移动或封装元件的当前位置
默认	使用默认约束可以将系统创建元件的默认坐标系与系统创建装配的默认坐标系对齐。其参照可以为坐标系对坐标系，或者点对坐标系。通常使用默认约束来放置装配中的第一个元件（零件）

在设置装配约束之前，首先应当注意下列约束设置的原则。

（1）指定元件参照和组件参照

通常来说，建立一个装配约束时，应当选取元件参照和组件参照。元件参照和组件参照是元件和装配体中用于约束位置和方向的点、线、面。例如，通过重合约束将一根轴放入装配体的一个孔中时，轴的中心线就是元件参照，而孔的中心线就是组件参照。

（2）系统一次添加一个约束

如果需要使用多个约束方式来限制组件的自由度，那么要分别设置约束，即使是利用相同的约束方式指定不同的参照时，也是如此。例如，将一个零件上两个不同的孔与装配体中另一个零件上两个不同的孔对齐时，不能使用一个重合约束，而必须定义两个不同的重合约束。

（3）多种约束方式定位元件

在装配过程中，要完整地指定元件的位置和方向（即完全约束），往往需要定义整个装配约束。在 Creo 中装配元件时，可以将所需要的约束添加到元件上。从数学角度来说，即使元件的位置已被完全约束，为了确保装配件达到设计意图，仍然需要指定附加约束。系统最多允许指定50个附加约束，但建议将附加约束限制在10个以内。

提示： 在装配过程中，元件的装配位置不确定时，移动或旋转的自由度并没有被完全限制，这叫部分约束；元件的装配位置完全确定时，移动和旋转自由度被完全限制，这叫完全约束；为了使装配位置完全达到设计要求，可以继续添加其他约束条件，这称为过度约束。

3.1.2　装配模块简介

进入 Creo Parametric 系统后，选择菜单栏中的“文件”→“新建”命令，系统打开如图 3.2 所示的“新建”对话框，在对话框中选择“装配”单选按钮，然后指定文件名，系统默认扩展名为“.asm”。在弹出的第二个对话框中选择“mmks_asm_design”，如图 3.3 所示。完成设置后单击“确定”按钮，系统将自动进入装配模式。

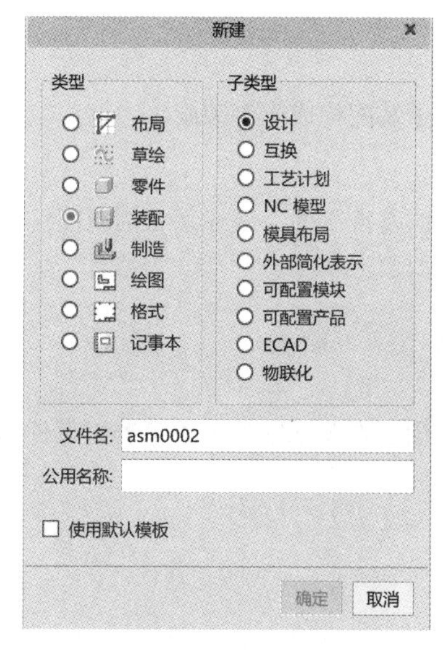

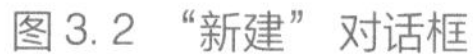
图 3.2　“新建”对话框

图 3.3　“新文件选项”对话框

进入装配模式下也有三个相互正交的默认基准面，即 ASM_TOP、ASM_FRONT、ASM_RIGHT，一个默认基准坐标系，如图 3.4 所示。

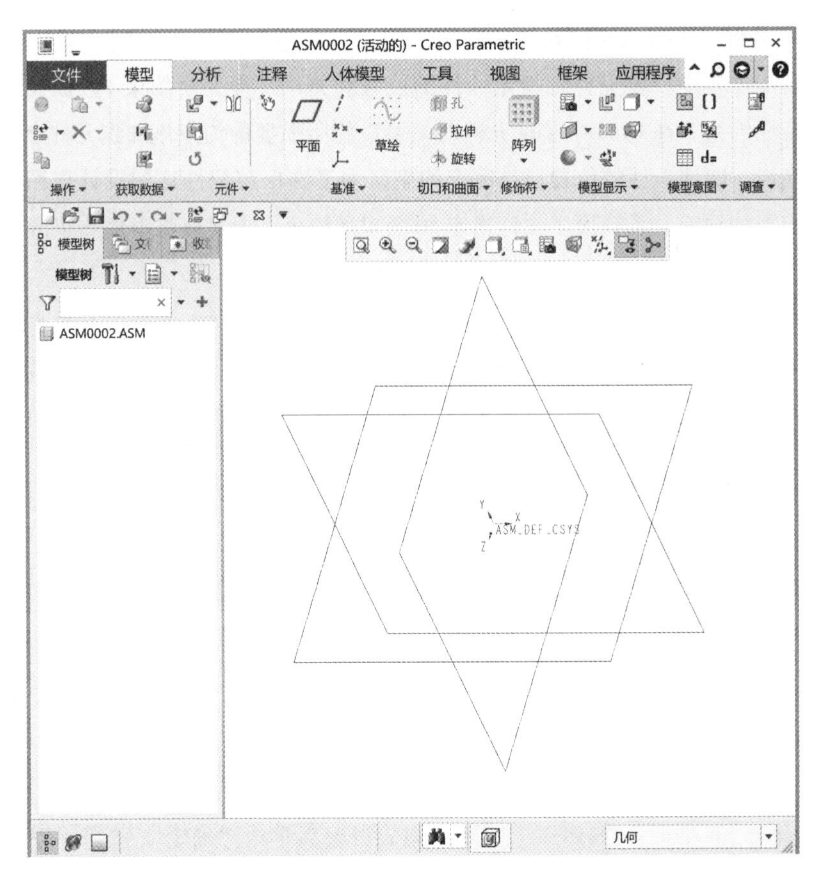

图 3.4　装配操作窗口

装配模式有以下几个功能：

① 把零件放进装配，装配零件的元件和子装配构成一个装配；

② 修改零件，包括特征构造；

③ 修改装配放置偏距，创建及修改装配的基准平面、坐标系、剖视图；

④ 构造新的零件，包括镜像零件；

⑤ 运用“移动” 和“复制” 创建零件；

⑥ 构造钣金件；

⑦ 创建可互换的零件并自动更换零件，创建在装配零件下贯穿若干零件的装配特征；

⑧ 用“族表” 建立装配图族；

⑨ 生成装配的分解视图；

⑩ 装配分析，获取装配工程信息，执行视图和层操作，创建参照尺寸和操作界面；

⑪ 删除或替换装配元件；

⑫ 简化装配图；

⑬ 通过“程序”设计，用户可以根据提示来更改模型的生成效果。

案例 3-1 装配元件操作

装配元件的操作步骤如下。

① 在新建装配模式下，单击“装配”按钮。

② 在弹出的“打开”对话框的文件路径下拉列表中找到第 3 章源文件 \base 文件夹。

③ 选中 3 - 1. prt 文件。

④ 为了在打开文件之前确认零件形状，单击该对话框下方的“预览”按钮，则在对话框下方的窗口中显示该零件模型，如图 3. 5 所示。

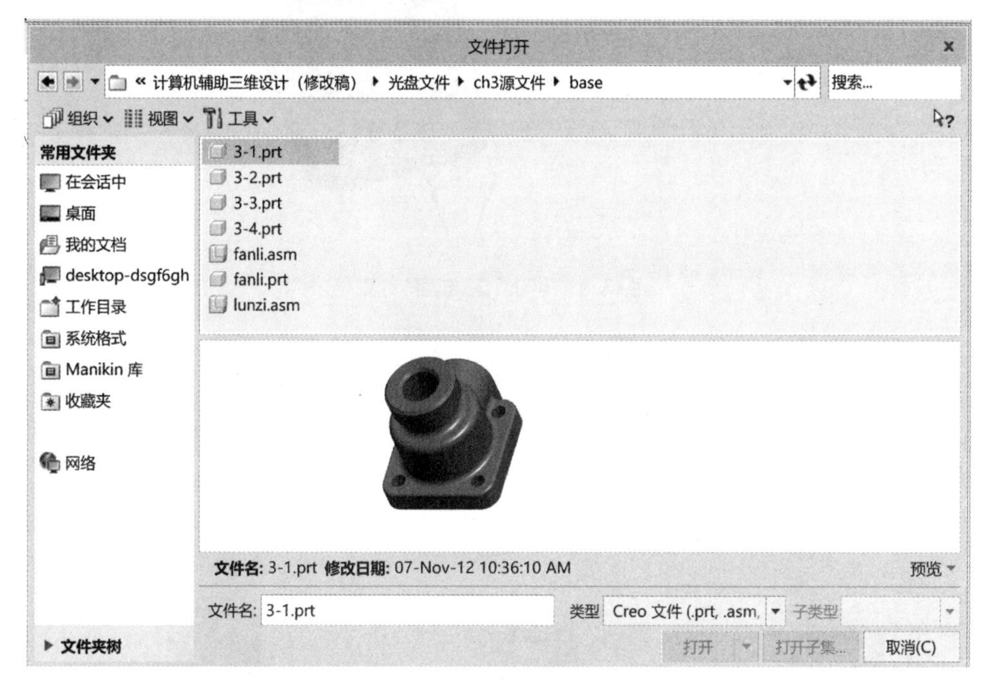

图 3. 5 打开选择元件对话框

⑤ 单击“打开”按钮。

⑥ 零件打开后，则在绘图区中出现该零件，点击左键拖动零件使元件与装配系统坐标系分离，此时元件处于无约束状态。单击零件的 RIGHT 基准面，鼠标将拖动一条红线。

⑦ 单击 ASM_RIGHT 基准面，即创建了零件 RIGHT 基准面和组件 ASM_RIGHT 基准面的一个约束。将装配操控栏中显示该约束设置为“重合”，状态显示为“部分约束”，如图 3. 6 所示。

⑧ 以同样的方式将零件 FRONT 基准面与组件 ASM_FRONT 基准面设置为重合。

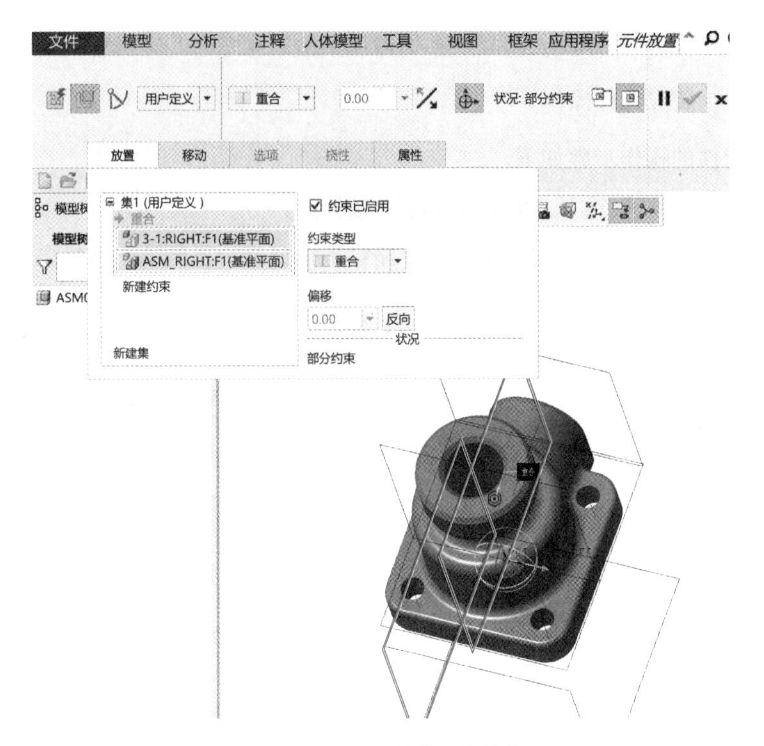

图 3.6　RIGHT 基准面的约束

⑨ 以同样的方式将零件 TOP 基准面与组件 ASM_TOP 基准面设置为“重合”。

⑩ 设置 3 个方向的面重合约束后，状态显示为“完全约束”，单击“接受”按钮☑，则完成了零件的装配。装配零件约束平面定位过程如图 3.7 所示，完全约束操控面板如图 3.8 所示。

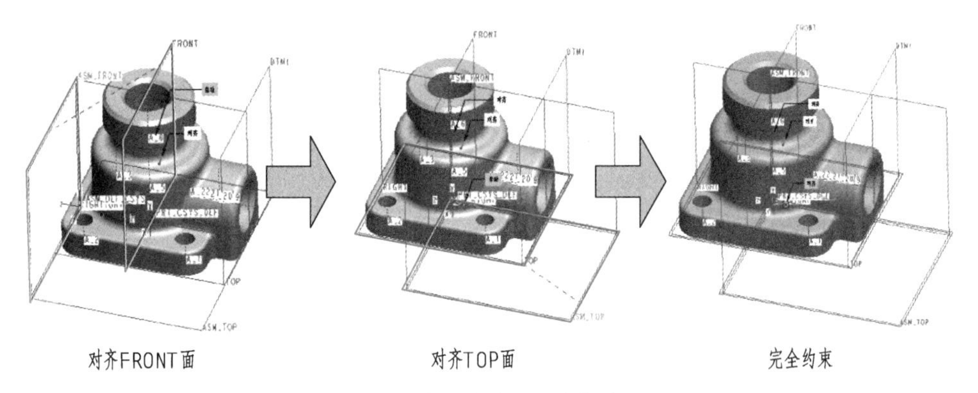

图 3.7　装配约束平面定位过程

⑪ 或者零件打开后，则在绘图区中出现该零件，单击“放置”→“约束类型”→“默认”。状态显示为“完全约束”，实现元件坐标系与装配系统中坐标系默认方式重合定位，如图 3.9 所示。单击“接受”按钮☑，则完成了第一个零件的装配。

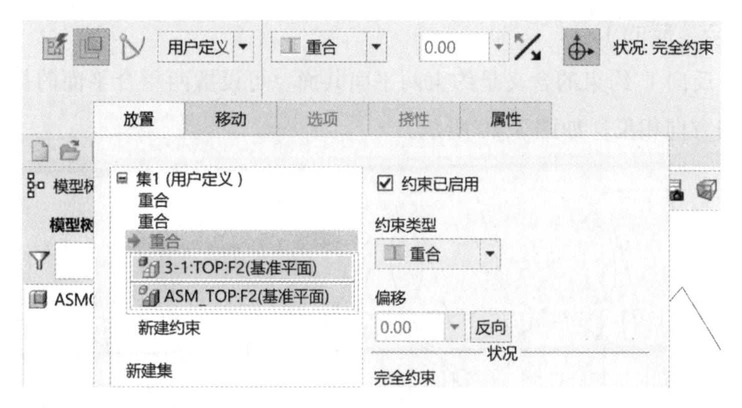

图 3.8 完全约束操控面板

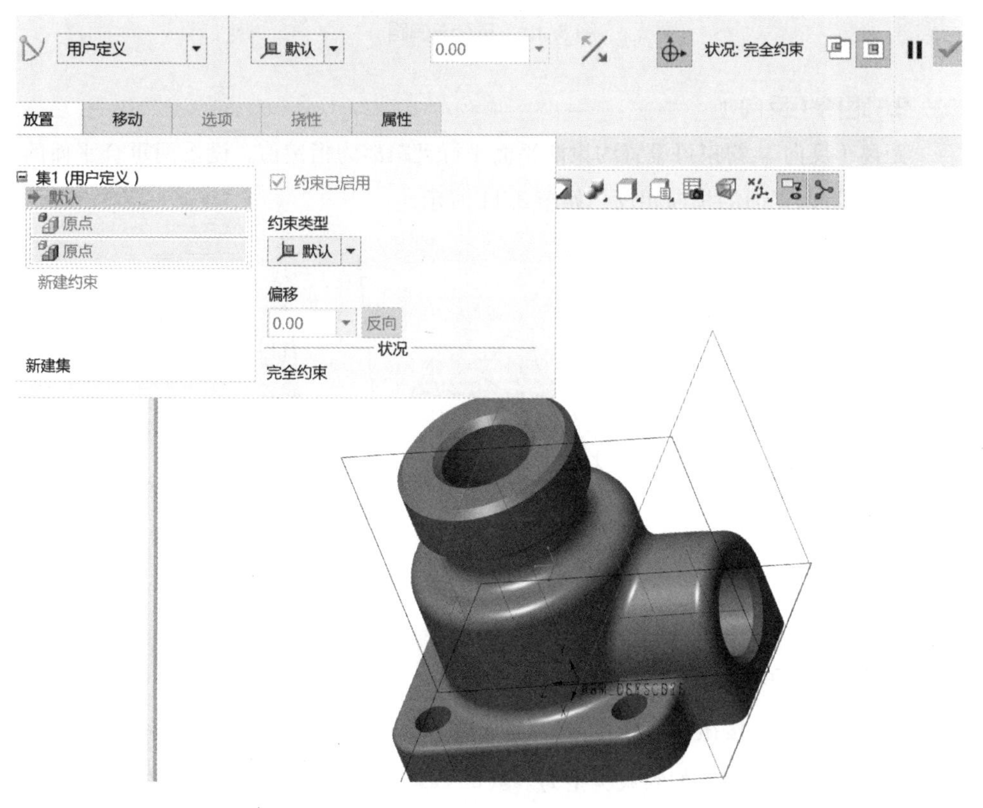

图 3.9 完全约束效果图

提示：在第一个零件的装配中，由于其位置相对自由，可用默认或系统自动装配的方式，即调入元件后，装配约束显示为“自动”，直接单击“接受”按钮✔，将元件装配在当前位置。但零件的三个基准面与组件的三个基准面都没有重合，看上去不仅混乱，而且不利于后面元件装配操作。所以，在实际操作中，第一个零件装配可以利用重合约束使得零件的三个基准面与组件的三个基准面分别重合，装配后如图 3.9 所示。

1. 重合（反向）

重合（反向）约束的含义是约束两平面共面，可设置两重合平面的指向。设置两平面法向方向相反，如图 3.10 所示。

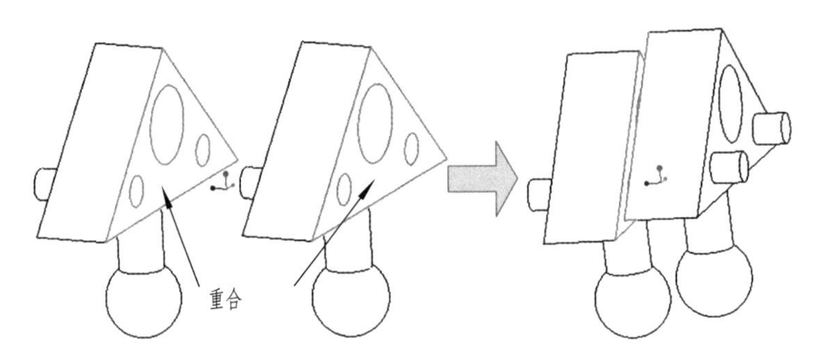

图 3.10　重合无偏距

2. 距离（反向）

距离（反向）约束可设置约束两平面平行且距离为指定值，设置两重合平面的指向。设置两平面的指向相反，如图 3.11 所示。

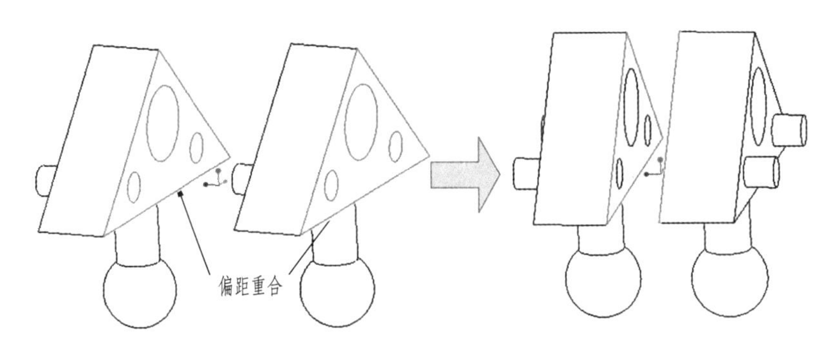

图 3.11　距离值设定

案例 3-2　重合约束操作

单击“装配”按钮，打开 \base\3 - 2. prt 文件，进入装配操作界面。

① 选择操控面板上的约束类型为“默认” 默认，单击“确定”按钮，使第一个零件坐标系与装配系统中坐标系对齐，实现完全约束，如图 3.12 所示。

② 在主界面上方功能区中选择装配图标，调入第二个零件，在下方的操控栏“放置”的“约束类型”下拉菜单中选择“重合”选项，如图 3.13 所示。

③ 在组件窗口中，单击 3 - 2. prt 零件的上表面，则鼠标拖动一条红线，再单击零件的下表面，如图 3.14 所示，则创建了这两个零件的一个重合约束关系。

在“放置”操控面板下，约束设置操作界面中显示已经创建了一个重合约束关系，如图 3.15 所示。

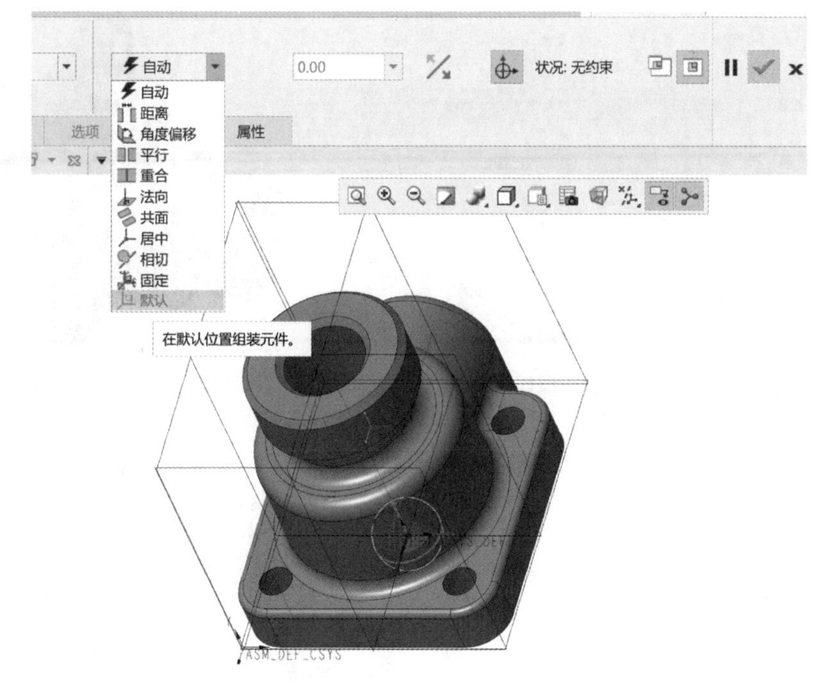

图 3.12 第一个零件“默认”装配

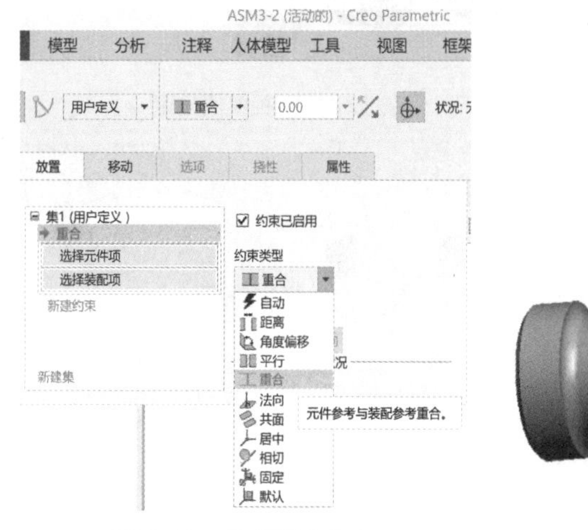

图 3.13 选择重合约束

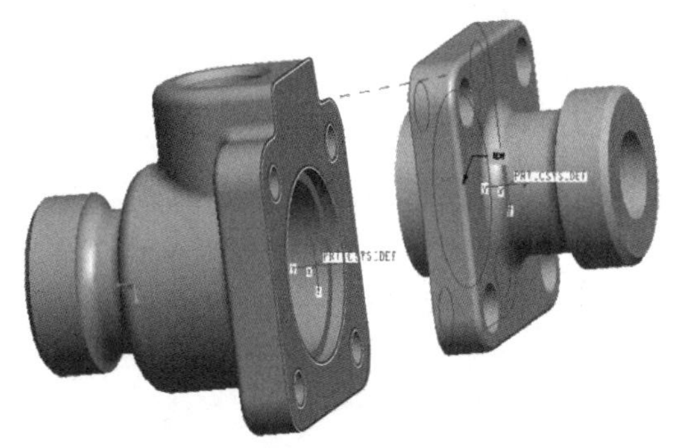

图 3.14 重合约束项目选择

④ 查看设置操作界面中的“偏移” 值，显示“偏移” 值为“0”，如图 3.15 所示，如果两个表面有偏移距离，则选择“距离” 约束，可以设定值。此零件重合偏移值为“0”，零件约束位置关系为重合，如图 3.16 所示。

⑤ 将“约束” 类型设置为“距离”，再在其后面的文本框中输入距离值“30”，如图 3.17 所示，则零件位置关系发生了移动，如图 3.18 所示。

3. 重合（同向）

重合（同向）约束也可以对齐约束两平面共面，且两平面的指向相同，也可以用来约束两中心线（或轴线）重合对齐，如图 3.19 所示。

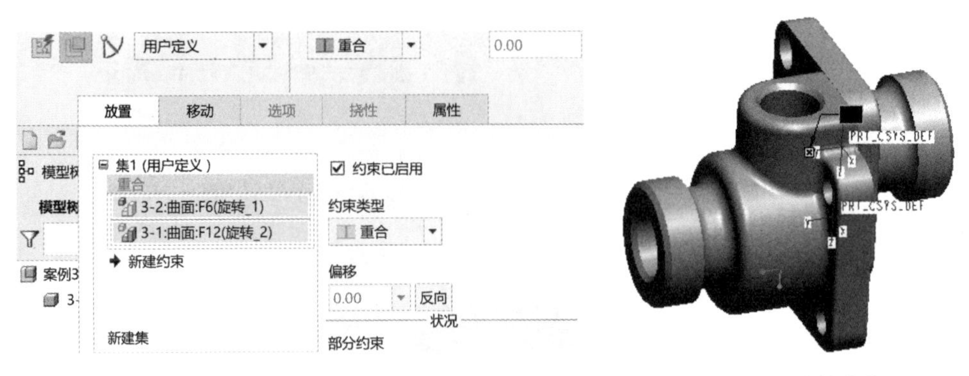

图 3.15　约束放置操作界面　　　图 3.16　重合约束位置

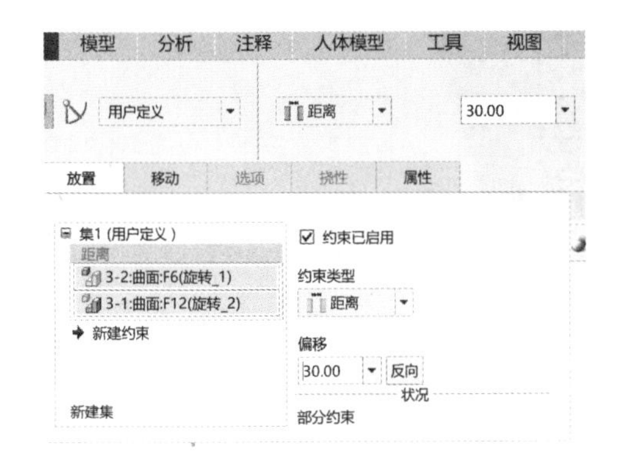

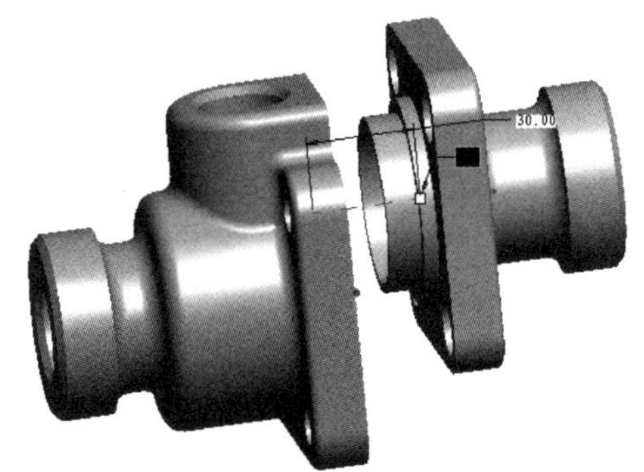

图 3.17　设置偏移值　　　图 3.18　距离值设定

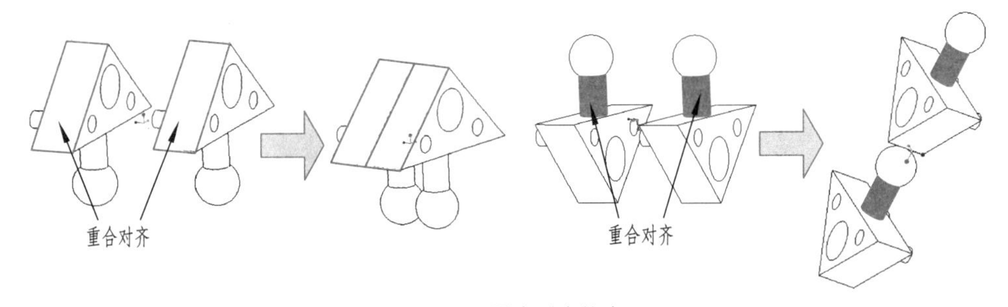

图 3.19　重合对齐约束

4. 距离（同向）

距离约束可以对齐约束两平面，使其平行且相隔固定的距离，两平面的指向可调整为同向或者反向，如图 3.20 所示为同向。

5. 重合（曲面）

重合（曲面）约束可将一个旋转曲面与另一个旋转曲面重合，且使它们同轴，可用于轴与孔的装配，如图 3.21 所示。

6. 定向（平行）

定向约束两平面平行且方向相同，但距离不指定，而是由其他参照来控制，如图 3.22 所示。

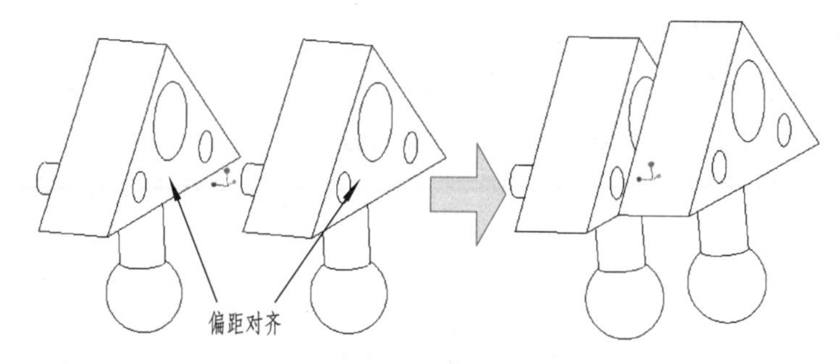

图 3.20　距离同向约束

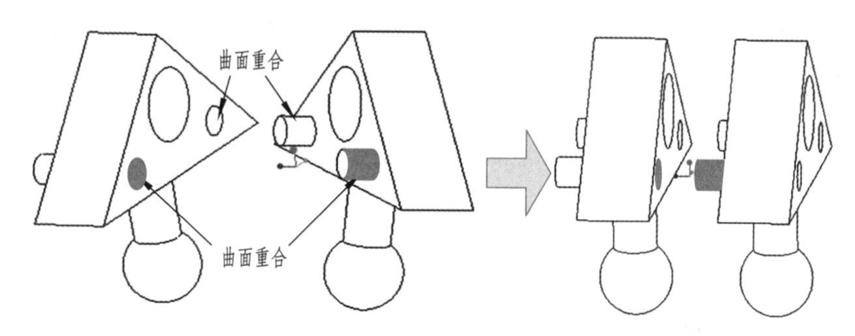

图 3.21　曲面重合

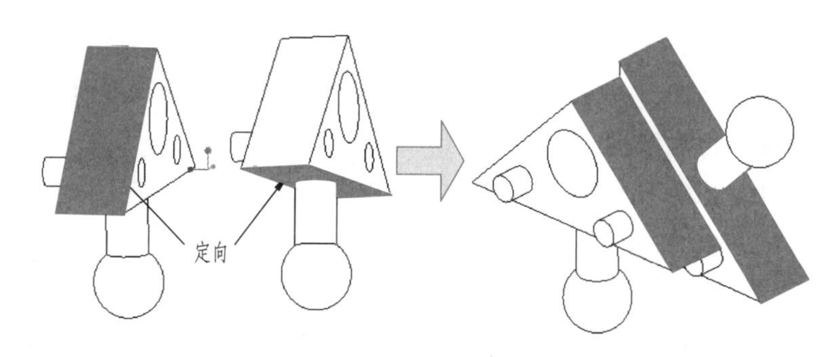

图 3.22　定向平行约束

7. 相切

相切约束以曲面相切方式对两零件进行装配，使两个曲面成相切接触状态，如图 3.23 所示。

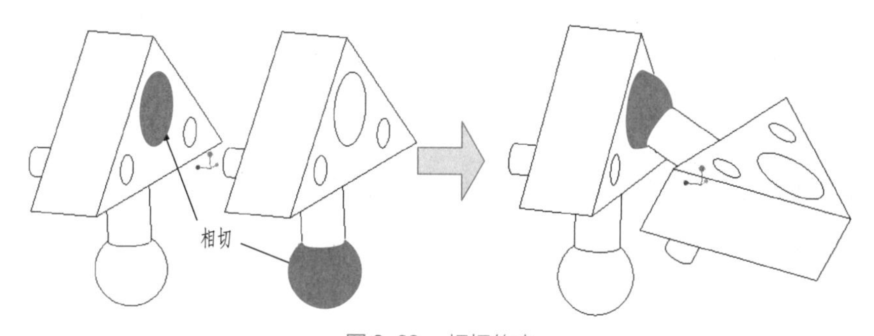

图 3.23　相切约束

8. 坐标系（居中）

坐标系约束两个零件的坐标系同原点，且 X、Y、Z 轴同向。选取该装配约束后，分别选取两零件的坐标系即可，如图 3.24 所示。

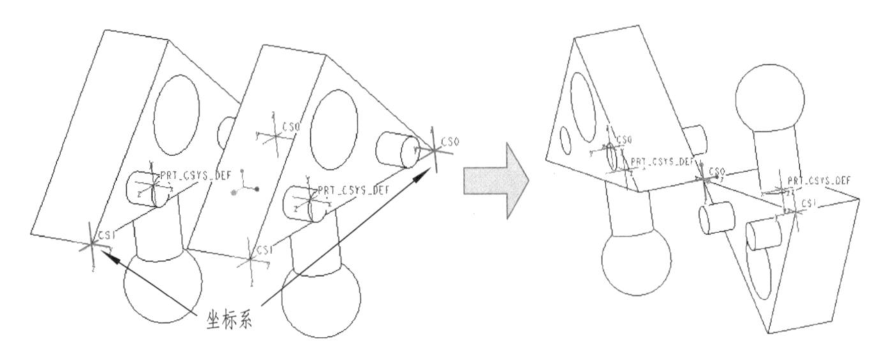

图 3.24　坐标约束

9. 其他约束

（1）线上的点，约束控制边、轴或基准曲线与点之间的接触。以两直线上某一点相接的方式对两零件进行装配。

（2）曲面上的点，约束控制曲面与点之间的接触。以两曲面上某一点相接的方式对两零件进行装配。

（3）曲面上的边，约束控制曲面与平面边界之间的接触。以两曲面上某一边相接的方式对两零件进行装配。

（4）自动，仅需点选元件及组件的参照，系统会根据设置的参照来判断意图，自动设置最合适的约束，并以系统默认方式进行装配。

（5）固定，用以固定元件的当前位置，从而使零件处于完全约束状态。

（6）默认，将系统创建元件的默认坐标系与系统创建组件的默认坐标系对齐。该约束只用于原始组件中的元件。

3.2　Creo Parametric 的装配设计

本节将通过一个具体案例来介绍部件的装配设计。

案例 3-3　球阀模型装配设计

（1）新建组件文件

新建一个组件文件，命名为 qiufa.asm，采用公制模板，进入组件模式。

（2）装配球阀体

单击工具栏上的“装配”按钮，或者在菜单栏中选择“插入”→“元件”→“装配”命令，在弹出的“打开”对话框中选择第3章源文件\fati.prt文件，将进入零件阀体装配界面。

在元件放置操作时，按照案例3-1操作，分别将阀体零件的TOP、RIGHT、FRONT与组件坐标系的ASM_TOP、ASM_RIGHT、ASM_FRONT重合对齐，即完成了零件三个方向上的位置约束，操控面板中显示状态为“完全约束”，单击“接受”按钮，完成阀体的安装，如图3.8所示。

（3）装配密封圈

单击功能区工具栏上的“装配”按钮，添加零件mifengquan.prt。设置密封圈约束关系如图3.25所示，具体操作步骤如下。

① 单击密封圈的大端面和阀体通孔中与密封圈相匹配的台阶面，在操控面板中选择约束类型为重合。

② 选择“新建约束”，在操控面板中选择约束类型为重合，分别单击选择阀体的通孔中心线和密封圈的中心线，或者分别选择密封圈侧面和阀体箭头所指处内侧面，密封圈的装配效果如图3.26所示。绘图区的零件将显示已创建的约束关系，操控面板中显示状态为“完全约束”，单击“接受”按钮，完成密封圈的装配。

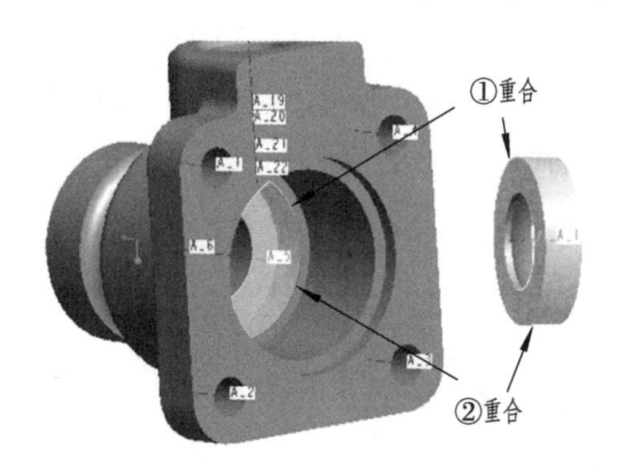

图3.25 密封圈的约束关系

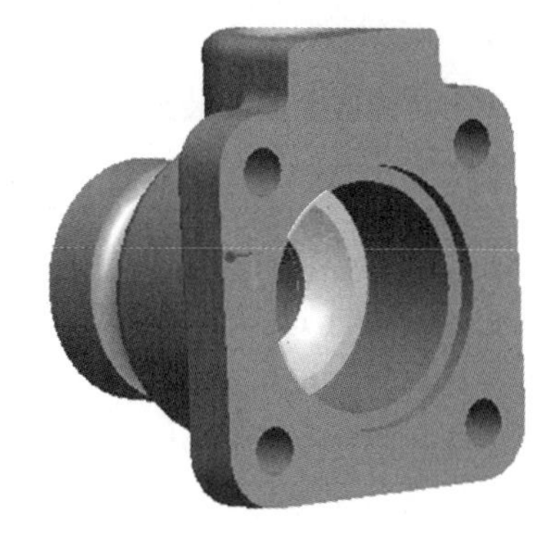
图3.26 密封圈的装配效果

提示：两个约束关系创建的先后顺序对元件装配位置没有影响，但对约束项目的选取操作有影响。例如，在安装密封圈时，如果先进行轴重合约束时，密封圈元件就会处在如图3.27所示位置（看上去似乎已经安装到位，但实际上没有台阶面的约束，状态显示为部分约束），在创建第二约束时，对密封圈的端面与阀体通孔的台阶面选取将不方便。所以在进行装配时，要根据调入元件的初始位置来确定创建约束的先后顺序，前一个约束创建后，元件位置的变化不能影响后面约束项目的选取。

（4）装配垫环

单击工具栏上的“装配”按钮，或者在菜单栏中选择“插入”→“元件”→

“装配”命令，添加零件 dianhuan. prt。设置垫环约束关系如图 3. 28 所示，具体操作步骤如下。

① 分别单击选择垫环的端面和阀体的阀杆孔与垫环相匹配的台阶面，在操控面板中选择约束类型为“重合”。

② 分别单击选择阀体的阀杆孔中心线和密封圈的中心线，在操控面板中选择约束类型为重合。操控面板中显示状态为“完全约束”，单击“接受”按钮，完成垫环的装配。

图 3. 27　先创建轴线重合对齐约束后元件的位置　　图 3. 28　垫环约束关系

（5）装配阀杆

单击功能区上的“装配”按钮，或者在菜单栏中选择“插入”→“元件”→“装配”命令，添加零件 fagan. prt。设置阀杆约束关系如图 3. 29 所示，具体操作步骤如下。

① 分别单击选择阀杆的凸缘端面和垫环的端面，在操控面板中选择约束类型为重合，调整方向实现面贴合。

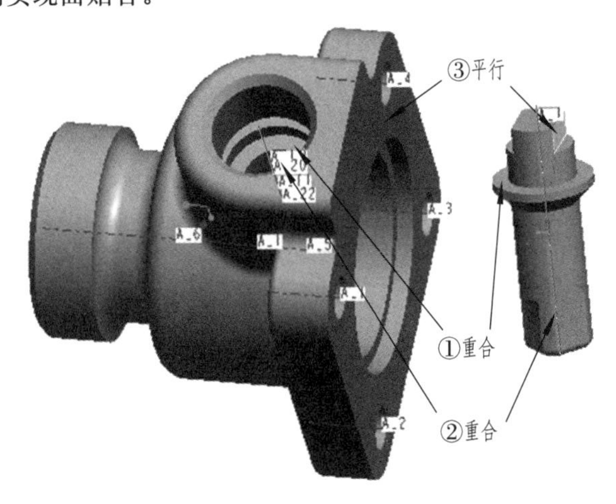

图 3. 29　阀杆约束关系

② 分别单击选择阀杆的中心线和垫环的中心线，在操控面板中选择约束类型为“重合”，实现轴线对齐。操控面板中显示状态为“完全约束”。

③ 打开“放置”面板，单击新建约束，在约束类型对话框中选择“平行”，如图3.30所示。分别单击选择阀杆轴端将与阀球配对的平面和阀体端面，使其通过平行保持两个平面的法向方向一致。此时约束状态仍为“完全约束”状态。单击“接受”按钮，完成阀杆的装配。

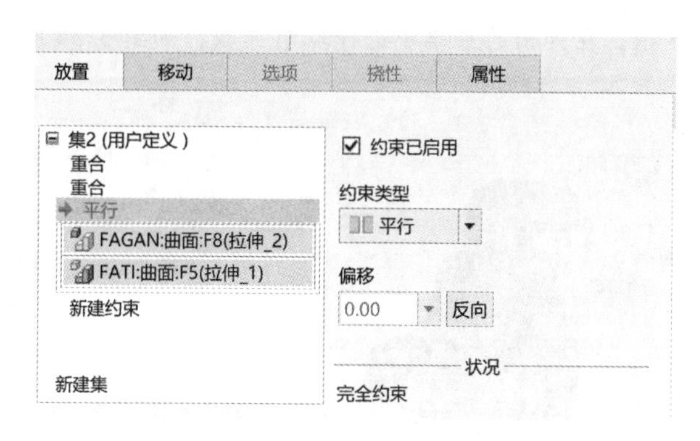

图3.30 平行定向约束

(6) 装配密封环

右击绘图窗口左侧模型树中的FATI. PRT，选择“隐藏”，则绘图窗口中的阀体被隐藏，如图3.31所示。单击工具栏上的“装配”按钮，添加零件mifenghuan. prt。设置密封环约束关系如图3.32所示，具体操作步骤如下。

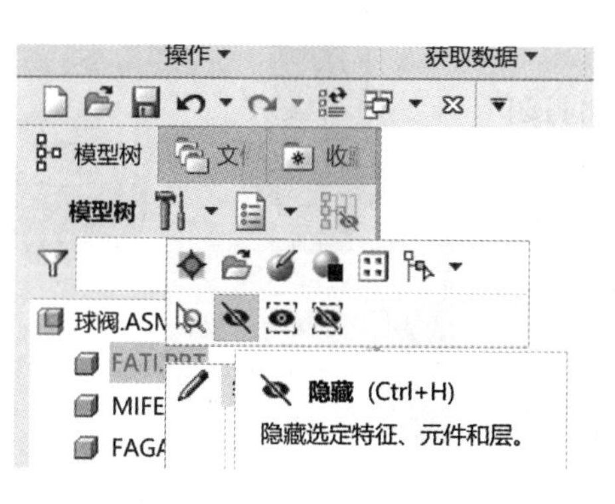

图3.31 隐藏

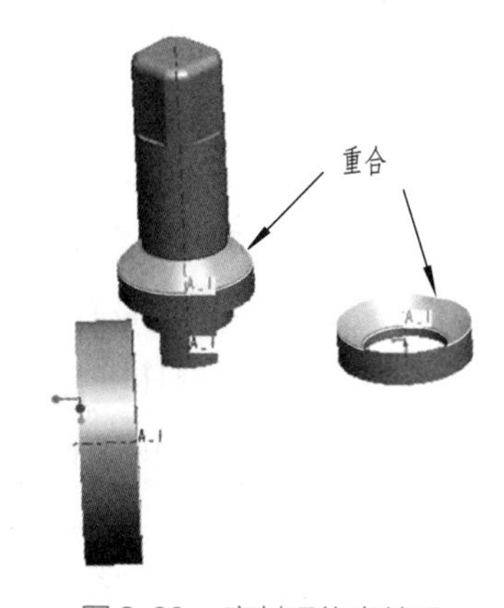

图3.32 密封环约束关系

① 在操控面板中选择约束类型为“重合”，单击密封环的圆锥面和阀杆凸缘的圆锥面，也可以选择圆锥面和阀杆所在的轴线，实现轴心定位，单击“反向”调整方向。

② 新建约束，选择约束类型为相切，单击密封环的圆锥面和阀杆凸缘的圆锥面，实现两曲面相切。操控面板中显示状态为“完全约束”，单击“接受”按钮

，完成密封环的装配。

提示：在装配过程中，有时出现约束参照被先前装配的零件遮挡而无法选中的现象，则可采用隐藏零件的方法进行安装。① 在模型树中右击需要隐藏的零件，在弹出的菜单中选择隐藏。② 在绘图窗口中，单击需要隐藏的零件或选中几个零件，使得被选中零件以高亮红色显示，在零件上长按右键，在弹出的菜单中选择隐藏，如图 3.33 所示。③ 取消隐藏，则在模型树中右键单击已被隐藏的零件，此时零件以高亮红色线框显示，在弹出的菜单中选择取消隐藏，如图 3.34 所示。

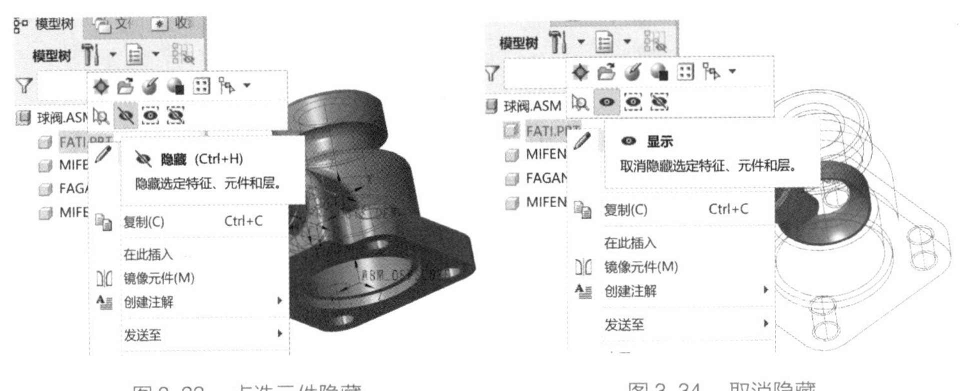

图 3.33 点选元件隐藏　　　　图 3.34 取消隐藏

(7) 装配螺纹压环

单击功能区上的“装配”按钮，或者在菜单栏中选择“插入”→“元件”→“装配”命令，添加零件 luowenyahuan. prt。设置螺纹压环约束关系如图 3.35 所示，具体操作步骤如下。

① 分别单击选择螺纹压环的端面和封闭环的端面，在操控面板中选择约束类型为重合，注意点击“反向”调整面重合方向。

② 分别单击选择阀杆中心线和螺纹压环的中心线，在操控面板中选择约束类型为重合，实现轴线重合对齐。操控面板中显示状态为“完全约束”，单击“接受”按钮，完成螺纹压环的装配效果，如图 3.36 所示。

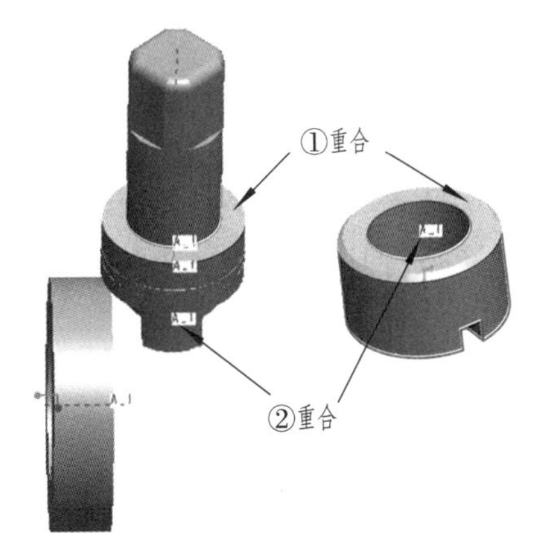

图 3.35 螺纹压环的约束关系

(8) 装配球心

单击功能区上的“装配”按钮，或者在菜单栏中选择“插入”→“元件”→“装配”命令，添加零件 qiuxin. prt。设置球心约束关系如图 3.37 所示，具体操作步骤如下。

图 3.36 螺纹压环的装配效果

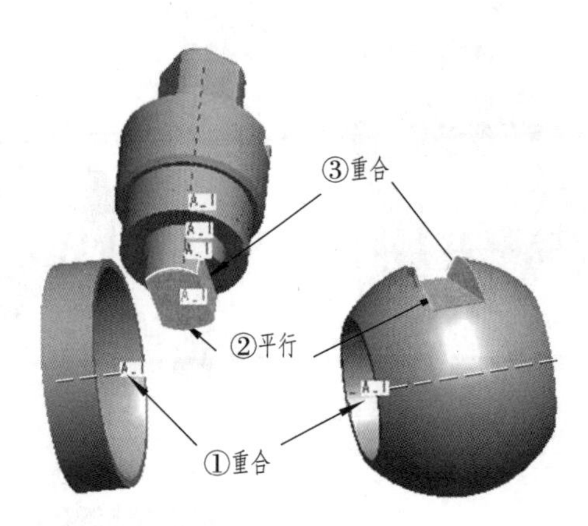

图 3.37 球心的约束关系

① 分别单击选择球心轴线和封闭圈轴线，在操控面板中选择约束类型为重合，实现轴线对齐。

② 分别单击选择球心上与轴线平行的平面和阀杆下端面，在操控面板中选择约束类型为“平行”。

③ 分别单击选择球心上与轴线垂直的平面和阀杆下端用于控制球心转动的平面，在操控面板中选择约束类型为“重合”，注意单击“反向” 调整面重合方向。操控面板中显示状态为“完全约束”，单击“接受” 按钮，完成球心的装配。

（9） 装配扳手

右击模型树中 FATI. PRT，在弹出的菜单中单击“取消隐藏”。单击工具栏上的“装配” 按钮，添加零件 banshou. prt。设置扳手约束关系如图 3.38 所示（重合参照决定扳手的摆放位置，应视装配要求选择），具体操作步骤如下。

① 分别单击选择扳手的端面和阀杆的台面，在操控面板中选择约束类型为重合，注意单击“反向” 调整面重合方向。

② 分别单击选择扳手装配孔的平面和阀杆与之相对应的平面，在操控面板中选择约束类型为“重合”，注意单击“反向” 调整面重合方向。

③ 分别单击选择扳手装配孔的平面和阀杆与之相对应的平面，在操控面板中选择约束类型为重合，注意单击“反向” 调整面重合方向。操控面板中显示状态为“完全约束”，单击“接受” 按钮，完成扳手的安装。装配完成的效果图如图 3.39 所示。

（10） 装配密封圈

单击功能区上的“装配” 按钮，添加零件 mifengquan. prt。设置密封圈约束关系如图 3.40 所示，具体操作步骤如下。

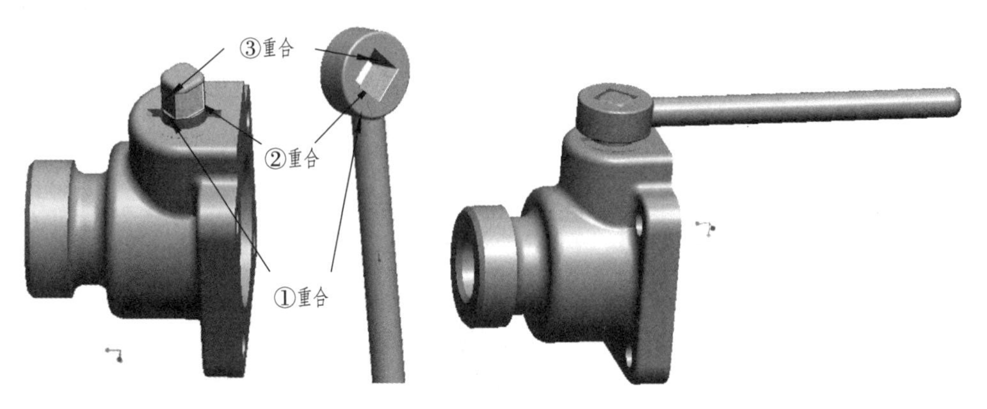

图 3.38　扳手的约束关系　　　　图 3.39　扳手的装配效果

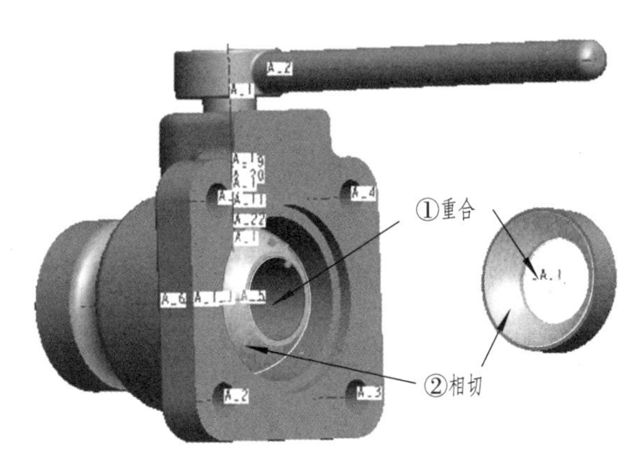

图 3.40　密封圈的约束关系

① 单击密封圈的轴线和阀芯轴线，在操控面板中选择约束类型为重合，实现轴线对齐。

② 分别单击选择密封圈的圆面和阀芯圆面，在操控面板中选择约束类型为相切。操控面板中显示状态为“完全约束”，单击“接受”按钮，完成密封圈的安装。

（11）装配垫片

单击功能区上的“装配”按钮，添加零件 dianpian. prt。设置垫片约束关系如图 3.41 所示，具体操作步骤如下。

① 单击垫片的端面和阀体与垫片相配对的台肩面，在操控面板中选择约束类型为重合。

② 分别单击选择垫片的轴线和阀体通孔的轴线，在操控面板中选择约束类型为重合。操控面板中显示状态为“完全约束”，单击“接受”按钮，完成垫片的装配。

（12）装配螺柱

单击功能区上的“装配”按钮，或者在菜单栏中选择“插入”→“元件”→“装配”命令，添加零件 luozhu. prt。设置螺柱的约束关系如图 3.42 所示，具体操作步骤如下。

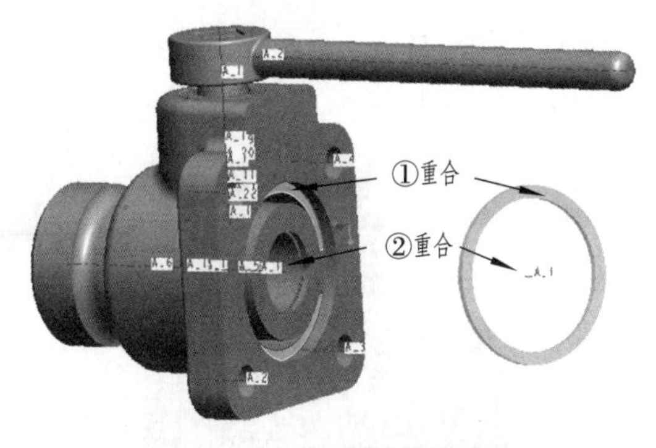

图 3.41 垫片的约束关系

① 将主界面上方快速工具栏中的“显示样式” 调整为“消隐” 模式。分别单击选择螺柱短螺纹的端面和阀体端面，在操控面板中选择约束类型为距离，偏距值为“25”。

② 分别单击选择螺柱的轴线和阀体螺柱孔的轴线，在操控面板中选择约束类型为重合。操控面板中显示状态为“完全约束”，单击“接受” 按钮，完成单个螺柱的安装。

③ 在主界面左侧模型树中左击点选螺柱，此时主界面上方工具栏中阵列按钮变为可用，如图 3.43 所示。单击“阵列” 按钮，选择轴阵列，单击点选阀体通孔轴线，设置阵列参数为：个数 4，角度 90°，阵列 360°，如图 3.44 所示。单击“接受” 按钮，完成螺柱的装配。

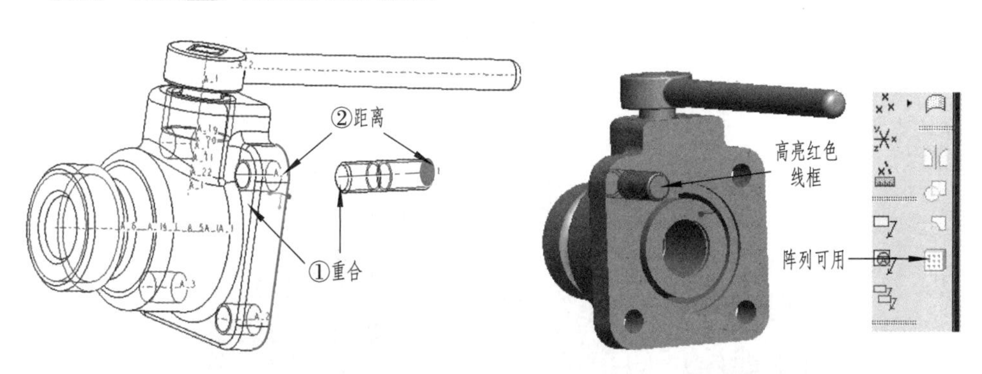

图 3.42 螺柱的约束关系　　图 3.43 点选已装配完成的螺柱

提示：(1) 在线框显示的模式下，可看见螺纹修饰的模型（紫色细线），可用于粗略比较螺纹长度，在案例中用于点选螺柱短螺纹端面。(2) 多个相同零件的装配，可采用阵列，复制等方法，提高效率。案例中螺柱孔绕阀体通孔等角度分布，即可采用轴阵列。阵列方式视情况而定，对于无法用阵列方式的情况可采用复制的方法，点选已装配完成的单个零件，单击“复制”按钮，再单击“粘贴”按钮，选择与第一个零件相同约束，按相同顺序的参照，单击“接受”按钮，完成零件的安装。

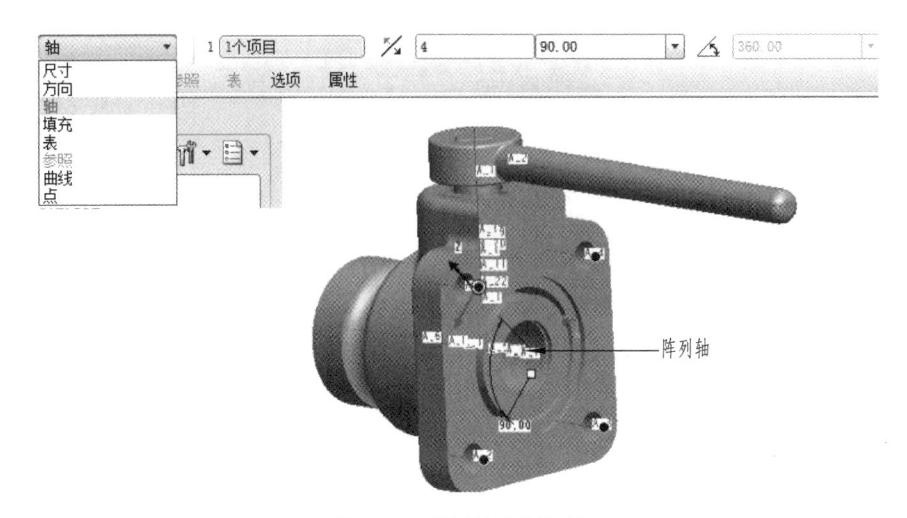

图3.44　螺柱轴阵列参数

(13) 装配阀体接头

单击功能区上的“装配”按钮，添加零件 fatijietou. prt。设置阀体接头约束关系如图3.45所示，具体操作步骤如下。

① 分别单击选择垫片端面和阀体接头的台肩面，在操控面板中选择约束类型为“重合”，注意单击“反向”调整面重合方向。

② 分别单击选择阀体通孔的轴线和阀体接头通孔的轴线，在操控面板中选择约束类型为“重合”，实现轴对齐。此时操控面板中显示状态为“完全约束”，打开放置面板，将“允许假设”复选框取消，则状态变为“部分约束”，如图3.46所示，单击新建约束。

③ 分别单击选择阀体螺柱孔轴线和阀体接头上螺柱孔的轴线，在操控面板中选择约束类型为重合。单击“接受”按钮，完成阀体接头的装配。

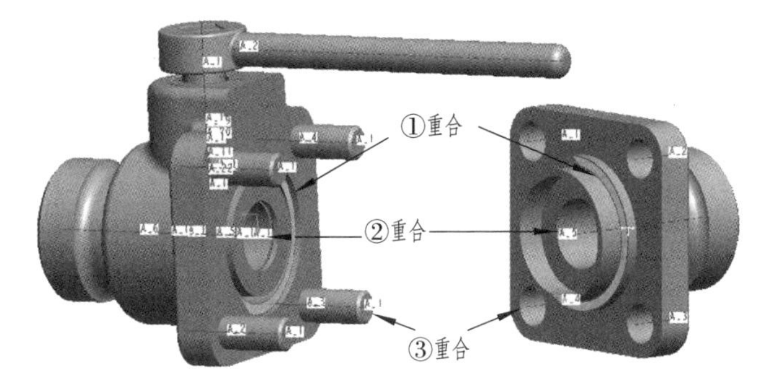

图3.45　阀体接头的约束关系

(14) 装配螺母

单击功能区上的“装配”按钮，或者在菜单栏中选择“插入”→“元件”→“装配”命令，添加零件 luomu. prt。设置螺母约束关系如图3.47所示，具体操作步骤如下。

图 3.46 取消选中“允许假设”复选框

① 分别单击选择螺母的端面和阀体接头的外平面，在操控面板中选择约束类型为“重合”，注意单击“反向”调整面重合方向。

② 分别单击选择螺母的轴线和螺柱的轴线，在操控面板中选择约束类型为“重合”。操控面板中显示状态为“部分约束”，单击勾选放置面板中的“允许假设”复选框，操控面板中显示状态为“完全约束”，单击“接受”按钮☑，完成单个螺母的装配。

③ 阵列螺母参照螺柱阵列设置，如图 3.48 所示，单击“接受”按钮☑，完成所有螺母的装配。

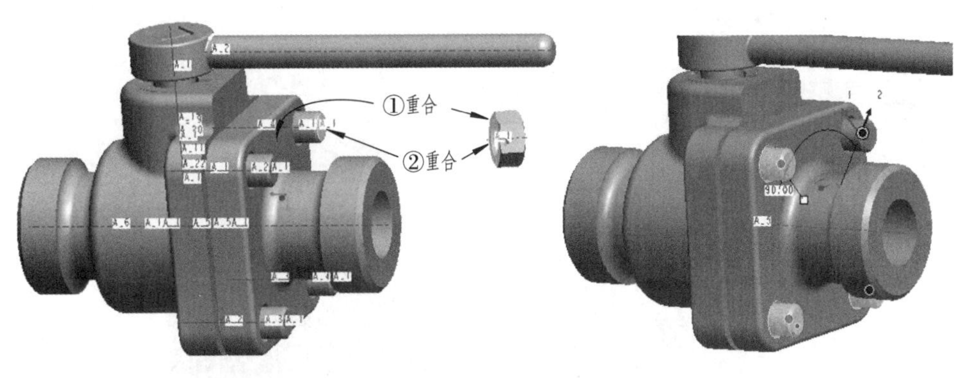

图 3.47 螺母的约束关系

图 3.48 螺母的阵列

完成球阀装配如图 3.49 所示。

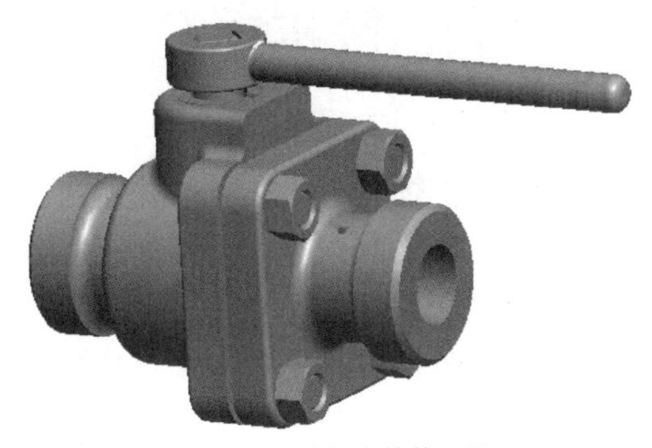

图 3.49 球阀完整装配图

3.3 装配体的编辑

3.3.1 装配关系和零件的修改

1. “元件放置”操控面板

在组件模式下，添加新的元件以后将出现“元件放置”操控面板，如图3.50所示。单击“放置”按钮，将显示零件装配时的各种装配条件等，然后通过定义对应的约束项目和约束类型，确定零件装配位置。在“元件放置”操控面板中，将一些文字选项变成图标形式的按钮，同时还简化了约束条件的种类，可以很轻松地进行零件的装配工作。

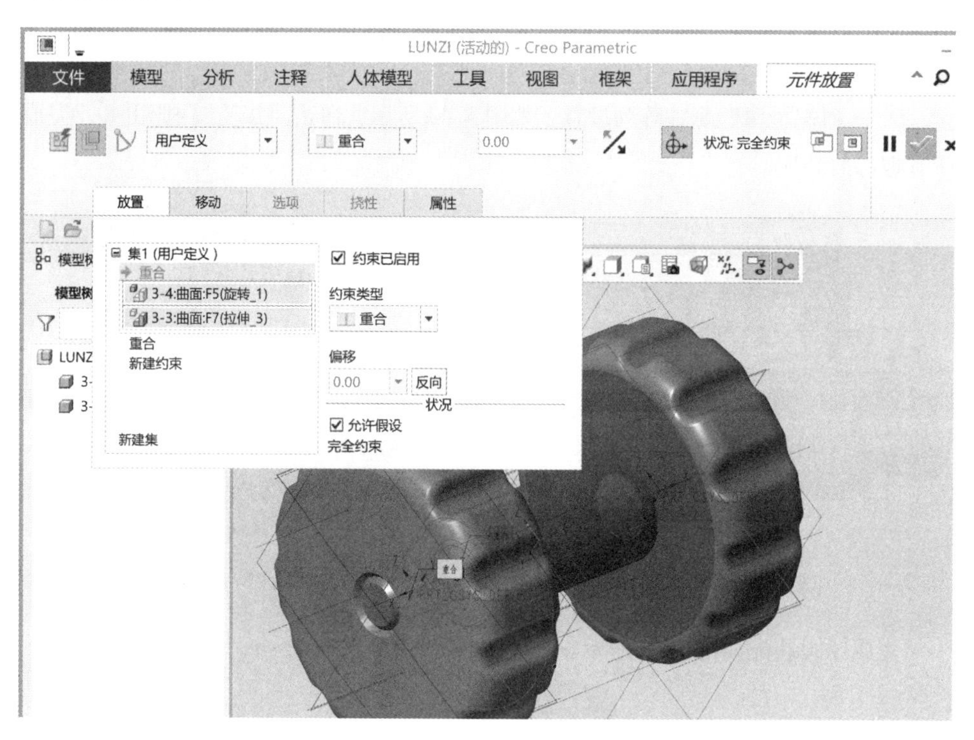

图3.50 “元件放置”操控面板

“元件放置”操控面板分为“特征图标”“下滑板”和“对话栏”三个部分。

（1）特征图标。特征图标表示正装入组件中的元件。该图标会显示在“重合”“元件”“装配”菜单和特征工具栏中。

（2）下滑板。该面板包括“放置”“移动”“选项”“挠性”“属性”五个部分。

① “放置”。该面板启用和显示元件放置和连接定义，它包括两个区域。

“导航”和“收集”区域。用于显示几何约束。将为预定义约束显示平移参照和运动轴，收集中的第一个约束将自动激活。在选取一对有效参照后，一个新约束将自动激活，直到元件被完全约束为止。

“约束属性”区域。与在导航区中选取的约束或运动轴相关。“允许假设”复选框将决定约束假设的使用。

② “移动”。只用“移动”下滑板可移动正在装配的元件，使元件的取放更加方便。当“移动”下滑板处于活动状态时，将暂停所有其他元件的放置操作，如图3.51所示。“移动”下滑板中的选项及含义见表3.2。

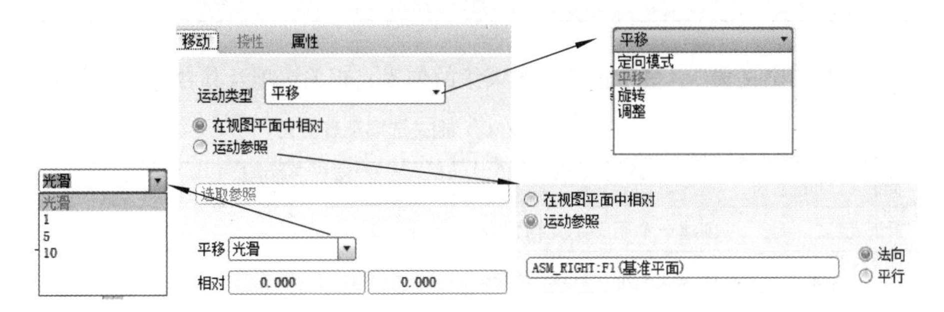

图3.51 “移动”下滑板

表3.2 “移动”下滑板选项及含义

选 项	含 义
“运动类型”下拉菜单	用来指定运动类型，默认值是“平移”。在下拉菜单中，定向模式：重定向视图；平移：移动元件；旋转：旋转元件；调整：调整元件的位置
“在视图平面中相对”单选按钮（默认）	相对于视图平面移动元件
“运动参照”单选按钮	相对于元件或参照移动元件。此单选按钮激活运动参照收集器。参照收集器用收集元件移动的参照，最多可收集两个参照。运动与所选参照相关，选取一个参照以激活“垂直”与“平行”单选按钮； “垂直”单选按钮：垂直于选定参照移动元件； “平行”单选按钮：平行于选定参照移动元件； “平移”下拉菜单：默认为“光滑”，也可以设定移动距离； “相对”文本框：显示元件相对于移动前的当前位置

③ “选项”。此面板仅可用于具有已定义界面的元件。元件界面定义是指创建要保存在零件或装配中的约束或连接，以用于元件放置。

④ “挠性”。此下滑板仅可用于具有预定义挠性的元件。选择“可变项目”选项，打开“可变项目”对话框。当“可变项目”对话框打开时，元件放置将暂停。

⑤ “属性”。“名称框”：显示元件名称；🛈：在 Creo Parametric 浏览器中提供详细的元件信息。

（3）对话栏。该栏包括“元件放置”“约束定义集”“约束类型”“偏移”“状态”和“工具”等内容。

① 元件放置。该操控面板与所选约束定义集类型和约束有关，相关选项及含义见表3.3。

表3.3 “元件放置”操控面板选项及含义

选　　项	含　　义
“使用界面放置”按钮	使用界面放置元件
“手动放置”按钮	手动放置元件
“切换约束与机构连接”	用以将用户定义集约束转换为预定义集

② “约束定义集”。显示预定义约束集的列表，相关选项及其含义见表3.4。

表3.4 “约束定义集”相关选项及其含义

选　　项	含　　义
“用户定义”	创建一个用户定义约束集
“刚性”	在组件中不允许任何移动
“销钉”	包含移动轴和平移约束
“滑动杆”	包含移动轴和旋转约束
“圆柱”	包含只允许进行360°移动的旋转轴
“平面”	包含一个平面约束，允许沿着参照平面旋转和平移
“球”	包含允许进行360°移动的点对齐约束
“焊接”	包含一个坐标系和一个偏距值，可将元件“焊接”在相对于组件固定的位置上
“轴承”	包含一个点对齐约束，允许沿轨迹旋转
“常规”	创建有两个约束的用户定义集
“6DOF”	包含一个坐标系和一个偏距值，允许在各个方向上移动
“槽”	包含一个点对齐约束，允许沿一条非直线轨迹旋转

③“约束类型”参看前文介绍。

(4)“偏移”。该下拉菜单中包含“重合”“定向”和“偏距”约束指定偏移类型，具体含义见表3.5。

表3.5 偏移选项及其含义

选　　项	含　　义
“重合”	使元件参照和组件参照彼此重合
“定向”	使元件参照位于同一平面上且平行于组件参照
“偏距”	根据在“偏距”文本框中输入的值，从组件参照偏移元件参照
“反向”	切换“匹配”和“对齐”约束

（5）“状态”。显示放置状态后的约束情况，有“无约束”“部分约束”“完全约束”“约束无效”4种。

（6）“工具”选项。“工具”选项及其含义见表3.6。

表3.6 “工具”选项及其含义

选 项	含 义
“元件窗口”	定义约束时，在单独的窗口中显示正在进行装配元件
“组件窗口”（默认）	在图形窗口中显示元件，并在定义约束时更新元件放置
“暂停”	暂停元件放置以访问其他对象
“恢复”	暂停后恢复元件放置
“接受”	应用并保存元件设置以及退出操控面板
“取消元件放置”	不保存元件设置并退出操控面板

2. 零件的修改

设计是个复杂的过程，尤其是当零部件较多的情况下，设计人员并不能保证最初完成的零件都准确无误。因此，在装配设计的过程中，设计者往往会发现零件存在着这样或那样的错误。Creo 的组件设计模块有方便的零件修改环境，由于 Creo 采用单一的数据库，所以可以将设计变更结果很快地反映在装配体中，从而大大提高了设计效率。

案例 3-4 组件模式下修改零件

打开第3章源文件 \base\lunzi.asm，如图3.52所示的装配组件。在模型树窗口

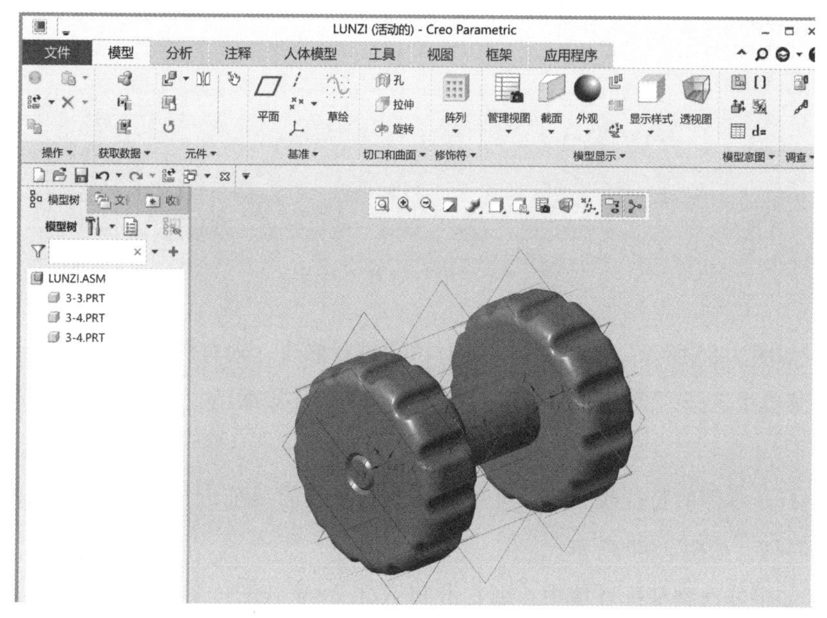

图3.52 装配组件

中显示组件中的各个元件。用鼠标右击需修改的零件，在弹出的快捷菜单中选择“打开”命令，即在另一个窗口中打开模型；或直接右击，在弹出的快捷菜单中选择“编辑定义”命令，可直接在组件模式下完成对该零件的修改。

具体操作步骤如下。

① 单击工具栏中的“设置”按钮，在弹出的菜单栏中选择“树过滤器”命令，弹出“模型树项”对话框，如图3.53、图3.54所示。

② 在该对话框的“显示”选项组中选中“特征”复选框，表示在模型树中不但要显示零件、组件名，还要显示零件特征。修改后，模型树中将显示零件的所有特征。

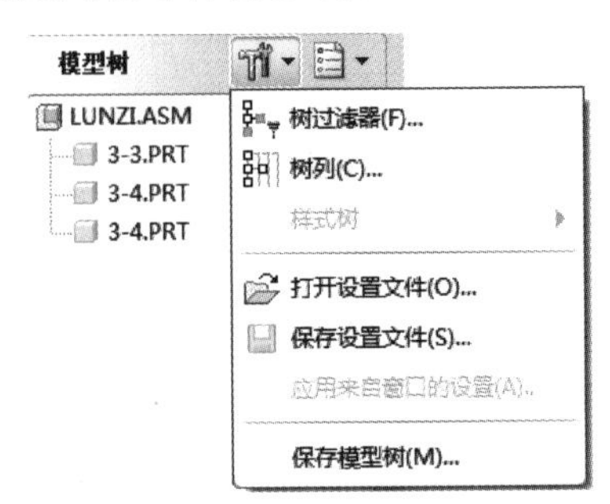

图3.53 “树过滤器”选择

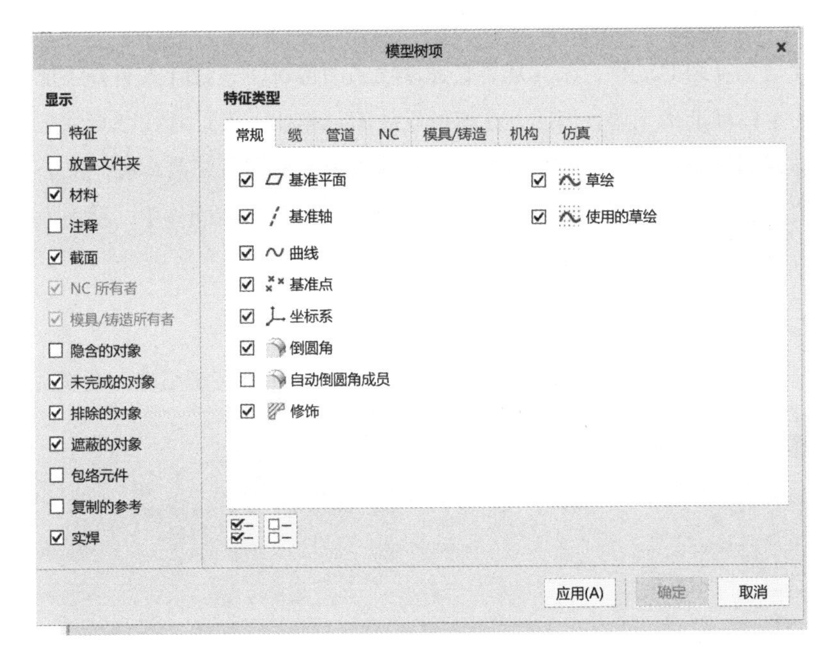

图3.54 “模型树项”对话框

③ 如图3.55所示，如果要对3-4.PRT进行修改，则右击3-4.PRT，在弹出的快捷菜单中选择“激活”命令，则3-4.PRT零件被激活，以后所做的修改都在该零件下。

④ 打开零件的特征模型树，可直接选择要修改的特征进行编辑定义，或者添加新特征，如图3.56所示。

⑤ 如果要回到装配环境中，则右击LUNZI.ASM装配体文件，在弹出的快捷菜单中选择“激活”命令。

图 3.55 零件的激活

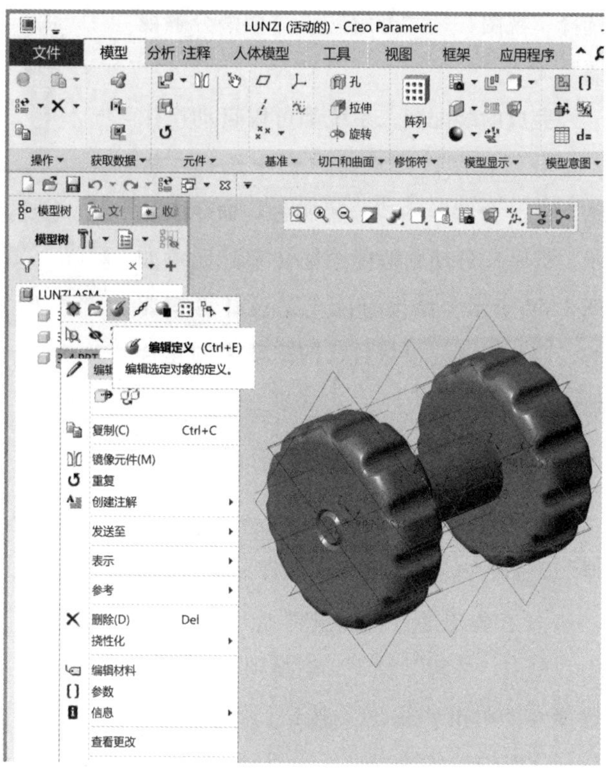

图 3.56 零件特征修改

在图3.53中也可以选择“打开”命令，在一个单独的窗口中打开该零件，然后进行修改。修改完成后，要注意保存文件，同时回到装配环境以后，要单击主界面上方功能区左侧“操作”中的“再生模型”按钮更新装配文件，使所做修改反映到装配体中。

提示：(1) 零件修改完成以后，在装配环境中单击“再生模型”按钮及时更新装配。(2) 在零件装配之后，不要轻易更改零件文件的名字。因为在组件环境中，系统是通过零件文件的名字来寻找该零件的。如果改了名字将会提示找不到零件。解决方法是：在装配环境中删除那个已被更改了名字的零件，重新装配这个新名字的零件。

3.3.2 装配体的分解图

分解图也称爆炸图，用来观察装配体中各个零件位置状态，如图3.57所示。如果要查看装配体的分解情况，可以从菜单栏中选择“视图”→“分解”→“分解视图”命令；若要调整元件位置，则选择“编辑位置”；若要恢复，则从菜单中选择“视图”→“分解”→“取消分解视图”命令。

完成的装配图，系统都可以自动产生一个分解视图，可从菜单栏中选择“视图”→“分解”→“分解视图”命令来显示。但是，自动分解视图往往杂乱无章如图3.57所示，结果可能不是设计者想要的，因此有必要根据自己的需要来创建合适的分解视图。

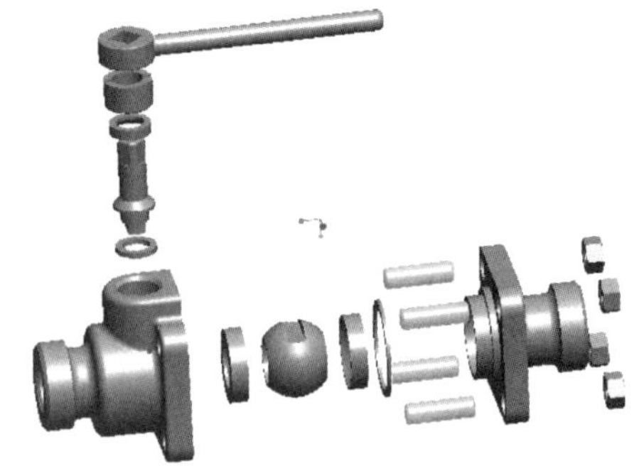

图3.57　自定义的分解视图

案例3-5　自定义创建组件分解视图

打开第3章源文件\qiufa.asm组件文件，从菜单中选择“视图”→“视图管理器”命令。自定义创建组件分解视图的步骤如下。

① 在弹出的“视图管理器”对话框中，单击“分解”标签，切换到“分解”选项卡，单击“新建”按钮，可选择默认名称或输入名称，如图3.58所示。

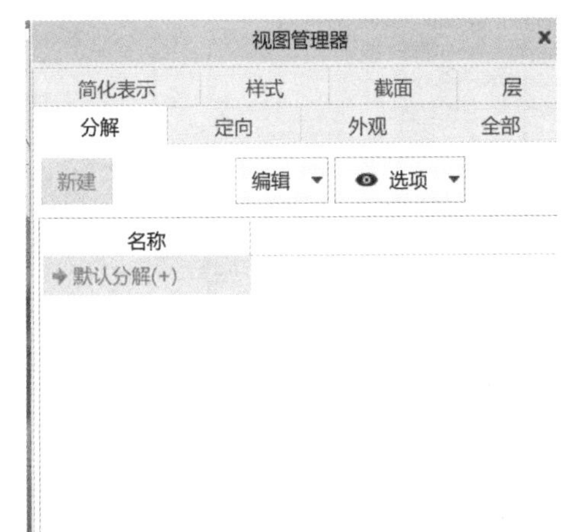

图3.58　“视图管理器”对话框

② 按Enter键后新建的视图变为活动视图，即前面出现红箭头，单击“关闭”按钮退出“视图管理器”对话框，这时已经建立了新分解视图，需要编辑分解位置。

③ 再从菜单中选择“视图”→选择“编辑位置”命令。

④ 在弹出的“编辑位置”操控面板中，单击“旋转”或者“视图平面”按钮，调整元件之间的位置，进入操控面板，如图3.59所示。“编辑位置”操控面板功能说明如图3.60所示。

⑤ 在“编辑位置”操控面板中选中“平移”单选按钮。

⑥ 在组件窗口绘图区直接单击选取元件（扳手）banshou.PRT，在扳手附近将自动生成指示移动方向的坐标系，再单击“运动参照”选取框，选取如图3.61所示的边线作为运动方向参照。

⑦ 选择指示移动方向坐标系的X轴，按住左键拖动，则元件跟着移动。将元件拖至合适位置后松开左键，即完成了该元件的位置编辑，如图3.62所示。

⑧ 用同样的方法选取其他元件沿着此边方向进行位置编辑。

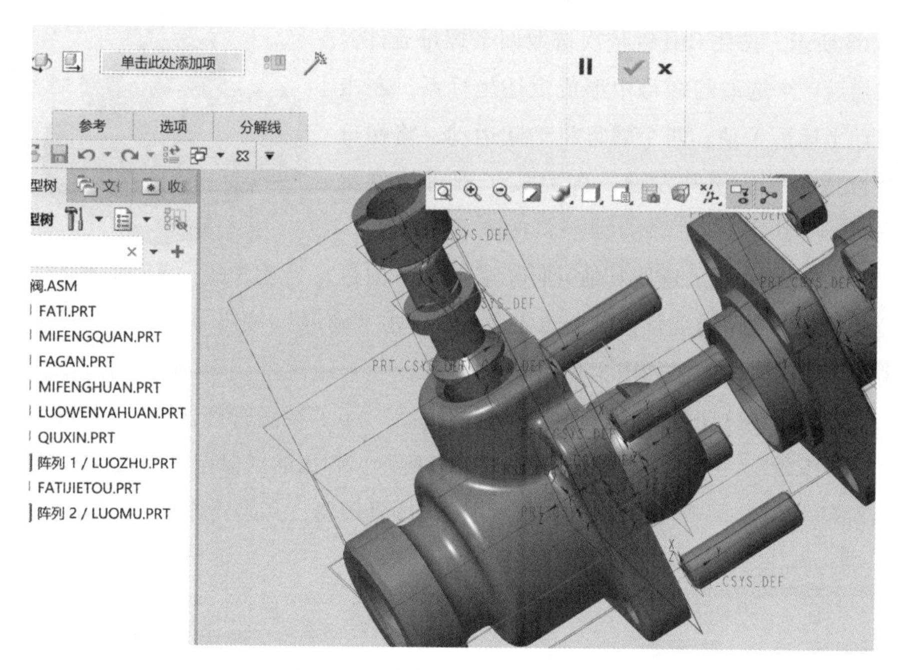

图 3.59 “编辑位置”操控面板

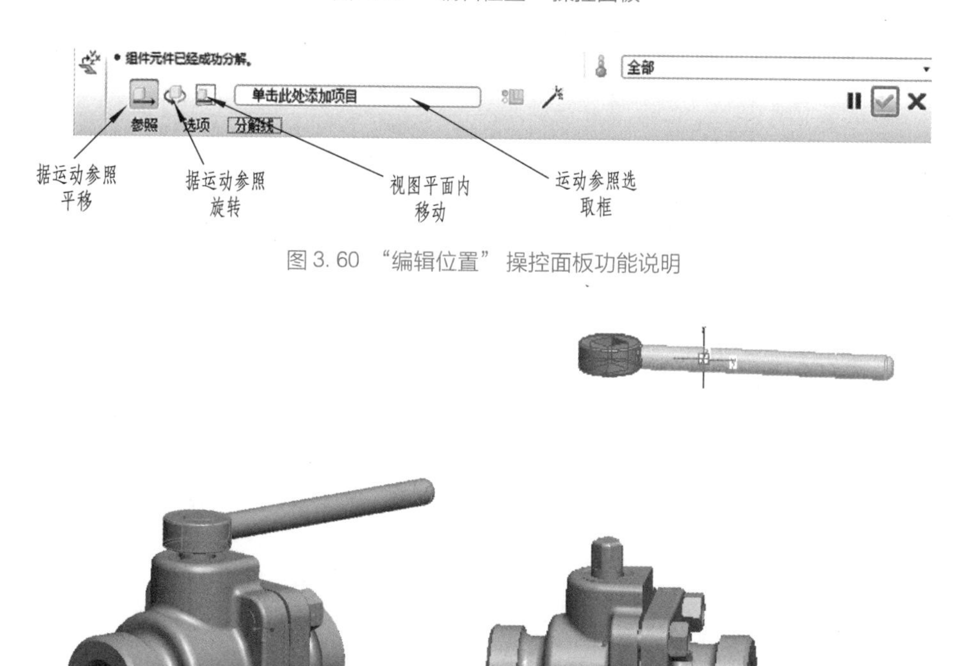

图 3.60 “编辑位置”操控面板功能说明

图 3.61 竖直运动参照

图 3.62 扳手移动效果图

⑨ 完成一个方向的位置编辑后，单击“参照”选项，在弹出的选项栏中单击移动参照栏，参照栏变为选中状态，在视图中选取阀体接头通孔的轴线作为参照，如

图3.63所示。按住Ctrl键依次选取四个螺母元件，则在最后一个选取的螺母中形成上述坐标系，左击并拖动坐标系X轴，四个螺母将一起运动。将螺母拖至合适位置后松开左键，即完成了螺母的位置编辑。

图3.63　水平移动参照

⑩ 用同样的方法选取其他元件沿着此边方向进行位置编辑。对所有元件位置编辑完成后，单击“确定”按钮☑，即完成了自定义分解视图的编辑，效果如图3.57所示。

⑪ 保存分解视图。在菜单栏中选择“视图”→“视图管理器”→“分解选项卡”→“编辑”→“保存”命令，如图3.64所示。弹出的“保存显示元素”对话框如图3.65所示。单击“确定”按钮，关闭视图管理器，完成分解视图的保存。

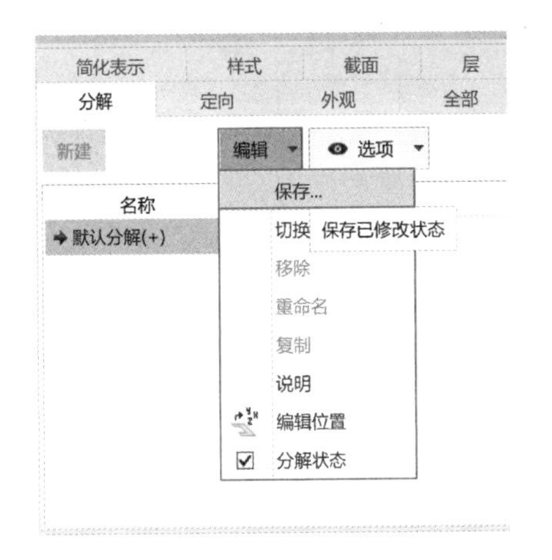

图3.64　“视图管理器”对话框

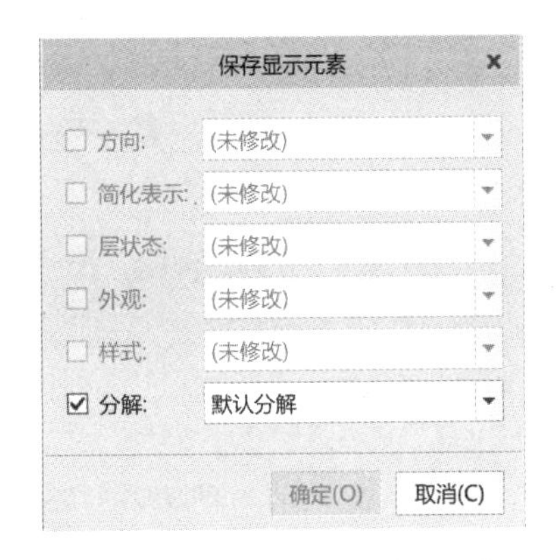

图3.65　“保存显示元素”对话框

提示：指示运动方向坐标系的X轴的方向为所选参照的方向。当误把元件按不需要的方向移动时，可选中该元件，单击“切换选定元件分解状态”按钮，将元件返回到未移动位置。

第4章　计算机辅助工程图的自动转换

学习目标

学习机械零件三维造型和工程图设计的综合应用方法，通过水泵阀的三维造型及工程图设计，掌握 Creo Parametric 机械零件从三维设计到二维工程图生成的方法和流程。

通过本章的学习，进一步提高三维建模的技巧，具有从建模到工程图整个过程设计的能力。同时，通过学习三维模型到二维工程图的转换，提高三维空间想象能力和识图绘图技能。

学习要求

技能目标	知识要点
熟悉并掌握复杂机械零件三维造型技能，空间剖面的设置方法	复杂零件建模设计思路，分析空间剖面的设置类型、剖面数量、剖面的创建方法
掌握 Creo Parametric 工程图的创建、保存、删除、拭除等操作的方法，灵活、合理选择视图的表达方式	工程图表达方式，工程图的创建步骤，工程图编辑的基本操作
掌握工程图尺寸和公差标注方法；掌握工程图表格的创建与编辑；掌握文字说明和技术要求的创建方法	工程图尺寸和公差标注方法，工程图表格的创建与编辑，文字说明和技术要求的创建与编辑

本章提示

本章部分案例用到的源文件可在《计算机辅助三维设计数字课程》下载，下载方法详见数字课程说明页。

微视频 4-1
水泵阀三维剖切平面的设置

工程图为产品研发、设计、制造等各个环节提供了相互交流的工具，因此，工程图绘制是产品设计过程中的重要工作。在产品设计的实务流程中，为了方便设计的细节讨论和后续的制造施工，就需要以更清楚的方式来表达产品模型各个视角的形状或其内部构造。这时，就会需要生成平面的工程图。

Creo Parametric 有专门的工程图模块。使用它可生成产品模型及符合制图标准的各种视图，包括基本投影视图、辅助视图、一般平面视图、详图及剖面图等，还可以标注尺寸、公差、粗糙度等。本章将以水泵阀造型与工程图转换为例，介绍工程图绘制的基本方法和一般步骤。

微视频4-2
水泵阀工程图的转换

4.1　水泵阀三维造型与工程图自动转换说明

图4.1所示为水泵阀的三维外观造型，图4.2所示为转换生成的二维工程图。该零件三维设计主要使用拉伸、旋转、扫描、孔特征、倒角等特征命令，通过分解组合体为基本体进行分模块建模。由于工程图表达较为复杂，为了完整地表达出该零件的所有形状和尺寸，则需要用到全剖视图、局部视图、细节查看视图等多种视图的表达方式。

图4.1　水泵阀的三维外观造型

Creo Parametric 工程图是一个独立的模块，它是按 ANL/ISO/JIS/DIN 标准直接从 Creo Parametric 的实体模型生成的，因此与模型是相互关联的。在模型或工程图中修改任何尺寸都会在其他的模块中自动更新，这体现了 Creo Parametric 参数化的特点。

在机械制图中，将零件向投影面投影所得的图形称为视图，工程上常用三视图来表达零件。目前，在三面投影体系中常用的投影方法有第一角投影法和第三角投影法两种，我国采用的是第一角投影法，而欧美国家采用的是第三角投影法，Creo 默认采用第三角投影法。

水泵阀零件比较复杂，在三维造型过程中，首先要分析它的主要特征及各特征之间的位置关系，以确定各特征合适的基准面及最佳的创建方法。在工程图设计

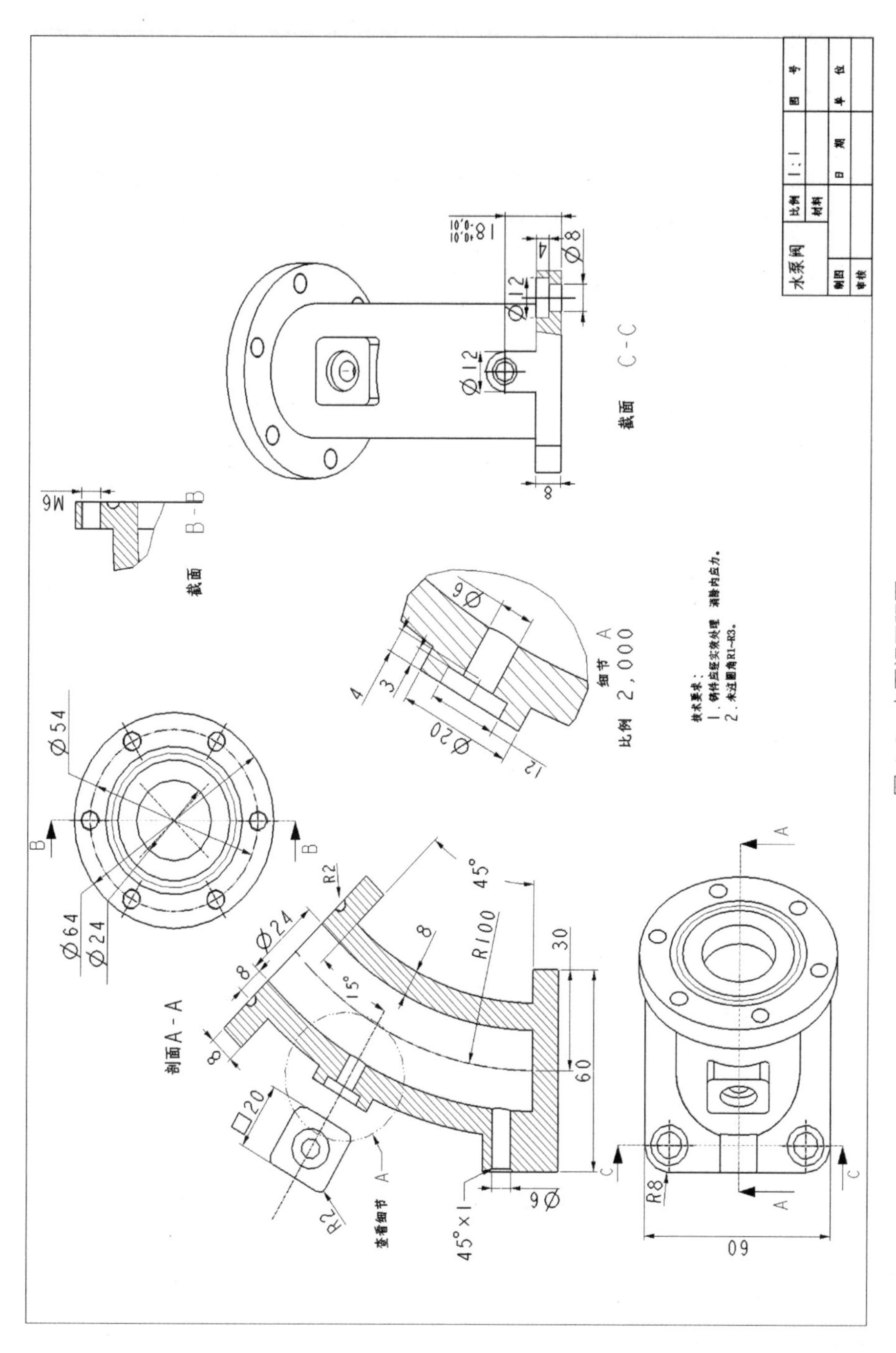

剖面 A-A
截面 B-B
截面 C-C
细节 A
比例 2,000
查看细节 A
技术要求：
1. 铸件应经实效处理 消除内应力。
2. 未注圆角R1~R3。
水泵阀
比例 1:1
材料
图号
日期
单位
制图
审核

图 4.2 水泵阀工程图

中，要力求将该零件的形状尺寸表达清晰，这就需要用到多种视图表示方法。零件建模及工程图设计的基本步骤如下：

（1）分析水泵阀零件的结构，确定三维造型的基本步骤及各特征的创建方法；

（2）对水泵阀零件三维造型，并根据工程图设计要求在三维造型中创建剖面；

（3）启动 Creo Parametric，进入工程制图模式，修改工程图名称，并且选择图纸的规格；

（4）创建基本视图（主视图、俯视图和左视图），并根据要求进行属性编辑；

（5）分别添加辅助视图，详细视图，将零件形状和各尺寸清楚地表达出来；

（6）在生成的工程图上添加尺寸、公差、辅助线等；

（7）按要求创建和编辑表格；

（8）表格文字及技术要求等注释创建；

（9）如果设计表达清楚，则保存退出，否则继续修改视图。

在 Creo Parametric 中，当三维零件模型完成后，可以利用三维零件直接转化生成工程图，工程图与三维零件之间存在着相互关联，如果对其中一方修改，另一方也随之自动更改。

4.2 工程图自动转换基础知识

水泵阀三维造型所要应用的特征创建及编辑方法参考前文介绍的有关操作方法。在本节主要介绍 Creo Parametric 工程图的创建及设计操作方法。水泵阀工程图包括一般视图（首次调入的投影视图）、投影视图（主视图、俯视图、左视图等基本视图）、辅助视图（斜视图）、局部剖视图、局部向视图、剖视图及详细视图以及尺寸的标注、表格和注释文字等。

4.2.1 工程图创建及设置

1. 工程图的创建

首先要掌握如何进入工程图设计模式，并将三维模型转换为二维工程图。

案例 4-1 工程图的创建及设置

打开第 4 章源文件 /4 - 1. prt 文件。创建及设置工程图，具体操作步骤如下。

① 单击工具栏中“新建”按钮（或选择“文件”→“新建”命令），弹出如图 4.3 所示的“新建”对话框，在“类型”选项组中选中“绘图”单选按钮，在“文件名”文本框中将系统默认名称“drw0001”改为“4 - 1”（注意不能与已在内存中运行的工程图文件重名）。

② 单击“确定”按钮，弹出“新建绘图”对话框，在“默认模型”选项组中的文本框中显示的工程图所用模型为刚才所打开的文件“4 - 1. prt”。

③ 在“指定模板”选项组中选中“空”单击按钮。

④ 在“标准大小”下拉菜单中选择 A3 选项，即选用 A3 标准大小图纸。在“方向”选项组中单击“横向”按钮，如图 4.4 所示。

图 4.3 “新建”对话框

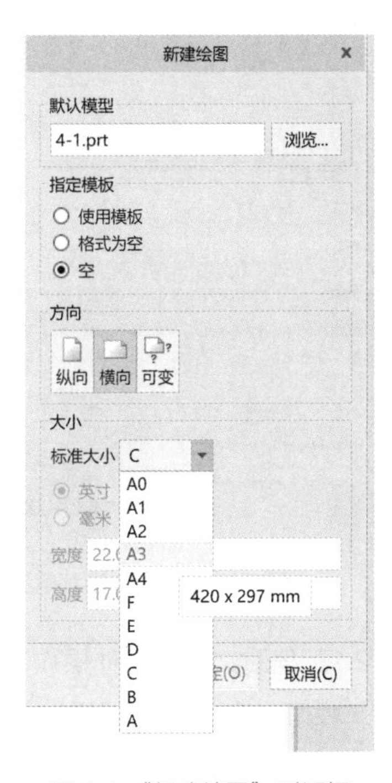

图 4.4 “新建绘图”对话框

⑤ 单击“确定”按钮，即进入工程图界面，完成工程图文件的创建。

提示：“默认模型”选项组中显示的内容为当前“活动”的零件或组件名称，若当前内存中没有零件或组件，则显示“无”，用户可以单击“浏览”按钮来搜索所要的模型。

“指定模板”选项组用来设置创建工程图的方式，共有以下三种设置方式。

① “使用模板”单选按钮。选中此单选按钮可以选择内置模板或自定义模板，在窗口的下方会列出内置模板名称，或单击“浏览”按钮来寻找自定义模板。根据定义的模板，可以自动生成模型的各种视图，一般只创建模型的三视图，根据需要可以在工程图中增加其他视图。

② “格式为空” 单选按钮。选中该单选按钮可用来加入图框，如图4.5所示，可以单击“浏览” 按钮来搜索图框。

③ “空” 单选按钮。选中该单选按钮可在创建工程图时指定图纸方向和大小，如图4.6所示。当单击“纵向” 或“横向” 按钮时，“大小” 选项组中提供了一系列标准的纵向或横向图框，分成A0~A4（公制）与A~F（英制），当单击“可变” 按钮，可以设置图纸的大小和单位。

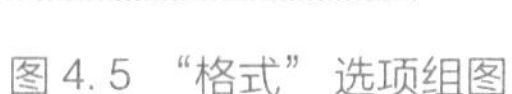

图4.5 “格式” 选项组图

图4.6 “方向” 和“大小” 选项组

2. 工程图文件的其他操作

工程图文件的打开、保存、拭除和删除与零件设计模块的操作基本相同，读者可以参考前面章节的讲解。

3. 工程图中键盘与鼠标的使用

创建工程图时，可利用鼠标中键和键盘的Ctrl键进行工程图的拖拽。按住鼠标中键往上拖动放大工程图，或往下拖动缩小工程图；也可按住鼠标中键移动整个工程图。

4.2.2　对象选取

1. 使用“过滤器”

工程图模块中包含的项目较多，有视图、尺寸、基准等。利用功能选项卡下方的

“过滤器”，可以帮助用户缩小选取的项目范围，能快速地获得要选择的目标。

2. 区域选取

在工程图模式下，除了逐一挑选项目外，还可以利用区域选取工具“拖一拉”选取多个项目。区域选取共有三种方式，如图 4.7 所示。

（1）只有完全在框内的图元会被选中，如图 4.7a 所示。

（2）凡是被框线掠过以及框内的图元都会被选中，如图 4.7b 所示。

（3）按住鼠标左键，绘制框线外形，框线掠过以及框内的图元都会被选中，如图 4.7c 所示。

(a)　(b)　(c)

图 4.7　区域选取图标

案例 4-2　过滤器的使用

打开第4章源文件\4-1.drw，统一修改所有尺寸的属性。首先选中所有尺寸，这里有两种方法：一种方法是按住 Ctrl 键，逐个尺寸选中，这样费时且不方便；另一种方法是打开绘图窗口下方的“过滤器”，在下拉菜单中选择“尺寸”选项，如图 4.8 所示，则可按住鼠标左键利用区域框一次性选中所有尺寸，且不会选中其他项目。

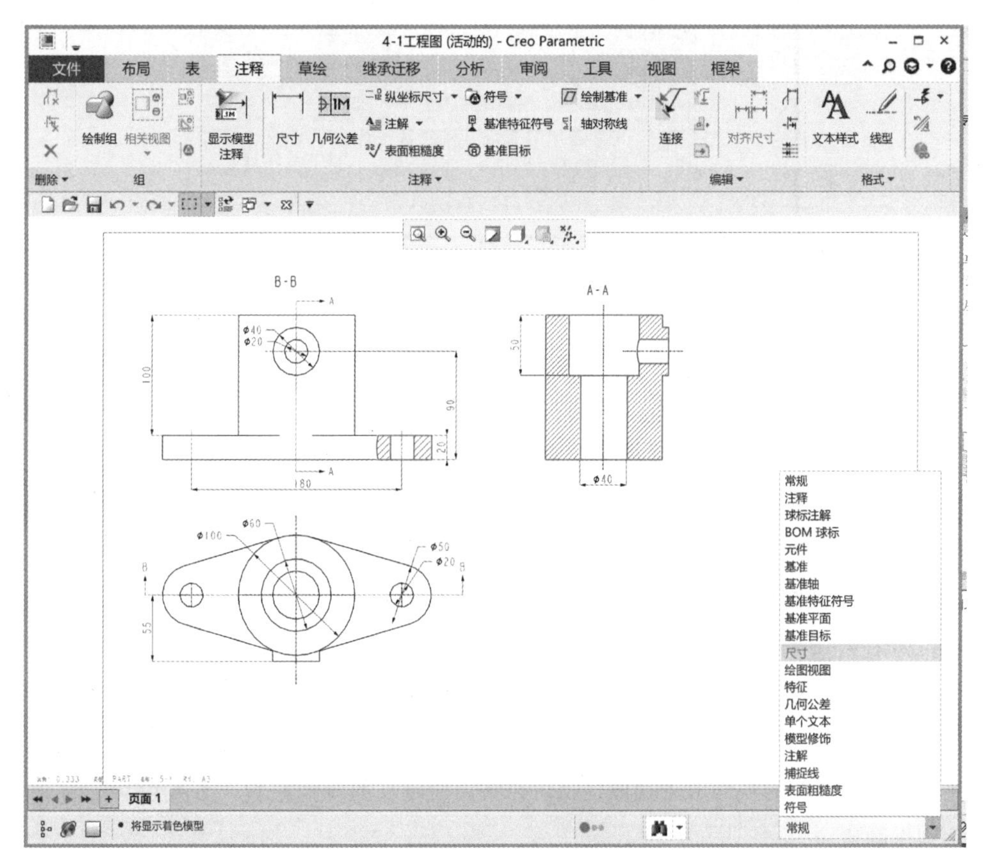

图 4.8 “过滤器”的使用

4.2.3 视图的创建

1. 一般视图的创建

当不选择使用模板时，新建的工程图是空白图框，第一个视图只能用一般视图创建方法创建。

案例4-3 一般视图的创建

打开前面所创建的4-1.drw，单击功能选项卡“布局”→“创建普通视图”按钮，先在屏幕的适当位置单击作为放置视图的中心点，弹出如图4.9所示的“绘图视图”对话框，具体操作步骤如下。

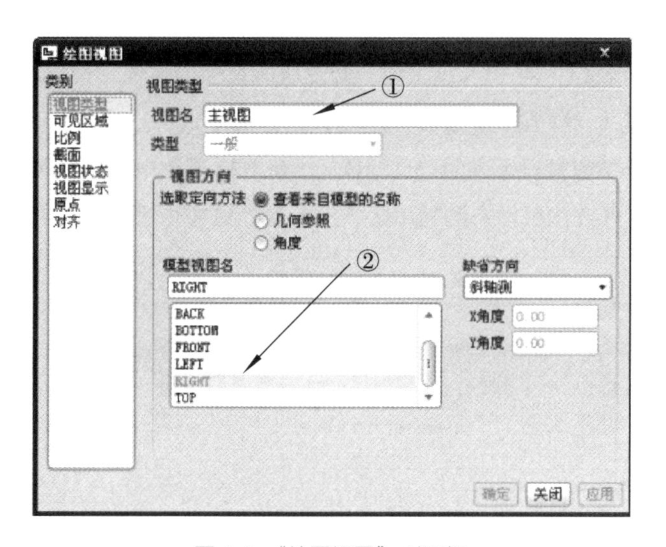

图4.9 “绘图视图”对话框

① 在左侧“类别”列表框中选择“视图类型”选项，将默认的视图名更改为“主视图”。

② 在“视图方向”选项组中选中“查看来自模型的名称”单选按钮，在“模型视图名”列表框中选择RIGHT选项作为主视图的方向，单击“应用”按钮查看是否满足主视图的方向要求，否则选择FRONT、TOP等其他视图名。

③ 在“视图显示选项”选项组的“显示样式”下拉菜单中选择“消隐”选项，如图4.10所示。

④ 单击“确定”按钮，完成主视图的放置，如图4.11所示。

一般视图是为了方便看图者观看模型的立体形状，通常位于图纸的右上方，利用斜轴测等轴测的视角放置视图，也可以按用户定义的视角放置。图4.12为三种一般视图的比较。

提示：在“模型视图名”列表框中显示的是系统默认的几个视图方向，与零件

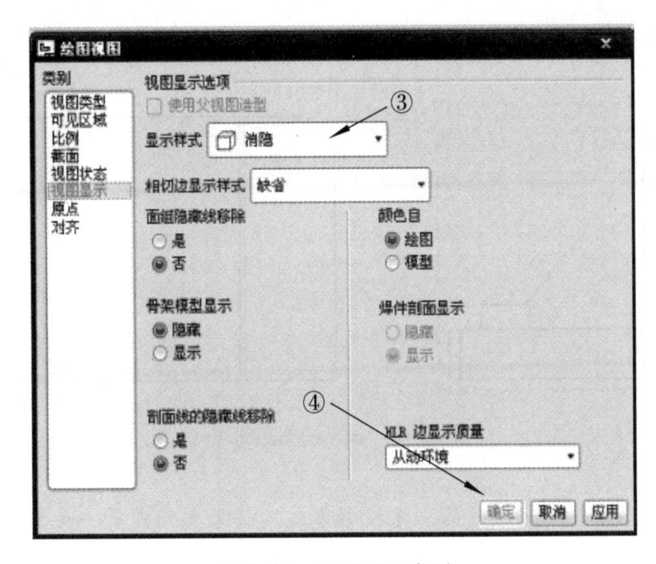

图 4.10　视图显示类型

模式窗口中的视图列表工具按钮下所显示的视图方向相同。若默认的视图方向不符合主视图方向的要求，可以在“视图方向”选项组中通过选中“几何参照”按钮来重新定义主视图方向。

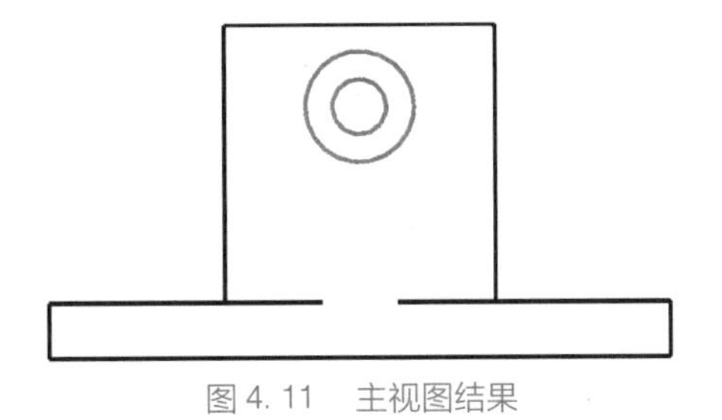

图 4.11　主视图结果

2. 投影视图的创建

投影视图是另一个视图的几何图形在水平或垂直方向上的正交投影。创建投影视图时需要指定一个视图作为父视图，通常选一般视图作为父视图。也就是说，在创建投影视图之前已经创建好了一个一般视图。

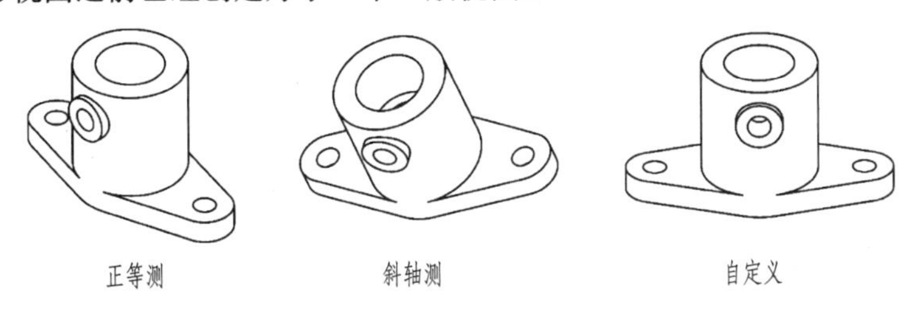

图 4.12　三种一般视图比较

案例 4-4　投影视图的创建

投影视图的创建步骤如下。

① 单击功能选项卡“布局”→“创建投影视图”按钮 投影...，选择投影父视图，父视图被选中后会出现一个黄色线框，表示它的投影。

② 将此框水平或垂直地拖到所需的位置，单击放置视图，如图 4.13 所示。

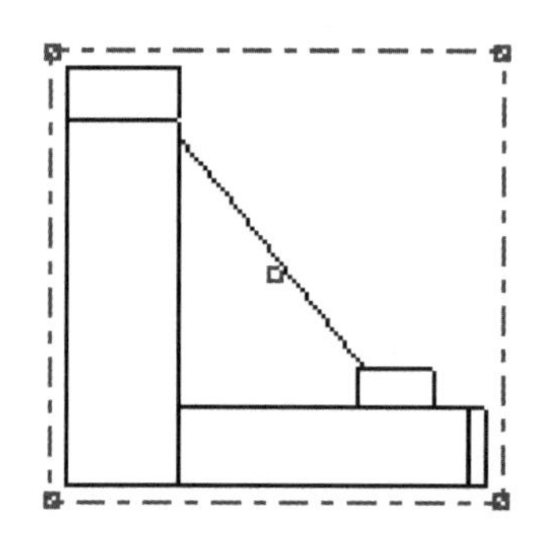
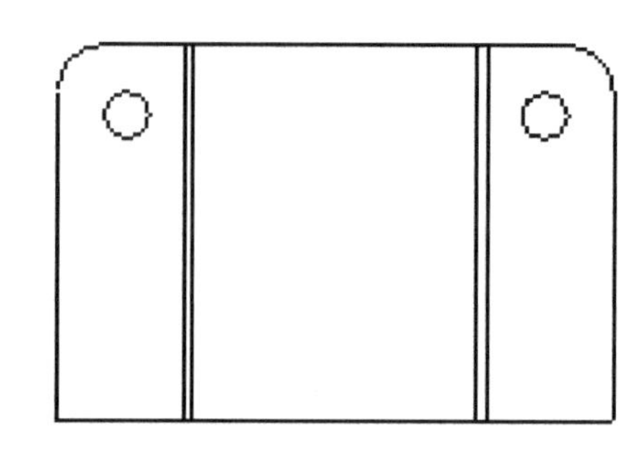

图 4.13　投影视图的创建

提示：由于 Creo 默认的是第三角投影方式，如果要创建第一角投影工程图，那么就需要修改默认设置；如果没有修改默认设置，往左移为右视图，往上移为俯视图，也可以创建后再将投影视图移动到相反位置。若删除了投影视图的父视图，则所有由该父视图投影出来的视图都被自动删除。

3. 剖视图的创建

所谓剖视图就是假设用剖切面（平面或柱面）把零件剖开，移动观察者和剖切面之间的部分，将余下部分向投影面投影所建立的视图。它能够很清楚地显示零件的内部结构。

要在视图中创建剖视图，首先创建模型的截面。截面可以在工程图中添加，在“绘图视图”属性窗口的“2D 截面”下拉菜单中选择“创建新...”选项来创建截面；也可以在零件和组件模式下创建剖面，而且操作起来更加直观和方便。

案例 4-5　三维零件空间剖面的创建

打开第 4 章源文件 \4 - 1. prt，具体操作步骤如下。

① 选择“视图”→“模型显示”→“视图管理器”命令，弹出“视图管理器”对话框。

② 在“视图管理器”对话框中单击“X 截面”标签，切换到“X 截面”选项卡。

③ 单击“新建”按钮，在“名称”文本框中输入分解视图的名称“A”，按 Enter 键，如图 4.14 所示。

④ 在如图 4.15 所示的“菜单管理器”中，在“剖截面创建”菜单中选择创建剖面的方式为“偏移”，选择“完成”命令。

⑤ 根据提示选择图 4.16 所示的 TOP 基准面为草绘平面，再分别选择“正向”和“缺省”，绘制如图 4.17 所示的草图。退出草图环境，完成剖面的创建。

图 4.14 “视图管理器”对话框

图 4.15 菜单管理器

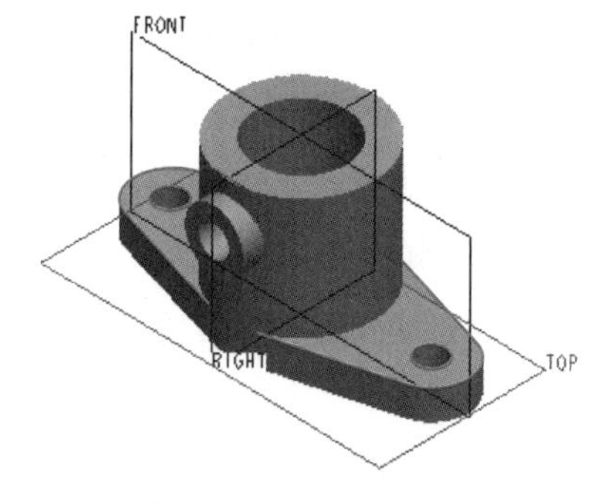

图 4.16 选取草绘平面

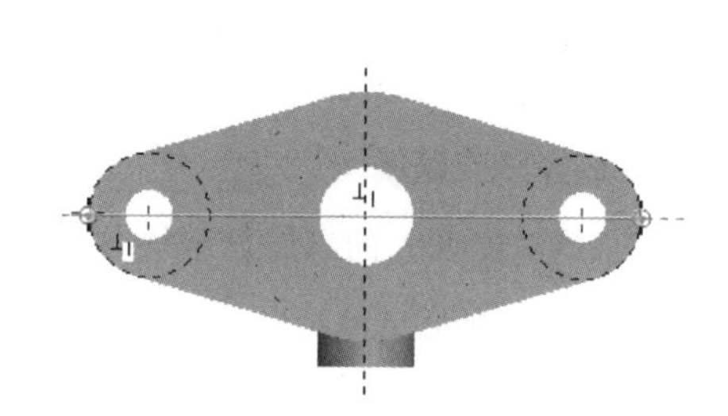

图 4.17 截面草图

⑥ 返回“视图管理器”对话框，右击“A”，在弹出的快捷菜单中选择“设置为活动”和“可见性”命令，如图 4.18 所示，创建的活动剖面模型如图 4.19 所示，可以清楚地看到零件内部的情况。

图 4.18 设置剖面为活动

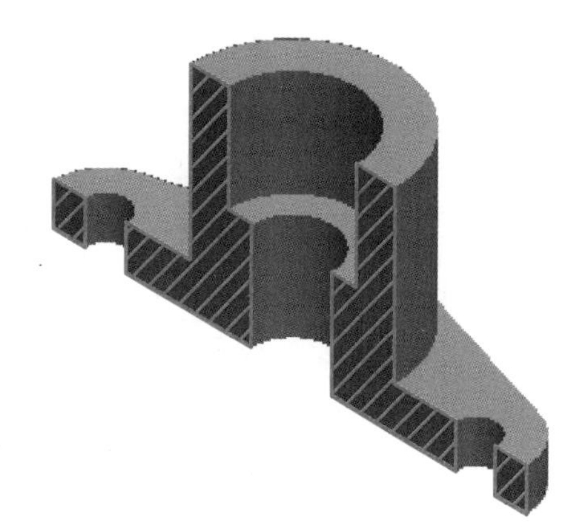

图 4.19 活动剖面模型

⑦ 取消剖面B的可见性，则剖面线消失。

⑧ 如果要回到无剖面的情况，可以右击图4.18中“名称”列表框中的“无剖面”选项，然后在弹出的快捷菜单中选择“设置为活动”命令即可。

提示：偏移是最常用的剖面创建方式，除此之外，还另有两种创建剖面的方式：“平面”和“区域”。平面方式是选择一个基准面，区域是选择一个区域作为剖面，上例中若选择“平面”方式创建可直接选择FRONT平面作为剖切平面，读者可以自行练习。在零件中创建好相应的剖面后，便可在视图管理器中的“编辑”和“选项”中进行编辑。

案例4-6 剖视图创建

打开第4章源文件\4-1.prt，该零件已包含完成创建的空间剖切平面。剖视图创建的步骤如下。

① 选择“文件”→“新建”→“绘图”，弹出“新建绘图”对话框，默认模型就是“4-1.prt”。选择“指定模板”为“空”；“方向”为“横向”；“大小”为标准大小“A3”，单击“确定”按钮，完成新建工程图模块平台。

② 选择“普通视图” →“无组合”状态，在图框内点击鼠标左键将出现投影视图，这时新调入的零件显示状态是轴测方向。同时自动弹出“绘图视图”对话框，如图4.20所示。

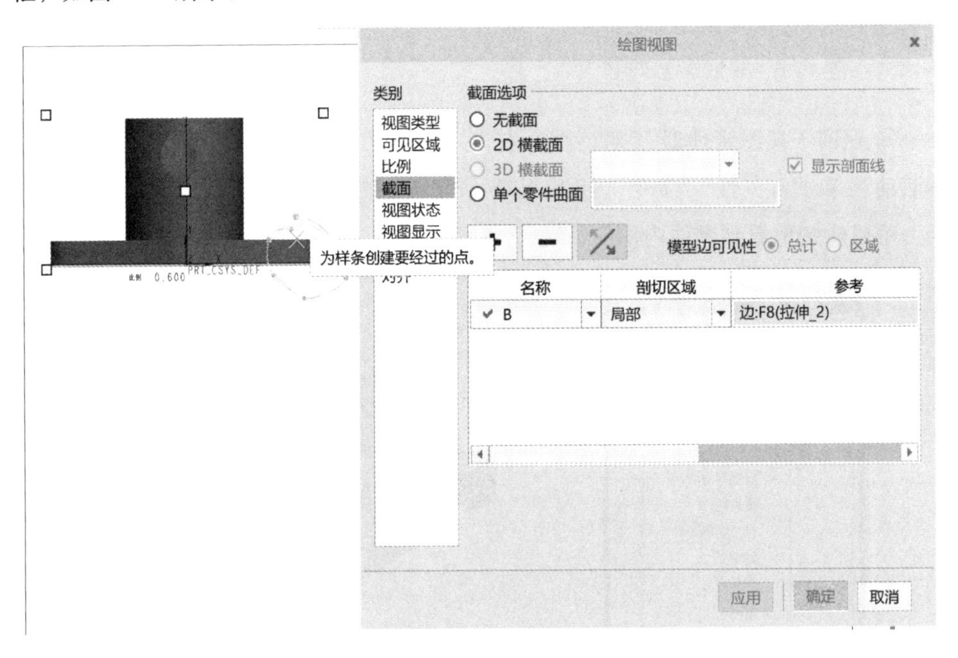

图4.20　视图剖面创建

③ 先在“视图类型”中选择FRONT平面→单击“应用”，然后在比例中设置图形比例为“0.6”。

④ 继续在“类别”列表框中选择“截面”选项。在“剖面选项”选项组中选中“2D 截面”单选按钮。

⑤ 单击“添加”按钮[+]。

⑥ 在“名称”下拉菜单中选择带绿色✔标记的截面 B，剖切区域选择局部剖，在投影视图中使用样条曲线圈出需要剖切的区域，然后单击“应用”按钮。

⑦ 继续调整“视图显示”→“显示样式”为“消隐”→“应用”→“确定”，完成后的剖视图如图 4.21 所示。

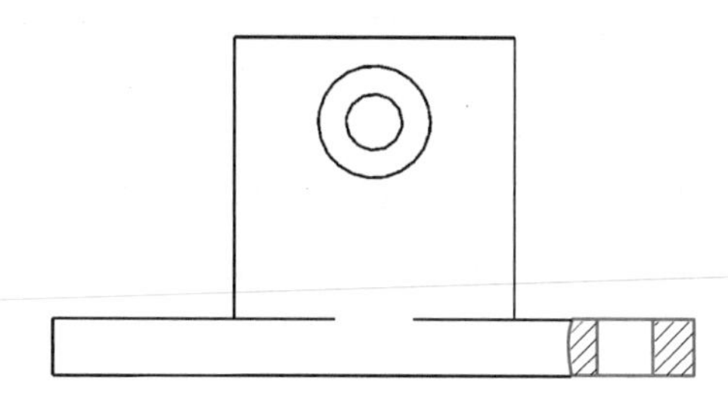

图 4.21 完成后的局部剖视图

4. 详细视图的创建

详细视图是指放大显示已有视图上某一部分的视图，用于表达某些细微而无法标注的部分，也称为局部视图。

案例 4-7 详细视图的创建

详细视图的创建步骤如下。

① 单击功能选项卡“布局”→“创建详细视图”按钮 详细...。

② 出现“选取”对话框，同时命令行提示“在现有视图上选取查看细节的中心点”。选取要放大的现有视图中的点（被选中的特征线条会高亮显示），选中后出现红色的“×”标记，命令行同时会提示“画出环绕该标记点的样条曲线”。

③ 环绕“×”标记绘制封闭样条曲线，单击鼠标中键，不必担心能否草绘出完整形状或样条曲线是否封闭，因为样条会自动更正。该封闭样条曲线区域内就是所创建的详细视图。

④ 在绘图区选取放大视图所放置的位置，即可生成一个以所绘制样条曲线区域放大的局部视图，如图 4.22 所示。双击细节图可以进一步修改其属性。

5. 辅助视图的创建

辅助视图也是一种投影视图。当零件上某一部分的结构形状是倾斜的，而且不平行于任何基本投影面，无法用正投影的方式来显示其真实形状和尺寸时，可以采用变换投影面法选择一个与零件倾斜部分平行且不垂直于任一个基本投影面的辅助投影面，将该部分的结构形状向辅助投影面投影，得到的视图即为辅助视图。

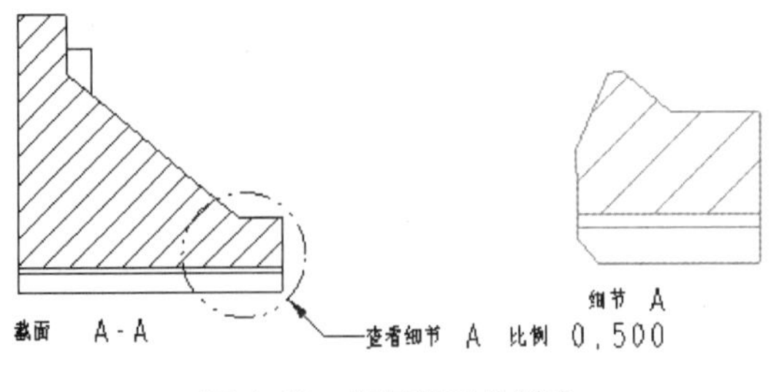

图4.22 细节视图的创建

案例4-8 辅助视图的创建

辅助视图的创建步骤如下。

单击功能选项卡“布局”→“创建辅助视图”按钮 辅助...，选择如图4.23所示的边作为辅助视图的投影参照轴线，单击父视图左下方来放置辅助视图。

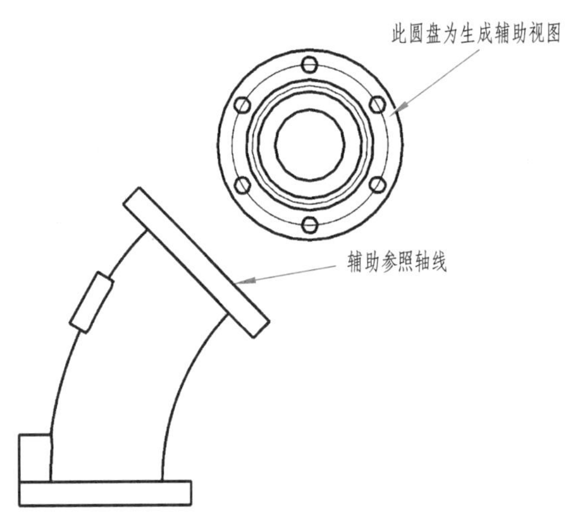

图4.23 辅助视图的创建

辅助视图的可见区域可以在属性中进行修剪，即在 Z 方向上选择参照边进行修剪，或将视图可见性改成局部视图，然后通过创建样条边界获得所需显示的区域，如图4.24所示。

提示： 案例4-8为第一视角作图，因此单击父视图的左下方来放置辅助视图。若选择第三视角作图，则应单击父视图右上方来放置辅助视图。读者可以单击父视图的右上方来放置辅助视图，看看会出现什么结果。

6. 旋转剖视图的创建

在工程制图领域，为了合理表达零件的结构，视图的表达可通过多个投影视图显示，但一般投影方法并不总能较好地显示设计意图。图4.25所示是用一般投影方法显示的，但截面并不与观察方向垂直，这时利用旋转剖视图就可以提高设计表达的清晰度。

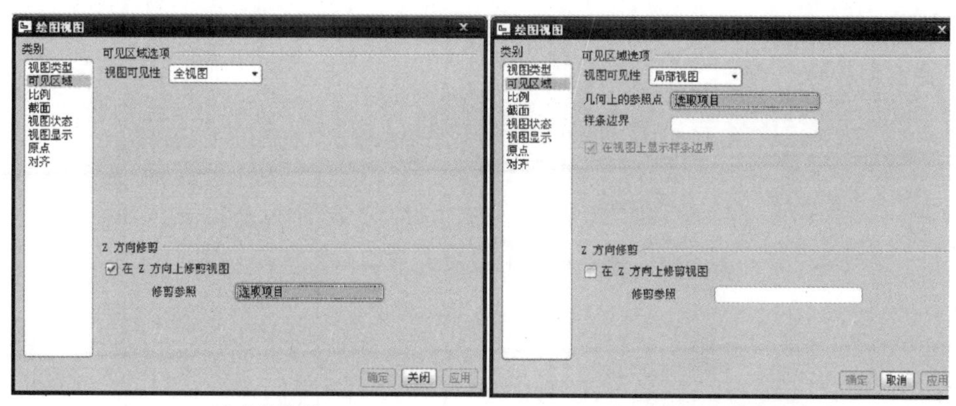

(a) *Z*方向的修剪　　(b) 局部视图的编辑

图 4.24　辅助视图的修剪

案例 4-9　旋转剖视图的创建

打开第 4 章源文件 /4 - 3. prt，具体步骤如下。

① 单击功能选项卡“布局”→“创建投影视图”按钮 投影，创建投影视图。

② 创建好投影视图后，创建剖切平面，如图 4.26 所示。在“绘图视图”对话框中“截面”内添加 2D 截面 A 剖面，所显示的剖面视图如图 4.25 所示。

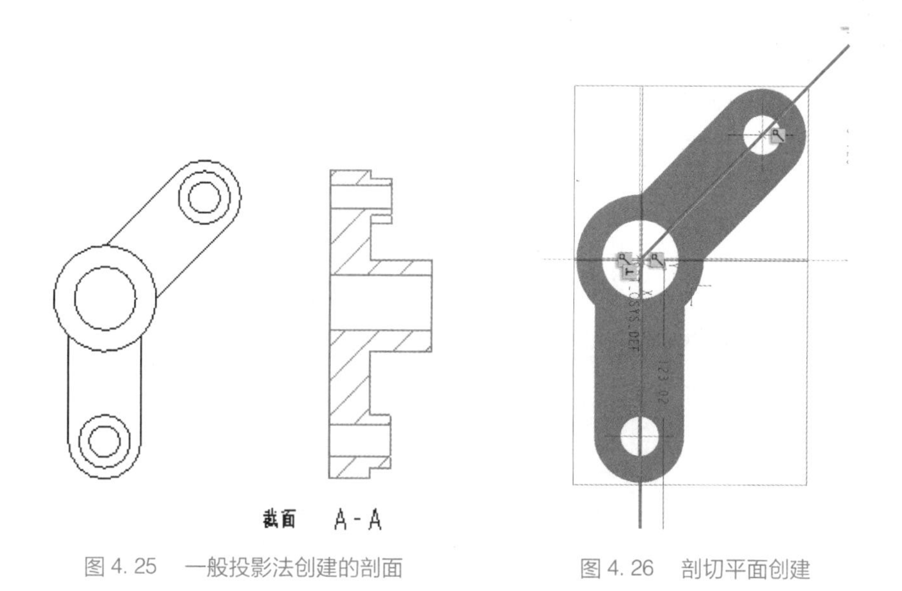

图 4.25　一般投影法创建的剖面　　图 4.26　剖切平面创建

③ 在剖面的“剖切区域”下拉菜单中选择“全部（对齐）”选项，如图 4.27 所示。

④ 根据提示选取水平轴线为旋转参照，单击“确定”按钮，完成的旋转剖视图如图 4.28 所示。

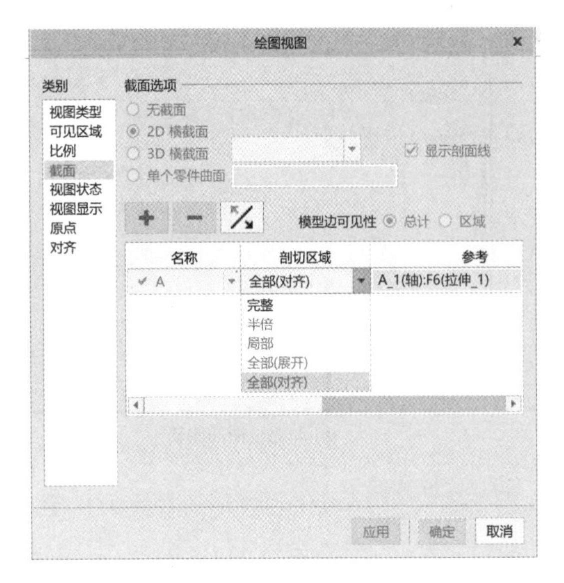

图 4.27　剖切区域选择

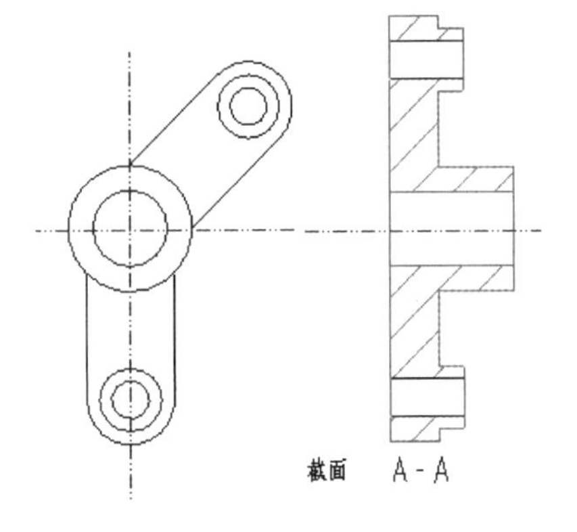

图 4.28　旋转展开剖视图

提示：对于用“偏移”方式创建的阶梯剖面，一般草绘线为平行或者垂直的，这时可用一般投影法，但对于有些零件，如曲柄，有两个或以上的相互既不平行又不垂直的剖切面，只能有一个剖切平面与投影面平行，而其他剖切面是倾斜的，这时必须用到旋转剖面，读者可以自行练习。

7. 修改视图比例

为了使各视图在图纸中分布均匀，比例合适，则需要修改视图比例，在所有视图创建完毕后，只修改父视图（一般为主视图）的比例，其他子视图的比例将随着变化。具体操作方法：双击父视图，弹出“绘图视图”对话框，在“类别”列表框中选择“比例”选项，然后在“比例和透视图选项”选项组中选中“定制比例”单选按钮，在“定制比例”文本框再输入合适的值，如图 4.29 所示。

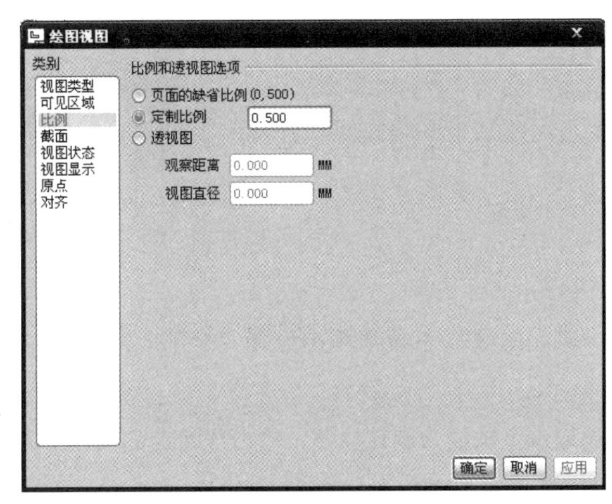

图 4.29　视图定制比例

4.2.4　视图的移动、拭除、恢复与删除

1. 移动视图

在 Creo Parametric 环境中，为了避免视图意外被移动，系统默认的是将视图锁定而不能任意移动。因此，若要移动视图，则需要解除系统对视图的锁定，可采用两种方法解除视图的锁定。

（1）选择要移动的视图，出现红色的边框，然后右击，在弹出的快捷菜单中选择已打钩的“锁定视图移动”命令✔锁定视图移动，以取消系统对视图的锁定。取消视图锁定后，再将鼠标放在视图上，光标变成✣，按住鼠标左键就可以移动视图以改变其位置。

（2）选择“工具”→“环境”命令，在弹出的“环境”对话框中取消选中“锁定视图移动”复选框，如图 4.30 所示。

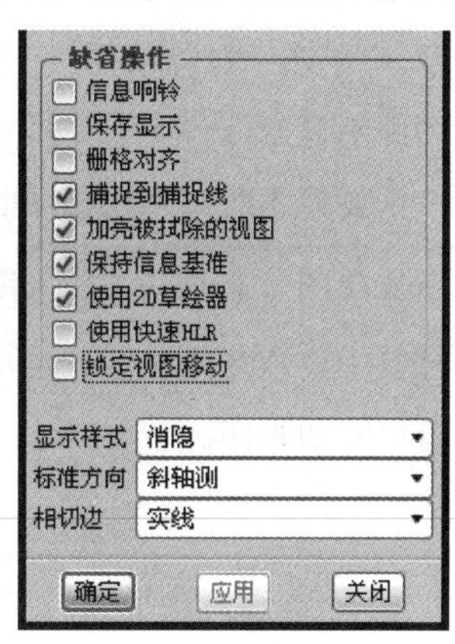

图 4.30　在“环境”对话框中解除视图锁定

案例 4-10　视图移动

激活 4-1.drw 工程图窗口，将“过滤器”项目改回至“绘图项目与视图”，选中视图后出现红色的边框，然后右击，在弹出的快捷菜单中取消选中“锁定视图移动”复选框，如图 4.31 所示。再将鼠标放在视图上，光标就变成✣，这时按住鼠标左键便可上、下、左、右任意移动该视图，如图 4.32 所示。

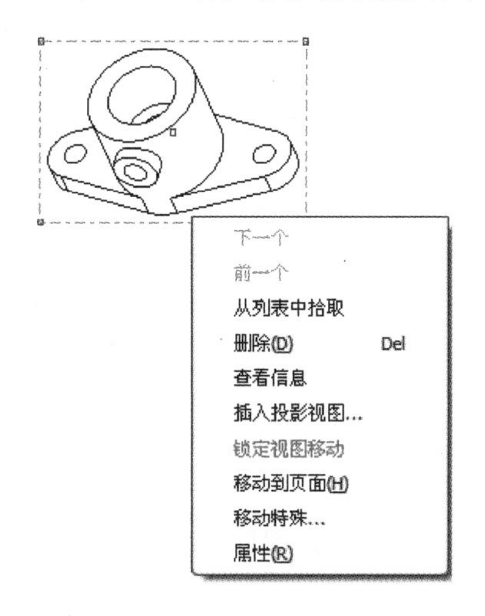

图 4.31　解除视图锁定

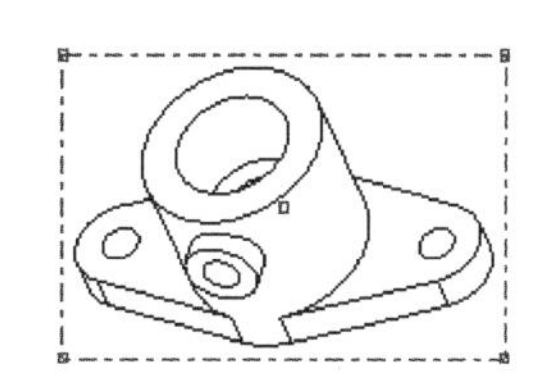

图 4.32　移动视图

提示： 移动视图时，可以在鼠标仍保持移动的时候按下 Esc 键，视图即不做任何移动，保持在原来的位置。

2. 拭除与恢复视图

“拭除”是使视图暂时不可见，它与“恢复”是一对相对应的指令，已经拭除的视图可以重新恢复。

选择“布局”选项卡→“模型视图”→“拭除视图”按钮 拭除视图，如图 4.33 所示。单击“拭除视图”，选择要拭除的视图，单击鼠标中键完成操作，被选择的视图即不显示。

恢复视图时，采用相同的方法，在图 4.33 所示的“拭除视图”下方菜单选择“恢复视图”按钮（ 恢复视图），即弹出如图 4.34 所示的“菜单管理器”，可以选择其中要恢复的视图，也可以直接在绘图中选择，或者选择“全选”命令以恢复所有拭除的视图。

图 4.33 拭除视图与恢复视图

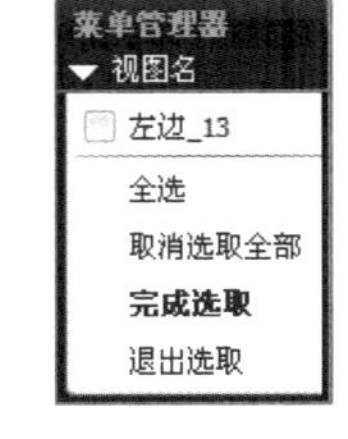

图 4.34 “恢复视图”的菜单管理器

3. 删除视图

在 Creo Parametric 中，常采用以下三种方法删除视图。

（1）选择要删除的视图，单击工具栏中的“删除”按钮 ×，或者按 Delete 键。

（2）选择要删除的视图，用鼠标右击，在弹出的快捷菜单中选择“删除”命令。

（3）选择“编辑”→“删除”命令，然后选择要删除的视图即可。

4.2.5 尺寸标注

1. 自动标注尺寸

由于工程图模型和实体模型使用相同的数据库，因此工程图中所有几何尺寸值在一开始就已经存在，只是它们处于隐藏状态。在工程图模式下，可以利用当初用来创建实体模型时的尺寸，并将它们显示在视图上，这就是自动标注尺寸，也称为“显示及拭除”功能。

利用系统提供的“显示模型注释”工具自动显示所选择视图的所有尺寸。但是显示的尺寸中有的是多余或者重复的，此时可通过“拭除”操作来清理视图中的尺寸注释。

切换至功能选项卡“注释”→“显示模型的注释”按钮→选取一个视图。在随后打开的对话框中的“显示”选项组下列出了该视图的所有尺寸，通过复选框选择需要显示的尺寸。若要全部显示，需要单击下方的“显示所有”按钮。“显示模型注释”对话框如图 4.35 所示。

图 4.35 “显示模型注释”对话框

由图 4.35 可以看出，对话框的第一行中以按钮的形式列出了所有可以显示或者拭除的类型。各类型的含义见表 4.1。

表 4.1 “显示／拭除”类型按钮及其功能说明

按　钮	功能说明
“尺寸”按钮	显示／拭除尺寸
“参照尺寸”按钮	显示／拭除参考尺寸
“几何公差”按钮	显示／拭除几何公差
“注释”按钮	显示／拭除注释
“球标”按钮	显示／拭除零件编号标识
“基准轴线”按钮	显示／拭除基准轴线

用户可以一次显示或者拭除多种类型，但是为了避免显示太多而导致杂乱无章，所以应避免同时选择太多的类型。

2. 自行标注尺寸

利用“显示及拭除”标注的尺寸有时候会显得非常复杂，需要花费大量的时间来进行整理，并且在大部分的工程图中，自动显示的尺寸往往不符合设计者的要求，这就要求设计者自行标注尺寸。

在工程图模式下标注尺寸和在草绘环境下标注尺寸有些相似。常用标注尺寸的按钮及其功能说明见表 4.2。

表 4.2　常用标注尺寸的按钮及其功能说明

按　钮	功能说明
"尺寸－新参照"按钮	使用新参照创建标注尺寸，该按钮在自行标注尺寸时用得最为频繁
"对齐尺寸"按钮	将所选的尺寸以第一个选择的尺寸为基准对齐
"参照尺寸－新参照"按钮	使用新参照创建参照尺寸，或者调整视图周围尺寸的位置
"注释"按钮	创建注释

3. 按特征显示尺寸

有些尺寸如倒角等，用特征显示尺寸既快捷又方便。

案例 4－11　按特征显示创建尺寸

按特征显示创建尺寸的具体操作步骤如下。

① 打开第 4 章源文件 /zhijia. drw。

② 单击"模型树"按钮，将浏览器设置为显示"模型树"。

③ 单击模型树上方的"设置"按钮→"树过滤器"按钮，在弹出的"树模型项目"对话框中选中"特征"复选框，即设置在浏览器中显示零件的各个特征。

④ 切换至功能选项卡"注释"，右击模型树中的特征"拉伸 3"选项，在弹出的快捷菜单中选择"显示模型注释"命令，如图 4.36 所示。

图 4.36　特征按视图尺寸操作

⑤ 再根据信息栏提示选择主视图作为显示尺寸视图，则拉伸 3 特征的所有能在主视图中显示的尺寸全都自动显示，如图 4.37 所示。

4. 尺寸编辑

双击要编辑的尺寸，在弹出的对话框中选择"文本样式"，可对所有文本、颜色等属性进行编辑修改。

提示： 在 Creo Parametric 中，标注的尺寸是"象征"的，即系统默认，不显示公差。如果要标注公差，需对系统默认设置进行修改。修改的方法是：在菜单栏中选择"文件"→"准备"→"绘图属性"→"详细信息选项"，在弹出的"选项"对话框左边的选项栏中，选择"这些选项控制尺寸公差"→"tol_display"选项，系统默认值是"no"，即不显示公差，可以将其修改为"yes"，则显示公差。

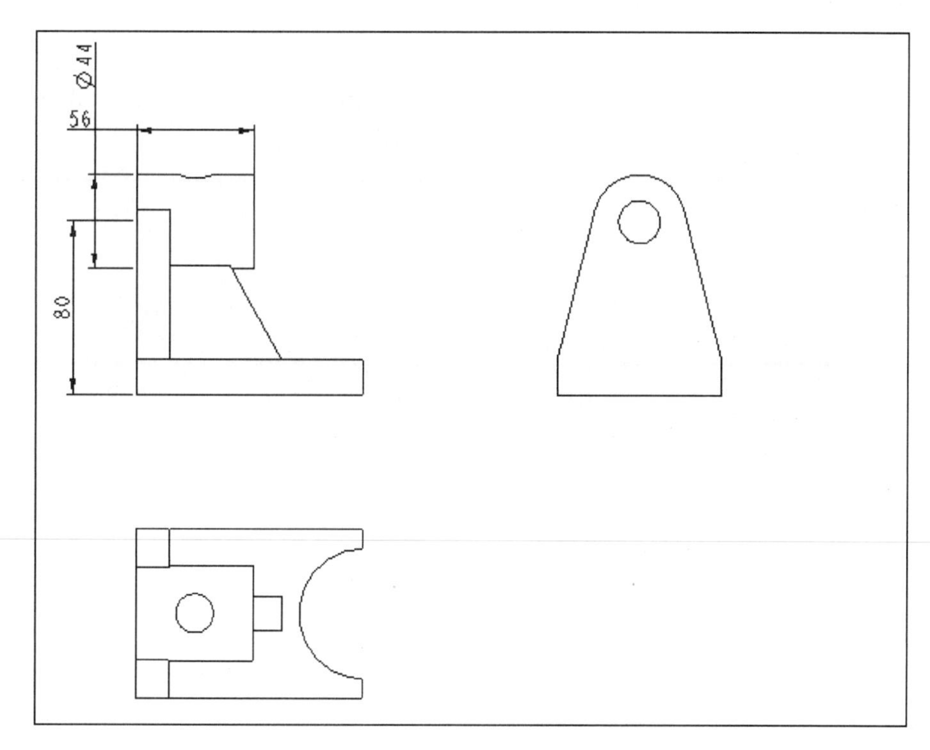

图4.37 按视图显示特征尺寸

在“选项”中，还可修改标注箭头类型，选择“这些选项控制引线”→arrow_style选项，系统默认值为“closed”，即空心箭头，可将其修改为“filled”，即实心箭头。

此外，根据我国机械制图有关标准，尺寸标注文本一般与引线平行，而系统默认所有尺寸标注文本为水平方向。选择“这些选项控制尺寸”→“text_orientation”选项，将系统默认值“horizontal”修改为“parallel_diam_horiz”。

提示： 尺寸标注可灵活地综合应用手工标注、自动显示、特征按视图显示等方式进行，以方便和快捷为准，对于尺寸的修改还包括箭头方向、公差显示模式等，读者可以自行练习。

4.2.6 创建与编辑表格

工程图的表格是一个具有行、列，并且可以在其中输入文字的网格。在表格内可以输入文字、尺寸和工程图符号，并且修改后可同步更新其内容。在Creo Parametric中，所有的表格功能都放在“表”窗口菜单内。

1. 创建表格

单击功能选项卡“表”→“通过指定列和行尺寸插入一个表格”按钮，弹出如图4.38所示的“插入表”。

图4.39所示为“插入表”设置。可设置表的方向、行数、列数等信息，其中表的方向有四种：右下、左下、右上、左上，可根据需要选用。

图4.38　创建表格

图4.39　“插入表”设置

定义单元格大小的方式有两种：“按长度”和“按字符数”，一般选择按长度输入行高度和列宽度，单位是mm。表参数设置完成后，单击“确定”按钮生成表格。

完成“插入表”设置后，系统在提示区提示“为表的左上角定位”，即提示用户在图纸中选择一点作为表的左上角。此时，在绘图区单击一点，作为表格的左上角，为表格定位，一般表格位于图框右下角，使用“移动特殊”命令实现精确定位。用鼠标左键拖动选中表格，选择主界面上方功能区左侧“表”(黑三角)中隐含的“移动特殊”命令，如图4.40所示，从表格选择一个点作为设置点，例如选择表格右下角端点，则弹出“移动特殊”设置对话框。

该设置点的定位方式有四种：第一种是要求输入X和Y坐标值，如图4.41所示，若A3图纸，则右下角坐标值（420,0），即可将表格设置点定位于图纸右下角；第二种是设置相对于指定点的X和Y的偏移值，如图4.42所示；第三种是将设置点放置到图元的指定参考点上，如图4.43所示；第四种是将设置点放置到指定点，如图4.44所示。使用后两种方式需要提前创建参考点。

案例4-12　表格创建

表格创建的具体步骤如下：

① 激活工程图4-1.drw窗口。

② 单击功能选项卡“表”中的按钮表(T)。

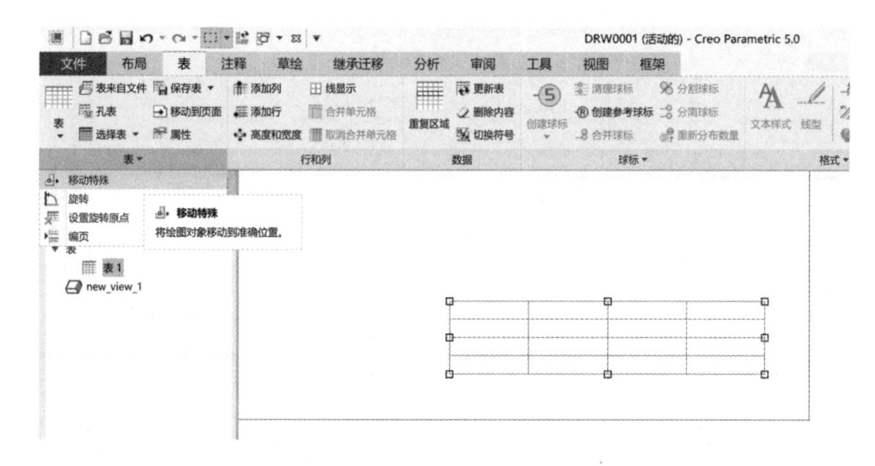

图 4.40　“移动特殊”定位表格

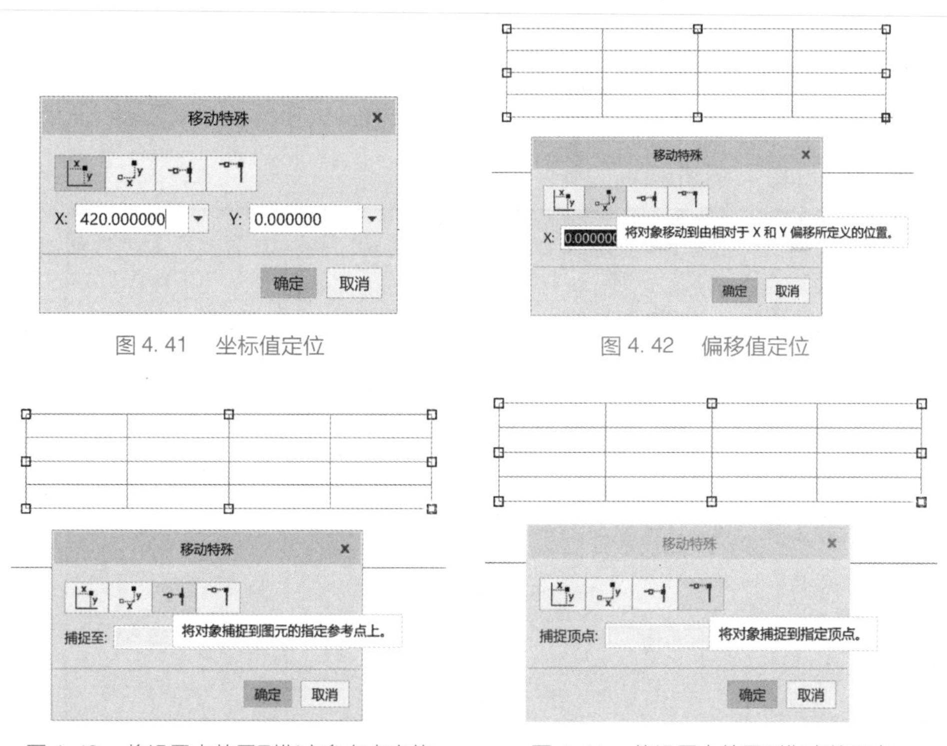

图 4.41　坐标值定位

图 4.42　偏移值定位

图 4.43　将设置点放置到指定参考点定位

图 4.44　将设置点放置到指定的顶点

③ 在弹出的如图 4.45 所示的“插入表”中选择“左上”，设置列数为“4”，行数为“4”，行高为1个字符，列宽为10个字符，单击“确定”按钮完成设置，在工程图内任意处单击生成表格。

④ 为了精确定位表格的位置，鼠标左键拖动选中表格，选择主界面上方功能区左侧“表”(黑三角) 中隐含的“移动特殊”命令，提示选取设置点，则选择表格右下角端点作为设置点。

⑤ 在弹出的“移动特殊”设置对话框中选择第一种定位方式，输入坐标值

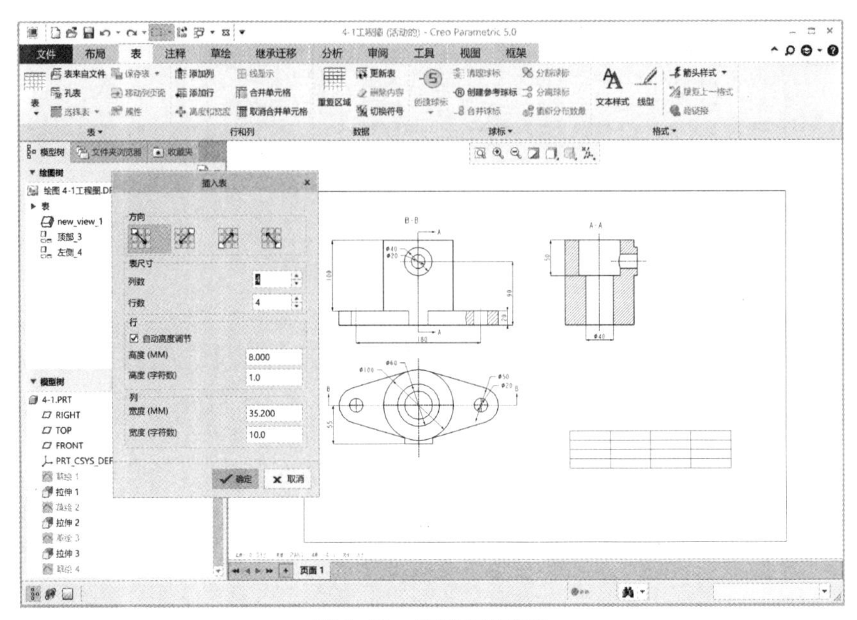

图 4.45　创建表格效果

(420,0)，如图4.46所示。

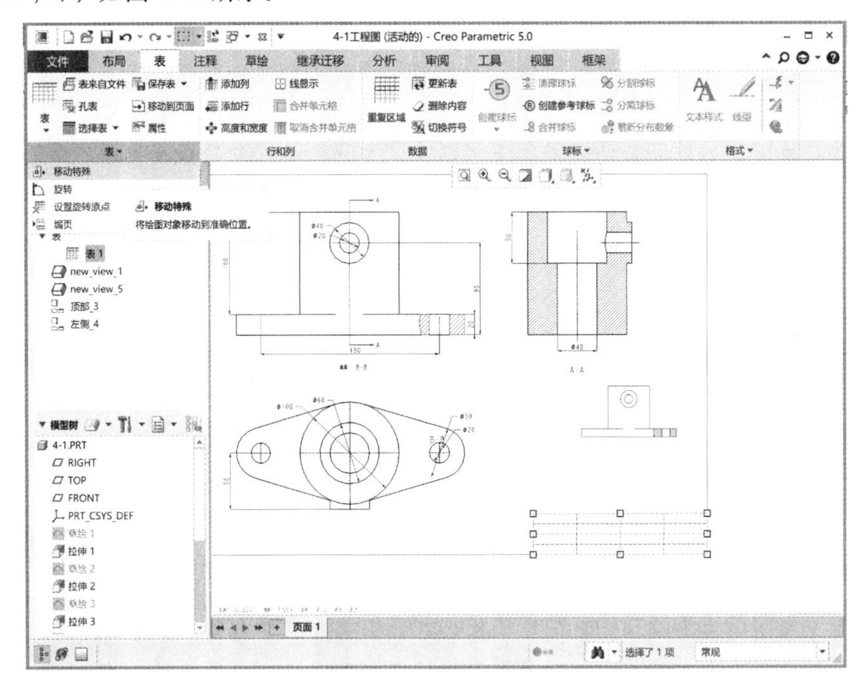

图 4.46　拖动表格

提示：因为在绘图窗口选择表格的起始点位置并不精准，所以一般在表格创建好后选中表格，在“表”隐藏下拉菜单中选择“移动特殊”，如图4.46所示。在界面左下角消息栏中提示：从选定的项中选择一点，执行特殊移动，则选择表格右下角端点，在弹出的对话框中输入图纸右下角坐标值，例如A3图纸，坐标值为(420,

0)，则实现表格定位，具体参考水泵阀工程图设计。

2. 编辑表格

（1）输入文字

在单元格内输入文字很简单，直接双击单元格，系统即打开“注释属性”对话框，如图4.47所示，然后在“文本”选项卡的文本框中输入文字即可。

提示： 在“文本”选项卡的文本框中输入文字的同时，如果想看到文字在表格内显示的情况，可以单击表格，这时文字就在表格中显示出来了。注释文字的宽度、高度以及在表格中的位置都可以在“文本式样”选项卡中进行修改，修改后可单击“预览”按钮显示修改后文字的状态。输入文字时，可以使用Ctrl + C和Ctrl + V快捷键进行复制与粘贴。

（2）合并单元格

与Excel中的表格一样，Creo Parametric中的表格也可以进行合并单元格操作。单击功能选项卡“表”→“合并单元格”合并单元格...按钮，弹出如图4.48所示的“表合并”菜单，具体提供三种合并单元格的方式：“行”“列”和“行 & 列”。其中，“行”方式只允许选取列方向单元格合并，“列”方式只允许选取行方向单元格合并，“行 & 列”允许任意选取两单元格进行合并。一般情况下，使用“行 & 列”方式比较方便。

图4.47　“注释属性”对话框

图4.48　“表合并”菜单

接受系统默认的“行 & 列”方式，选择两个需要合并的单元格，这样被选择的两个单元格就被合并成一个，如图4.49所示。

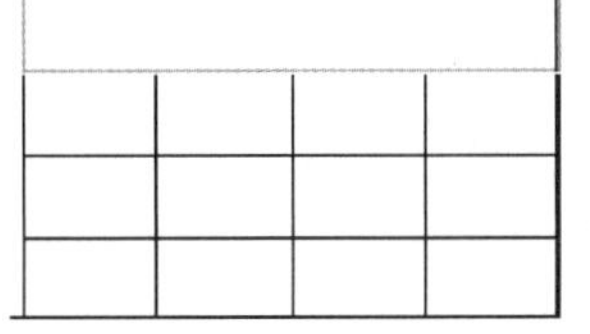
图4.49　单元格合并

要取消已合并的单元格，可以先选择被合并完成的单元格，再单击功能选项卡“表”→“取消合并单元格”按钮取消合并单元格，单元格即恢复合并以前的形式。

4.3　水泵阀三维造型与工程图自动转换过程

4.3.1　三维实体建模及工程图设计工艺分析

1. 建模工艺路线

水泵阀的基本工艺路线如图4.50所示：创建弯曲体→创建底座→创建底座孔→创建套接圆盘及弯曲体通孔→创建圆盘凹槽及螺钉孔→创建后侧凸台及加强筋→创建工程图所需三个空间剖截面（学习者可自行设计工艺路线，以能保证尺寸需要和操作快捷方便为原则）。

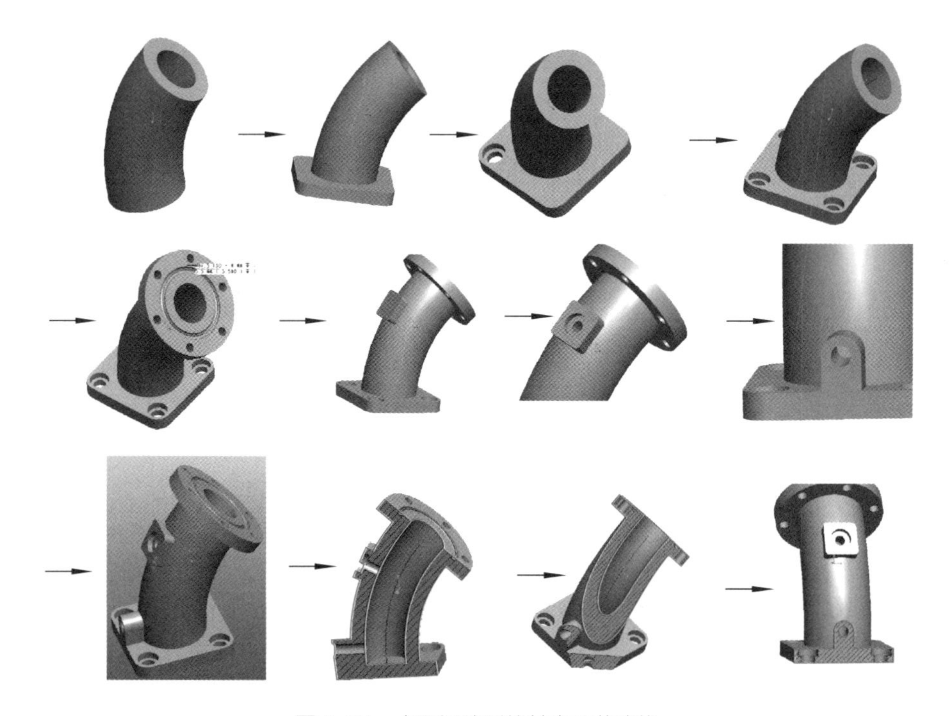

图4.50　水泵阀造型的基本工艺路线

2. 工程图设计工艺路线

完成水泵阀造型后，工程图设计基本路线如图4.51所示，基本步骤为：全剖主视图创建→左视图→左视图（局部剖）的创建→俯视图创建→其他详细视图及辅助视图创建→尺寸的标注→表格与注释的创建。

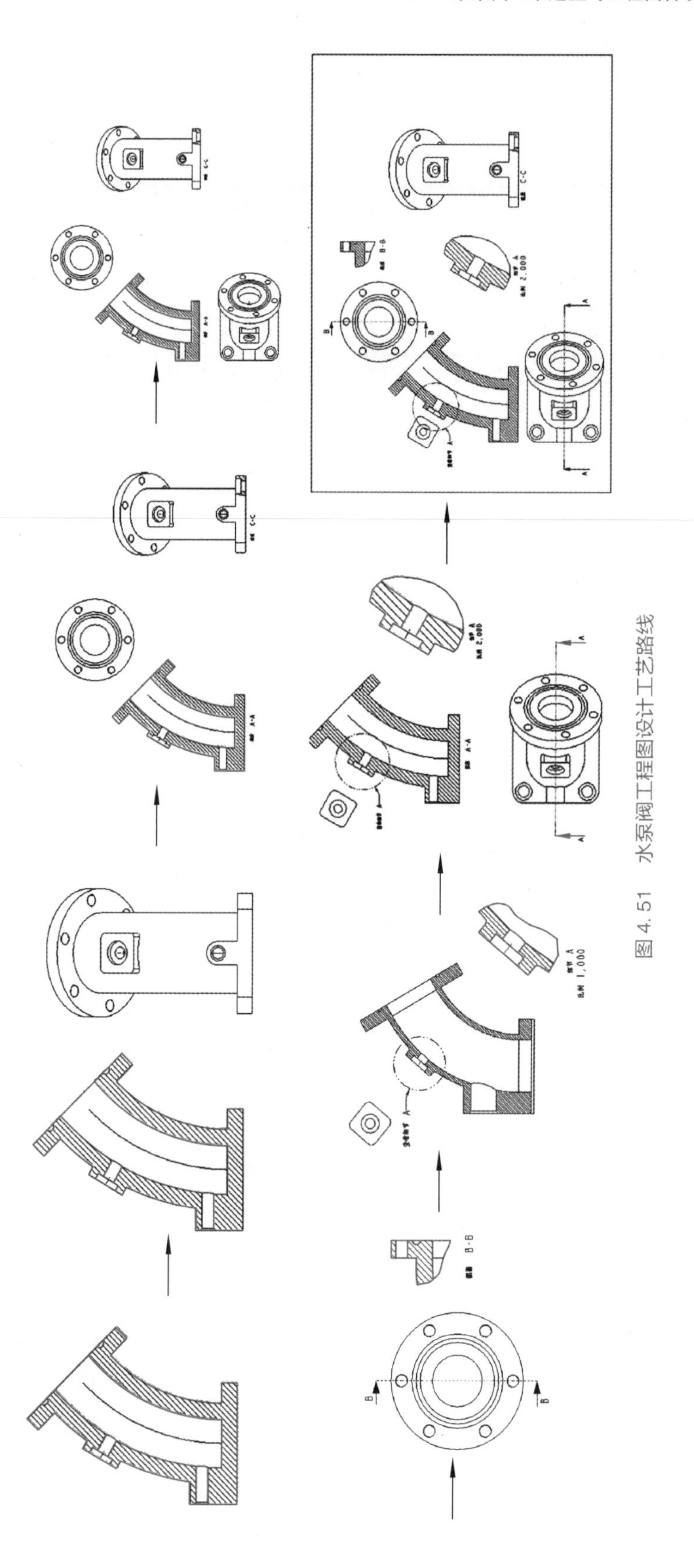

图 4.51　水泵阀工程图设计工艺路线

4.3.2 水泵阀三维造型操作步骤

步骤一：新建文件

进入 Creo，新建零件文件，命名为“shuibengfa”，采用公制模板，进入零件设计模式。

步骤二：创建弯管扫描特征

（1）草绘轨迹

在零件模式下，单击“草绘”按钮，选择 FRONT 基准面，绘制如图 4.52 所示的草绘图形。

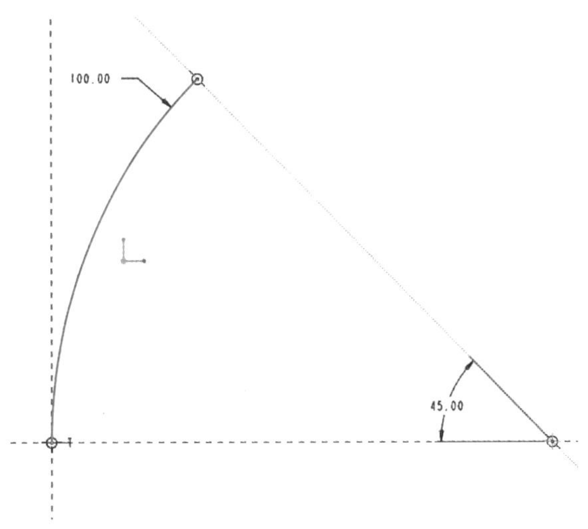

图 4.52 草绘轨迹

（2）弯曲体扫描特征创建草绘轨迹

选择“模型”选项卡中“形状”模块→“扫描”→“伸出项”命令，再选择图 4.52 所示所绘轨迹，绘制如图 4.53 所示的图形截面，单击“确定”按钮，得到如图 4.54 所示的扫描实体效果。

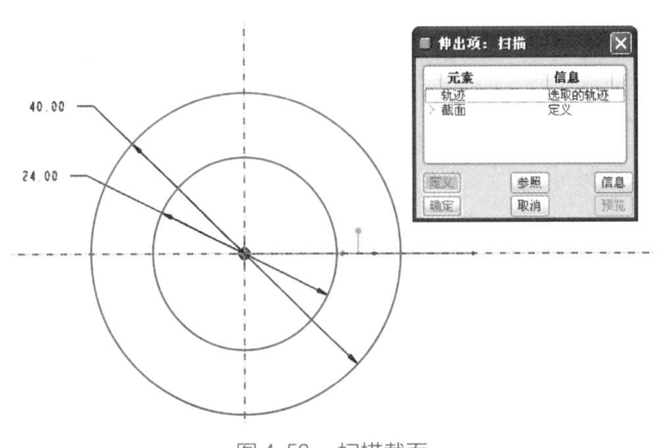

图 4.53 扫描截面

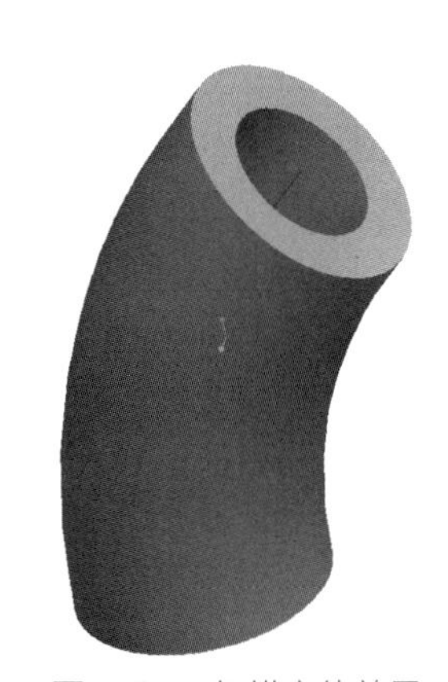

图 4.54 扫描实体效果

步骤三：创建底座

（1）拉伸特征完成底座建模

单击绘图功能区上的“拉伸”按钮，以弯曲体底面（TOP 基准面）作为草绘平面，绘制如图 4.55 所示的截面， 单击“接受” 按钮。设置拉伸高度为“8”，拉伸方向为弯曲体下方，如图 4.56 所示。

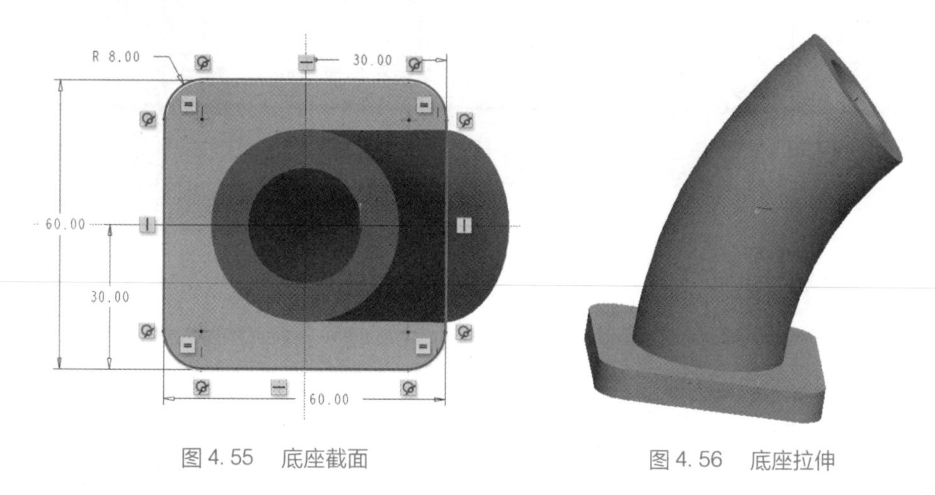

图 4.55　底座截面　　　　图 4.56　底座拉伸

（2）创建底座沉孔

底座板上的沉孔有多种创建方式：

① 创建孔特征后再阵列；

② 旋转切减材料后阵列；

③ 通过两次拉伸切减材料（不会生成中心轴）。

学习者可以在前面所学知识基础上运用三种方式创建，并作出比较。注意：孔中心即为刚才所创建的圆角中心。采用先创建孔特征然后阵列，创建方式的步骤如下。

① 单击“孔” 工具，在操控面板中选择“使用标准孔轮廓作为钻孔轮廓”，再选择“添加沉头孔”，点击“形状”按钮，设置如图4.57所示的尺寸。点击“放置”，选取底板上表面为孔的放置面，偏移类型改为“线性”，然后以底板上表面的一条棱边为线性参照，距离为“8”；按住 Ctrl 键选取与之相交的另外一条棱边，距离为“8”，如图 4.58 所示。创建完成的沉头孔如图 4.59 所示。

② 选中已经完成的孔特征，单击“阵列”按钮，在“阵列”操控面板中选择“方向” 定义阵列成员，第一方向参照选取底板上表面一条棱边，距离为“44”，第二方向参照选取底板上表面与第一方向相交的另外一条棱边，距离为“44”。完成的孔阵列效果如图 4.60 所示。

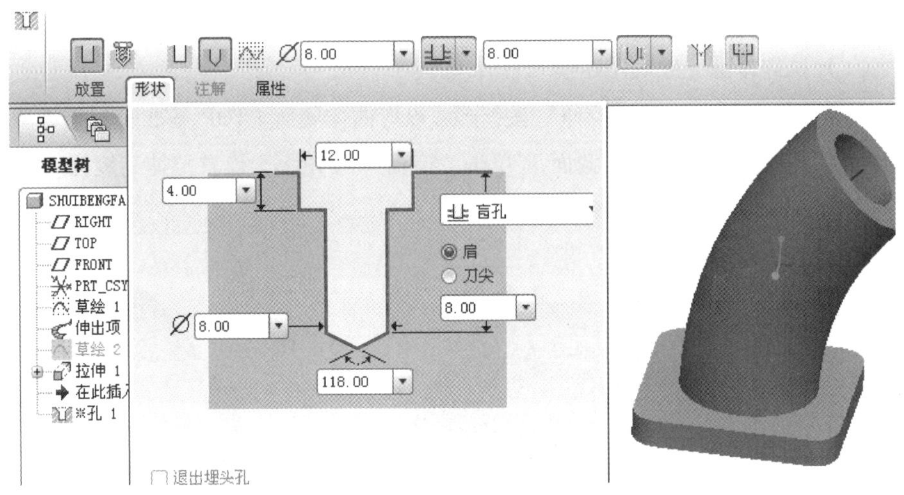

图 4.57　沉头孔形状设置

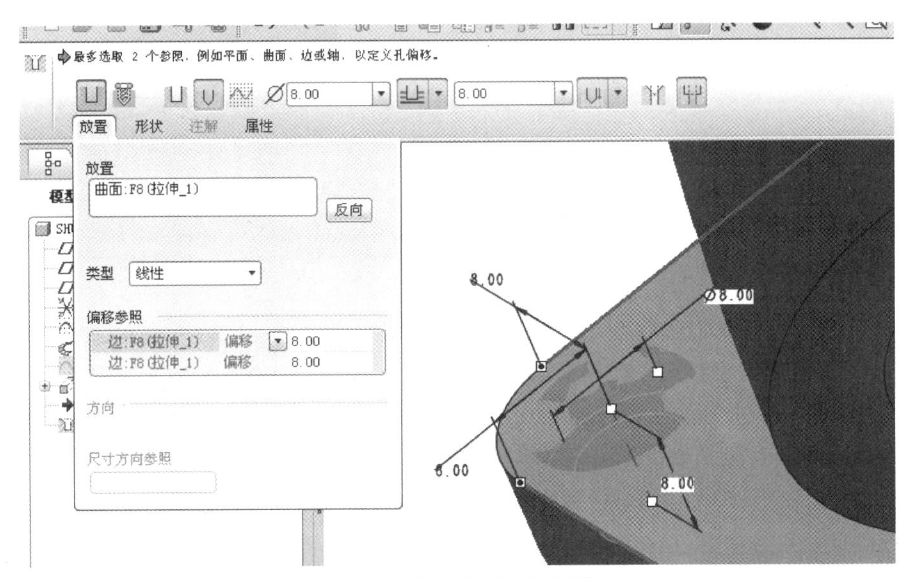

图 4.58　沉头孔放置的设置

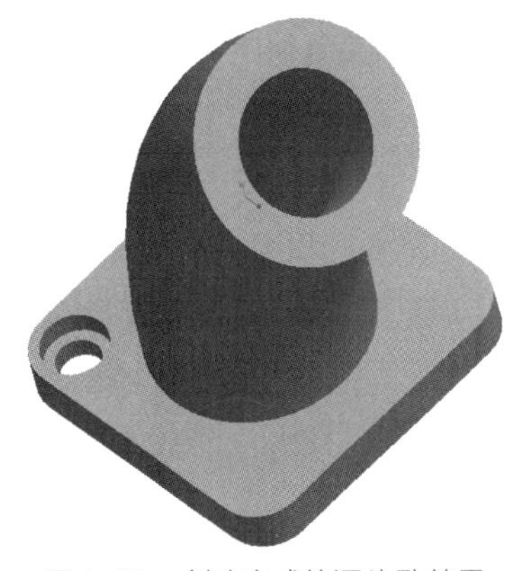

图 4.59　创建完成的沉头孔效果

图 4.60　孔阵列效果

步骤四：创建圆盘及弯曲体通孔

（1）拉伸圆盘实体

选择底座上表面为草绘平面，并接受参照平面为FRONT基准面；单击“草绘”对话框中的“草绘”按钮，绘制如图4.61所示的草图后，单击“接受”按钮☑，完成草图绘制。单击绘图功能区上的“拉伸”按钮，在“拉伸深度”对话框中输入“8”，如图4.62所示。

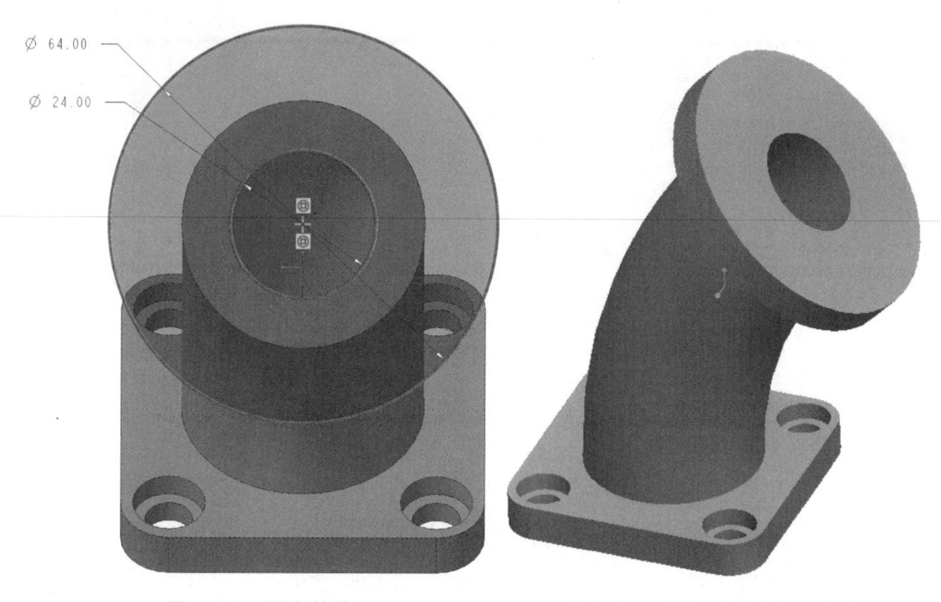

图4.61　圆盘草绘　　　　图4.62　圆盘拉伸方向及高度

（2）扫描切减材料创建圆盘凹槽特征

扫描切减材料创建圆盘凹槽特征的操作步骤如下。

① 单击功能区上“草绘”按钮，选择圆盘上表面，绘制如图4.63所示的圆，并设置直径为“40”。

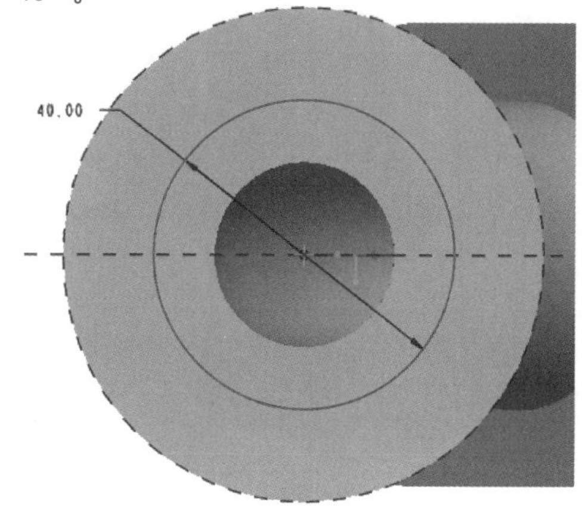

图4.63　扫描轨迹

② 选择“插入”→“扫描”→“切口”命令，选择前面所绘制的圆作为扫描轨迹，然后绘制如图4.64所示的截面，设置直径为“4”。

③ 单击操控面板上“接受”按钮，再单击“确定”按钮，得到的凹槽生成效果如图4.65所示。

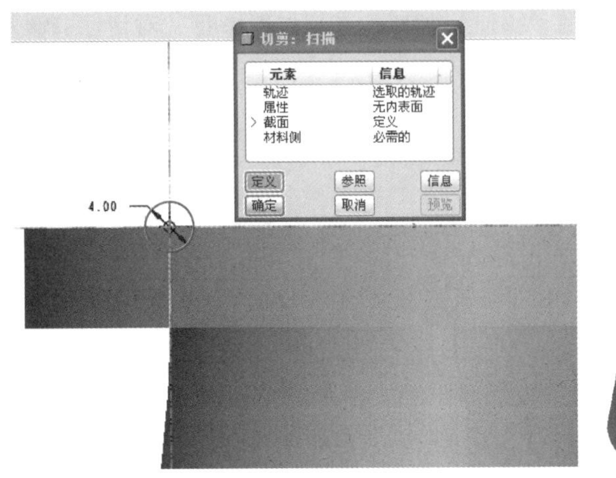

图4.64　扫描截面

图4.65　凹槽生成效果

（3）螺钉孔创建

单击“孔”按钮，在操控面板的“设置”下滑板中选择圆盘上表面作为放置主平面，单击操控面板中“标准孔类型”按钮，选ISO标准中的M6×0.5的螺纹孔，深度设置为“8”，单击“设置”按钮，将参照类型改为“径向”，然后以圆盘中心作为轴径向参照，输入半径为“27”，再按住Ctrl键，选择FRONT基准面作为角度参照，输入角度值为“45”，实现孔定位，如图4.66所示。

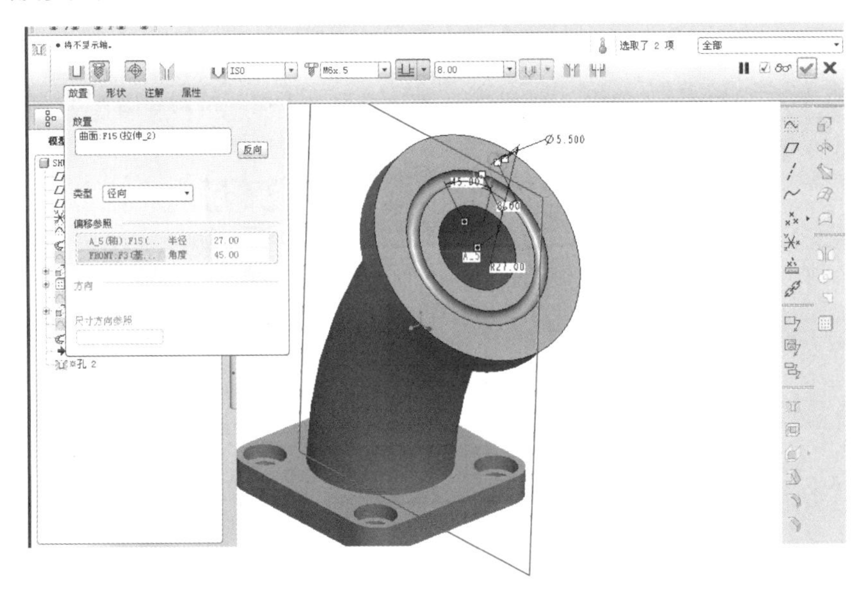

图4.66　螺钉孔创建

（4）螺钉孔阵列

将步骤（3）创建的螺钉孔特征进行圆形阵列，在模型树中选中孔特征，再用鼠标右击，在弹出的快捷菜单中选择“阵列”命令或者单击工具栏中的“阵列”按钮，在操控面板中选择“轴阵列”，阵列数量为“6”，角度为“60”，如图 4.67 所示，单击“接受”按钮，完成螺钉孔的阵列，如图 4.68 所示。

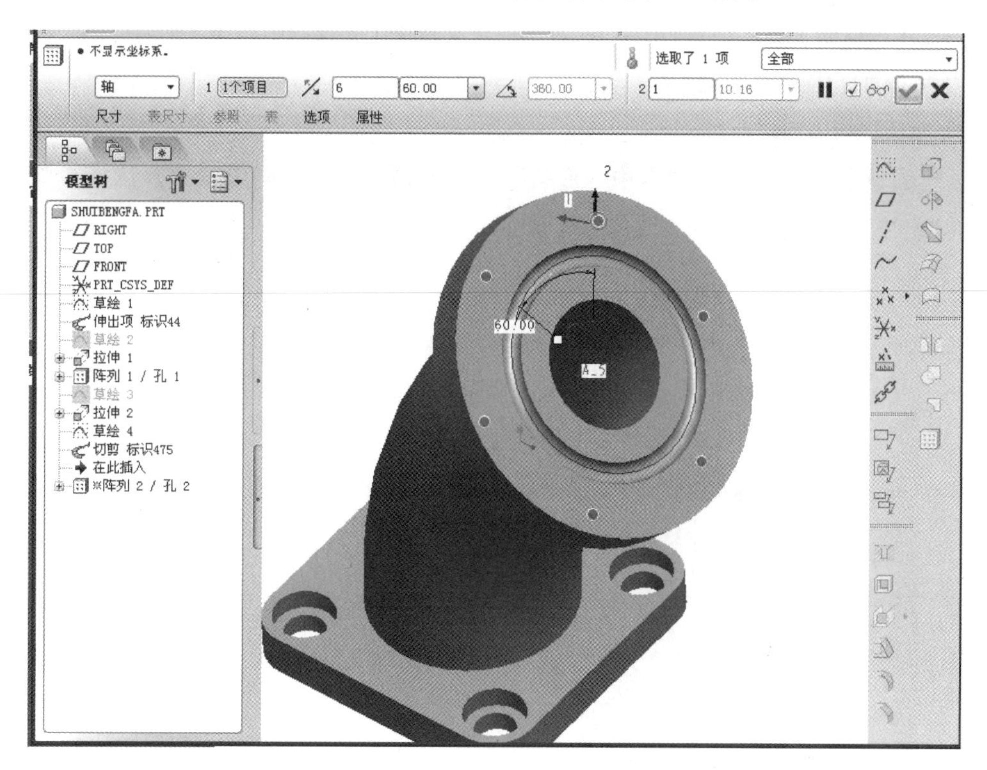

图 4.67　螺钉孔的阵列

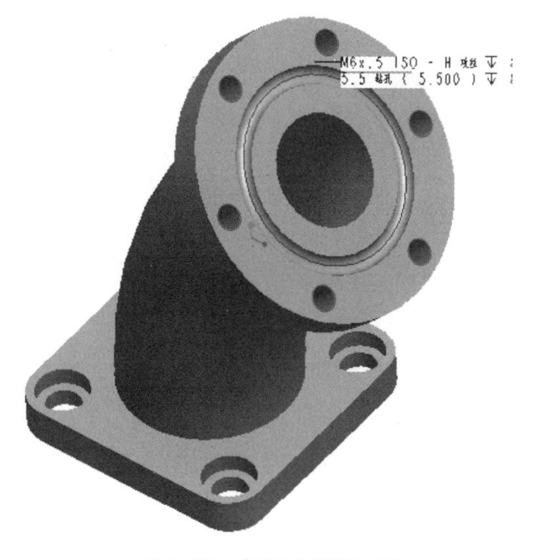

图 4.68　螺钉孔阵列结果

步骤五：创建背部凸台沉孔

（1）草绘扫描轨迹

通过对图4.1的建模工艺分析，水泵阀背部凸台可通过拉伸或扫描方法创建，拉伸方法需要重新设置参照平面作为草绘截面，因而还需建立参照轴，步骤繁琐，利用合并终点的扫描方式来创建就相对简便快捷得多。

单击草绘工具，绘制如图4.69所示的草绘轨迹（先绘制中心线，然后绘制长度为4 mm的扫描直线轨迹）。

（2）扫描创建凸台

① 选择“模型”选项卡中“形状”→“扫描”→实体命令，选择步骤（1）中（见图4.69）所创建的直线轨迹。

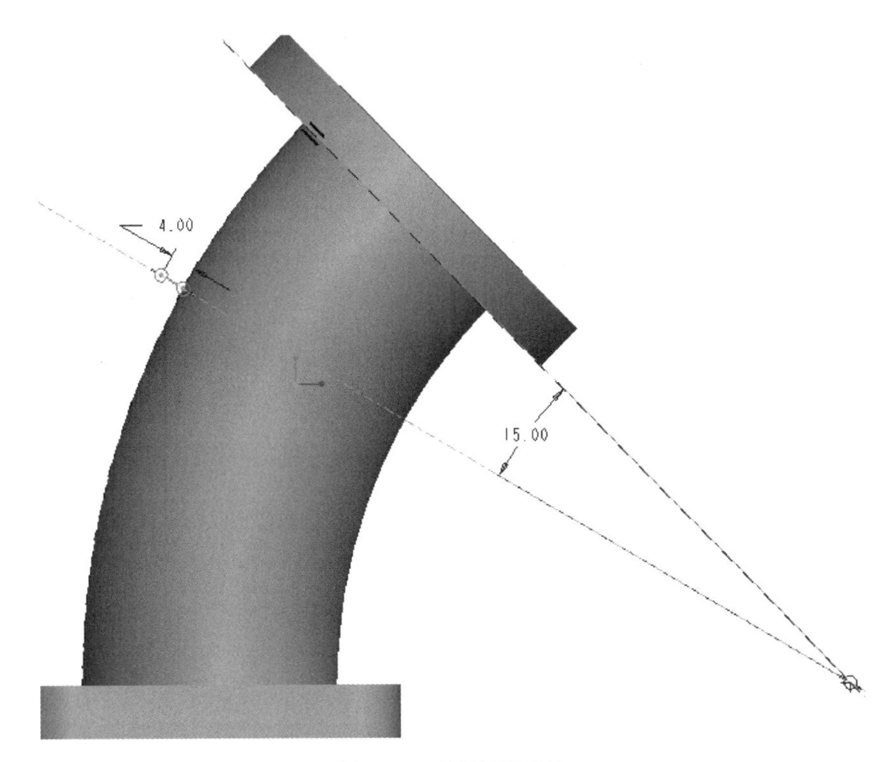

图4.69　草绘扫描轨迹

② 在弹出的“菜单管理器”的“属性”菜单中选择“合并端”命令，如图4.70所示。

③ 绘制如图4.71所示的扫描截面草绘。

④ 单击“确定”按钮完成扫描特征创建；并完成凸台四条棱边倒圆角，圆角半径为3 mm，效果如图4.72所示。

图4.70　选择“合并端”命令

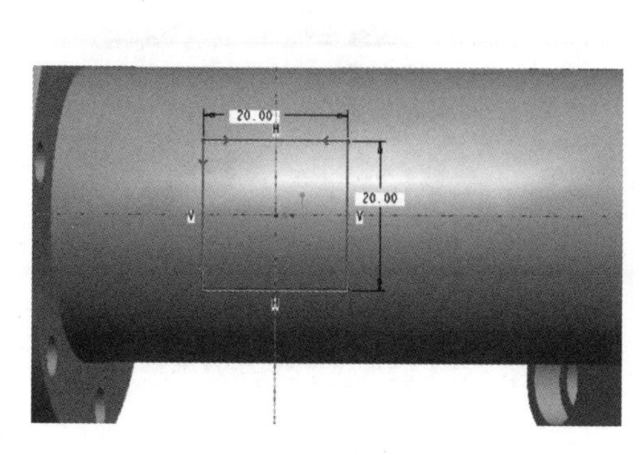

图 4.71 扫描截面草绘

图 4.72 完成凸台及倒圆角效果图

（3）旋转创建沉孔

单击“孔”按钮，选择凸台上表面作为孔的放置平面，在操控面板中选择“使用标准孔轮廓作为钻孔轮廓”，选择“钻孔至下一曲面”，选择“添加沉孔”。点击“形状”按钮，设置尺寸沉头直径为“12”，沉头深度为“3”，孔直径为“6”，具体步骤如图 4.73 所示。点击“放置”按钮，“类型”设置为“线性”，选择凸台上表面相交的两条边作为定位参照，距离为“10”，实现孔的定位，如图 4.74 所示。完成沉头孔的效果如图 4.75 所示。

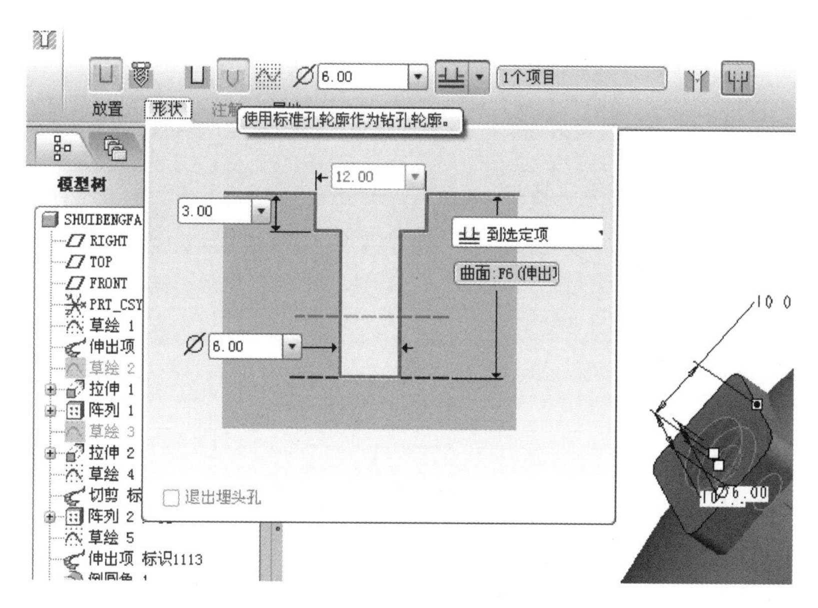

图 4.73 沉孔旋转草图

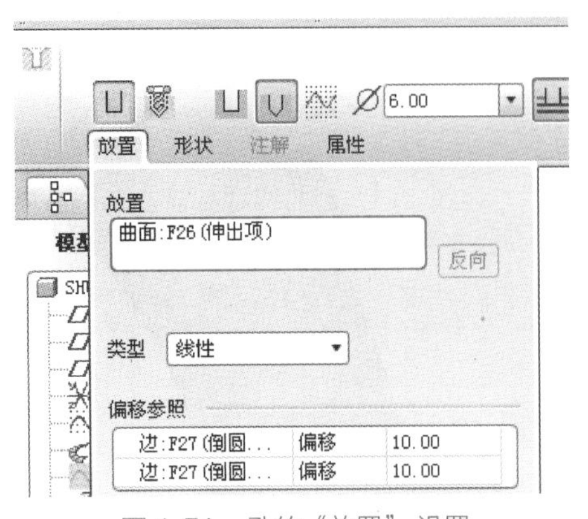

图4.74　孔的“放置”设置

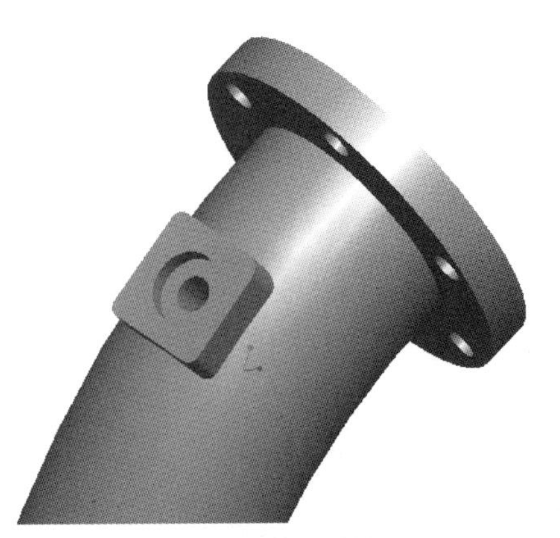
图4.75　沉头孔的效果图

步骤六：创建侧圆柱管及加强筋

（1）拉伸侧圆柱管及加强筋

① 单击功能区中的“草绘”按钮，选取底板座的后端面为草绘截面，即进入草绘空间，如图4.76所示，单击“接受”按钮完成草图绘制。

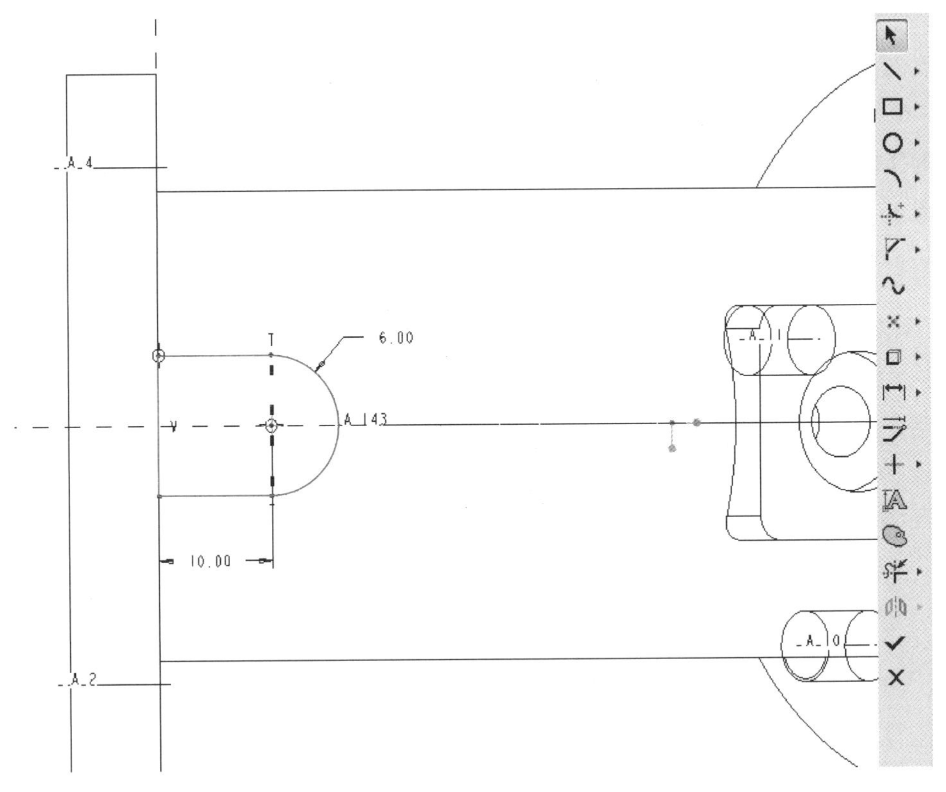

图4.76　侧圆柱管及加强筋草绘

② 单击功能区中的“拉伸”按钮。选择步骤①中的草图，在“从草绘平面以指定的深度值拉伸”栏中单击“拉伸至选定的点、曲线、平面或曲面”按钮

，拉伸至指定的弯曲体外表面，如图4.77所示。

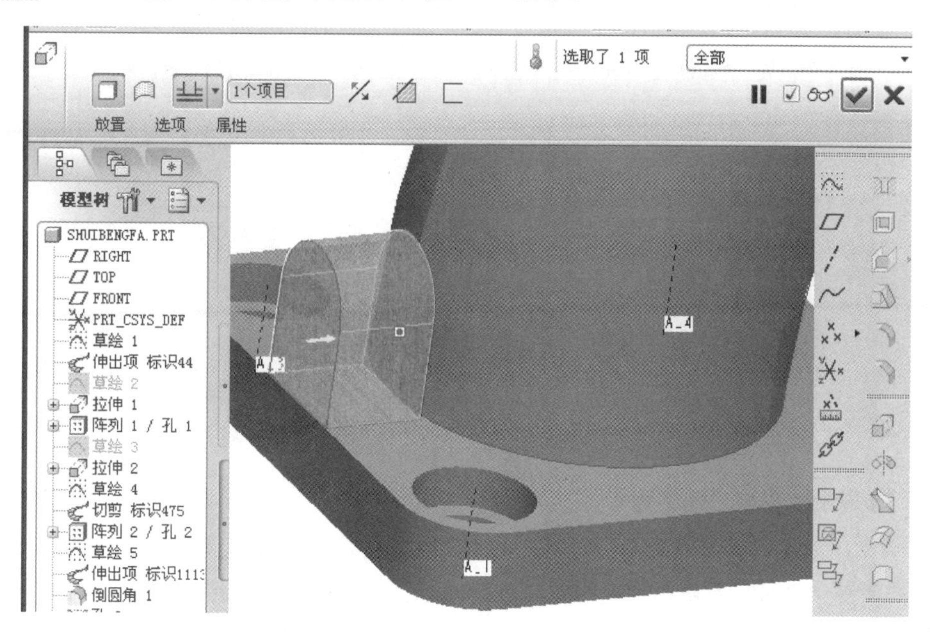

图4.77　侧圆柱管及加强筋拉伸步骤

（2）拉伸通孔

同样，选择水泵阀底座板的后端面（或刚才所创建的圆柱体端面），绘制直径为6 mm的圆，单击“接受”按钮完成草图绘制。选择“拉伸”特征在操控面板中单击“去除材料”按钮，在“从草绘平面以指定的深度值拉伸”栏中单击“拉伸至选定的点、曲线、平面或曲面”按钮，拉伸至指定弯曲体的内表面，完成通孔造型，通孔创建效果如图4.78所示。单击功能区中“边倒角”按钮，倒成1×45°角，具体设置如图4.79所示。至此，完成水泵阀三维实体造型，其效果图如图4.80所示。

图4.78　通孔创建效果

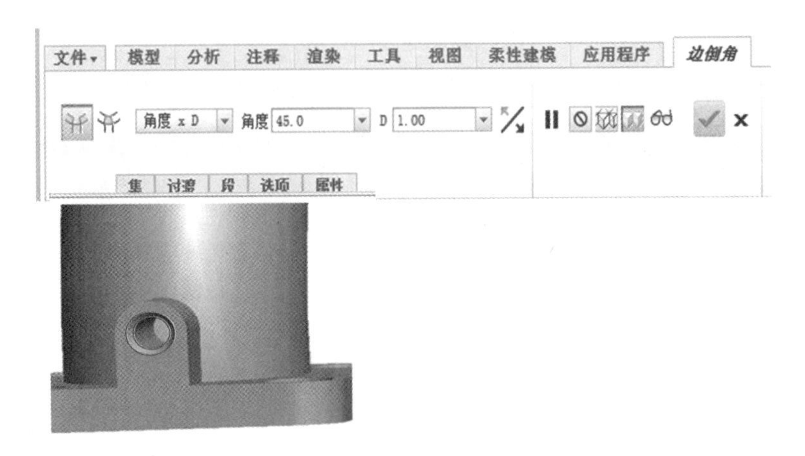

图4.79　边倒角创建效果图

步骤七：创建空间剖面

（1）创建主视图剖面A

选择“视图”菜单中“视图管理器”命令，在弹出的“视图管理器”对话框中单击“剖面”标签，切换到“剖面”选项卡，新建剖面“A”，如图4.81所示。按下Enter键后，选择默认的剖截面选项，即通过平面创建剖面，单击“完成”按钮。选择FRONT基准面为剖切设置平面，便完成了主视图剖面A的创建。双击剖面A或右击剖面A，在弹出的快捷菜单中选择“设置为活动”命令，观察A剖面，“选项”中设置为“可见”。

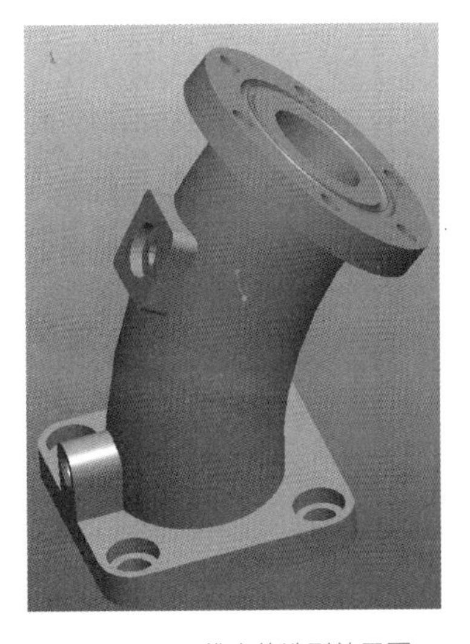

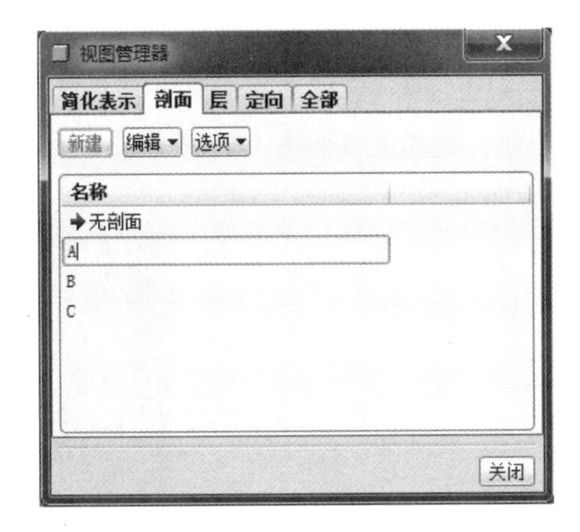

图4.80　三维实体造型效果图　　　图4.81　新建剖面A

若显示的剖面线间距不合适，则可进行剖面线的重新编辑，具体操作：选择“编辑”，如图4.82所示，输入间距值为“3”，如图4.83所示，剖面A的设置效果如图4.84所示。

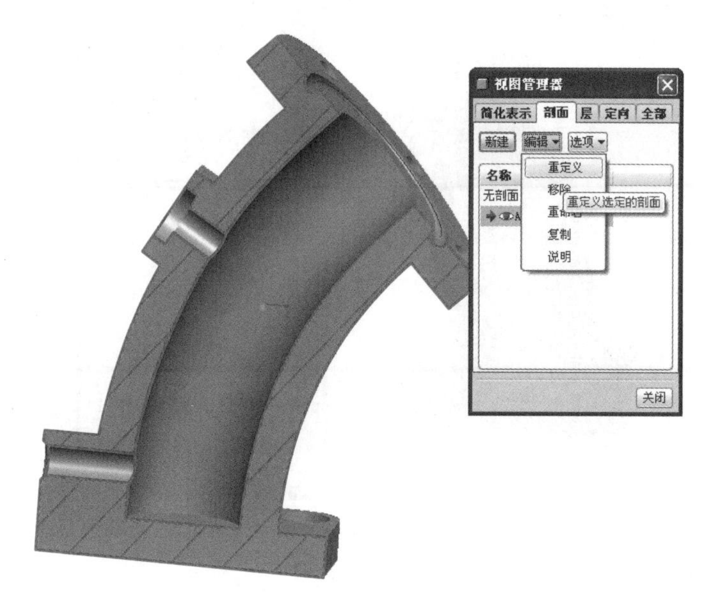

图 4.82 剖面线间距的编辑

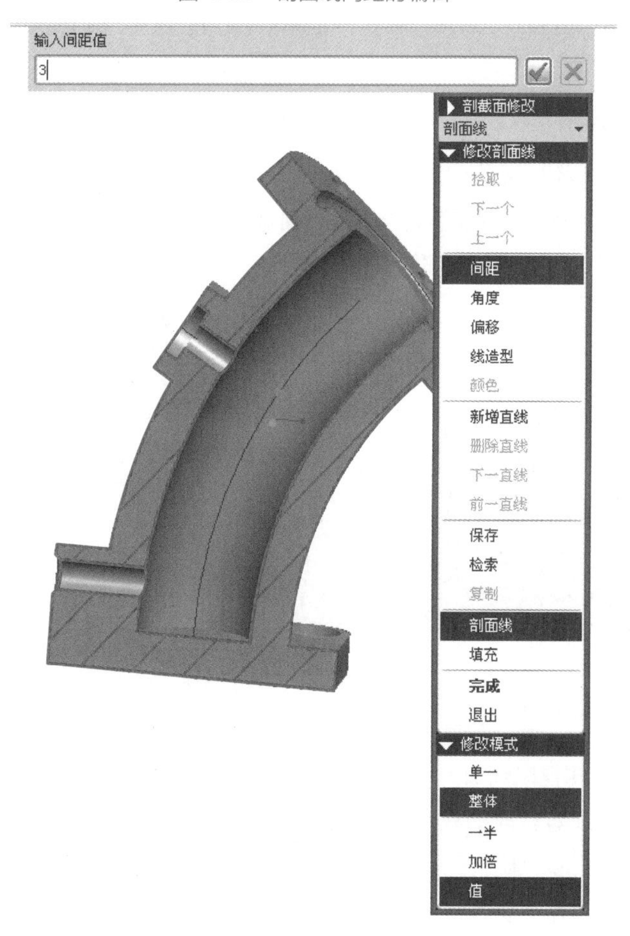

图 4.83 剖面线间距的设置

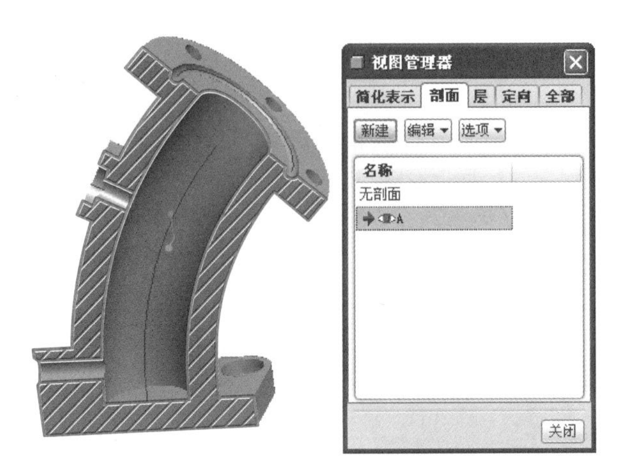

图 4.84　剖面 *A* 设置效果

（2）创建辅助视图剖面 *B*

在“视图管理器”对话框中将“无剖面”设置为活动面，再单击“新建”按钮，新建剖面 *B*；按 Enter 键后，选择“偏距”和“双侧”，根据提示选择圆盘的上表面为偏距草绘平面，选择“正向”和“缺省”，进入偏距草绘界面，绘制如图 4.85 所示的直线。

注意：必须选择好相应的参照，即辅助剖面所通过的小孔及圆盘边线。完成后，将剖面 *B* 设置为活动，并设置和前述步骤中同样的剖面间距，效果如图 4.86 所示。

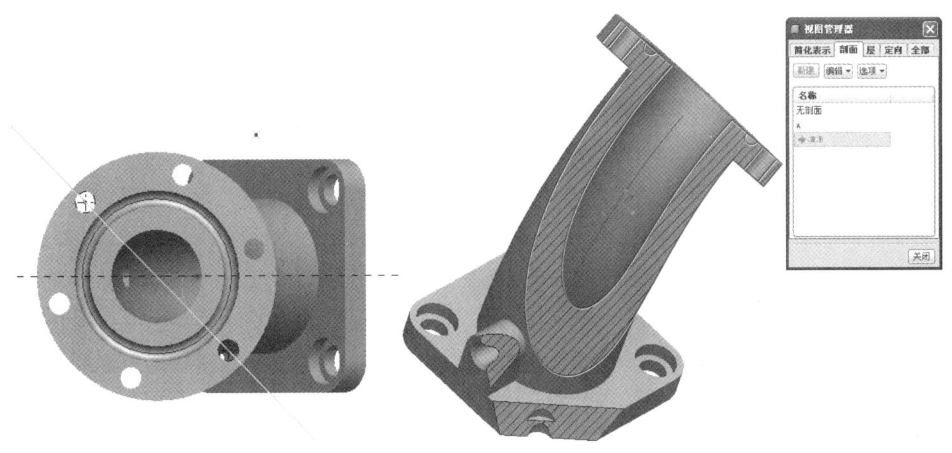

图 4.85　剖面 *B* 偏距草绘　　图 4.86　剖面 *B* 设置为活动

（3）创建左侧视图剖面 *C*

在“视图管理器”对话框中将“无剖面”设置为活动，再单击“新建”按钮，新建剖面 *C*；按 Enter 键后，选择“偏距”和“双侧”，根据提示选择底座的上表面为偏距草绘面，选择“偏距”和“缺省”，进入偏距草绘界面，绘制如图 4.87 所示的直线。注意：必须选择相应的参照，即辅助剖面所通过的小孔及圆盘边线。完成后，将剖面 *C* 设置为活动面，如图 4.88 所示。

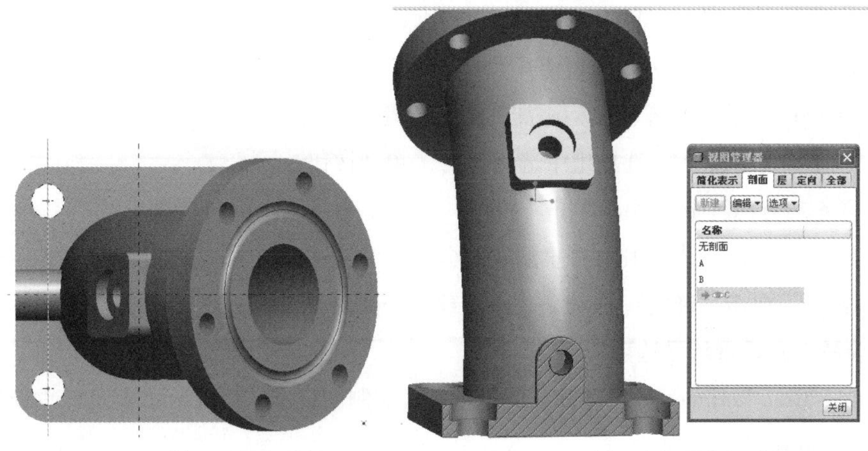

图 4.87　剖面 *C* 偏距草绘　　　图 4.88　剖面 *C* 设置为活动面

至此，完成了水泵阀工程图表达所需的三个空间剖面 *A*、*B* 和 *C*，为后续工程图的转换设置做准备。

4.3.3　水泵阀工程图自动转换操作步骤

步骤一：新建工程图文件

单击工具栏中的“新建”按钮，或者选择“文件”→“新建”命令，弹出如图 4.89 所示的“新建”对话框，在“新建”对话框中进行如下操作。

① 在“类型”选项组中选中“绘图”单选按钮。

② 在“名称”文本框中输入工程图的名字“shuibengfa”。

③ 取消选中“使用缺省模板”复选框，单击“确定”按钮，进入图 4.90 所示的“新建绘图”对话框。

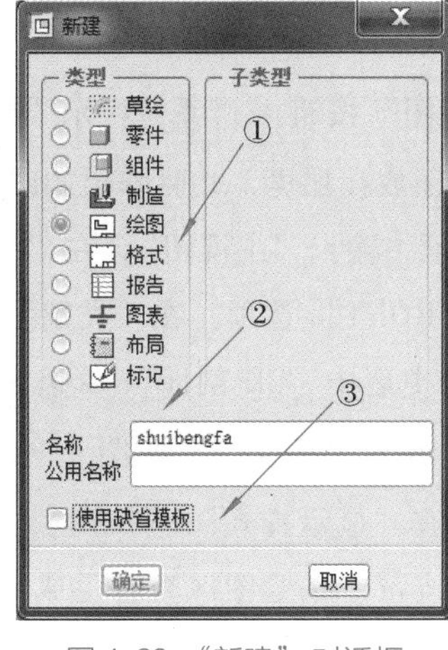

图 4.89　“新建”对话框

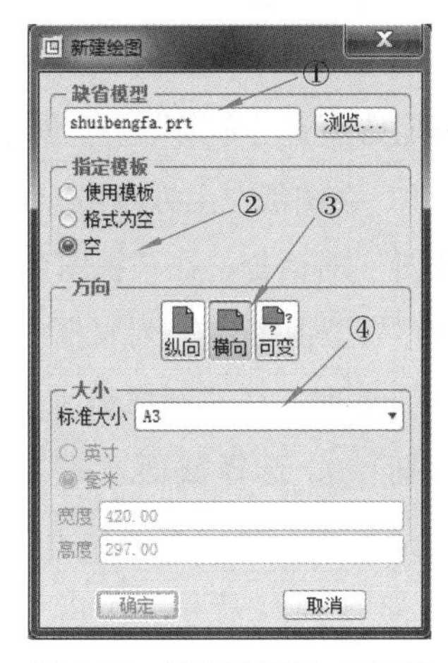

图 4.90　“新建绘图”对话框

在“新建绘图”对话框中进行如下操作。

① 单击“缺省模型”选项组中的“浏览”按钮，打开所创建的水泵阀零件“shuibengfa. prt”，将零件模型添加到绘图环境。

② 在“指定模板”选项组中选择“空”单选按钮。

③ 在“方向”选项组中单击“横向”按钮，表示图纸横向放置。

④ 在“大小”选项组中的“标准大小”下拉菜单中选择“A3”选项，表示使用A3图纸。单击“确定”按钮，完成新建工程图，进入绘图区域。

步骤二：设置绘图选项

由于Creo Parametric软件默认的是欧美国家制图标准，因此，需要进行重新设置以符合我国的制图标准。

在“文件”→“准备”→“绘图属性”→“详细信息选项”选项中设置如下常用的绘图标准：

① 第一视角：projection_type first_angle；

② 实心箭头：arrow_style filled；

③ 尺寸文本与引线平行：default_lindim_text_orientation，parallel_to_and_above_leader；

④ 公差显示：tol_display，yes/no；

⑤ 绘图单位制：drawing_units，mm（毫米制）；

⑥ 控制文本高度：drawing_text_high（估计为3.5 mm）；

⑦ 设置剖视箭头的长度、宽度：crossec_arrow_length（取3.0 mm），crossec_arrow_wide（取1.5 mm）；

⑧ 设置绘图箭头的长度：draw_arrow_length（取3 mm）；

⑨ 设置绘图箭头的宽度：draw_arrow_wide（取1.5 mm）。

步骤三：创建视图

（1）创建主视图

单击功能选项卡“布局”→“创建普通视图”按钮，系统提示“选取绘图视图的中心点”，在图纸左上方单击一点，将视图放在那里，此时弹出如图4.91所示的“绘图视图”对话框，在“视图名”文本框中输入“主视图”，在“视图方向”选项组中的“模型视图名”列表框中选择“FRONT”选项。在“类别”列表框中选择“截面”选项，在“剖面选项”选项组中选中“2D剖面”单选按钮，单击“添加”按钮，选择截面“A”，剖切区域为“完全”，如图4.92所示。在“类别”列表框中选择“视图显示”选项，在“显示样式”下拉列表中选择“消隐”选项，如图4.93所示；单击“应用”按钮，在绘图区查看生成的主视图，结果如图4.94所示。

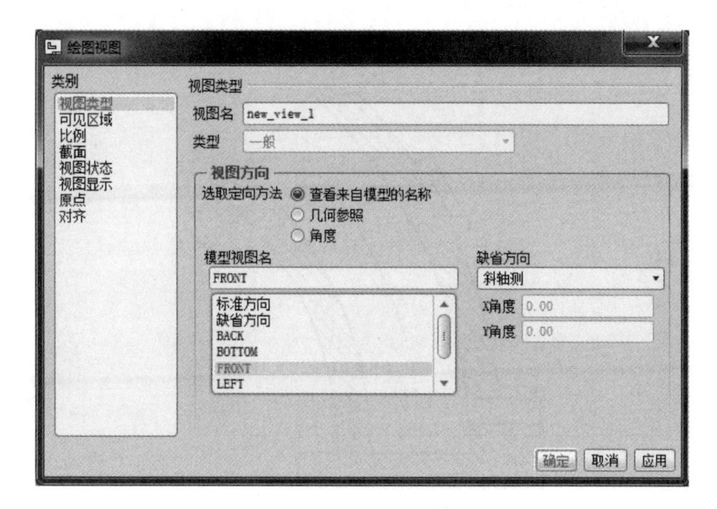

图 4.91 创建主视图

图 4.92 设置主视图剖面

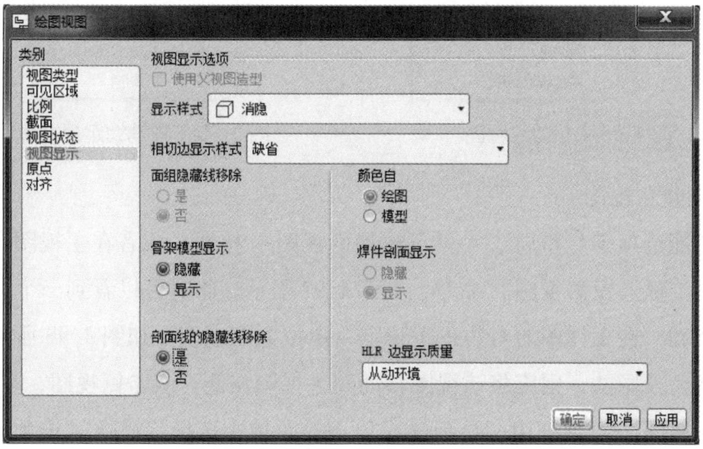

图 4.93 设置主视图显示线

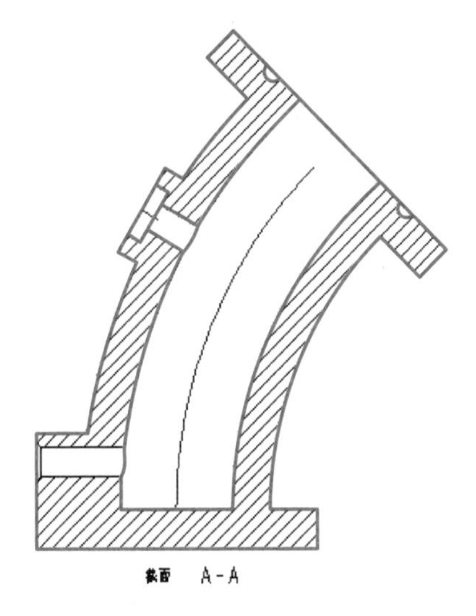

图4.94　主视剖面图

单击主视图下方的“剖面 A – A”字样，当出现红色的边框时右击，在弹出的快捷菜单中选择“拭除”命令，不显示该注释，如图4.95所示。

视图创建之后，一般要将其移动到图纸的合适位置。因为视图默认设置为“锁定视图移动”，所以要将视图移动，需将默认设置取消。选中该视图长按鼠标右键，在弹出的下拉菜单中取消选中“锁定视图移动”复选项，即可将视图拖动至指定位置，如图4.96所示。

图4.95　拭除注释图

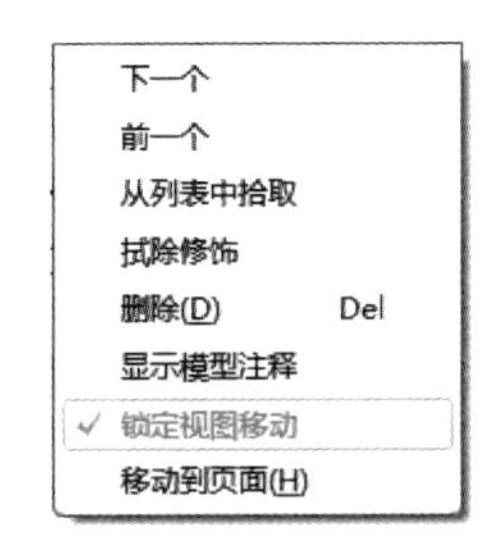

图4.96　取消锁定视图移动

（2）创建左视图

单击功能选项卡“布局”→“创建投影视图”按钮，或者在主视图上右击，在菜单中选择“插入投影视图”命令，如图4.97所示。此时可以看到一个红色的方框跟随光标移动，在主视图的右边单击一点，定位为左视图，如图4.98所示。若使用的是第三视角投影法，则应将该视图移动到主视图左侧。双击侧视图，在图4.99所示的“绘图视图”对话框中“显示样式”下拉菜单中选择“消隐”选项，表示在侧视图中为无隐藏显示模式，方法和主视图中的一样，在此不再赘述，完成的左视图如图4.100所示。

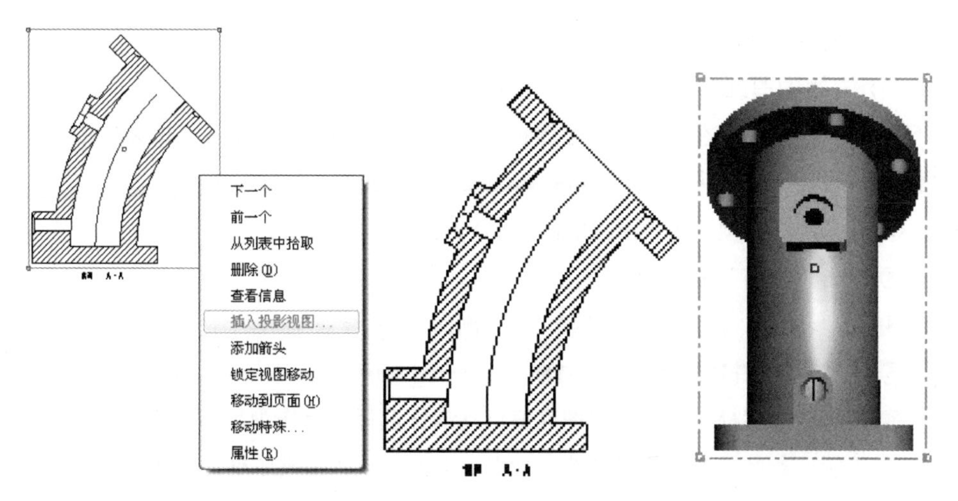

图 4.97　选择“插入投影视图”命令　　　图 4.98　往左边拖动创建左视图

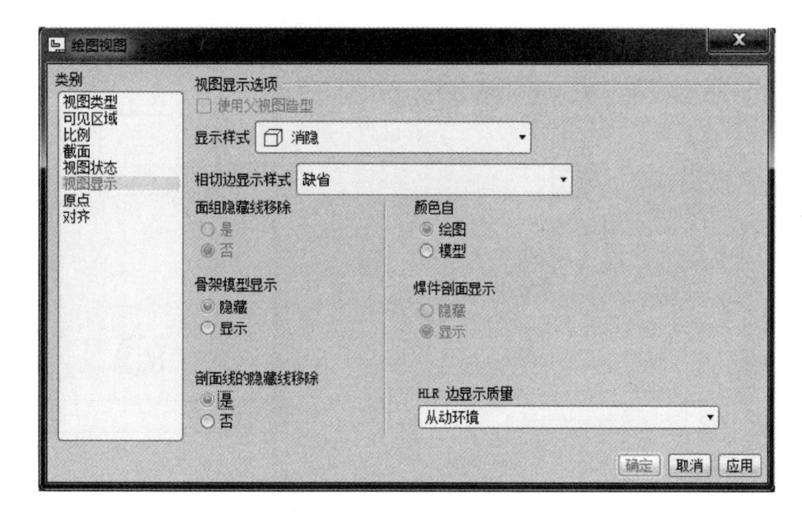

图 4.99　设置视图显示消隐

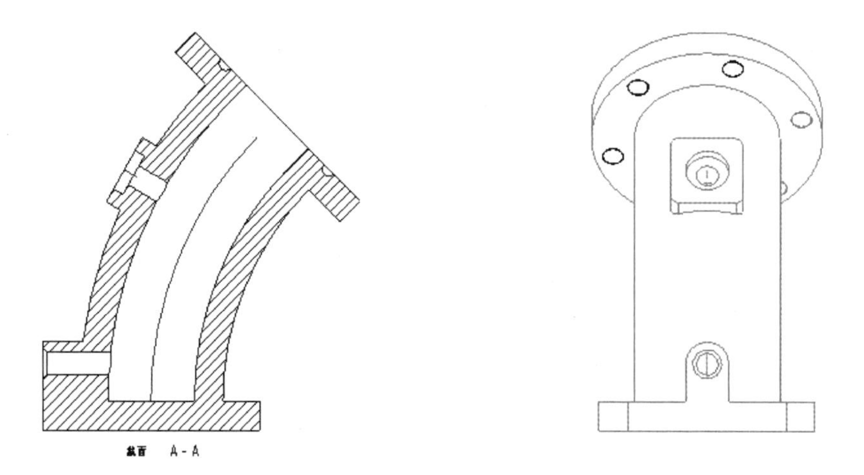

图 4.100　完成后的左视图

（3）创建左视图的沉孔局部剖视图

创建左视图的沉孔局部剖视图的操作步骤如下。

① 双击左视图，在弹出的“绘图视图”对话框中的“类别”下拉菜单中选择“截面”选项。

② 在“剖面选项”选项组中选中“2D 剖面”单选按钮。

③ 单击“添加”按钮 。

④ 在“名称”下拉菜单中选择“C”剖面。

⑤ 将“剖切区域”设置为“局部”。

⑥ 根据信息栏提示，在左视图底座沉孔部位选择一点作为剖切中心。

⑦ 绘制一条区域边界样条曲线，如图 4. 101 所示，完成后单击“确定”按钮。创建局部剖切的左视图如图 4. 102 所示。

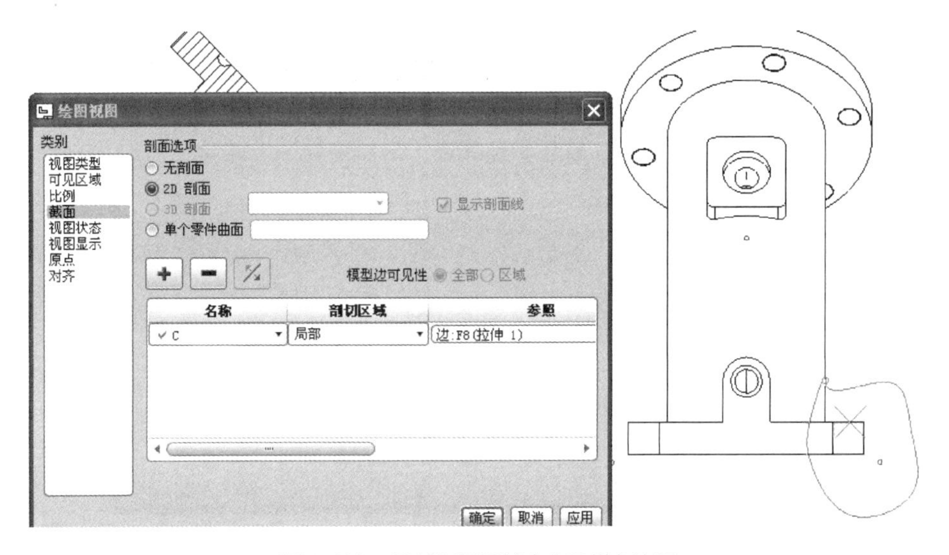

图 4. 101　局部剖切区域中心及样条边界

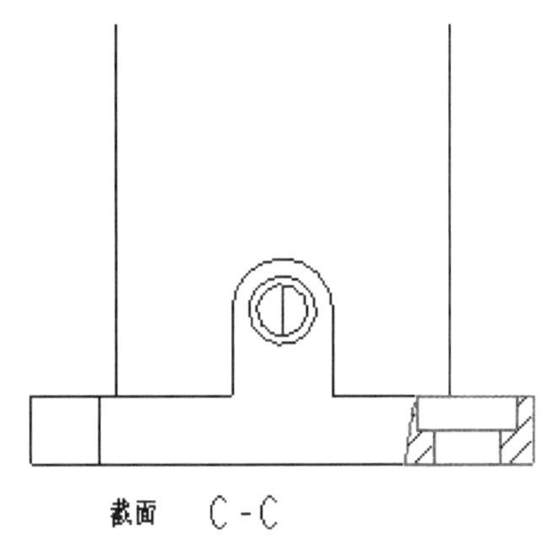

图 4. 102　底座沉头孔局部剖视图

提示： 在工程图操作模式下，默认浏览窗口为层树，为了操作方便，需要显示各特征操作。单击“浏览”窗口上方的“显示”按钮，选择“层树”命令，再单击“浏览”窗口上方的“设置”按钮，在弹出的“模型树项目”对话框中的“显示”选项组中选中“特征”复选框后，单击“确定”按钮，如图 4.103 所示。设置后，在“浏览”窗口中，该工程图所对应三维模型的所有特征都将显示。与零件模式相同，工程图操作模式可将不需要显示的某些基准隐藏，如图 4.103 中的草绘中心轴线及轨迹线。

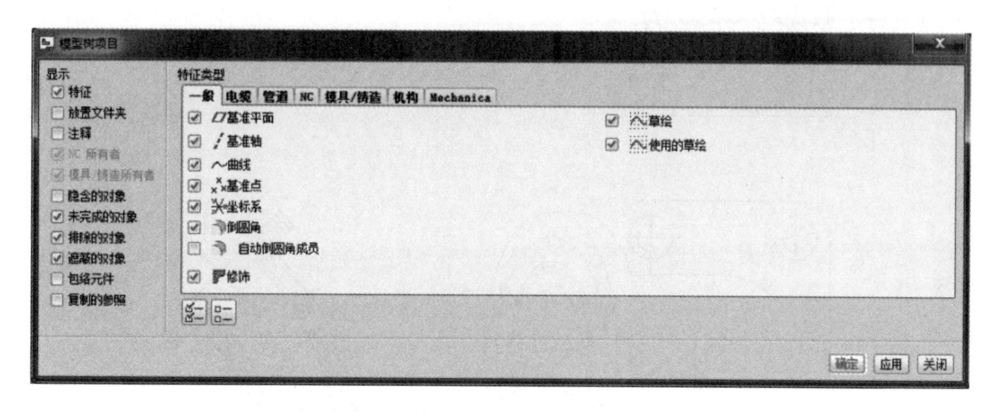

图 4.103　“模型树项目”对话框

（4）创建俯视图

采用与创建其他视图同样的方法创建俯视图。单击功能选项卡“布局”→“创建投影视图”按钮，或者右击主视图，在弹出的菜单中选择“插入投影视图”命令，然后拖至主视图的下方，单击一点，定位俯视图。同样，若按第三角投影法将其移动至主视图上方，再将其设置为“消隐”显示样式，完成后如图 4.104 所示。

（5）创建圆盘辅助视图

通过形体分析，发现该零件比较复杂。为了表达清楚，需要添加其他视图，如圆盘、凸台辅助视图，圆盘螺钉孔局部剖视图、凸台的详细视图。

首先创建圆盘辅助视图，单击功能选项卡“布局”→“创建辅助视图”按钮 辅助...，根据弹出的提示框选择如图 4.105 所示的边作为辅助视图的参照基准，然后在主视图的左下方点击一下，生成辅助视图，如图 4.106 所示。再将出现的辅助视图拖至主视图的右上方，摆放在合适位置，如图 4.107 所示。然后右击辅助视图选择属性进行修改，将“绘图视图”对话框中的“视图显示”设置为“消隐”。在“绘图视图”对话框中的“类别”列表框中选择“可见区域”选项，然后在“Z 方向修剪”选项组中选中“在 Z 方向上修剪视图”复选框，根据提示选择圆盘下边缘作为修剪参照，如图 4.108 所示。单击“确定”按钮，修剪后的圆盘辅助视图如图 4.109 所示。

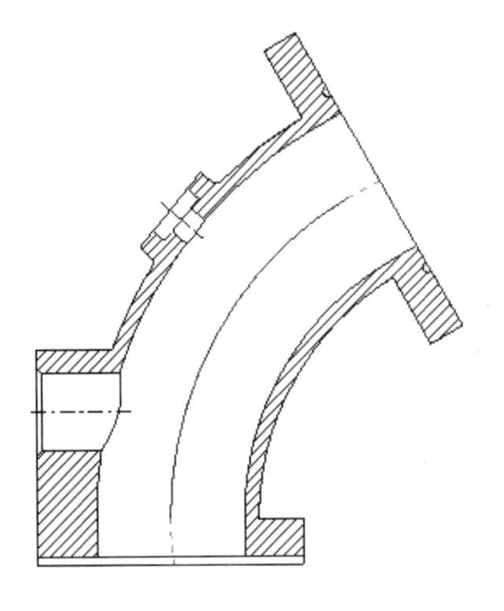

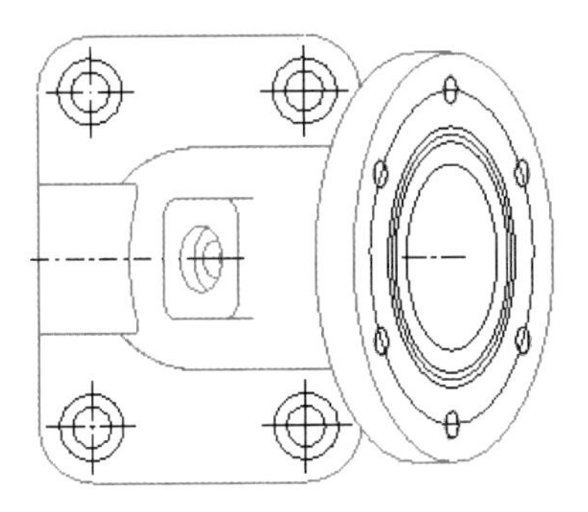

图 4.104　创建的俯视图

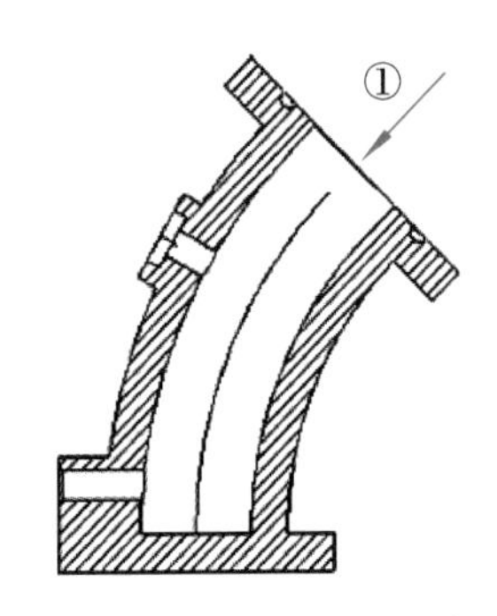

图 4.105　选择辅助视图参照

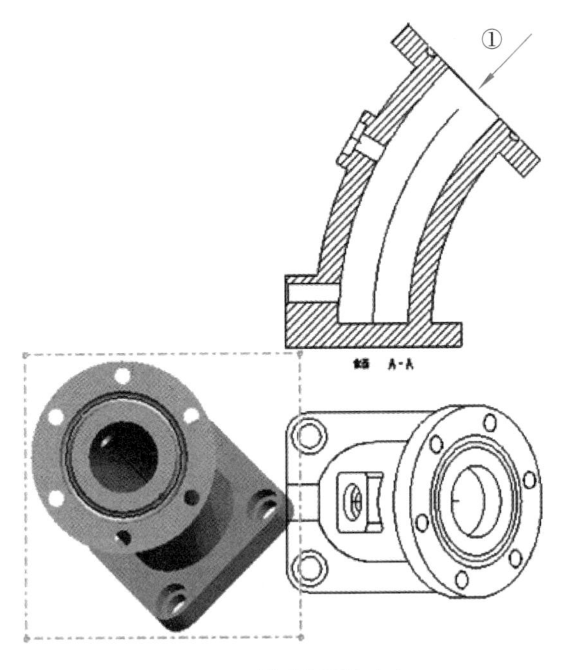

图 4.106　辅助视图的方向

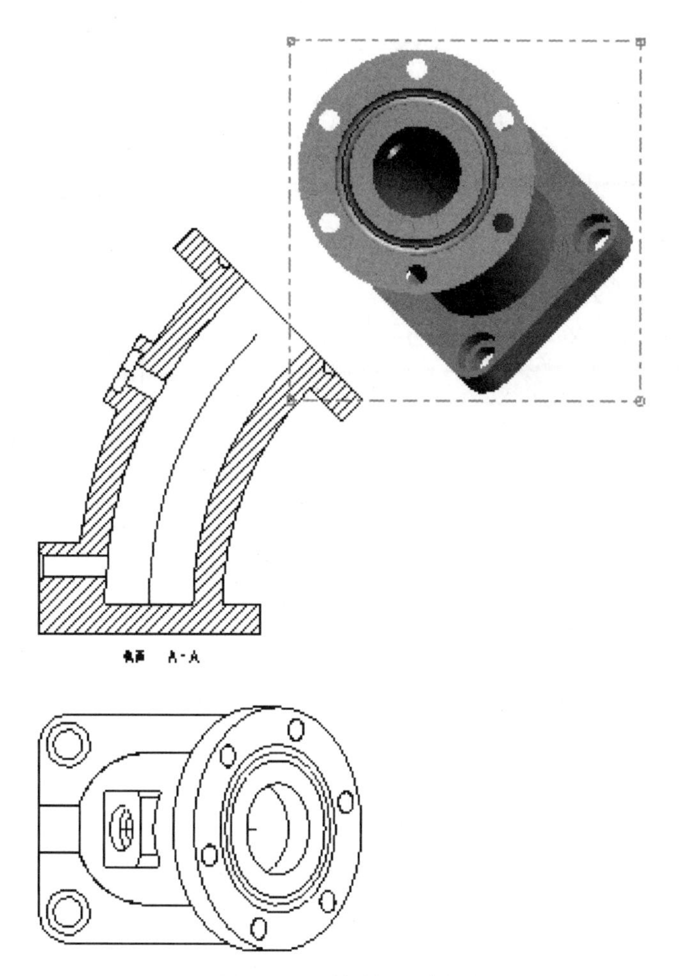

图 4.107　辅助视图的方向

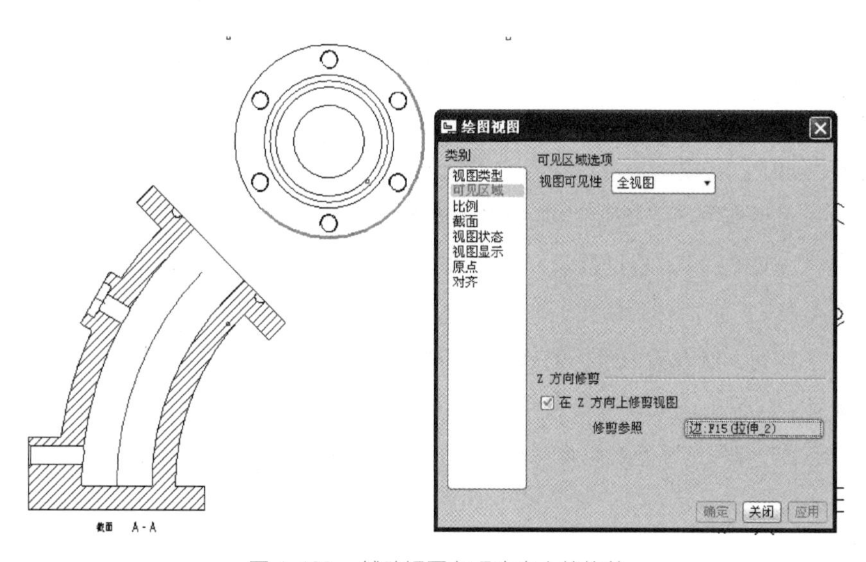

图 4.108　辅助视图在 Z 方向上的修剪

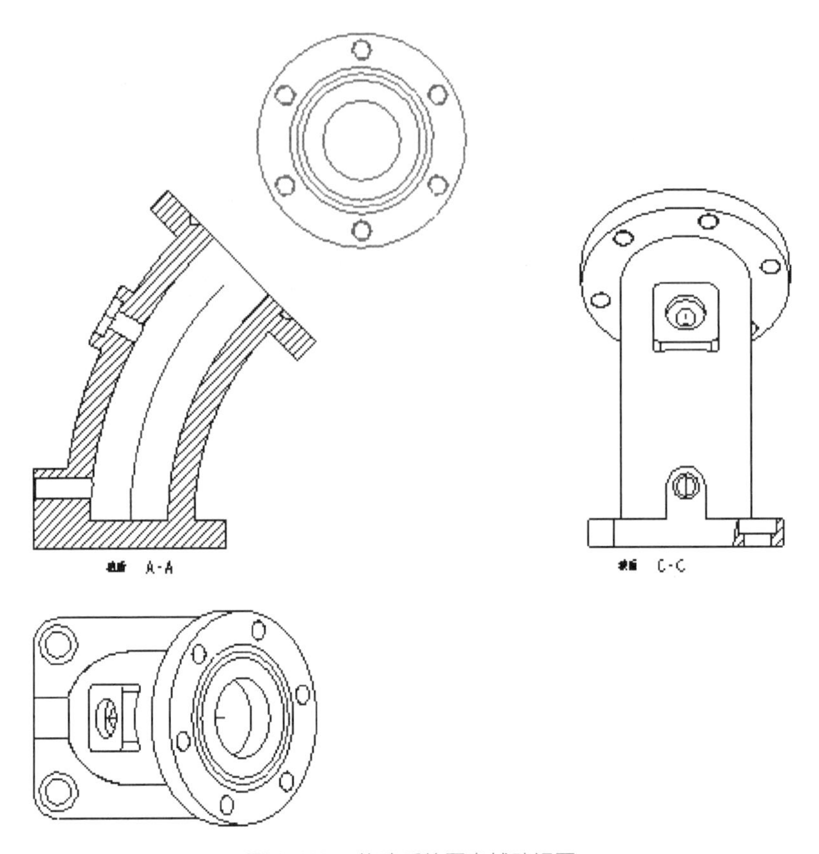

图4.109　修改后的圆盘辅助视图

（6）创建圆盘局部投影视图

为了详细表达圆盘上螺钉孔和凹槽的位置及形状，则需要增加圆盘的辅助局部剖视图。选中刚创建的圆盘辅助视图，用鼠标右击，在弹出的快捷菜单中选择“插入投影视图” 命令，然后按第一角投影法拖至圆盘辅助视图的右侧单击一点，定位为辅助视图的左视图，如图4.110所示。再根据需要，对该视图的属性进行修改，具体操作如下：将视图显示设置为“消隐”。在截面中添加“2D” 剖面B；在“绘图视图” 对话框中的“类别” 列表框中选择“可见区域” 选项，将“视图可见性” 设置为“局部视图”；根据提示，在螺纹孔部位单击一点作为几何上的参照点；绘制如图4.111所示的样条曲线；取消选中“在视图上显示样条边界” 复选框，单击“确定” 按钮，修改后的投影局部剖视图如图4.112所示。

提示： 默认生成的剖面线式样可进行修改。操作方法为：双击剖面线，在弹出的“菜单管理器”中可修改剖面线的间距、角度、线造型、颜色等设置，如图4.113所示。

（7）创建背部凸台辅助视图

首先创建圆盘辅助视图。单击功能选项卡“布局” →“创建辅助视图” 按钮

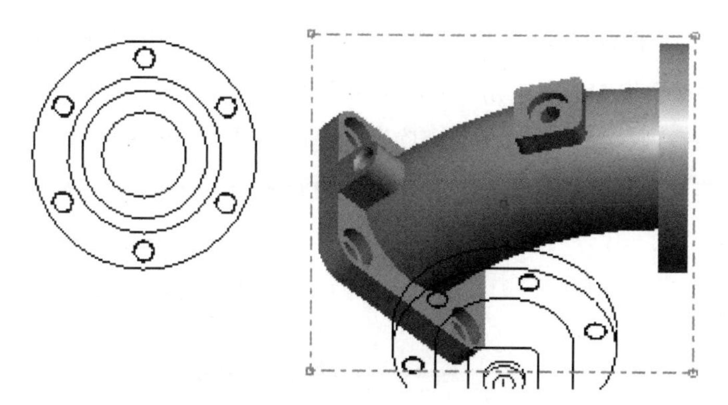

图 4.110　插入辅助视图的左视图

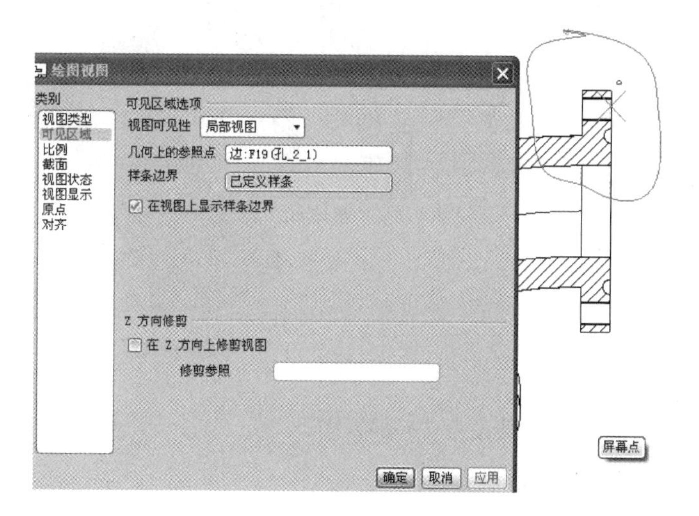

图 4.111　视图可见区域的设置

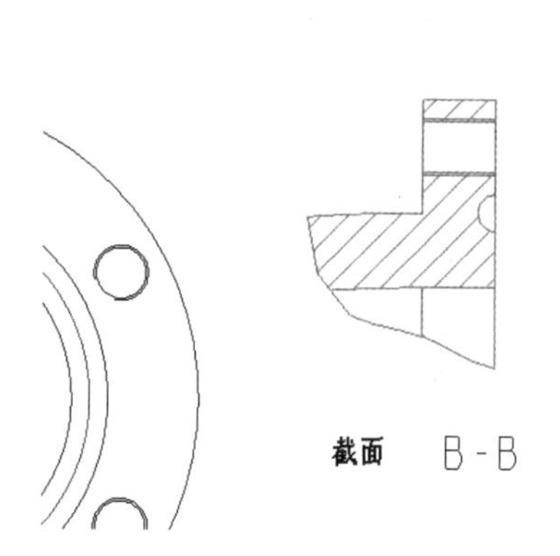

图 4.112　修改后的投影局部剖视图

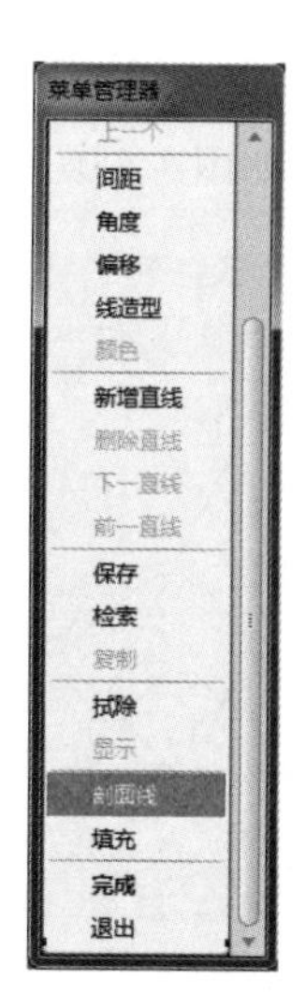

图 4.113　修改剖面线的设置

辅助...，在提示框选择如图4.114所示的边作为辅助视图的参照基准，再将出现的辅助视图拖至主视图的右下角，如图4.115所示。然后右击辅助视图，选择“绘图视图”进行修改。显示设置为“消隐”，然后再选择“可见区域”，在“可见区域选项”中设置可见区域的类型，其操作步骤如下。

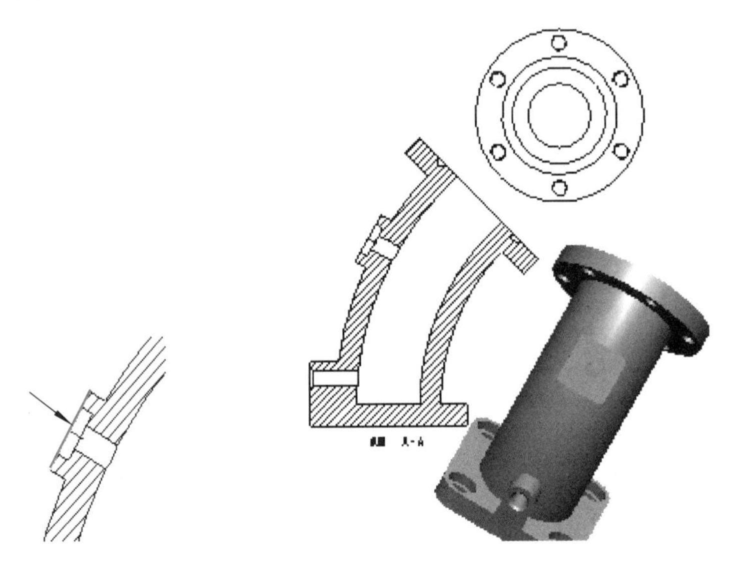

图4.114　辅助视图参照边　　　图4.115　向右下角拖动创建凸台辅助视图

① 将“视图可见性”设置为“局部视图”。

② 单击“几何上的参照点”。

③ 在凸台部位选中一点作为参考点。

④ 单击“样条边界”。

⑤ 创建如图4.116所示的样条曲线边界。

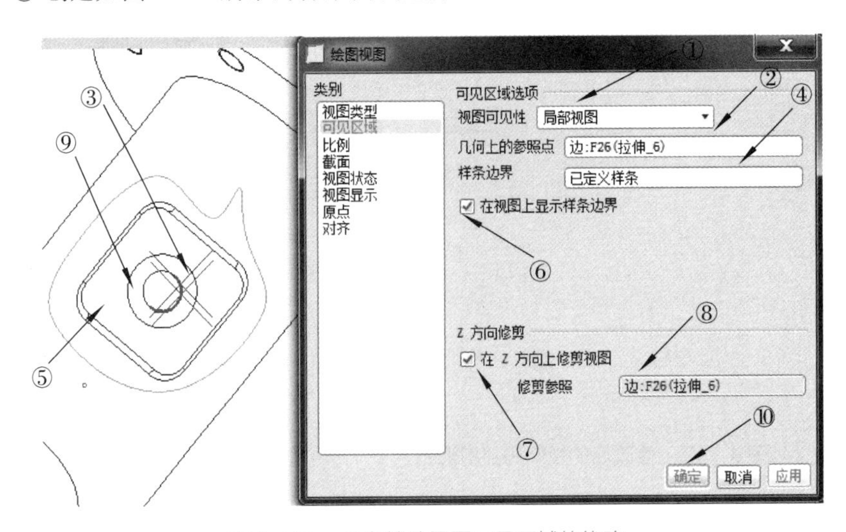

图4.116　凸台辅助视图可见区域的修改

⑥ 取消选中“在视图上显示样条边界”复选框。

⑦ 选中“在 Z 方向上修剪视图”复选框。

⑧ 单击“修剪参照”。

⑨ 选择沉孔的内孔边作为修剪参照。

⑩ 单击“确定”按钮，修改后的凸台辅助视图如图 4.117 所示。

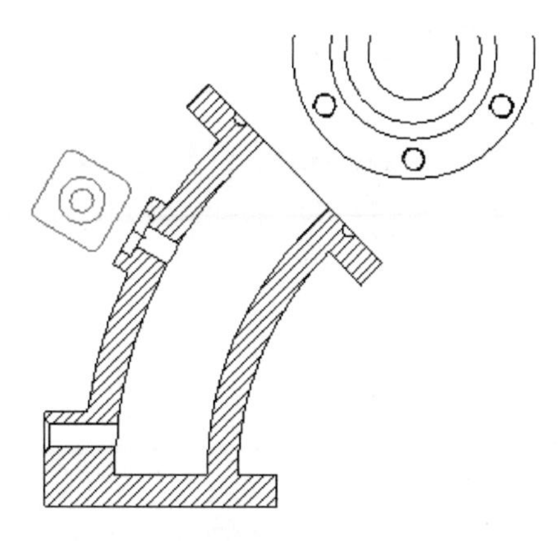

图 4.117 修改后的凸台辅助视图

（8）创建沉孔详细视图

单击功能选项卡“布局”→“创建详细视图”按钮 详细...。根据提示，选择沉孔部位作为详细视图放大部分的中心点，确定后的点将以红色的“╳”显示在屏幕上，再绘制样条边界，即确定详细视图的大概范围。绘制样条曲线后（如图 4.118 所示），根据信息栏提示，选择信息视图的放置位置后单击，完成后的详细视图如图 4.119 所示。

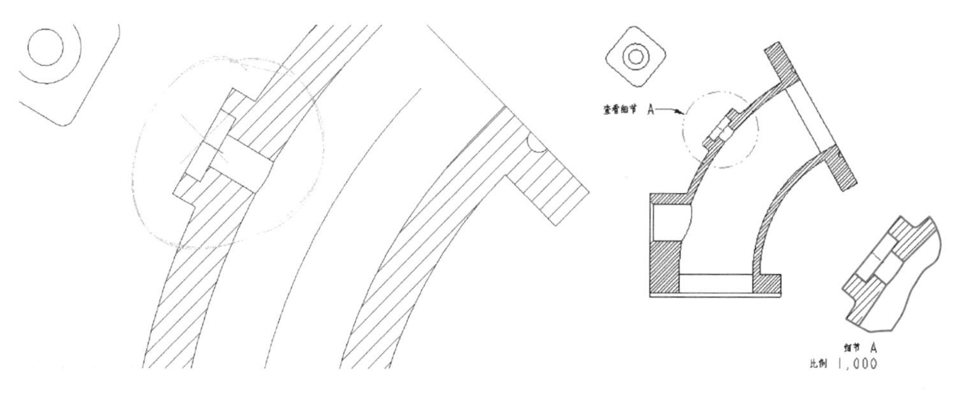

图 4.118 详细视图中心及样条区域

图 4.119 创建的凸台详细视图

（9）创建剖视图的剖面箭头

为了清晰地表达剖面 *A* 和剖面 *B* 的剖切位置，需在相应的视图内用剖面箭头表示。单击功能选项卡“布局”→“箭头”按钮 箭头，如图 4.120 所示，根据提示，首先选择要表示的剖面视图，然后再选择显示箭头的视图。单击选择主剖视图为要表示的剖面视图，然后单击选择俯视图为箭头显示视图，创建的 *A* 剖面箭头如图 4.121 所示。用同样方法创建剖面 *B* 的剖面箭头，如图 4.122 所示。

经过以上各视图创建及编辑，完成的工程图如图 4.123 所示，能够清晰地表达水泵阀的内部全部结构和形状。

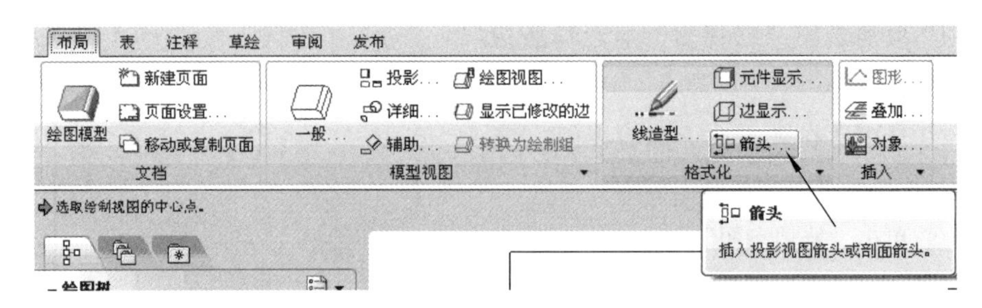

图4.120 插入投影视图箭头

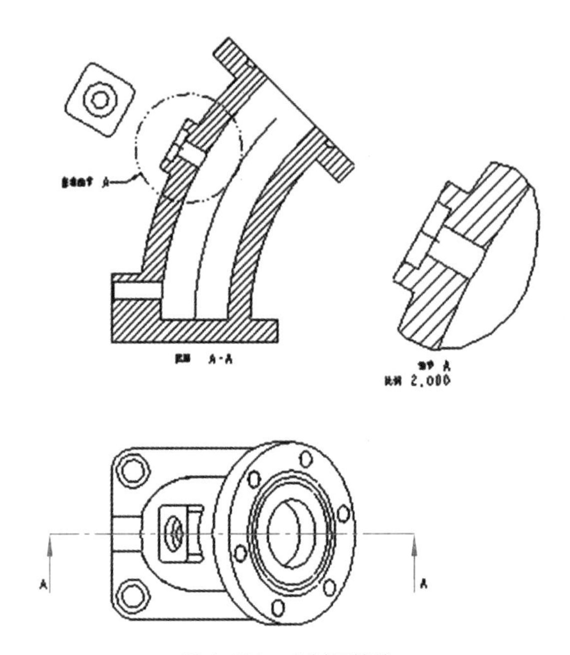

图4.121 A剖面箭头

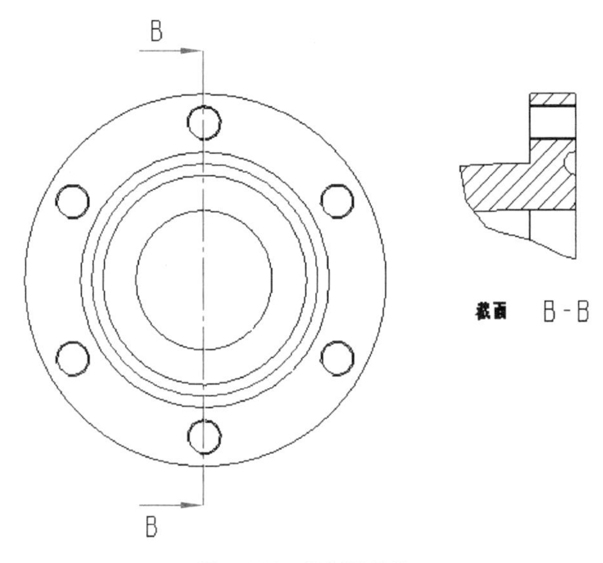

图4.122 B剖面箭头

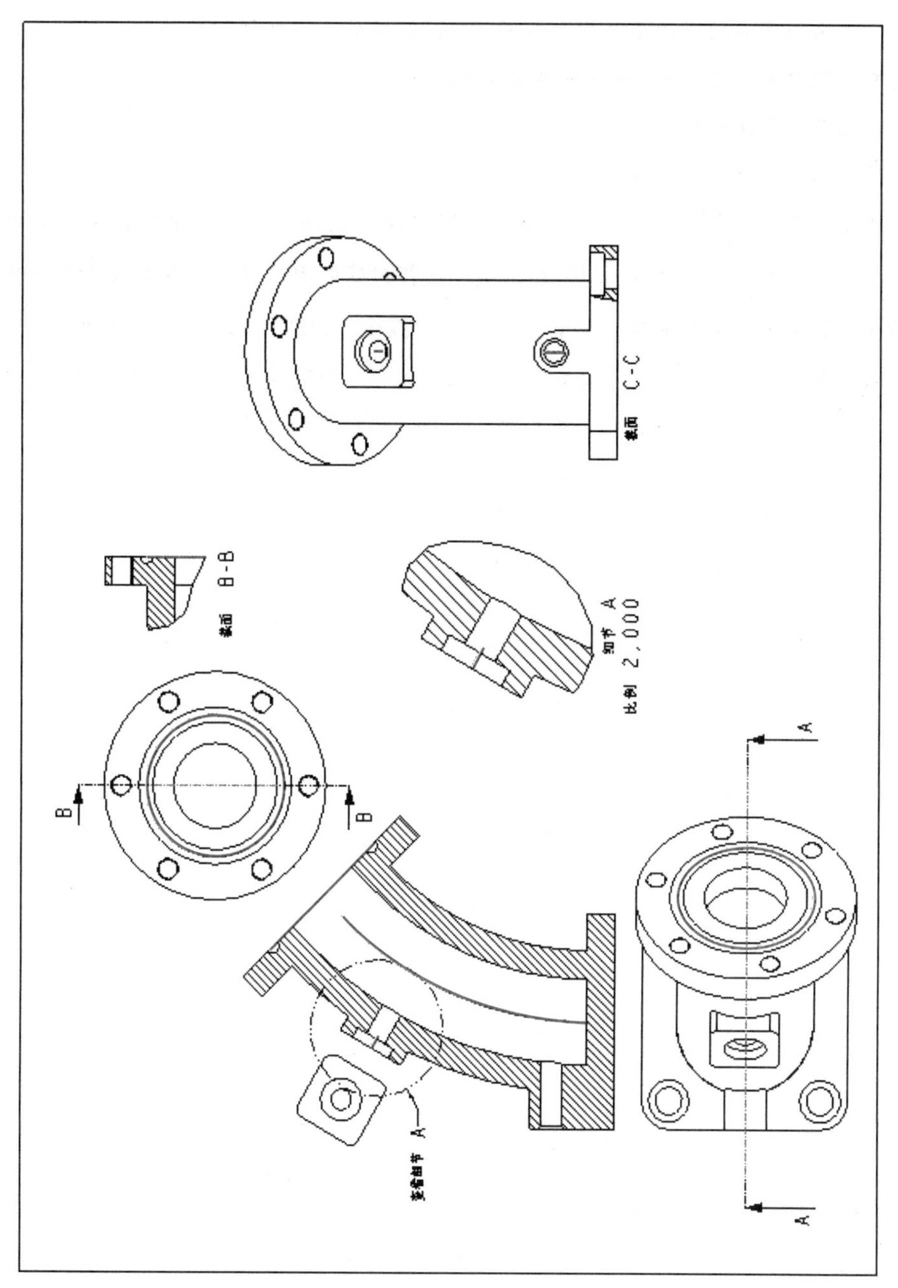

图 4.123 完成各视图的创建及编辑后的工程图

提示： 完成各视图的创建后，可根据各视图与整个图纸大小，调整视图的比例，以能清楚表达、紧凑且美观为标准。对于本工程图来说，根据图纸大小合理布局，可将主视图的比例设置为定制比值1.2，调整后除详细视图外的其他所有视图都会自动调整为1.2，详细视图可调整为2。

步骤四：创建尺寸

（1）显示各视图特征轴线

单击功能选项卡“注释”→“显示模型注释”按钮→“轴线显示”按钮，再在绘图树中选中视图，利用显示模型注释对话框中“显示”项目下的复选框选项来设置需要显示的轴线，再单击“确定”按钮，如图4.124所示。也可以先让全部轴线都显示，再选中不需要显示的轴线，在右击时弹出的快捷菜单中利用“拭除”功能将轴线进行拭除操作。完成操作后的工程图如图4.125所示。

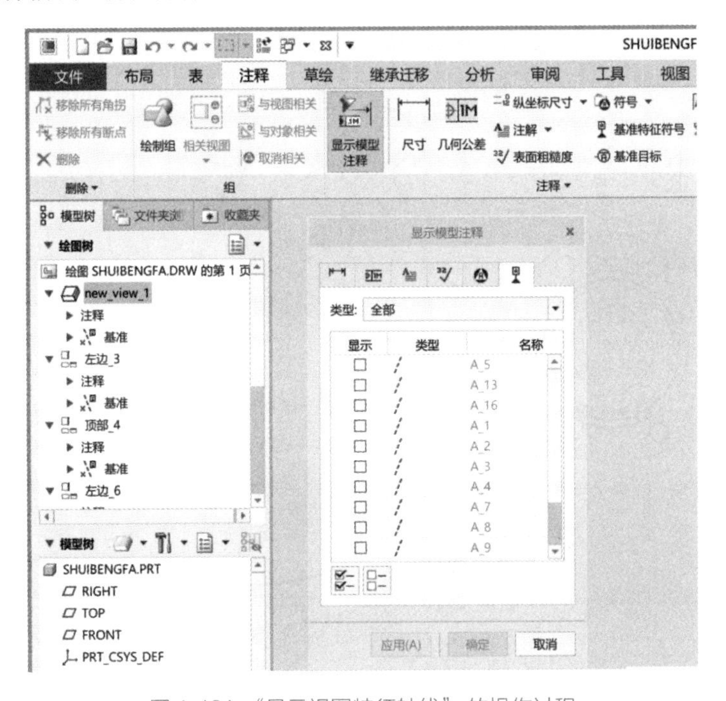

图4.124　“显示视图特征轴线”的操作过程

（2）创建尺寸标注辅助线

水泵阀零件的尺寸较复杂，多个视图都需要创建辅助线来标注尺寸，如弯曲管的尺寸、圆盘上螺钉孔的位置尺寸。具体操作方法有以下两种。

① 单击功能选项卡“草绘”→“创建2点线”工具按钮（或“创建圆”工具按钮 圆(C)、“创建弧”工具按钮 圆心和端点(E) 等）后，弹出如图4.126所示的“捕捉参照”对话框，单击“选取项目”按钮，在视图中选择已有的边线作为参照，单击“确定”按钮，后便可绘制指定位置的参照线。

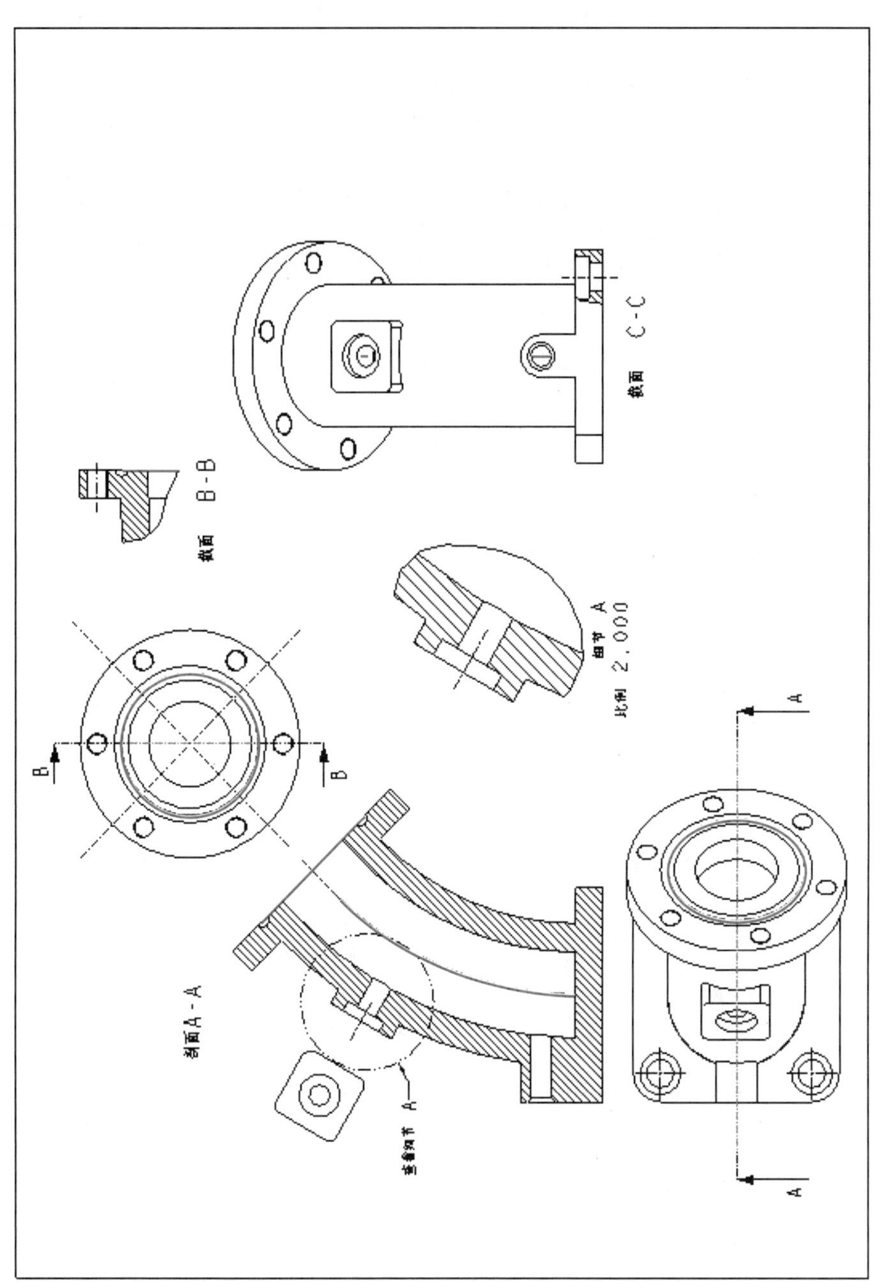

图 4.125 轴线显示编辑后的工程图

图 4. 126　创建图元捕捉参照

② 对于已有的草绘基准的参照性，可通过“从已有边线创建”工具按钮 ▼，即从边或基准曲线绘制图元的方式创建。如主视图中弯曲管的中心弧线，首先在浏览器窗口中取消原中心弧线的草绘隐藏，单击“从已有边线创建”工具按钮 ▼，选中中心弧线，按鼠标中键确定，创建中心圆弧直线。

水泵阀工程图共有两处需要绘制中心线或尺寸标注辅助线，均可通过上述方法创建。单击功能选项卡“布局”→“线造型”按钮，再选中标注辅助线并确定，在弹出的“修改线造型”对话框中将线体设置为“中心线”，然后在模型树中隐藏草绘线，如图 4. 127 所示，并统一设置其颜色，以与其他线区别。完成后的工程图如图 4. 128 所示。

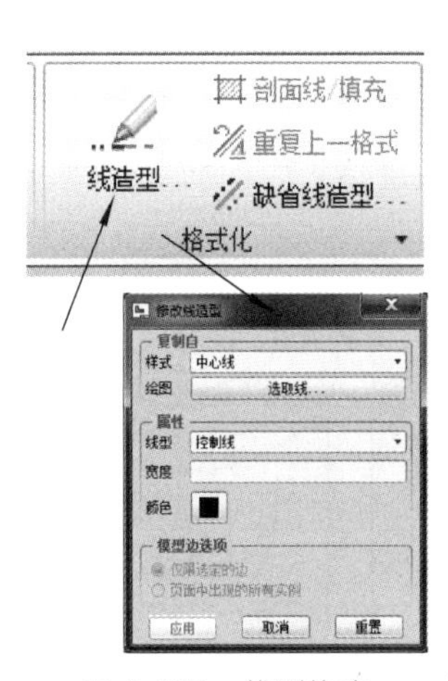

图 4. 127　线型修改

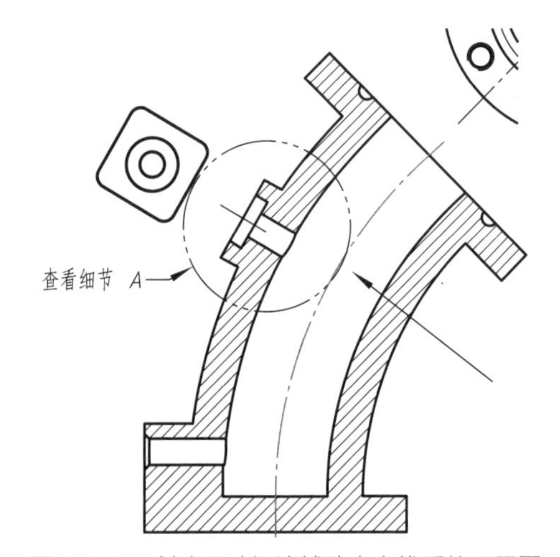

图 4. 128　创建尺寸标注辅助中心线后的工程图

提示：如果所创建的辅助线或中心线不用来作为尺寸标注基准线，只为了满足表达图形的需要，则可通过方法一来创建。如果所创建的辅助线或中心线是标注尺寸的基准线，则必须通过方法二来创建。方法二需要在零件模式下有对应的草绘特征作为基准，如果没有创建，则可返回零件模式创建相应的草绘基准。

（3）标注尺寸

该内容在前文已作介绍。尺寸创建有多种方式，可单击工具栏中“新参照”按

钮 ⊢⊣ ▾创建尺寸。现重点介绍几种典型尺寸的创建和编辑方法。

1）主视图弯曲管尺寸标注

弯曲管的中心半径和角度尺寸即草绘中心弧线的尺寸。创建步骤如下。

① 单击功能选项卡“注释”→“显示模型注释”按钮 →“尺寸显示”按钮 ⊢⊣，如图 4.129 所示。

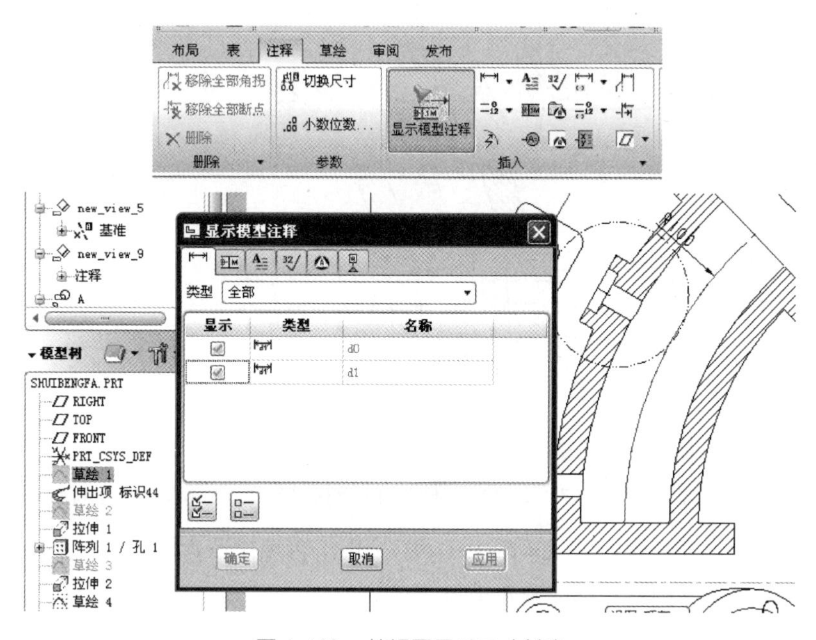

图 4.129　按视图显示尺寸创建

② 再在模型树中选中草绘中心弧线，利用“显示模型注释”对话框中的“显示”项目下的复选框选项选择需要显示的尺寸，再单击“确定”按钮。完成后即在主视图中显示该草绘特征的尺寸（弧半径及角度值），如图 4.130 所示。

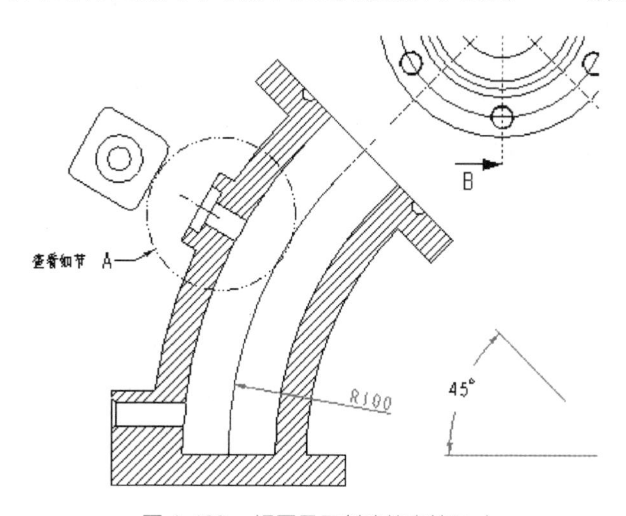

图 4.130　视图显示创建的弯管尺寸

提示： 用户也可以直接通过单击“新参照”按钮来创建这两个尺寸，如图4.131所示。

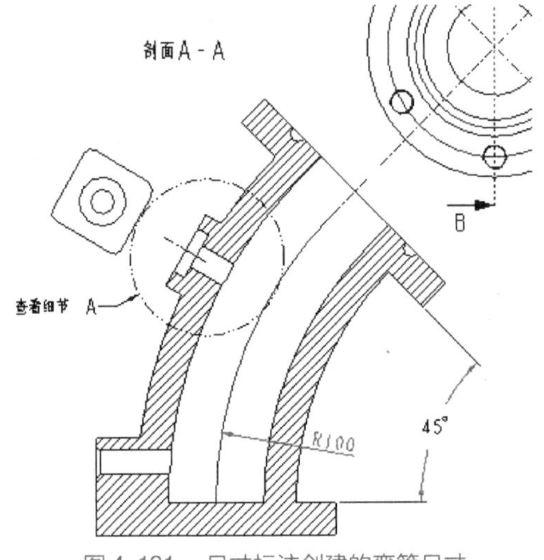

图4.131　尺寸标注创建的弯管尺寸

2）凸台辅助视图的尺寸标注

单击功能选项卡“注释”→“新参照”尺寸按钮，选择凸台的两边，单击鼠标中键确定尺寸位置，即自动标注长度“20”；再选择凸台圆角边，单击鼠标中键确定尺寸位置，则自动标注圆角半径“2”。

因为凸台为方形，边长度尺寸创建后可修改尺寸属性。操作方法如下。

① 双击刚标注的尺寸，弹出“尺寸属性”对话框。

② 选择“显示”按钮，在尺寸符号前单击，出现光标“|”。

③ 单击“文本符号”按钮。

④ 在弹出的“文本符号”对话框中选择“□”选项（表示凸台为正方形）。

⑤ 单击“确定”按钮，完成尺寸属性修改，如图4.132所示。

完成后的凸台尺寸如图4.133所示。

提示： 常用的工程图尺寸符号、公差符号等都可通过在“文本符号”对话框中创建。如果是尺寸上的符号，可用刚才所述方法创建；如果是单独注释，则可通过在注释中添加文本符号创建。

3）圆柱管内孔倒角的标注

圆柱管内孔倒角的标注需要采用带引线注释，具体步骤如下。

① 单击功能选项卡“注释”→“创建注解”按钮。

② 在弹出的菜单管理器中设置“带引线”“输入”“水平”“进行注释”，如图4.134所示。

③ 在弹出的“依附类型”对话框中设置“图元上”“箭头”，如图4.135所示，

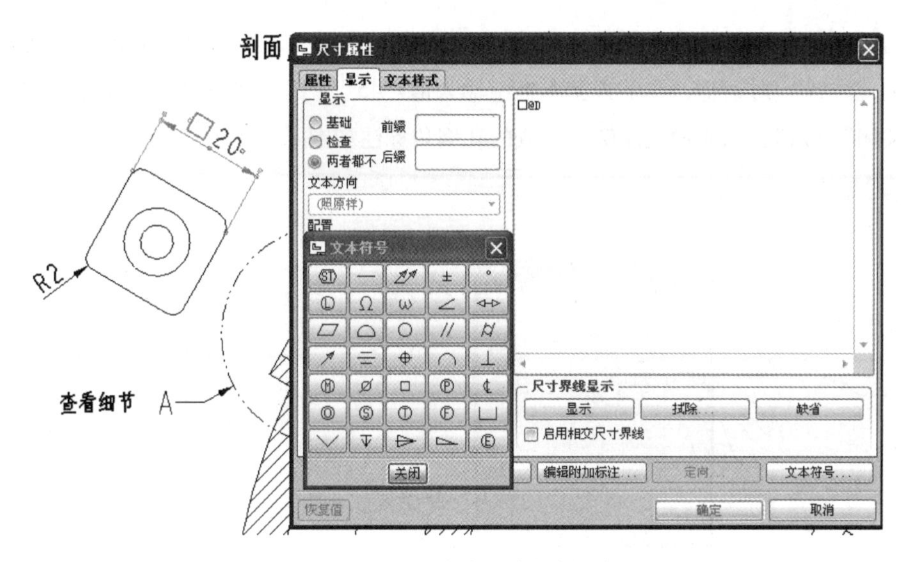

图 4.132　凸台边尺寸文本修改

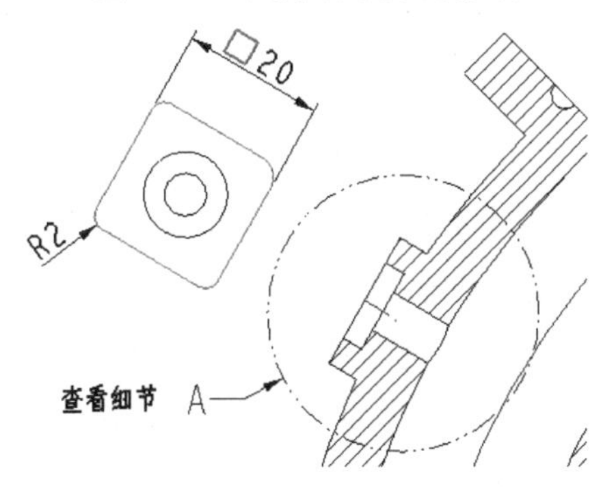

图 4.133　完成后的凸台尺寸

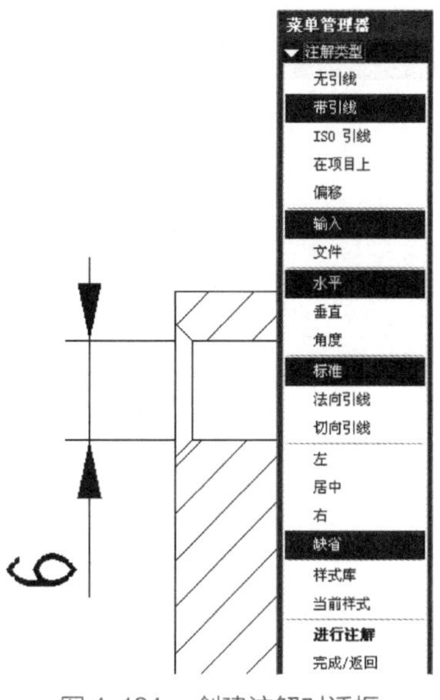

图 4.134　创建注解对话框

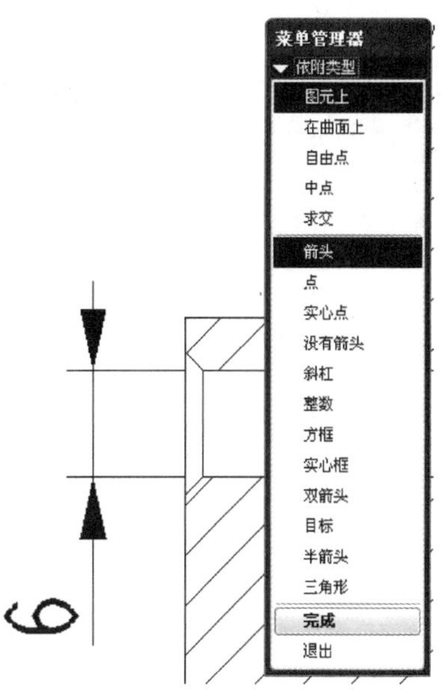

图 4.135　创建“依附类型”对话框

单击选择主视图中“倒直角”→“完成”→“选出点”，在倒直角附近左击弹出“输入注解”对话框，在下方文本框中输入值“45° ×1”，如图4.136所示，单击“关闭”按钮，完成输入注解，完成的孔倒角标注如图4.137所示。

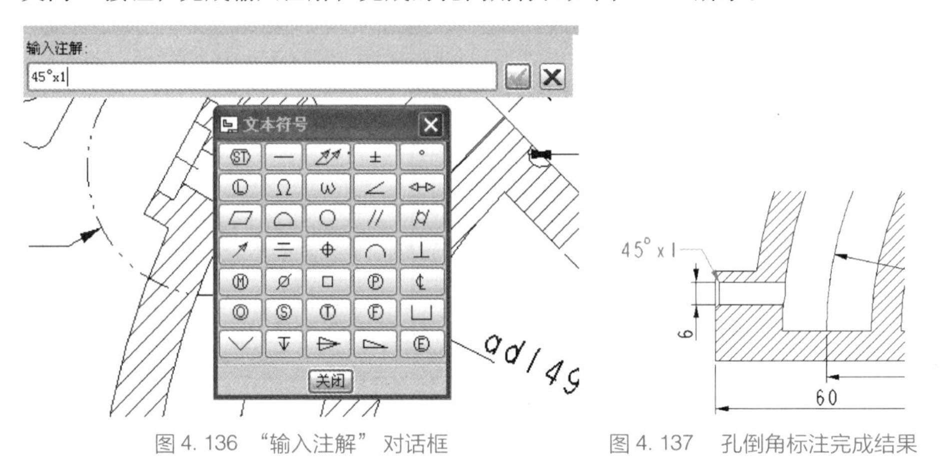

图4.136 “输入注解”对话框　　图4.137 孔倒角标注完成结果

4）添加尺寸公差

系统默认不显示公差，可进入“文件”→“准备”→“绘图属性”→“详细信息选项”→“绘图选项”中改变设置，具体操作方法前文已经讲述。完成公差显示设置修改后，工程图所有尺寸公差模式都是按默认的公称模式显示的（即基本尺寸）。若尺寸需要显示上下偏差，则需通过“尺寸属性”进行修改，操作方法为：左键双击需要设置公差的尺寸，弹出“尺寸属性”对话框，或者选中需要设置公差的尺寸，再右击，在弹出的菜单中选择“属性”，在弹出的“尺寸属性”对话框中，将“公差模式”改为“加－减”，如图4.138所示，则尺寸显示公差模式。

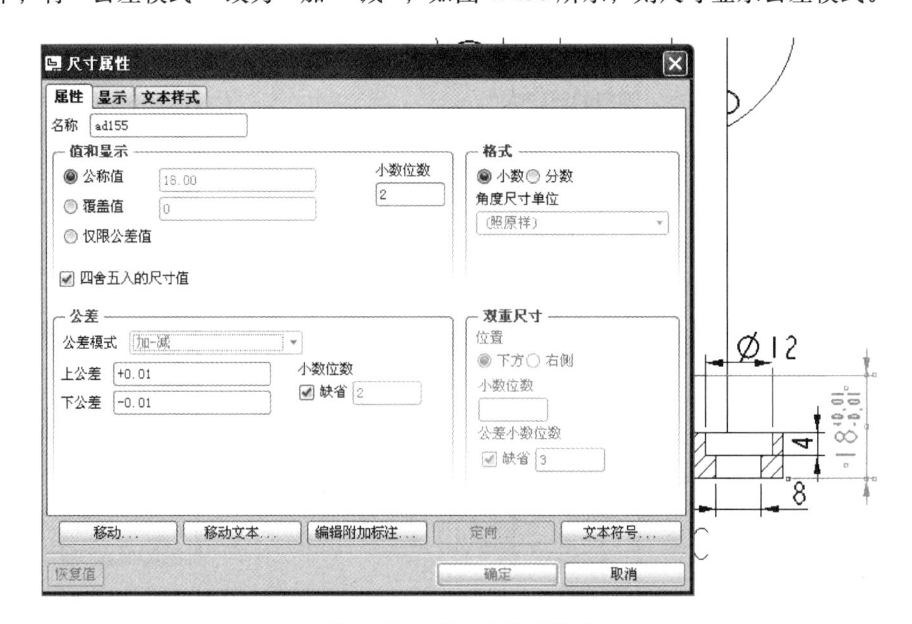

图4.138 尺寸公差的设置

本零件工程图中只有一个尺寸有公差要求，即直通孔中心到座板底平面的距离尺寸 18，双击该尺寸，修改其属性，如图 4.138 所示。将“公差模式”修改为“加 - 减”，并按要求将“上公差”设置为“+ 0.01”，“下公差”设置为“- 0.01”，设置后单击“确定”按钮，得到尺寸显示为“$18^{+0.01}_{-0.01}$”，完成后的工程图如图 4.139 所示。

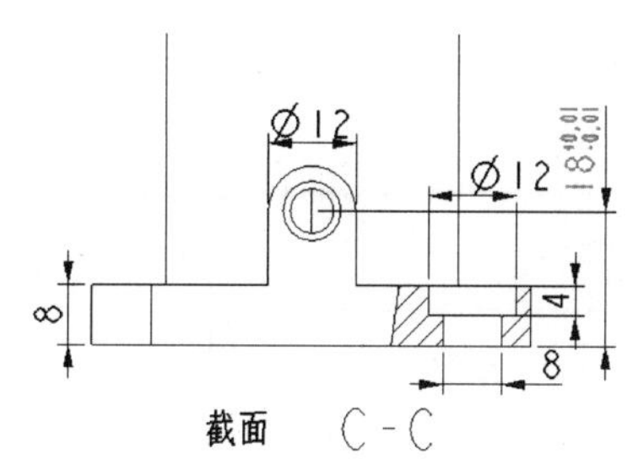

图 4.139　完成尺寸公差标注

5）完善各视图尺寸的标注

有些直径尺寸为了显示清楚，可将其设置为线性显示，操作方法为：选中所需修改的尺寸“¢64”右击，在弹出的快捷菜单中选择“显示为线性”命令，如图 4.140 所示。线性尺寸显示结果如图 4.141 所示。

综合利用前述两种方法（方法一：通过特征在指定视图中显示尺寸；方法二：直接利用“新参照”按钮创建尺寸）将其他视图中所有尺寸都按要求进行标注，并添加必要的尺寸注释。完成后可通过过滤器选中所有的尺寸，可将颜色设置为彩色，以区别于图形线条。完成的整个工程图的尺寸标注如图 4.142 所示。

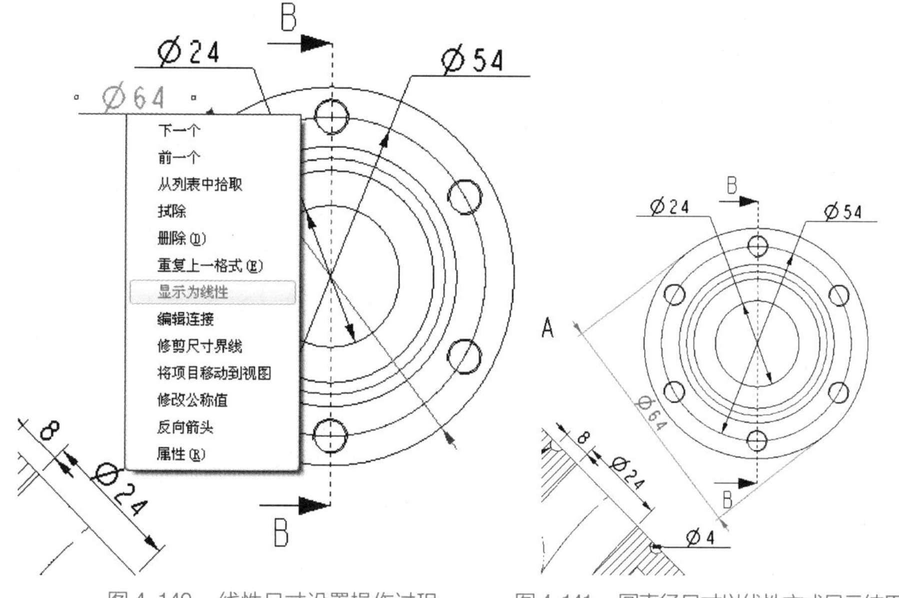

图 4.140　线性尺寸设置操作过程　　图 4.141　圆直径尺寸以线性方式显示结果

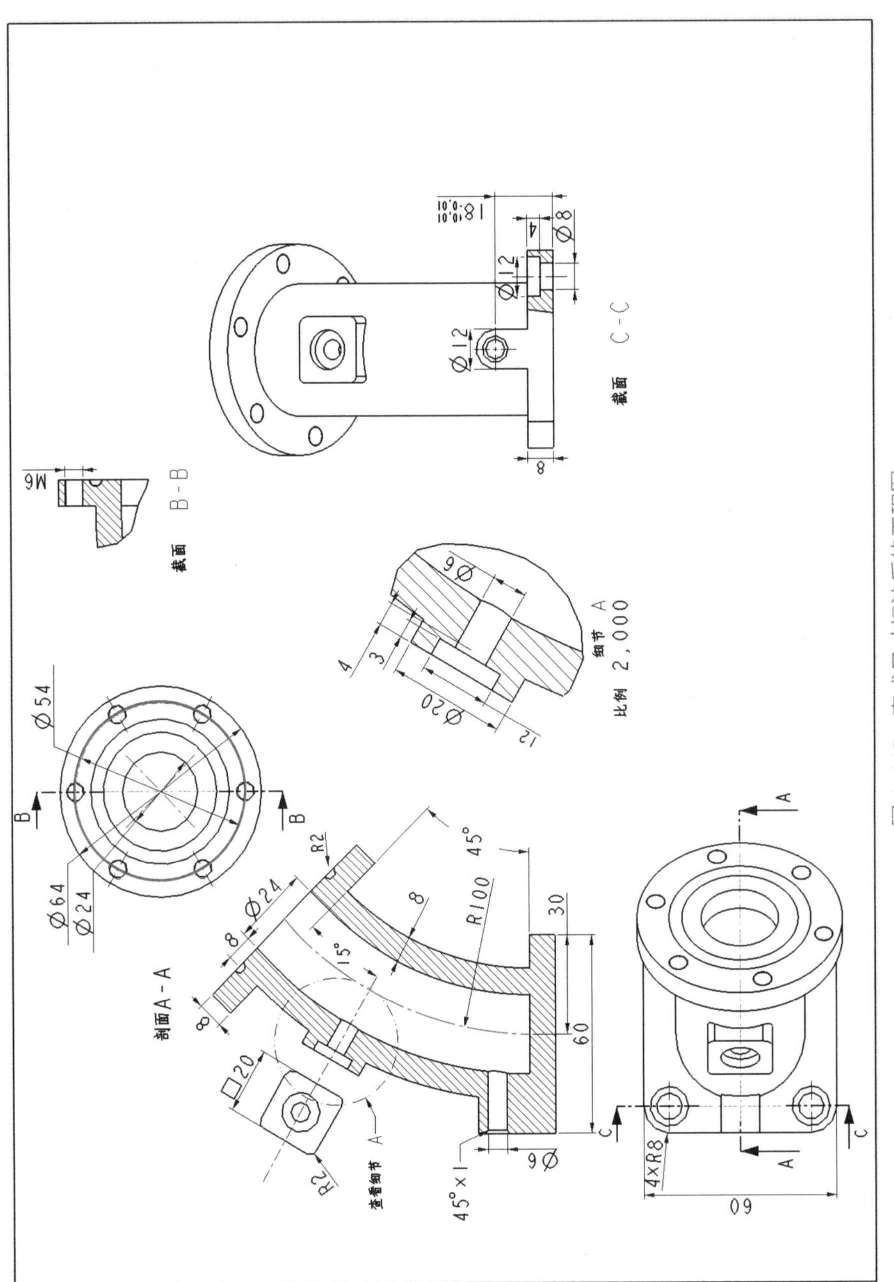

图4.142　完成尺寸标注后的工程图

提示：对于尺寸标注文字的大小可以进行整体设置，以获得合适的文字大小与粗细。具体设置步骤如下：在“布局”或者“注释”模块下选择“文本样式”，在弹出的对话框中根据实际图形大小设置“粗细”值和“宽度因子”值，本例水泵阀设置“粗细”值为“0.5”和“宽度因子”值为“0.8”，读者可自行设置。

步骤五：创建表格及注释

（1）创建表格

单击功能选项卡“表”→“通过指定列和行尺寸插入一个表格”按钮，如图4.143所示；在弹出的“插入表”中设置列数为“5”，列宽度为“20”；行数为“4”，行高度为“8”；单击“确定”按钮完成设置，如图4.144所示。完成表格的创建如图4.145所示。

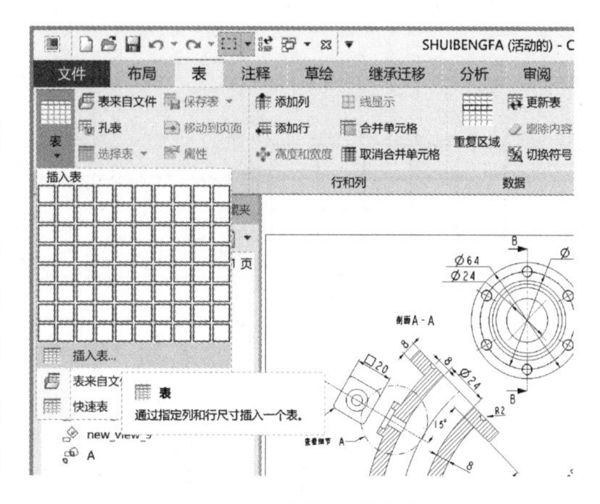

图4.143　表格的创建方式

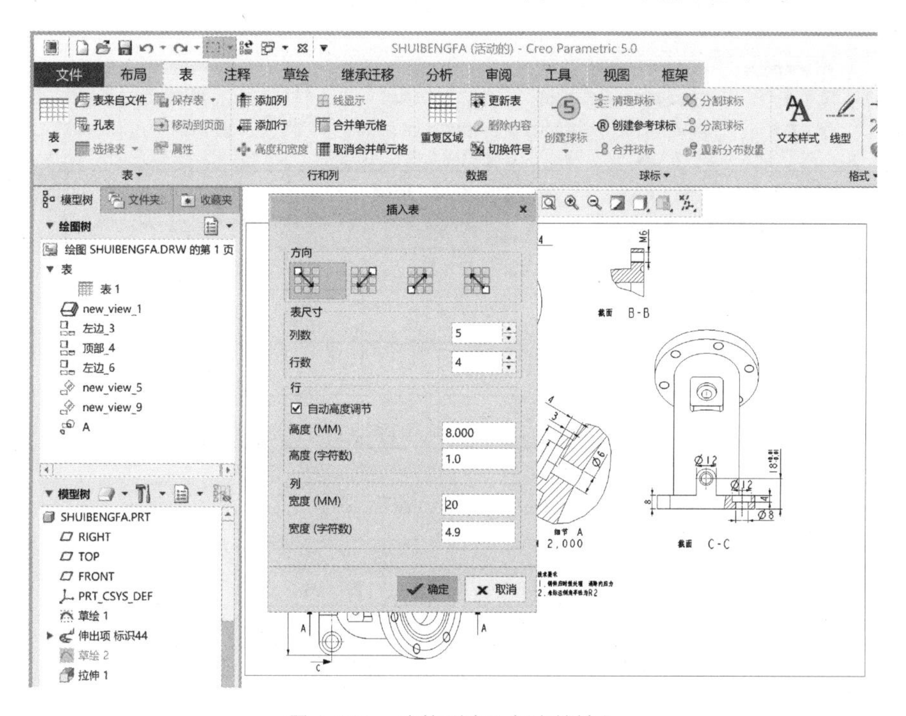

图4.144　表格列宽及行高的输入

创建完成的表格并没有实现精确定位，要通过在“表”隐藏下拉菜单中选择“移动特殊”完成定位，如图4.146所示，然后在弹出的对话框中输入图纸右下角的绝对坐标值（420，0），完成表格的定位。

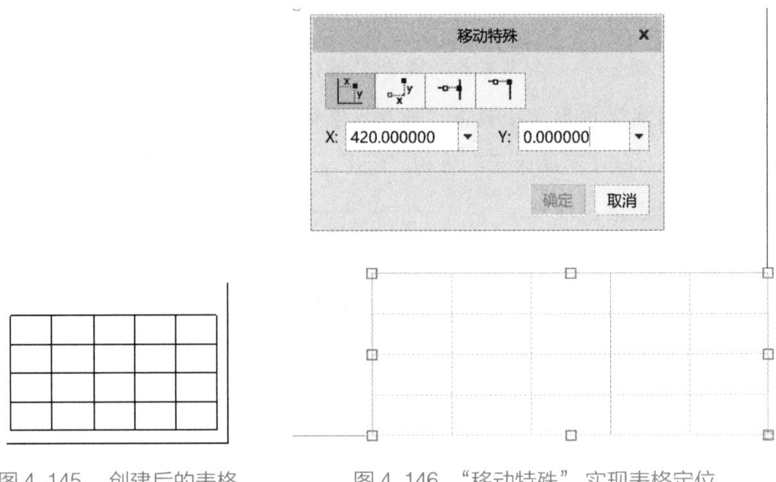

图 4.145　创建后的表格　　图 4.146　“移动特殊”实现表格定位

（2）表格编辑及文本输入

单击功能选项卡“表”→“合并单元格” 合并单元格... 按钮，分别选择表格左上角的两个单元格，将其合并为一个单元格，如图 4.147 所示。

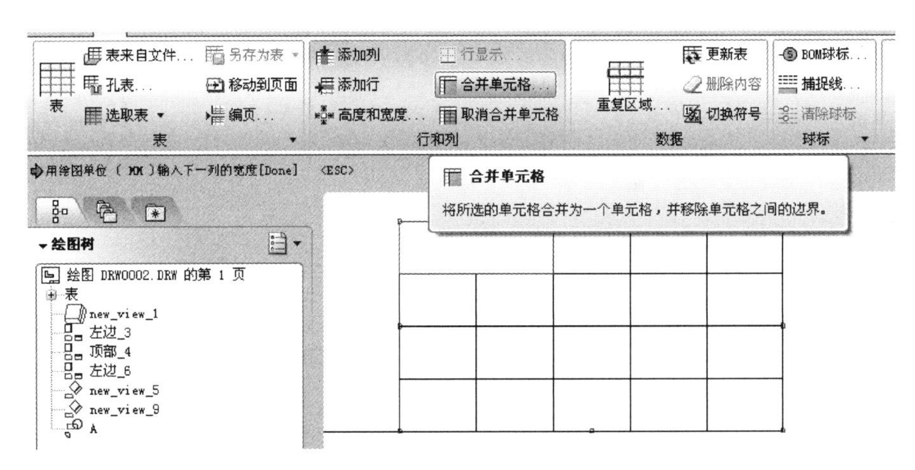

图 4.147　单元格的合并

水泵阀		比例	1∶1	图　号
		材料		
制图			日　期	单　位
审核				

图 4.148　完成表格创建

表格合并后，分别单击各单元格输入文本，并编辑文本的高度、位置等，创建完成的表格如图 4.148 所示。

最后按工程图要求输入注释“技术要求”。

至此完成了水泵阀的建模及工程图设计，在使用工程图转换前，可在“文件”→“选项”→“草绘器”下拉菜单的“线条粗细”中将草绘线型粗细值由系统默认的“1”设置为“2”，完成线型粗细的设置。在文件菜单中选择打印，在“大小”中设置要打印的图纸大小为A4，点击打印预览显示可见轮廓线型粗细的变化，如图4.149所示。选择打印，弹出的OneNote文件将显示整个图形，此时可将此水泵阀工程图另存为png格式的图片，或者直接打印工程图。也可通过“快速导出PDF”功能将工程图另存，工程图将会显示设置的粗线型效果。

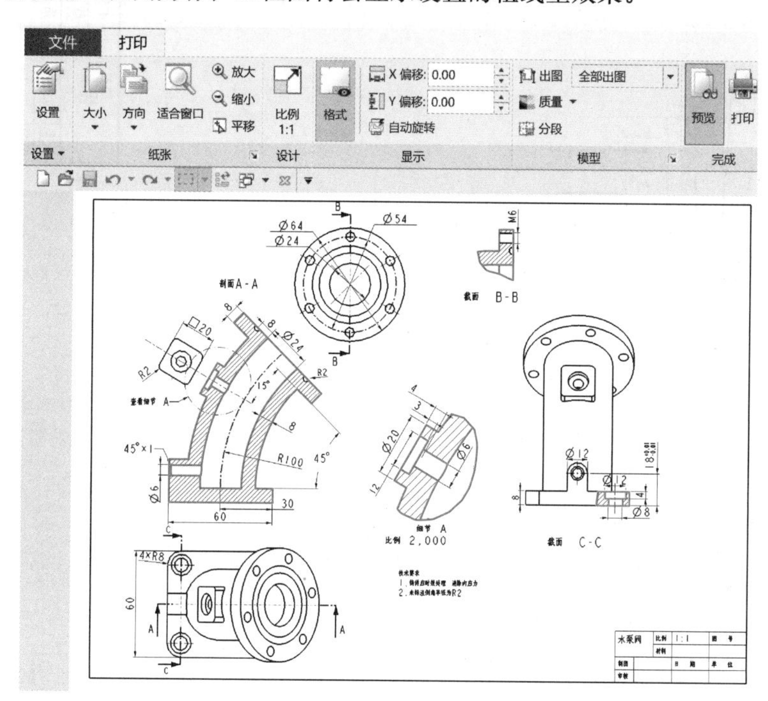

图4.149　工程图设计打印预览显示线型粗细

4.4　拓展实训

4.4.1　阀体零件三维建模与工程图自动转换

图4.150所示为阀体零件的工程图，该零件工程图由三个视图组成：主视图全剖、俯视图和左视图局部视图。首先完成零件的三维造型，并在零件模式下设置好两个空间剖面，然后创建如图4.150所示的工程图。

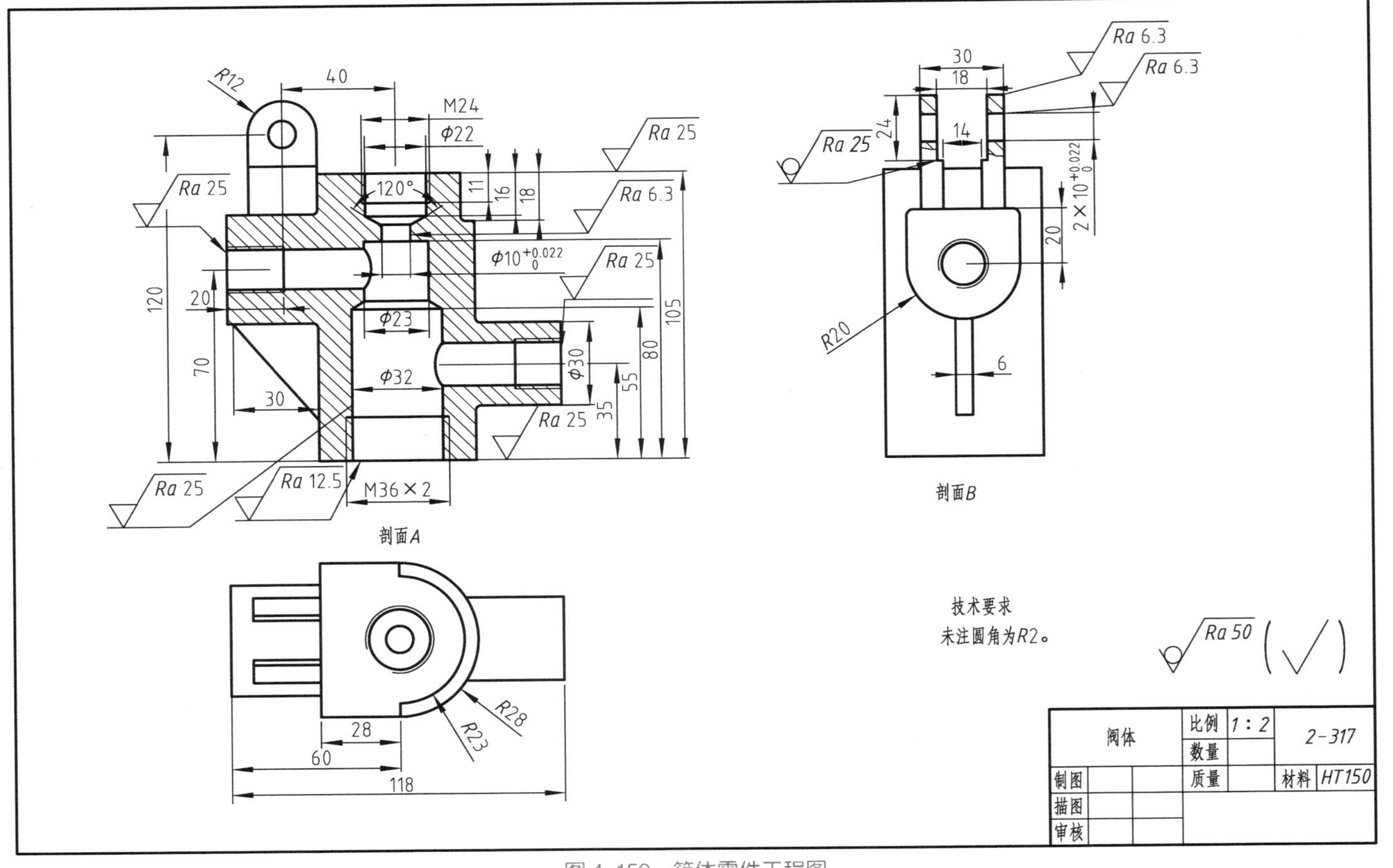

图 4.150　箱体零件工程图

1. 工程图设计分析

根据对图 4.150 所示工程图的分析，设计如下工艺路线：将二维工程图进行三维实体建模→在实体中分别创建主视图全剖面 *A* 和左视图剖面 *B*→新建工程图（选用 A3 图纸）→创建主视图并修改属性→插入投影视图创建俯视图和左视图并修改属性→标注尺寸→视图选项修改及剖面投影箭头创建。

2. 关键步骤说明

主视图的全剖视图属性设置过程如下。

① 单击功能选项卡“布局”按钮，然后双击主视图，弹出“绘图视图”，在“类别”列表框中设置“视图显示”样式为“消隐”，“截面”剖面选项为“2D 剖面”，添加 *A* 剖面，如图 4.151 所示。设置完成的主视图如图 4.152 所示。

图 4.151　添加 *A* 剖面设置

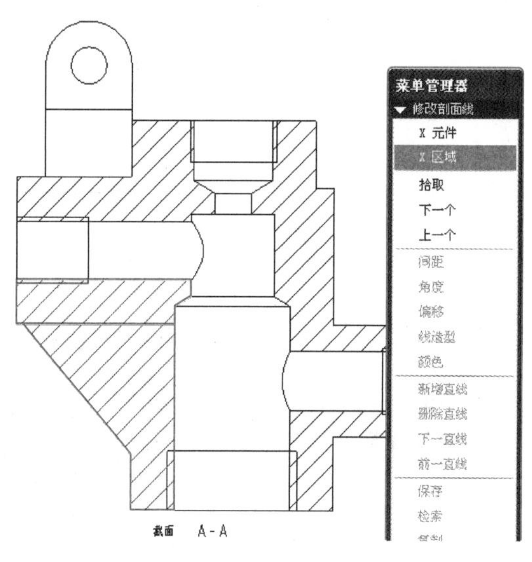

图 4.152　设置完成主视图

② 按照我国机械制图工程图表达原则，板筋剖视图表达按不剖处理，因此需要进一步处理。光标选择剖面线显红色时左键双击，弹出菜单如图 4.153 所示，选择“X 区域”，左击“下一个”调整至选中的筋板剖面线显红色选择“拭除”，结果如图 4.154 所示。

③ 功能选项卡中的“草绘”，然后利用“线”和“使用边”填充，主视图剖面的设置，如图 4.155 所示，设置效果如图 4.156 所示。

④ 左视图生成步骤同上，截面选择 *B* 剖面，并设置“剖切区域”为“局部”，绘制样条曲线，完成局部视图的创建。

⑤ 俯视图的创建过程参照本章工程图设计案例“水泵阀的设计”。

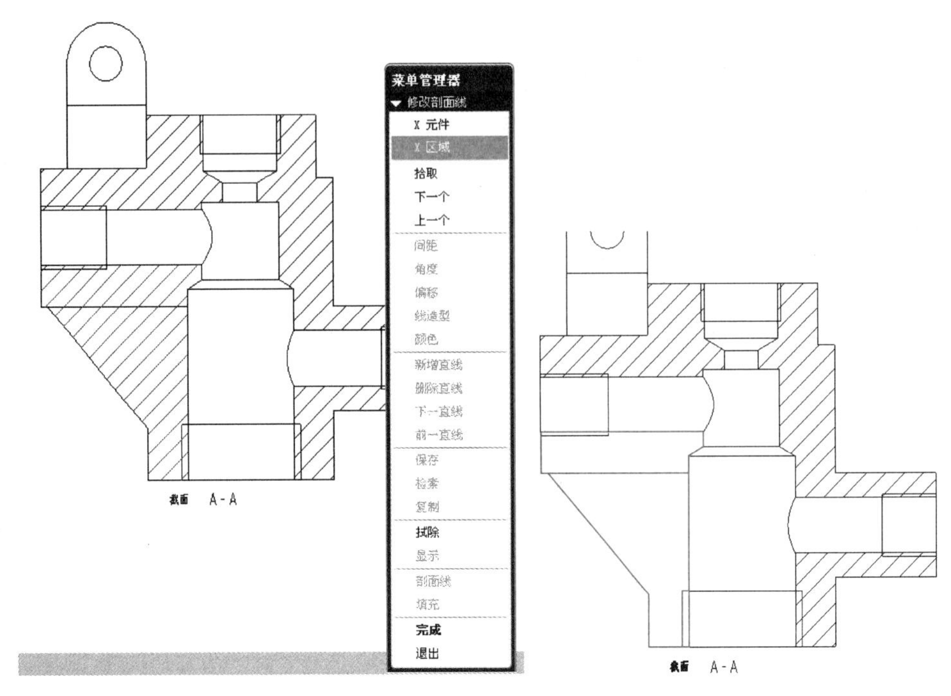

图 4.153　筋板剖面线“拭除”过程　　　图 4.154　筋板剖面线“拭除”结果

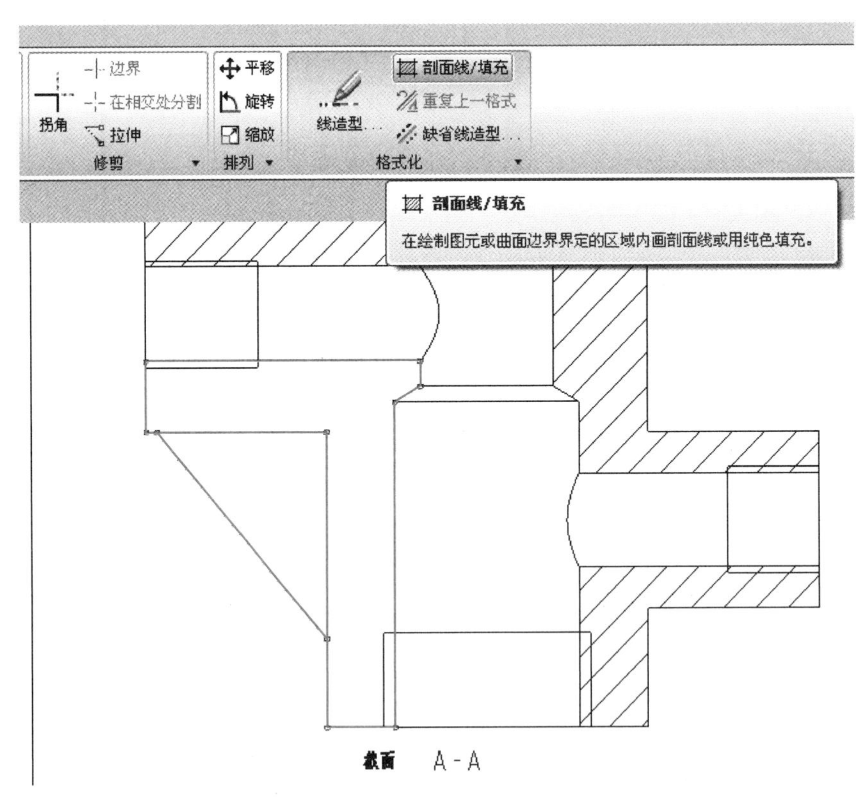

图 4.155　填充剖面轮廓的绘制

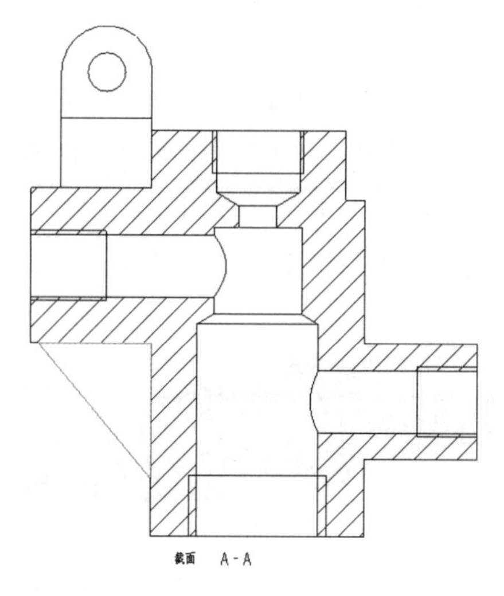

图 4.156 主视图剖面设置效果

4.4.2 阶梯轴零件三维建模与工程图自动转换

按图 4.157 所示阶梯轴工程图创建阶梯轴三维模型，并完成三维模型与二维工程图转换。

微视频 4-3
拓展案例：阶梯轴工程图转换 1

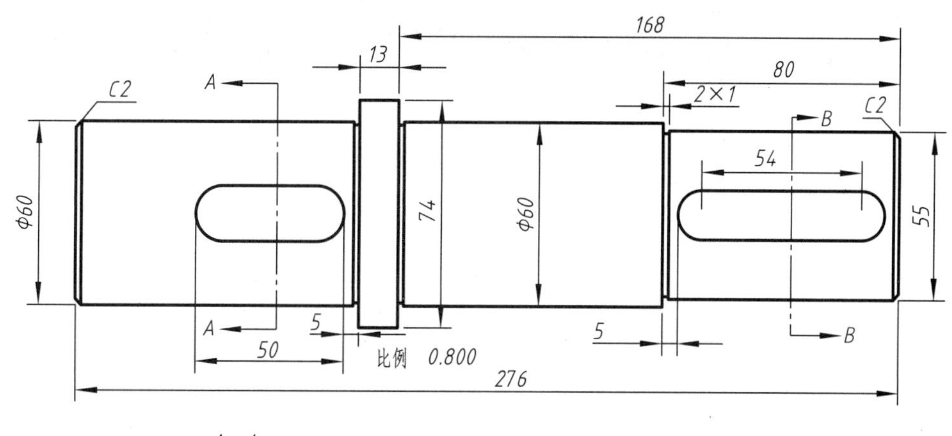

图 4.157 阶梯轴工程图

微视频 4-4
拓展案例：阶梯轴工程图转换 2

1. 工程图设计分析

根据对图 4.157 所示阶梯轴工程图的分析，设计如下工艺路线：完成三维实体建模（图 4.158）→在实体中分别创建主视图剖面 *A—A*（图 4.159）和左视图剖面 *B—B*（图 4.160）→新建工程图→创建主视图并修改属性→插入投影视图，创建右视图和左视图并修改属性→标注尺寸→视图选项修改及剖面投影箭头创建。

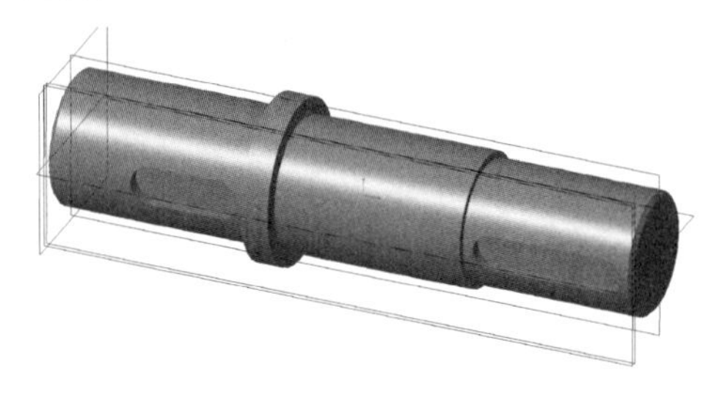

图 4.158　阶梯轴三维实体建模

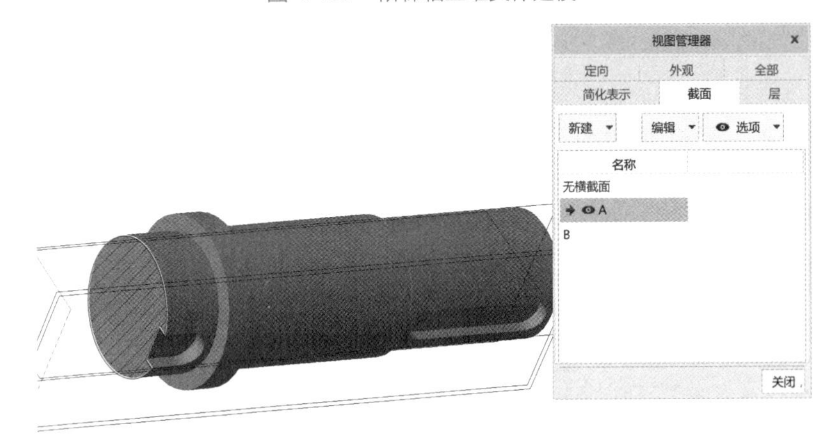

图 4.159　设置剖面 *A—A*

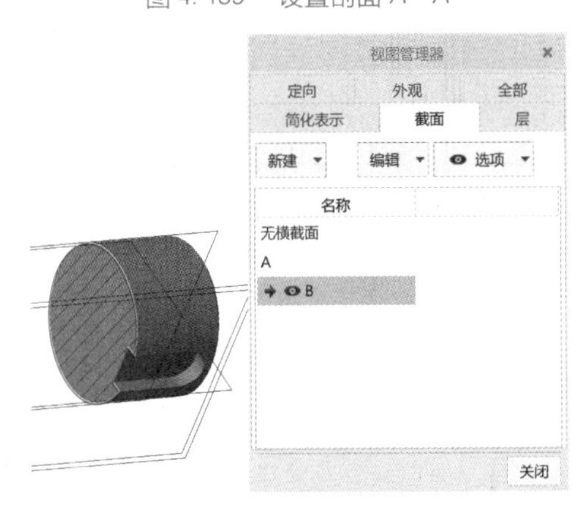

图 4.160　设置剖面 *B—B*

2. 关键步骤说明

主视图的全剖视图属性设置过程如下。

① 单击功能选项卡中的“布局”按钮，单击普通视图任意位置即生成主视图，然后双击主视图弹出“绘图视图”，在“类别”列表框中依次设置“视图显示”样式为“消隐”→“视图类型”为默认→“模型视图名”为FRONT，确定完成主视图设置，取消勾选基准显示过滤器中平面显示，结果如图4.161所示。

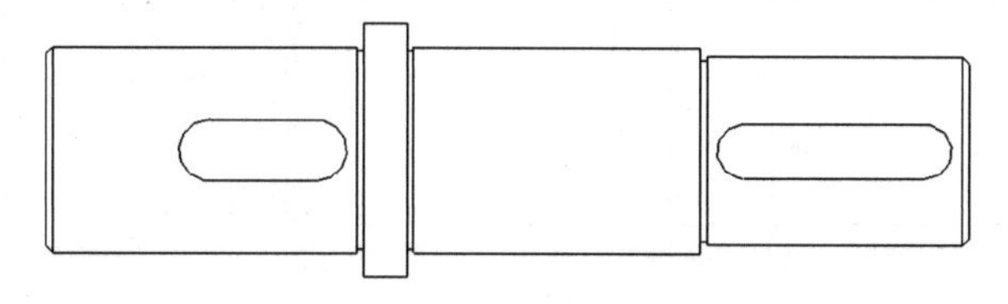

图4.161 生成阶梯轴主视图

② 选择投影视图，左右拖拽生成右视图→在“类别”列表框中设置“视图显示”样式为“消隐”→“截面”剖面选项为“2D剖面”→添加A剖面→模型边可见性选择“区域”→对齐中取消勾选“将此视图与其他视图对齐”→确定，取消勾选“视图移动”，调整摆放断面图，如图4.162所示。

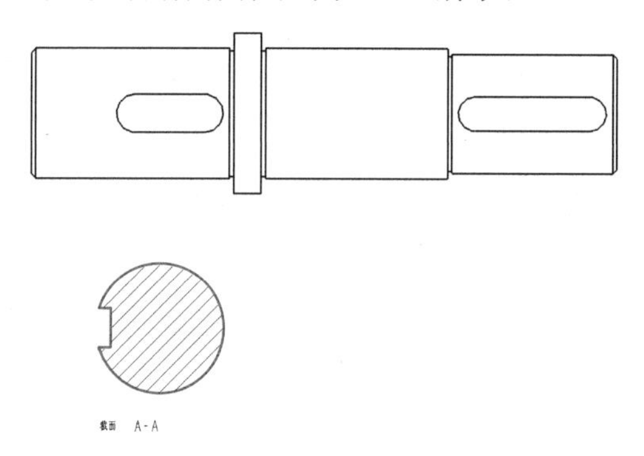

图4.162 生成左边键槽的断面图

③ 以同样的方法向右拖动生成左视图，并设置绘图视图，完成右边键槽的断面图，如图4.163所示。

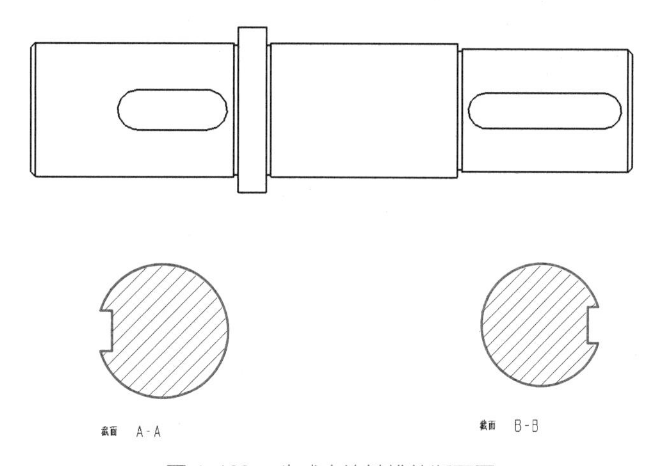

图4.163 生成右边键槽的断面图

④ 后续设置剖视箭头及尺寸标注等信息，完成阶梯轴工程图转换如图 4.164 所示。

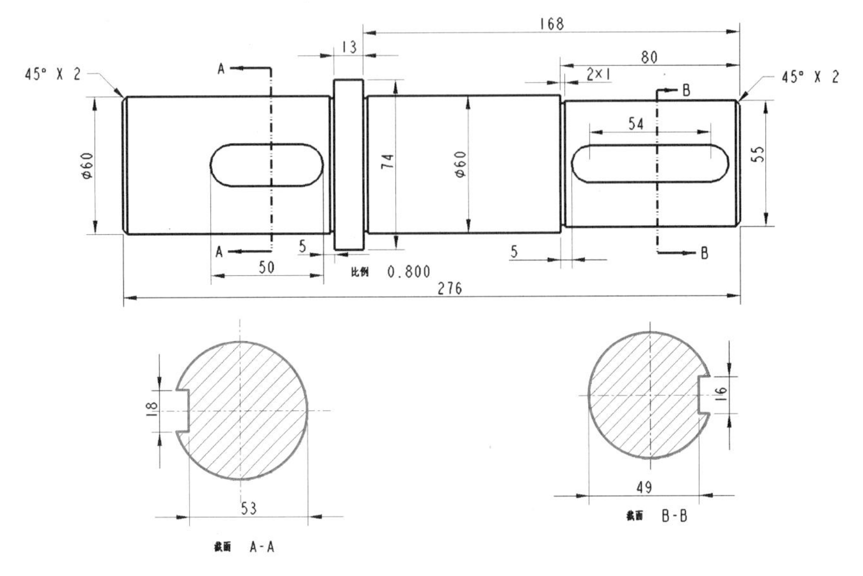

图 4.164 阶梯轴断面图剖视箭头及尺寸标注

思考与练习

4-1 完成如图 4.165 所示螺杆的模型及其工程图设计，并保存文件。

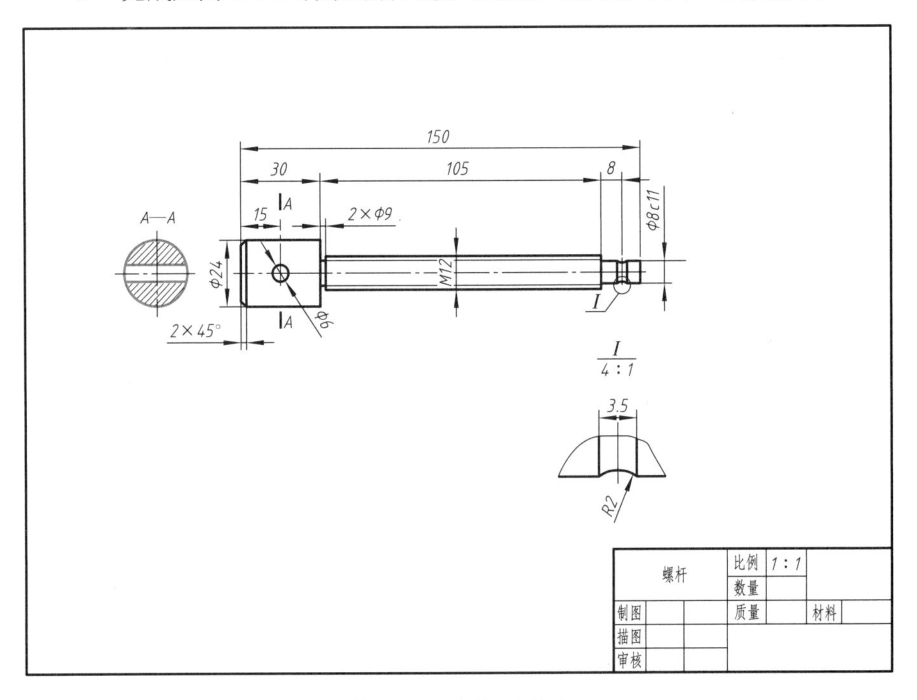

图 4.165 螺杆工程图

4－2　完成如图 4.166 所示轴座的模型及其工程图设计，并保存文件。

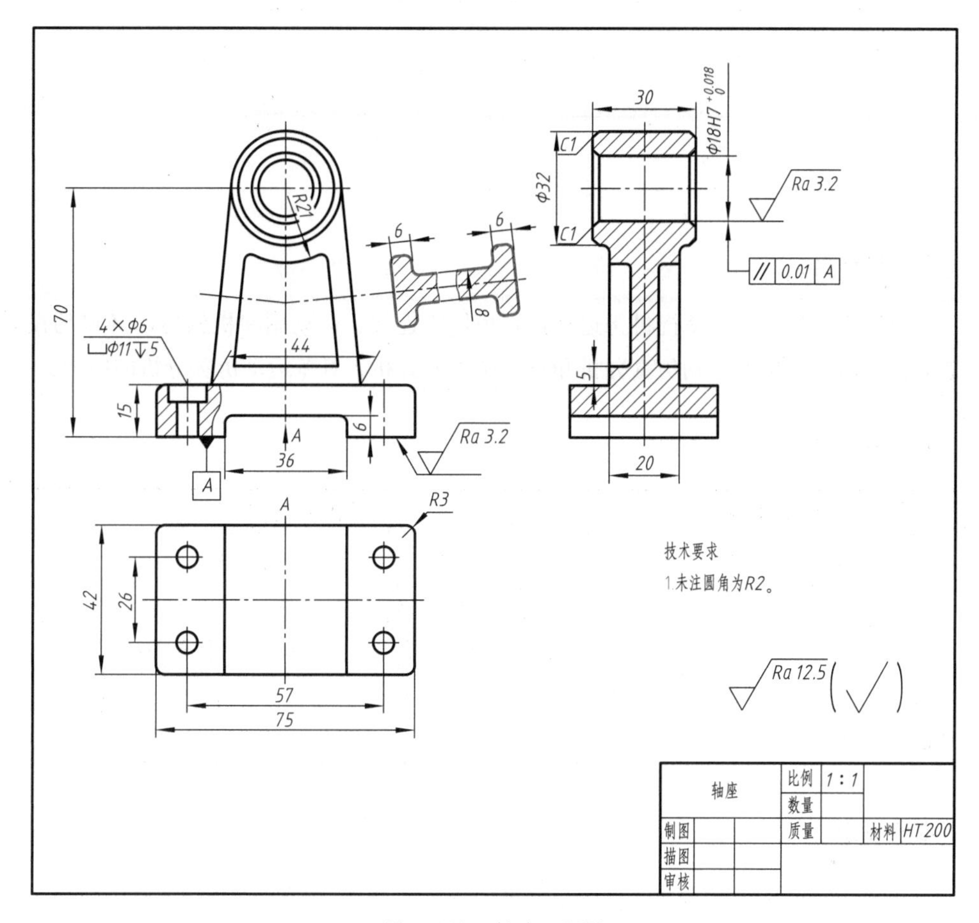

图 4.166　轴座工程图

第5章　计算机辅助三维机构运动仿真

学习目标

通过本章的学习，掌握机构运动仿真模块中连接、运动副和机构运动环境的设置方法，以及机构的运动仿真分析和输出结果的分析，具备运动仿真分析的能力。

学习要求

技能目标	知识要点
熟悉机构设计的基本知识	运动仿真的特点，运动仿真基本流程
掌握连接的设置方法	连接概念，常用连接类型的含义（如刚性、销钉、滑动杆、圆柱、平面、球、焊缝、轴承及槽等连接）
掌握运用 Creo 运动仿真模块创建运动模型的方法	伺服电动机的定义及类型，运动副的定义及常用运动副

本章提示

本章用到的源文件可从《计算机辅助三维设计教学课程》下载，下载方法详见书内数字课程说明页。

运动仿真分析能够模拟真实环境中模型的工作状况，实现机械工程中非常复杂、精确的机构运动分析。在实际制造前，利用零件的三维数字化模型进行机构运动仿真可确定位移、速度、加速度、力等未知参数，检查机构可能存在的机械干涉，尽早发现设计的缺陷和潜在产品质量问题。因此，需要提前对模型进行完善，以避免设计后期对模型反复的修改，进而缩短产品设计的周期，降低生产成本，以更好地完成产品前期的设计和后期的检测。

5.1　运动仿真概述

运动仿真的分析可以通过 Creo 运动仿真模块实现运动仿真模块是一个集运动仿

真与机构分析于一体的功能强大的模块。利用该模块可以将原来在二维图纸上难以表达的运动，以动画的形式表现出来，并以参数形式输出。然后根据输出的结果来判断机构之间是否存在干涉，进而不断进行修改，优化机构设计。

当各个构件通过装配模块组装成一个完整的机构后，便可以在机构运动分析模块中根据设计意图定义机构中的连接、设置伺服电动机。然后进行机构分析，观察机构的整体运动轨迹和各构件之间的相互运动，以检验机构的干涉情况。

1. 运动仿真基本流程

要实现运动仿真效果，就必须对组装件进行多个流程的操作。其流程介绍如下。

① 创建连接。 在装配环境中创建机构所需要的连接方式，即指定各个元件在装配件中保留某些自由度不被限制，连接方式有销钉、圆柱、滑动杆、平面和球连接等。

② 建立伺服电动机。 伺服电动机是仿真运动的动力源。在机构环境中利用“伺服电动机” 工具指定元件的移动或旋转动作，从而由该元件的运动带动整个机构进行仿真运动。

③ 创建运动副。 在机构环境中，为组装件中某两个相连接的元件设置相对运动。根据机构中元件连接方式的不同，通过设置齿轮运动副、凸轮运动副或带传动副，使各个构件的运动都具有必要的限制。

④ 设置运动环境。 在机构环境中，通过增加重力、执行电动机、弹簧、阻尼器和力／扭矩等因素，为运动组件设置模拟的运动环境，以满足不同的仿真运动要求。

⑤ 进行运动分析。 创建完成运动模型和设置好运动环境后，利用“机构分析” 工具对机构的各个连接和运动副进行分析，设置起始时间、终止时间、帧频和帧数等参数，并将分析的结果输出为可播放的视频。

2. 运动仿真专业术语

在机构运动仿真过程中经常碰到一些术语，对这些专业术语含义的了解有助于掌握机构运动仿真。这些术语的含义介绍如下。

① 放置约束。向组件中放置元件并限制该元件是否运动的操作。

② 自由度。指元件所具有独立运动的数目（或是确定元件位置所需要独立参照变量的数目），一个不受任何约束的自由主体，在空间运动时具有六个独立运动自由度，即沿 X、Y 和 Z 这三个轴的独立移动和绕 X、Y 和 Z 这三个轴的独立旋转。

③ 主体。是指一个元件或彼此间没有相对运动的一组元件，主体自由度为0。

④ 连接。它可以约束元件之间的相对运动，减少机构的总自由度。

⑤ 基础。即大地或者机架，它是一个固定的参照，其他元件相对于基础运动。在一个运动仿真机构中，可以定义多个基础。

⑥ 伺服电动机。定义一个主体相对于另一个主体运动的方式，可以在连接轴或者几何图元上放置伺服电动机，并指定主体之间的位置、速度或加速度。

5.2 连接与连接类型

在进行运动仿真分析之前，首先要在装配环境中创建零件间的连接关系，即通过设置连接方式保证元件与组件间只保持某种运动方式。

1. 连接

要使机构运动，首先要按照一定的方式将零件装配起来，和普通装配的“约束”所不同的是运动部件的装配要保留某些所需的自由度。

在装配环境中添加元件，在“元件放置”操控面板的“用户定义”下拉菜单中提供了 11 种不同的连接类型，如图 5.1 所示。

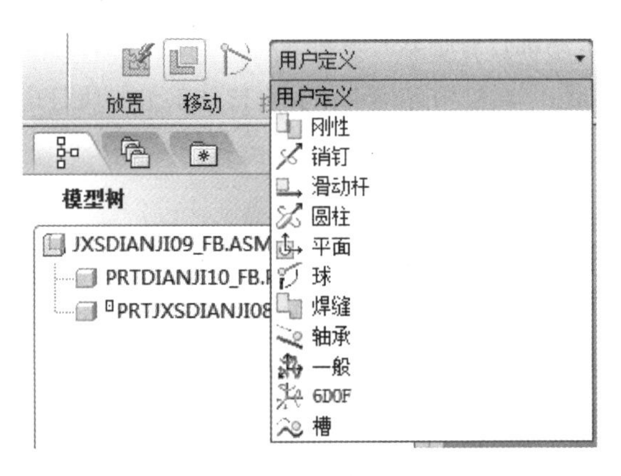

图 5.1 “元件放置”操控面板

2. 连接类型

Creo 提供了多种连接类型，主要有刚性连接、销钉连接、滑动杆连接、圆柱连接、平面连接、球连接、焊接、轴承连接、一般连接、6DOF（自由度）连接、槽连接。连接类型的选择直接决定了装配体中某元件和其他元件间按照何种方式的运动。因此，选择正确的连接类型是机构连接运动仿真的关键环节。

（1）刚性连接

刚性连接方式是元件的六个自由度被完全限制，并且受刚性连接的元组件属于同一主体。选择该连接方式后，可以选择任意的约束类型（见第3章计算机辅助装配原理与应用中图3.1）来约束插入的元件。该装配方式就是第3章计算机辅助装配原理与应用所讲解的内容，刚性连接无法实现部件的相对运动。

（2）销钉连接

销钉连接仅有一个旋转自由度，是将元件连接至参照轴，以使元件以一个自由度沿此轴旋转或移动。选取轴、边、曲线或曲面作为轴参照，选取基准点、顶点或曲面作为平移参照。销钉连接集有两种约束：轴对齐和平面配对或对齐（或点对齐）。该方式主要用于元件在机构中的单一旋转运动，如图5.2所示。

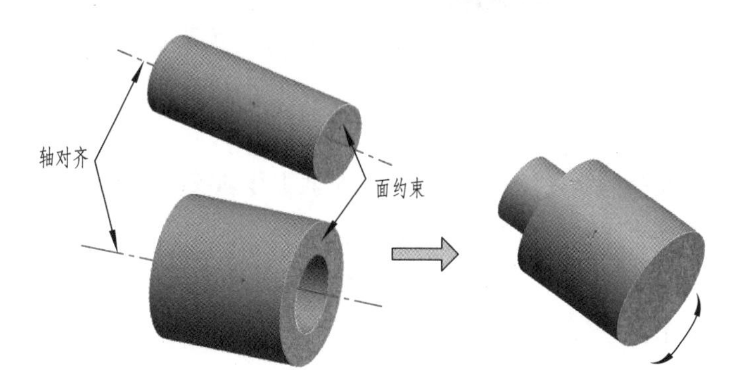

图5.2 销钉连接示意图

（3）滑动杆连接

滑动杆连接又称为滑块连接，指仅有一个沿轴向的平移自由度，其他五个自由度将被限制，就像滑块一样，只能在滑槽内移动。选取边或对齐轴作为对齐参照。选取曲面作为旋转参照。滑动杆连接集有两种约束：轴对齐和平面配对或对齐，以限制沿轴旋转，如图5.3所示。

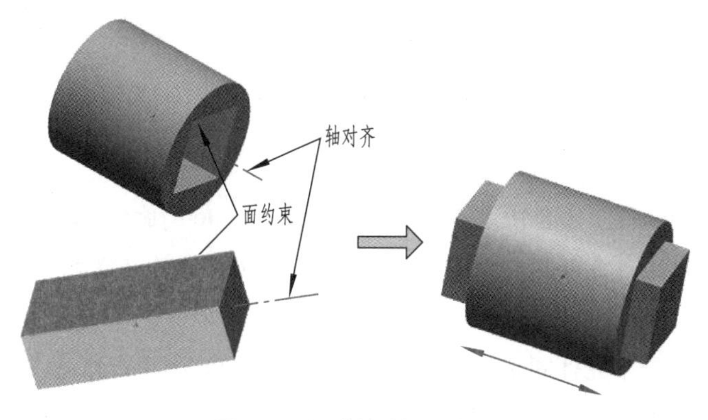

图5.3 滑动杆连接示意图

（4）圆柱连接

圆柱连接只有一个旋转自由度和一个沿轴向的平移自由度。选取元件轴线

（或弧形面）和组件轴线（或弧形面）作为轴对齐参照，即可创建圆柱连接，圆柱连接示意图如图5.4所示。

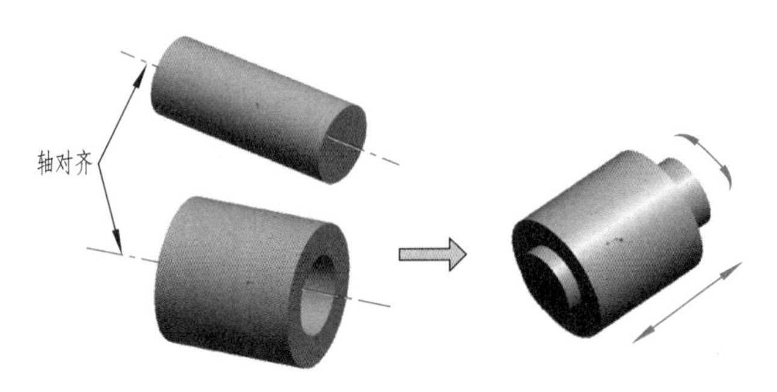

图5.4 圆柱连接示意图

（5）平面连接

平面连接是指限制元件只能在指定的平面上移动或旋转的连接方式。因此，该连接方式具有两个平移自由度和一个旋转自由度。选取“配对”或“对齐”曲面参照。平面连接集具有单个平面配对或对齐约束。配对或对齐约束可被反转或偏移，如图5.5所示。

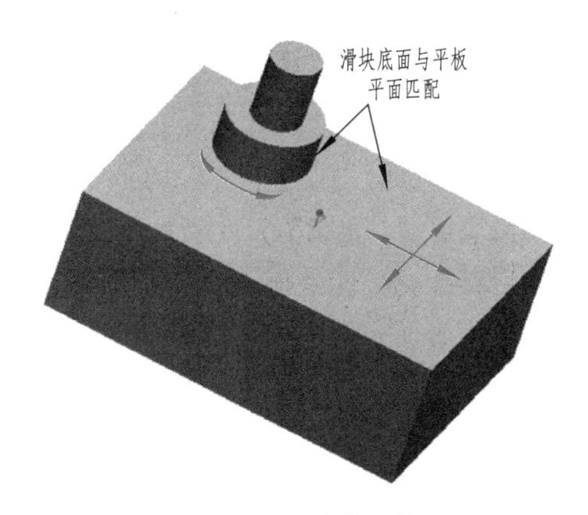

图5.5 平面连接示意图

（6）球连接

球连接使元件三个自由度在任意方向上旋转（360°旋转）。选取任意点、顶点或曲线端点作为对齐参照。球连接集具有一个点对齐约束（图5.6）。

（7）焊接

焊接是将一个元件固定到另一个元件，使它们无法相对移动的连接方式。将元件的坐标系与组件中的坐标系对齐，将元件放置在组件中。可在组件中用开放的自由度调整元件。焊接有一个坐标系对齐约束。

（8）轴承连接

轴承连接是“球”和“滑动杆”连接的组合，具有四个自由度，包括三个

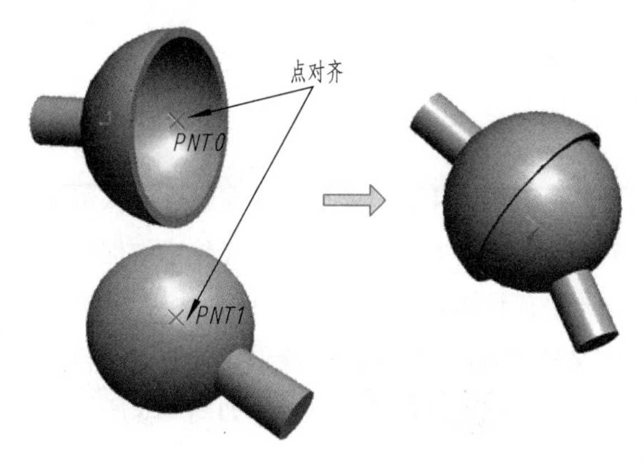

图 5.6　球连接示意图

360° 旋转的自由度和一个沿参照轴移动的自由度。对于第一个参照，在元件或组件上选取一点。对于第二个参照，在组件或元件上选取边、轴或曲线。点参照可以自由地绕边旋转并沿其长度方向移动。轴承连接有一个“边上的点”对齐约束（图 5.7）。

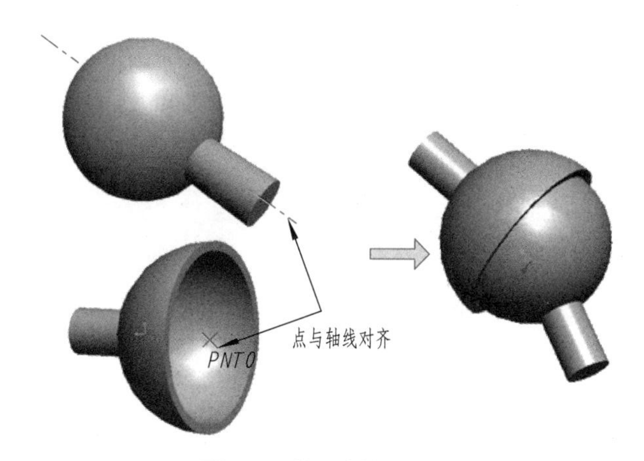

图 5.7　轴承连接示意图

（9）一般连接

一般连接有一个或两个可配置约束，这些约束和用户定义集中的约束相同。相切、“曲线上的点”和“非平面曲面上的点”不能用于常规连接。

（10）6DOF

6DOF 连接不影响元件与组件相关的运动，因为未应用任何约束。元件的坐标系与组件中的坐标系对齐。*X*、*Y* 和 *Z* 组件轴是允许旋转和平移的运动轴。

（11）槽连接

槽连接是通过“点与曲线”约束来连接元件与组件的。即元件上一点沿着组件上的一条 3D 曲线（该曲线既可以开放也可以封闭）在三维空间中进行运动。

5.3　创建运动模型

仅设置元件与组件的连接约束，只能使元件在组件中保留部分自由度，但元件仍然无法移动或旋转。此时需要对该连接组件的元件添加伺服电动机以赋予动力，才能使元件做仿真运动。而使用运动副可实现机构中相互运动两构件的连接。

在装配环境下定义机构的连接方式后才能创建伺服电动机，单击菜单栏中“应用程序”→“机构”，系统进入机构模块环境，如图5.8所示。用户通过“插入”菜单选取并进行相关操作。

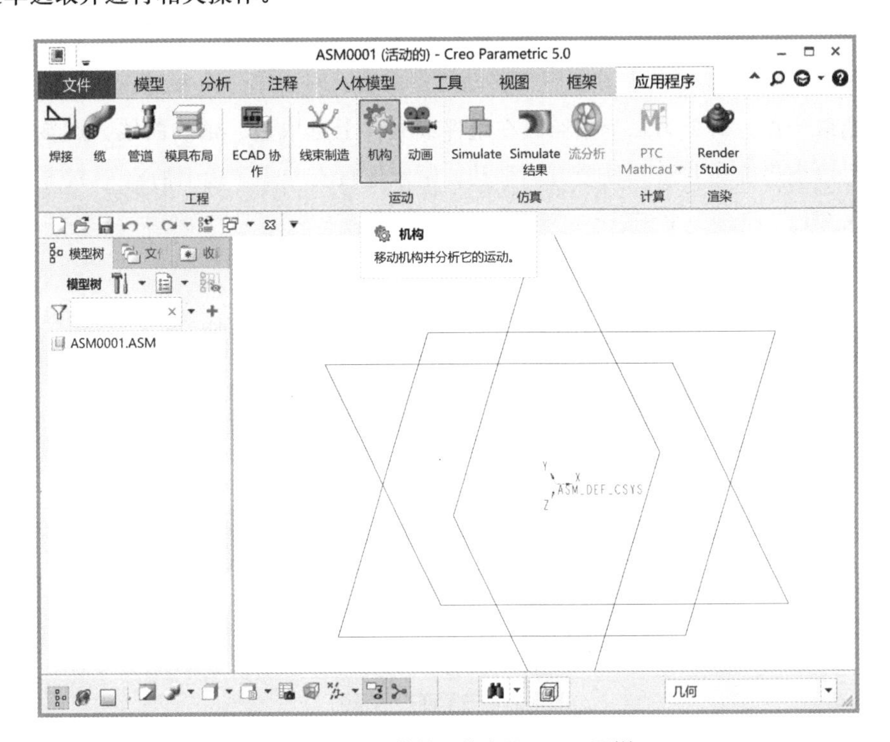

图5.8　机构模块下的主界面及工具栏

图5.8所示的“机构”工具栏图标各选项功能如下。

机构显示：打开“机构图标显示”对话框，使用此对话框可定义需要在零件上显示的机构图标。

凸轮：打开“凸轮从动机构连接”对话框，使用此对话框可创建新的凸轮从动机构，也可编辑或删除现有的凸轮从动机构。

齿轮：打开“齿轮副”对话框，使用此对话框可创建新的齿轮副，也可编辑、移除复制现有的齿轮副。

伺服电动机：打开“伺服电动机”对话框，使用此对话框可定义伺服电动机，也可编辑、移除或复制现有的伺服电动机。

机构分析：打开“机构分析”对话框，使用此对话框可添加、编辑、移除、复制或运行分析。

回放：打开“回放”对话框，使用此对话框可回放分析运行的结果，也可将结果保存到一个文件中恢复先前保存的结果或输出结果。

测量：打开“测量结果”对话框，使用此对话框可创建测量，并可选取要显示的测量和结果集。也可以对结果出图或将其保存到一个表中。

重力：打开“重力”对话框，可在其中定义重力。

执行电动机：打开“执行电动机”对话框，使用此对话框可定义执行电动机，也可编辑、移除或复制现有的执行电动机。

弹簧：打开“弹簧”对话框，使用此对话框可定义弹簧，也可编辑、移除或复制现有的弹簧。

阻尼器：打开“阻尼器”对话框，使用此对话框可定义阻尼器，也可编辑、移除或复制现有的阻尼器。

力或扭矩：打开“力或扭矩”对话框，使用此对话框可定义力或扭矩，也可编辑、移除或复制现有的力或扭矩负荷。

初始条件：打开“初始条件”对话框，使用此对话框可指定初始位置快照，并可为点、连接轴、主体或槽定义速度初始条件。

质量属性：打开“质量属性”对话框，使用此对话框可指定零件的质量属性，也可指定组件的密度。

5.3.1 伺服电动机

伺服电动机能够为机构提供驱动，是机构的动力源。通过设置伺服电动机可以实现旋转及平移运动，并且能以函数的方式定义轮廓。

在装配环境下，定义机构的连接方式后创建伺服电动机。系统进入机构模块环境后，单击“伺服电动机”按钮，打开“伺服电动机定义”对话框，效果如图5.9所示。在该对话框中可定义伺服电动机的类型和轮廓参数。

1. 伺服电动机名称

系统默认伺服电动机名称为“ServoMotor + 阿拉伯数字”，为区分不同的伺服电动机，可根据需要赋予伺服电动机其他名称。

2. 伺服电动机类型

选取从动图元以确定伺服电动机所作用的主体，以使主体产生旋转或平移等运

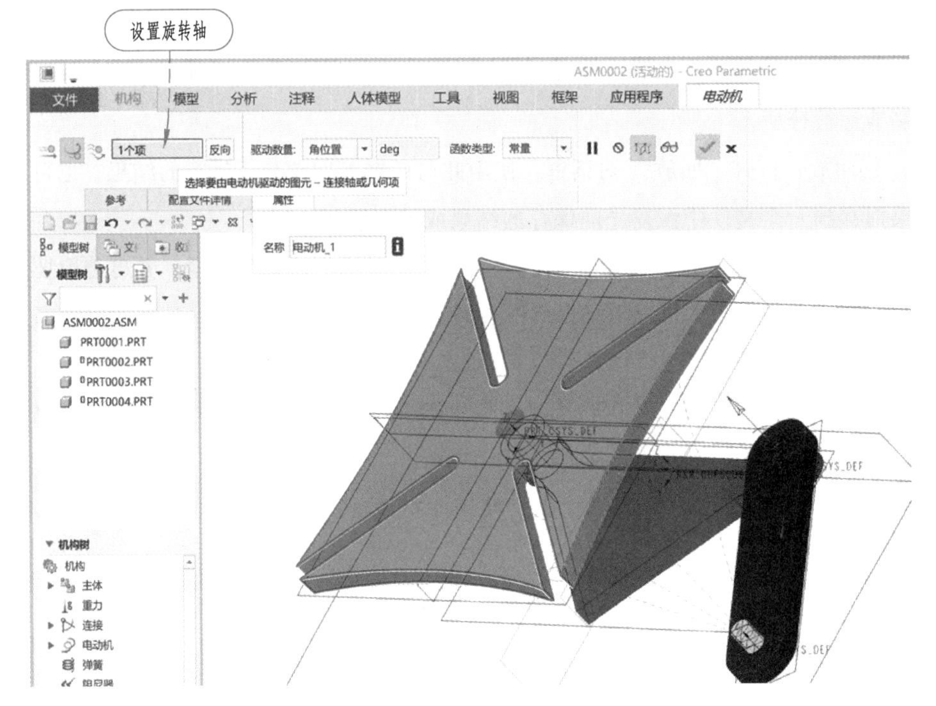

图5.9　伺服电动机定义

动。其中从动图元包括以下两种类型。

（1）运动轴

该类电动机用于定义某一旋转轴的旋转运动。创建该类伺服电动机只需要选定一个事先由连接（如销钉连接）所定义的旋转轴，并指定方向即可。该类伺服电动机还可用于运动分析。

（2）几何

该类电动机用于创建复杂的运动，如螺旋运动。创建该类伺服电动机需要选取从动图元上的一个点或平面，并选取另一个主体上的一个点或平面作为运动的参照，确定运动的方向及种类。该类伺服电动机不能用于运动分析。

3. 设置电动机驱动

在该选项卡中可以定义运动的方式，包括伺服电动机的位置、速度和加速度这三种时间的函数，其值的大小可以通过电动机函数来定义。而电动机常用函数包括常量、斜坡、余弦、摆线等多种函数。单击“参考” 切换进入旋转轴定义选项卡，选择“1 个项” 定义运动轴，在装配图中选择主动旋转轴。运动类型包括“平移”“旋转”“槽” 等类型。运动轴设置后，运动类型默认“旋转”，如图 5. 10 所示。“驱动数量” 下拉菜单中包括“角位置”“角速度”“角加速度”“扭矩” 等选项，可以设置电动机运动不同类型。单击“配置文件详情” 选择“角速度” 或“角加速度” 选项均可以对旋转主体指定起始角度。此外，单击“图形工具” 按钮，以图形的形式显示各参数随时间变化的规律，如图 5.11 所示。“配置文件详情”设置及定义电动机值的常用函数如图 5.12 和图 5.13 所示。

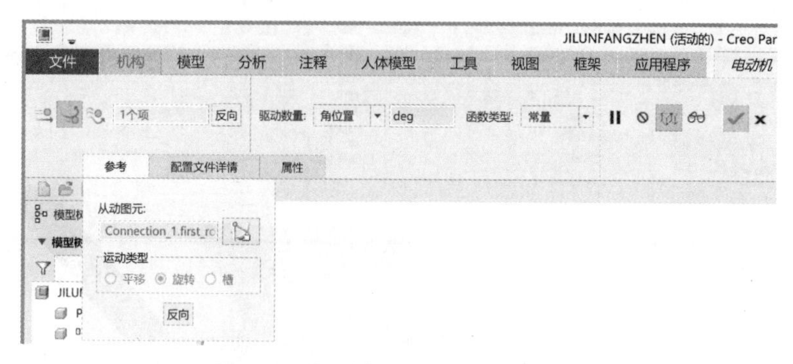

图 5.10　“参考”选项卡旋转轴的设置

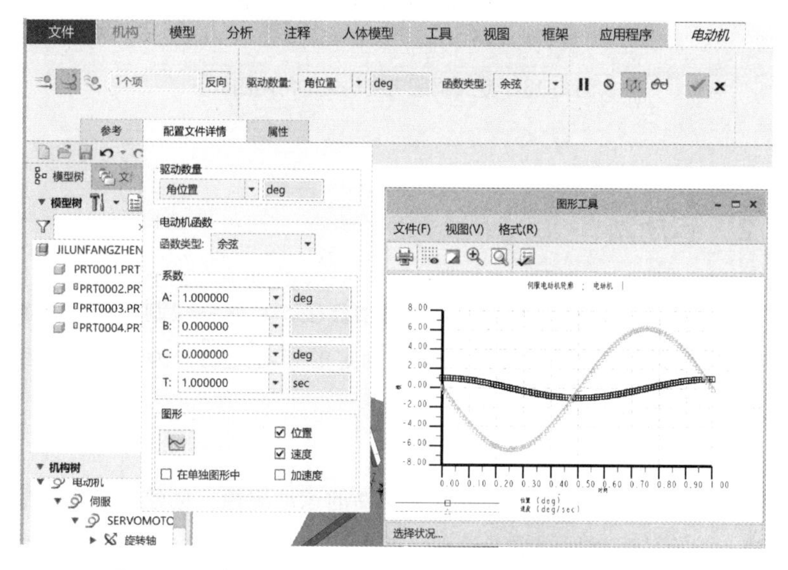

图 5.11　电动机余弦函数位置和速度“图形工具”对话框

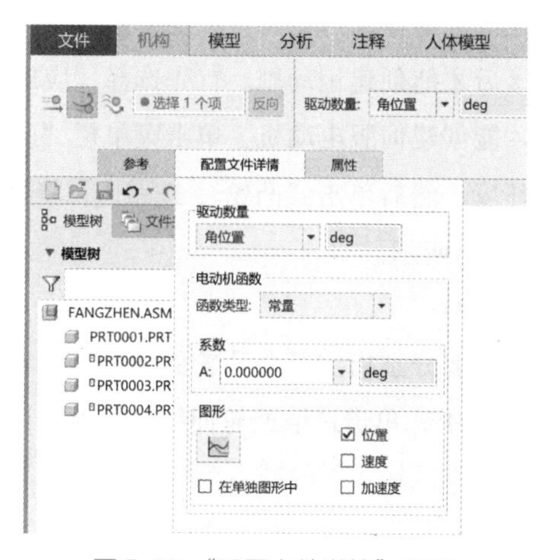

图 5.12　“配置文件详情”设置

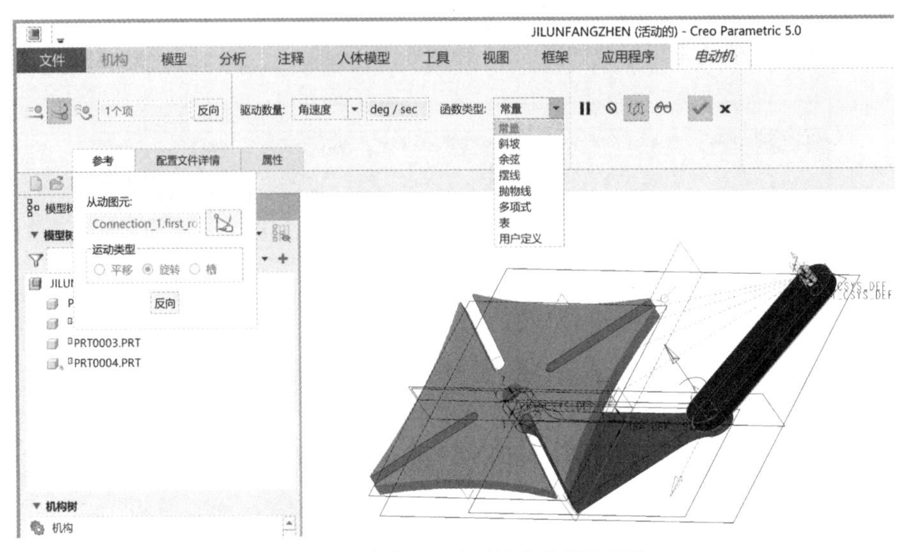

图 5. 13　定义伺服电动机值的常用函数

5. 3. 2　运动副

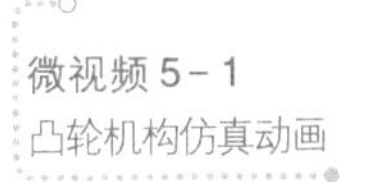

运动副是指两构件直接接触所组成的可动连接，它能够限制两构件之间的部分运动。机构的重要特征就是构件之间具有确定的相对运动，为此必须使用运动副对各个构件的运动加以必要的限制。

1. 凸轮副

该运动副就是用凸轮的轮廓去控制从动件的运动规律。创建凸轮运动副的对象为平面凸轮，但为了形象地创建凸轮副，都会让凸轮显示出一定的厚度（深度）。

在 Creo Parametric 软件中，利用装配环境中的凸轮副创建功能，可以完成凸轮机构、槽轮机构以及棘轮机构的运动仿真。

在装配环境设置连接后才能创建运动副。首先选择“应用程序”在装配环境下定义机构的连接方式后才能创建伺服电动机，单击菜单栏“应用程序”→“机构”选项，将进入运动仿真环境。然后单击“凸轮”按钮，将打开“凸轮从动机构连接定义”对话框，如图 5. 14 所示。

（1）设置“凸轮 1”参数

要创建凸轮副，首先需要分别指定两个凸轮的曲面或曲线。在“凸轮 1”选项卡的“曲面／曲线”选项组中，单击选取凸轮曲线、曲面按钮，选取一个凸轮的曲面或曲线，确定凸轮的工作区域（槽轮或者棘轮则选择其相对应的元件曲线或曲面）。此时系统会以法向的箭头表示将作用于曲面的哪一侧，单击“反向”按钮，可以切换方向。凸轮机构运动仿真中的“凸轮 1”设置如图 5. 15 所示。

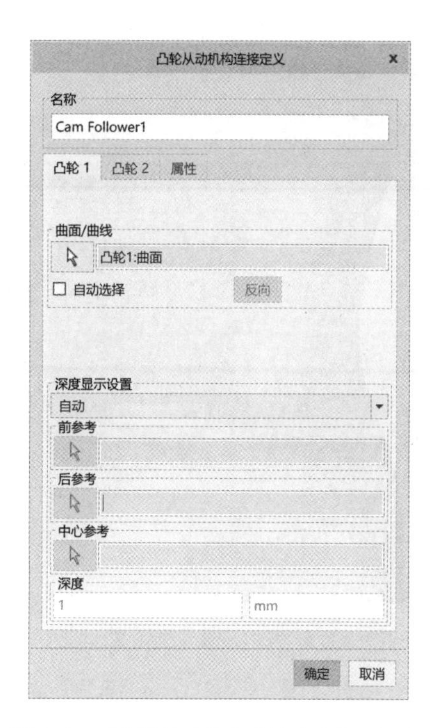

图 5.14　“凸轮从动机构连接定义”对话框

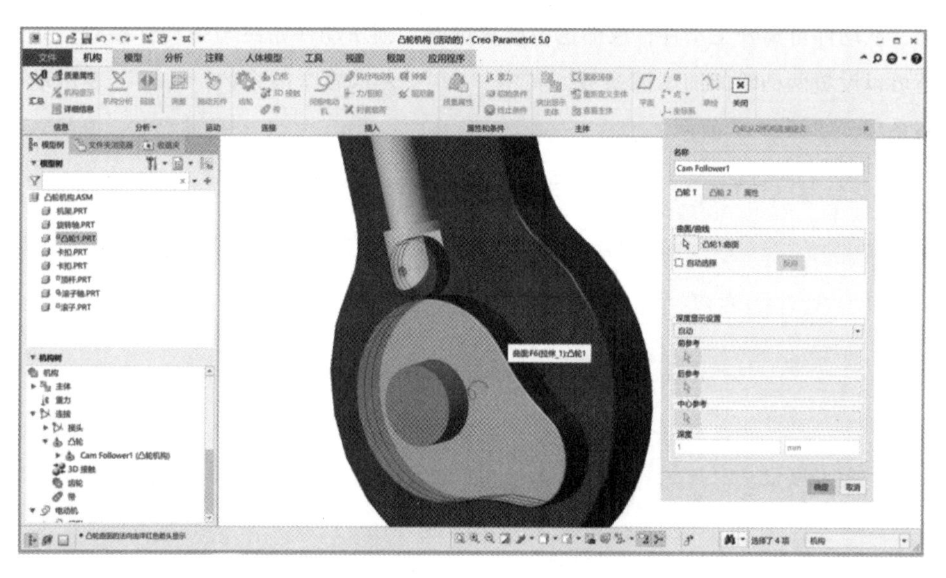

图 5.15　设置“凸轮 1”

（2）设置“凸轮 2”参数

完成选取一个凸轮曲面或曲线（若槽轮或棘轮则选择其对应元件的曲线或曲面）后，切换至“凸轮 2”选项卡。然后选取另一个元件（凸轮滚子）的曲面或曲线。如果启用“自动选取”复选框。选取一个曲面后，系统会自动选取包含该曲面在内的所有相切曲面。选取凸轮机构中从动杆上的圆柱滚子侧面曲面，如图 5.16 所示。

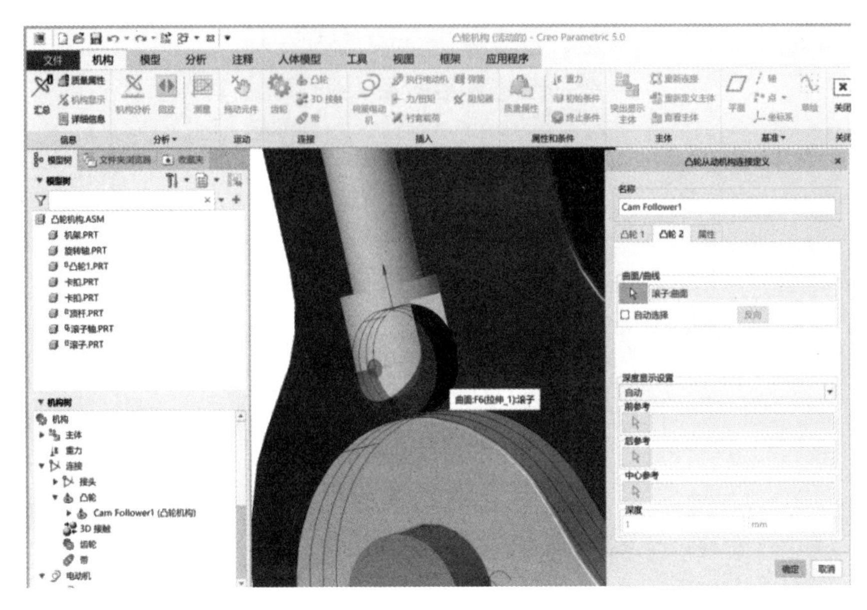

图 5.16 设置“凸轮 2”

（3）设置凸轮副属性

在“属性”选项卡中定义两个凸轮是否完全接触。如果选中“启用升离”复选框，从动件可离开主动件；取消选中该复选框，则从动件始终与主动件接触。此外还可以设置两凸轮间的摩擦系数。其中“μ_s”表示静摩擦系数，“μ_k”表示动摩擦系数，如图 5.17 所示。

图 5.17 “属性”选项卡

2. 齿轮副

使用齿轮副可以控制两个齿轮连接轴之间的速度关系，用以模拟齿轮系统的仿真运动。

该运动副最大的特点是两个元件之间可以不需要相互接触，这更有利于模型的变更。

进入运动仿真环境后，单击“齿轮”按钮，打开“齿轮副定义”对话框，如图5.18所示。齿轮副中的每个齿轮都需要定义两个主体和一个连接。其中第一个主体指定为托架，通常保持静止，第二个主体能够运动。

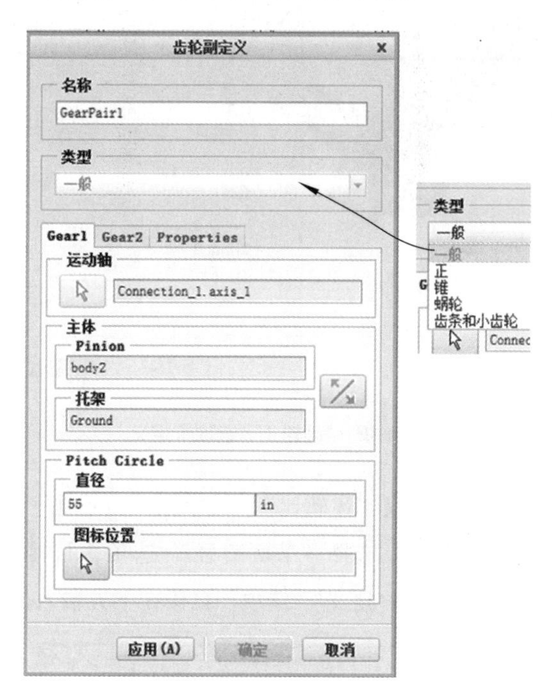

图5.18 “齿轮副定义”对话框图

（1）一般齿轮副

该齿轮副类型为定义两个标准齿轮的齿轮副。需要对每一个齿轮选择连接轴（通常多为销钉连接），并分别指出相对于连接的两个主体中的齿轮和托架（指相对静止不动的元件）。

打开第5章源文件/jiansuqifangzhen.asm装配体文件，进入仿真环境，然后单击“齿轮”按钮，打开“齿轮副定义”对话框，选择该齿轮副的类型。在“齿轮1”选项卡，单击选取一个运动轴按钮，选取标准齿轮的运动轴，系统将自动指定该齿轮和定位齿轮的托架，并在齿轮下方显示齿轮图样。在“节圆直径”文本框中输入“55”，如图5.19所示。其中托架是用来安装齿轮的主体，它一般是静止的。如果这两者选反了，可单击“反向”按钮，将齿轮和托架交换。

切换至“齿轮2”选项卡，选取第二个齿轮轴。此时在该齿轮下方显示齿轮图样，并显示方向箭头，在“节圆直径”文本框中输入“19”，如图5.20所示。

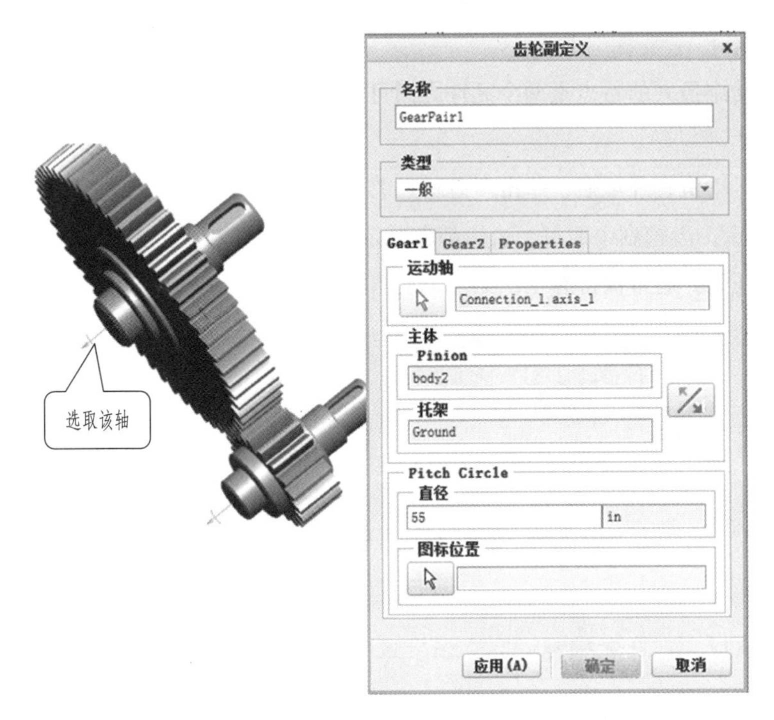

图 5.19　“齿轮 1” 选项卡定义

切换至“属性” 选项卡定义“齿轮比”。其中在“齿轮比” 下拉菜单中提供了节圆直径和用户定义两种方式。选择“节圆直径” 选项，直接显示两齿轮节圆直径，如图 5.21 所示。选择“用户定义” 选项，直接在下方输入齿轮比。

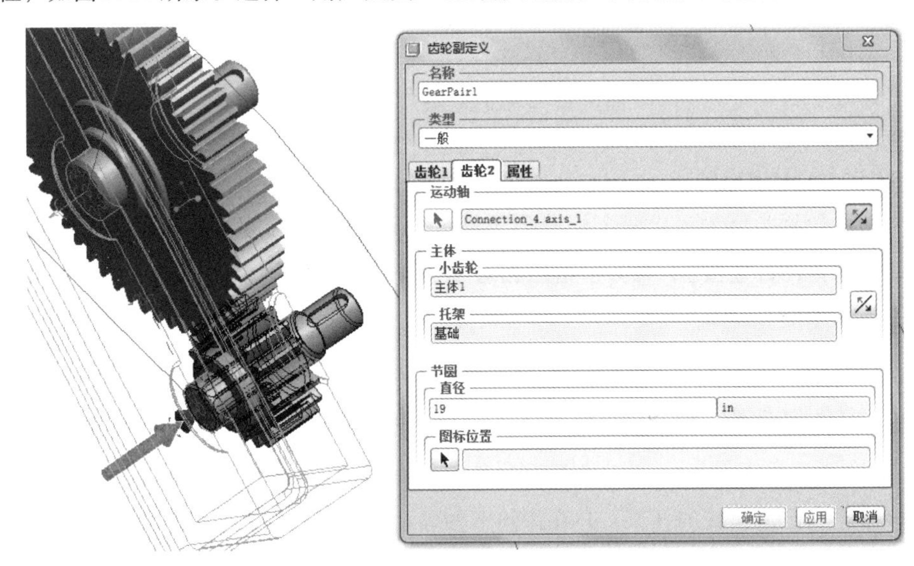

图 5.20　“齿轮 2” 选项卡定义

提示：齿轮比是指两转动齿轮的角速度之比，两齿轮的角速度比为节圆直径比的倒数，即齿轮 1 角速度/齿轮 2 角速度 = 齿轮 2 节圆直径/齿轮 1 节圆直径 = D_2/D_1。

图 5.21 “属性”选项卡定义

（2）齿轮与齿条

该齿轮副定义一个小齿轮和一个齿条。其中齿轮（或齿条）由两个主体和这两个主体之间的一个旋转轴构成。该齿轮副也可用于锥齿轮连接。

打开第 5 章源文件 /chilunchitiao.asm 装配体文件，进入仿真环境，然后单击“齿轮”按钮，打开“齿轮副定义”对话框，选择该齿轮副的类型，齿轮的定义方法和“一般”连接类型相同。选取由连接定义的与齿轮本体相关的旋转轴，系统将自动创建这根轴的两个主体分别为齿轮和托架，如图 5.22 所示。

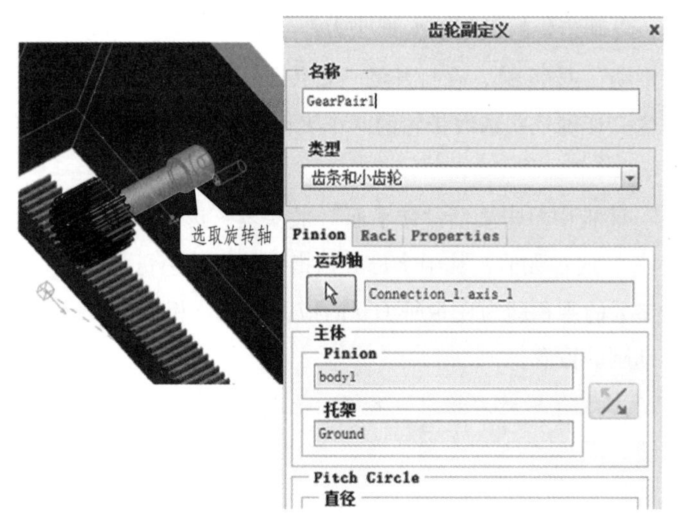

图 5.22 选取齿轮旋转轴

切换至“齿条”选项卡，选取齿条的移动轴。此时系统将自动创建这根轴的两个主体为齿轮和托架。齿轮与齿条的“齿条比”也可分为“节圆直径”和“用户定义”两种。当使用“用户定义”方式时，需要设置齿轮旋转一周齿条前进的距离，即可完成齿轮与齿条运动副的设置，如图5.23所示。

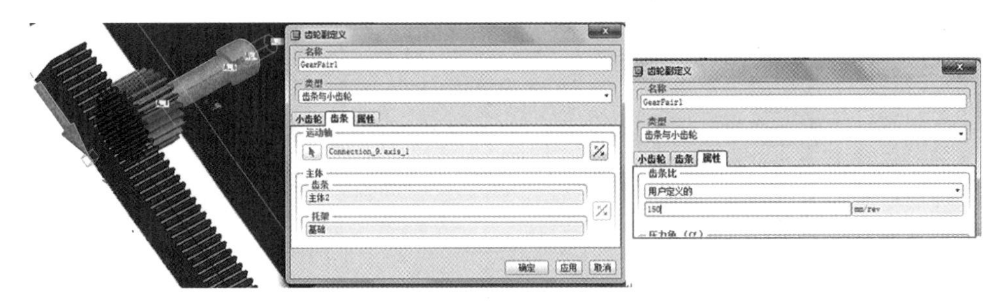

图5.23　选取齿条移动轴及属性设置

（3）蜗轮齿轮副

蜗轮蜗杆传动用于两传动轴相互垂直的场合，通常蜗杆是主动件，蜗轮是从动件。若选定该齿轮副类型，选取由连接定义的与蜗轮本体相关的旋转轴，系统将自动创建这根轴的两个主体分别为齿轮和托架，然后输入该蜗轮的节圆直径。

切换至“轮盘”选项卡，选取轮盘的运动轴。此时系统将自动创建这根轴的两个主体分别为齿轮和托架，并自动计算该轮盘的节圆直径，即可通过节圆直径之比计算该蜗轮副的齿轮比。

3. 带传动

该运动副可以模拟输送带的运动。首先在两元件之间添加该运动副，需要指定两个带轮，以确定带传动的中心距。然后指定与两带轮相配合的传送带，并设置皮带的杨氏模量，以确定带的极限抗变形张力。

单击“带传动”按钮，在打开的“带传动”操控面板中展开“参照”下滑面板。然后按住Ctrl键依次选取带轮的两个表面，系统将自动创建带轮主体和托架主体。

在“参照”面板中单击激活“带平面”收集器，选取一带表面。然后在操控面板中输入“E×A”的参数值，其中字母E是指带的弹性模量，字母A是指带的横截面积，这两个参数的乘积即为皮带所承受的应力数值。相关参数设置完成后即完成了该带传动运动副的设置。

提示： 杨氏模量是材料力学中的名词，是反映材料在弹性限度内纵向抗拉或抗压强度的物理量，是应力与应变的比值，该比值的大小标志着材料的刚性，值越大，材料越不容易发生变形。

5.3.3　拖动与快照

拖动是在允许的范围内移动机构的组件；快照则能够保存当前机构的运动状

态。使用拖动和快照可以验证运动关系是否正确，有利于添加其他的运动关系，也是作为分析的起始点。

1. 拖动

使用拖动可以调整机构中各零件的具体位置，初步检查机构的装配与运动情况。

在“视图”菜单栏中单击“方向”→“拖动元件”按钮拖动元件(D)，在打开的“拖动”对话框上方有“点拖动”和“主体拖动”按钮，使用“点拖动”方式，主体既可以进行平移，也可以进行自身的旋转；使用“主体拖动”方式，主体只能发生平移运动，而不能自身旋转。

2. 快照

快照是对机构某一特殊状态的记录。当机构中的元件拖动至所需位置后，需要保存当前的位置状态，可将其保存为快照，并用于后续的分析定义中，也可用于绘制工程图。

在“拖动”对话框中单击“拍下当前位置的快照”按钮，即可将当前位置状态保存为快照，并显示在“快照”列表中。

5.4　设置运动环境

在机构运动仿真过程中，不仅要建立伺服电动机，设置齿轮或凸轮副等运动副，还需要设置运动环境，例如增加重力、执行电动机、弹簧、阻尼器、力/扭矩和质量属性等因素，以满足结构不同的模拟仿真要求。

1. 重力

在 Creo Parametric 软件中，重力表述为将一个物体拉向另一个物体的物理力。为组件添加重力载荷，即对模型自身所受的重力加速度和方向进行设置，可以模拟模型在重力环境下的仿真运动。整个组件应当使用一个统一的重力。

单击“重力”按钮，打开“重力”对话框。在该对话框的“模”文本框中输入重力参数，其值是以系统默认的单位来表示的引力常数。距离单位取决于组件所选的单位。在对话框中的“方向”选项组中可输入 X、Y 和 Z 方向的坐标值，以定义重力加速度的方向，默认方向是系统坐标的 Y 轴负方向，如图 5.24 所示。

在默认情况下，重力并未被启用。在分析过程中若需要组件模拟真实的重力环境，需要在“分析定义”对话框的“外部载荷”选项卡中勾选“启用重力”复选框，如图 5.25 所示。

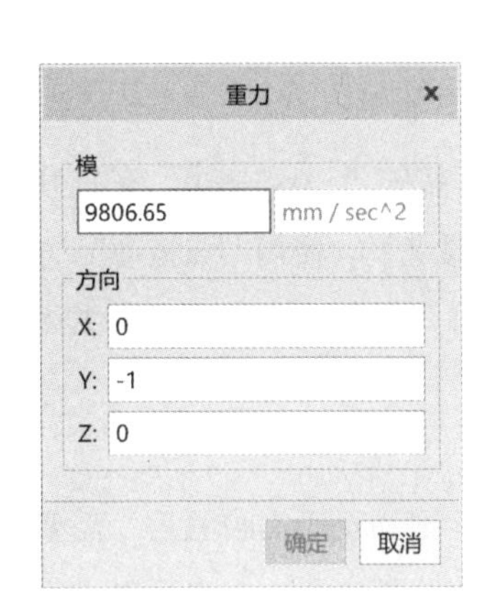

图 5.24 “重力”对话框

图 5.25 “分析定义”对话框

2. 执行电动机

使用“执行电动机” ，可向运动机构施加特定的负载，从而在两个主体之间、单个自由度内产生特定类型的负载。该工具只能在机构的动态分析中使用。其用法与伺服电动机类似，执行电动机也需要选取连接轴以施加作用。而完成后的执行电动机在结构环境中，其符号显示为蓝色，而伺服电动机则呈红色。

电动机通过对平移或旋转连接轴施加力而引起运动，可在一个模型上定义任意多个执行电动机。其与伺服电动机的不同点是后者定义的是驱动轴的运动规律，包括位置、速度和加速度，而执行电动机定义的是驱动轴的负载力规律。

3. 添加弹簧

弹簧在运动机构中产生线性弹力。该力可使弹簧恢复到平衡（松弛）位置处，弹力的大小与距离平衡位置的位移量成正比。

进入仿真运动环境后，单击“弹簧” 按钮 ，在打开的操控面板中提供延伸/压缩和扭转弹簧两种类型。

（1）延伸/压缩弹簧

该类型弹簧选取两个主体作为参照图元，将弹簧应用在两个未通过装配相连接的主体之间。

在“参照” 面板中选择“选取项目” 选项，并按住 Ctrl 键依次指定弹簧的起始点和终止点。然后在“选项” 面板中输入弹簧直径数值。无论创建哪种弹簧，都必须设置弹簧刚度系数。

弹力大小的公式是“弹簧力 = k *（x - U）”，其中：k为 弹簧刚度系数，该系数通常由生产商提供，或采用经验数据，必须为正值；U是指弹簧既未被拉伸、也未被压缩时的长度，即原长；x是指在机构运动中弹簧被拉伸或被压缩时的长度。

（2）扭转弹簧

该类型弹簧是指选取一个旋转连接轴为参照图元，在该连接轴上所创建的弹簧。在此时的弹力公式中，参数U所表示弹簧既未被拉伸，也未被压缩时，从连接轴零位计算的弹簧角度位置；x是弹簧被拉伸或被压缩时，从连接轴零位计算的弹簧角度位置。

4. 设置阻尼器

阻尼是一种负荷类型，可利用它模拟机构上的真实力。与弹簧不同，阻尼器产生的力会消耗运动机构的能量并阻碍其运动。它可作用于连接两个主体之间的运动副。

打开“阻尼器” 按钮，在“阻尼器定义” 控制面板中提供了平移和旋转两种阻尼器类型。

（1）平移阻尼器

使用该方式可以创建点至点的阻尼力。该力将阻碍两点之间的相对运动。如果运动使两点相互分离，则两点间的阻尼力将阻碍其分离。如果运动使两点之间互相靠近，则点与点阻尼力将阻碍其靠近。

（2）旋转阻尼器

使用该方式可以创建沿着平移连接的线性阻尼力，或绕旋转连接轴的扭转阻尼力。该力作用方向和运动方向相反，故消耗能量。

5. 力/扭矩

力一般表现为推力或拉力，它可改变对象的运动。而扭矩是一种旋转力或扭曲力。“力/扭矩” 表示机构与另一主体的动态交互作用，并且是在机构零件与机构外部实体接触时产生的，可以通过它来模拟机构运动的外部环境。

6. 初始条件

一个机构如果不设置其初始位置，系统会自动以当前的位置为初始位置进行运动仿真。但实际上，机构的当前位置只是在组装时设置的大略位置，因此还需要设置机构的初始条件。初始位置的确定需要借助快照功能，从事先创建好的快照中得到主体的位置。

对于初始速度，由于初始速度为矢量，所以在指出模的同时，还要指出其矢量方向。选取运动部件上的一点，并设置该点的运动速度数值，然后指定运动方向，即可创建初始速度。

7. 质量属性

运动模型的质量属性包括密度、体积、质量、重心和惯性矩等。对于不需要考虑“力”的情况，可以不用设置质量属性。

5.5 机构运动的定义分析

当完成运动模型的创建和运动环境的设置后，便可以对机构所设置各种连接与运动副进行分析，并通过模拟机构运动来查看仿真运动效果。在“运动分析”按钮 的“分析定义”对话框中的类型列表中提供了五种分析类型。

（1）运动学分析

机构中除了初始质量和力之外的所有方面均属于运动分析的范畴。运动分析模块会模拟机构的运动，使机构与伺服电动机一起运动。在不考虑作用于系统上力的情况下分析其运动。

运动分析时不考虑受力，因此不能使用执行电动机，也不必为机构指定质量属性。此外，模型中的动态图元，如弹簧、阻尼器、重力、力／扭矩和执行电动机等，都不会影响运动分析。

（2）动态分析

在考虑力、质量和惯性等外力作用的情况下，对机构进行分析可以使用“动态”类型。选择该类型后，对话框下方的“初始配置”选项组变为“初始条件”选型组，可以直接选取已设置好的初始条件，而不像运动学及重复组件一样采用快照作为初始状态。

（3）静态分析

静态分析用于研究机构中主体平衡时的受力状况，在计算中不考虑速度及惯性，因此比动态分析能更快地找到平衡，也无需对起始和终止时间进行设置。

（4）力平衡分析

力平衡分析是一种逆向的镜像分析，用于分析机构处于某一形态时为保证其平衡所需施加的外力。

（5）位置分析

位置分析是对由伺服电动机驱动的一系列组件的分析，可以模拟机构运动来满足伺服电动机轮廓和任何接头、凸轮从动件、槽从动件以及齿轮副连接的要求，并记录机构中各组件的位置数据。在进行分析时不考虑力和质量，因此不必为机构指定质量属性。

5.6 仿真结果分析

当对机构指定了运动分析形式后，通过对运动分析过程的控制，可以直观地以动画的形式输出运动模型的不同运动情况，以便用户比较准确地了解所设计的机构实现的运动形式。仿真结果分析分为回放分析和测量结果分析。

1. 回放分析

通过回放分析可以查看机构中零件的干涉情况，将分析的不同部分组合成一段影片，并显示力和扭矩对机构的影响，以及在分析期间跟踪测量值。将运动分析结果输出为 MPEG 动画文件和一系列的 jpg、tiff 和 bmp 文件。

2. 测量结果分析

该工具用来分析系统在整个运动过程中的各种具体参数，如位置、速度和力等，为改进设计提供参考依据。创建分析之后即可创建测量，但查看测量结果则必须有一个分析的结果集。

此外，与动态分析相关的测量，一般应在运动分析之前创建。

微视频 5-2
槽轮运动仿真动画

5.7 槽轮机构仿真运动

槽轮机构常用在各种机床的间歇进给或回转工作台的转位上。该槽轮机构是由主动拨盘、圆柱销和从动槽轮等组成的一种单向间歇性运动机构，能将连续转动或往复运动转化为单向步进运动。

在创建该机构的仿真运动之前，首先使用各种连接方式将各个元件装配到组件环境中。然后创建各个轮槽和圆柱销之间的“凸轮副” 连接，并为主动拨盘轴设置伺服电动机。通过圆柱销旋转带动其他元件运动，如图 5.26 所示，即可获得槽轮机构仿真运动分析。

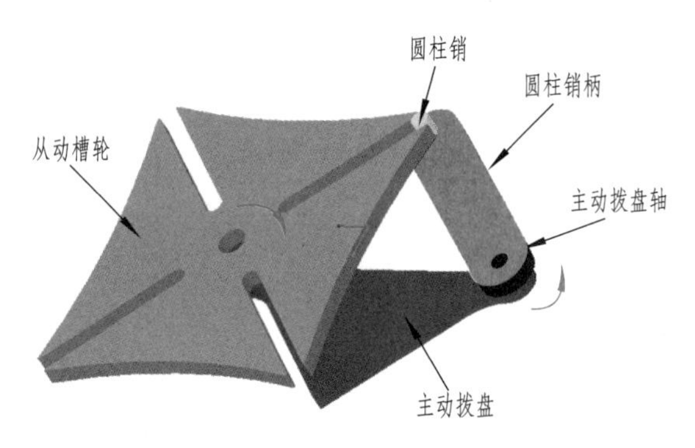

图5.26　槽轮机构

（1）新建一名为“caolunfangzhen. asm”的组件进入装配环境。然后单击“将元件添加到组件”按钮，打开第5章/源文件“caolunfangzhen”文件夹，选取“prt001. prt”文件，单击“打开”按钮，系统弹出“元件放置”对话框。在“自动约束”下拉列表中选取“缺省”按钮，接受缺省约束放置，单击“确定”按钮，完成第一个零件在装配环境中的定位，如图5.27所示。

（2）单击“将元件添加到组件”按钮图标，打开“caolunfangzhen”文件夹，选取“prt002. prt”文件，单击“打开”按钮，在系统弹出的“用户定义”下拉菜单中选择“销钉”连接。在“放置”面板中，依次选择如图5.28所示的轴线和平面，分别设置“轴对齐”连接和“平移”约束，创建销钉连接。

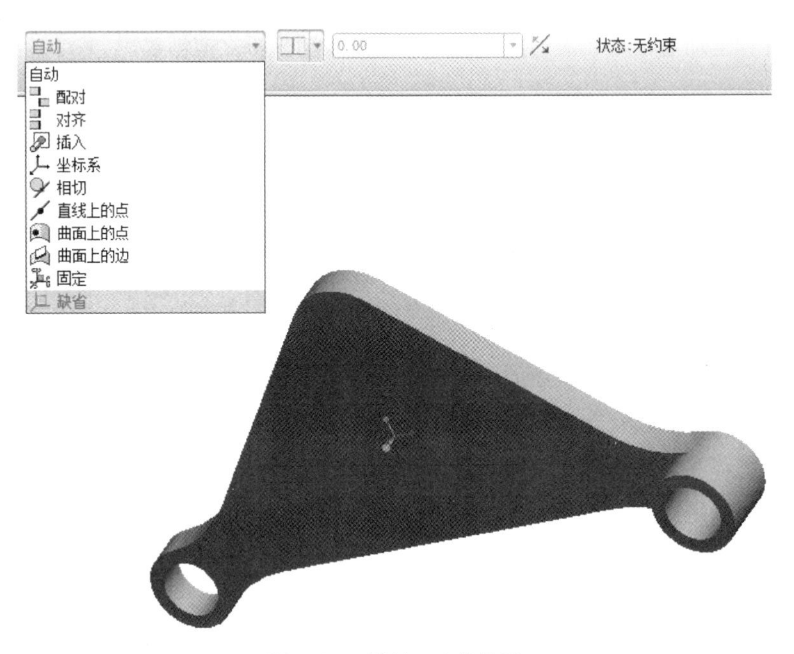

图5.27　零件1定位装配

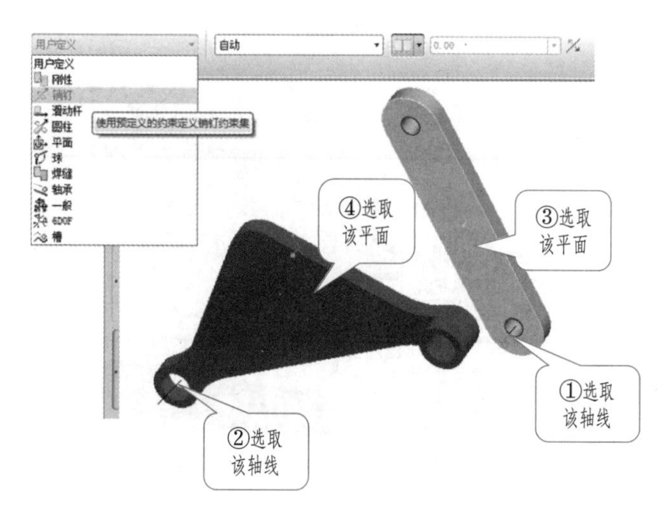

图 5.28 主动拨盘设置销钉连接

（3）单击“将元件添加到组件”按钮，打开 caolunfangzhen 文件夹，选取“prt003.prt”文件，单击“打开”按钮，在系统弹出的“用户定义”下拉菜单中选择“销钉”连接。在“放置”面板中，依次选择如图 5.29 所示的轴线和平面，分别设置“轴对齐”连接和“平移”约束，创建销钉连接；按照同样的方式添加零件“prt004.prt”，创建销钉连接，如图 5.30 所示。

图 5.29 从动槽轮设置销钉连接

（4）选择“应用程序”中“机构”选项，进入机构运动仿真环境。然后单击“定义凸轮连接”按钮，按住 Ctrl 键依次选取如图 5.31 所示的三条曲线。然后单击“选取对话框中的“确定”按钮。

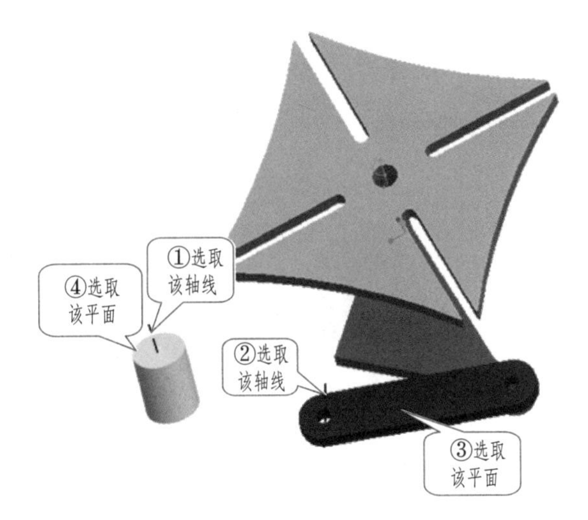

图5.30　圆柱销设置销钉连接

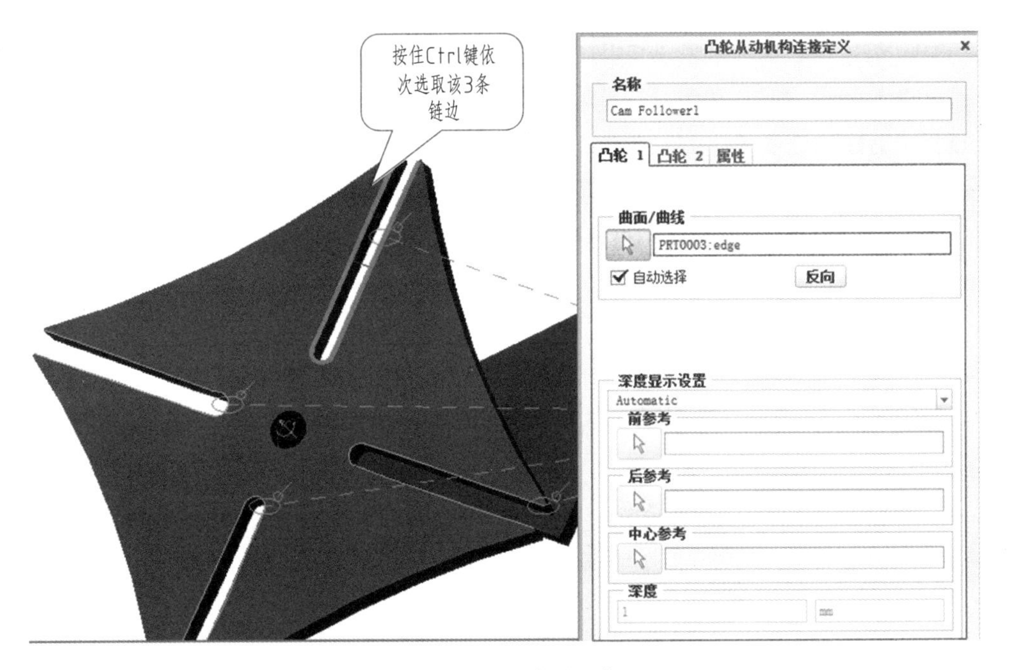

图5.31　定义“凸轮1”

（5）选择“凸轮2”选项卡，并选中“自动选取”复选框，选取“prt004.prt”的圆柱面，然后切换到“属性”选项卡，启用“启用升离”复选框，并单击“确定”按钮，创建第一个凸轮副，如图5.32所示。

（6）继续利用“定义凸轮连接”工具，分别依次定义凸轮副2、凸轮副3和凸轮副4，如图5.33所示。

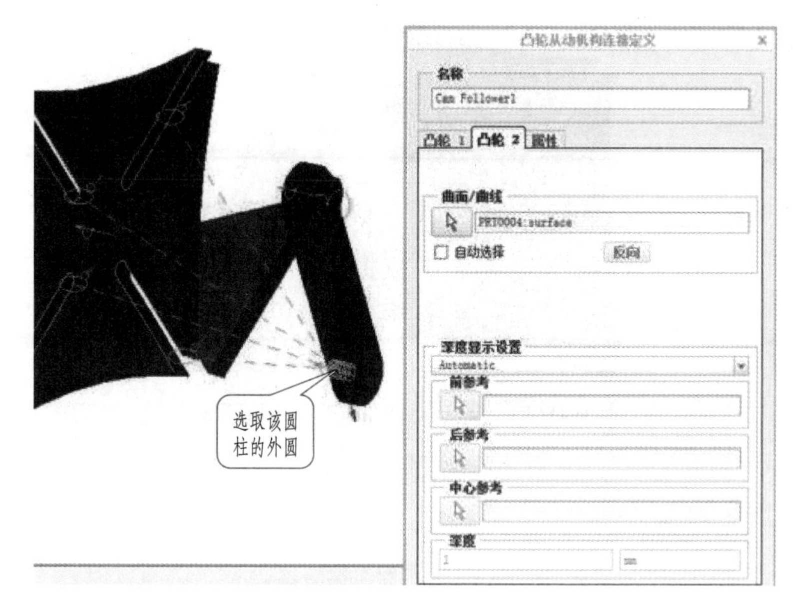

图 5.32　定义“凸轮 2”

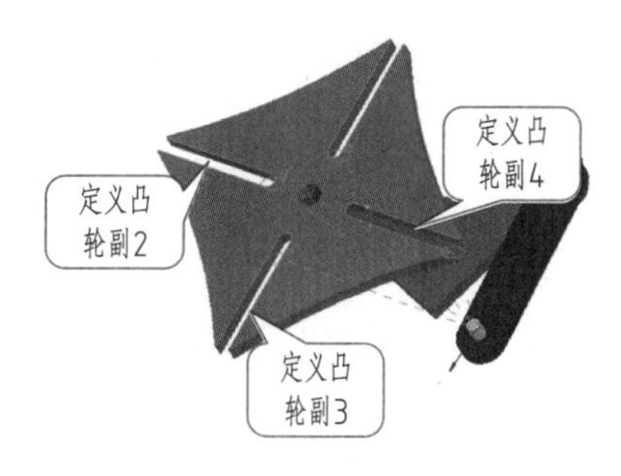

图 5.33　定义凸轮连接效果

（7）单击“定义伺服电动机”按钮，选取如图 5.34 所示的连接轴为运动轴。然后在“轮廓”选项卡中设置“模”类型为“常数”，输入参数值为“40”，单击“确定”按钮，完成伺服电动机的定义。

（8）单击“机构分析”按钮，在打开的对话框中设置分析类型为“位置”，时间类型为“长度和帧频”，然后按照图 5.35 设置各参数，并单击“运行”按钮，执行槽轮机构的运动仿真，单击“确定”关闭“分析定义”窗口。在模型树中右击回放，在弹出的对话框中选择“播放”，运行运动仿真回放，如图 5.36 所示。

（9）单击“图形工具”按钮，选取如图 5.37 所示的测量点及测量坐标系，生成位移随时间变化的图形，如图 5.38 所示。

图 5.34　定义伺服电动机

分析定义
名称
AnalysisDefinition1
类型
位置
首选项
电动机
外部载荷
图形显示
开始时间
0
长度和帧频
终止时间
10
帧数
101
帧频
10
最小间隔
0.1
锁定的图元
初始配置
当前
快照
Snapshot1
确定
运行
取消

图 5.35　机构分析定义

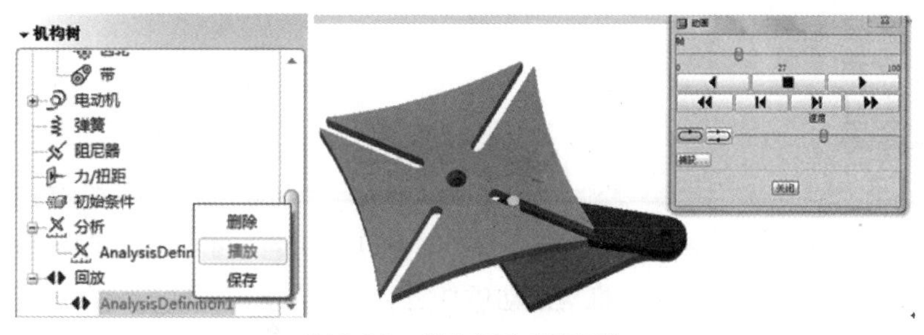

图 5.36　机构运动仿真回放

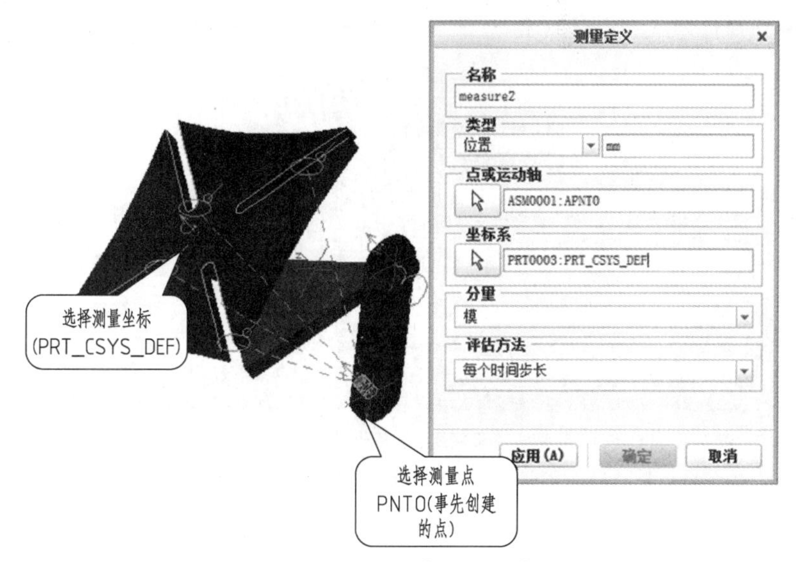

图 5.37　图形“测量定义”

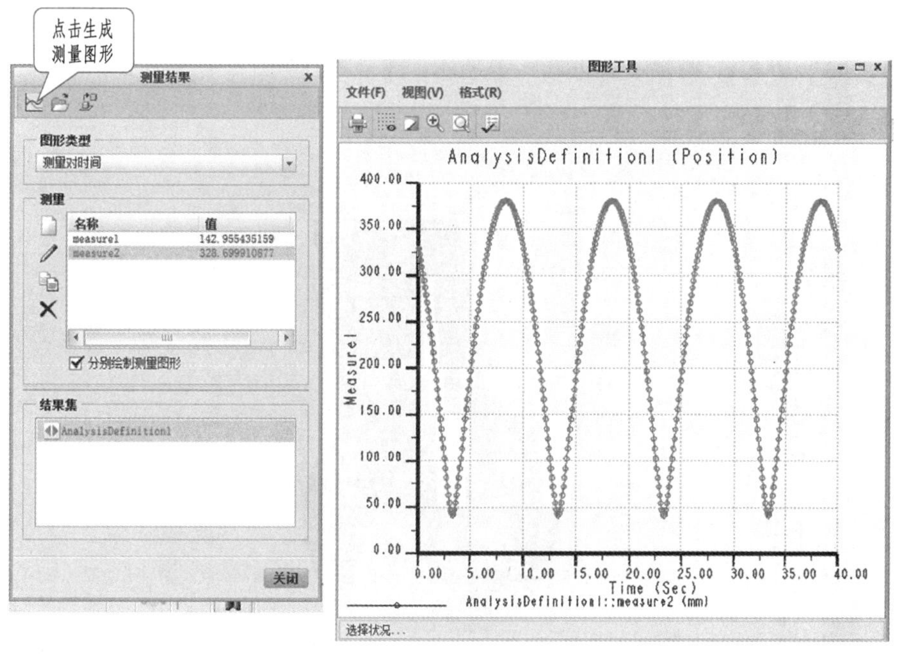

图 5.38　图形输出结果

思考与练习

5-1　完成齿轮减速器（第5章源文件/zhichilunjiansuqi. asm）的运动仿真，效果如图5.39所示。在创建该机构运动仿真之前，首先使用各种连接方式将各元件装配到组建环境中，然后赋予主动轮伺服电动机动力，并进行必要的分析操作，即可获得减速器机构运动仿真效果。

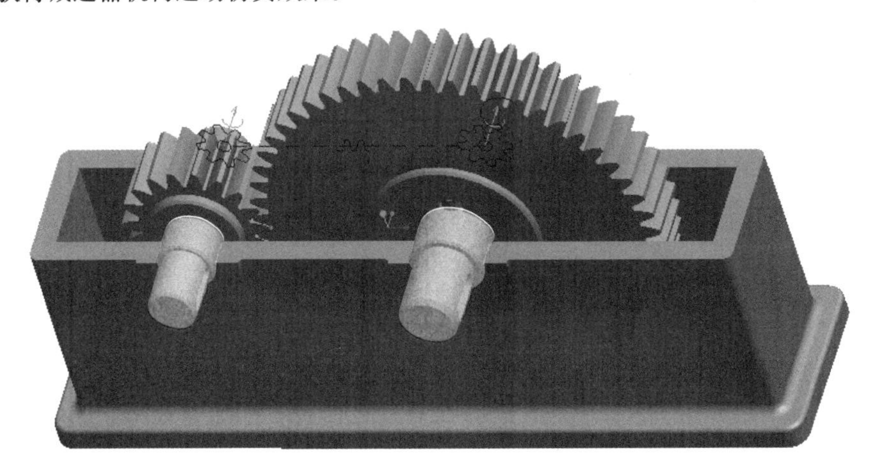

图5.39　减速器的机构运动仿真

5-2　完成凸轮机构（第5章源文件/凸轮机构仿真.asm）的运动仿真，并测量从动杆滚子轴心下缘点“APNT1”的“Z分量”位移。选择坐标系为“旋转轴PRT_CSYS_DEF”，测量定义如图5.40所示，测量图形如图5.41所示。

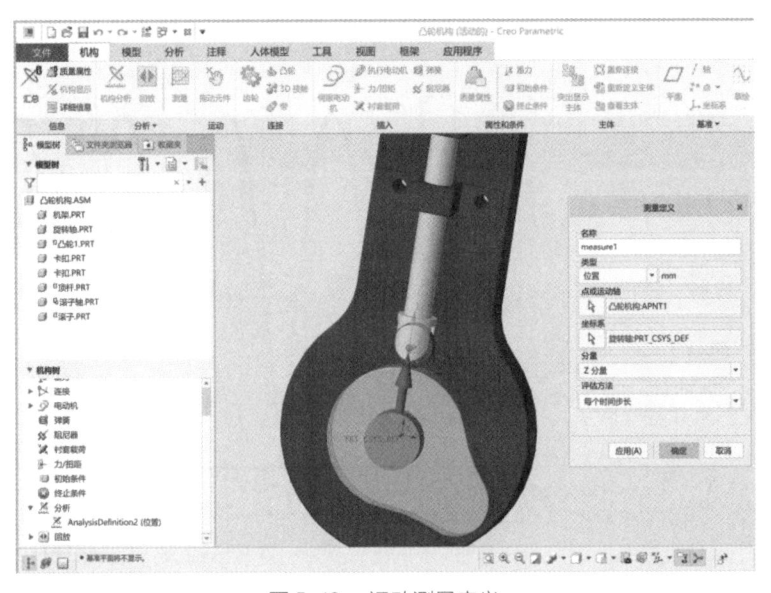

图5.40　运动测量定义

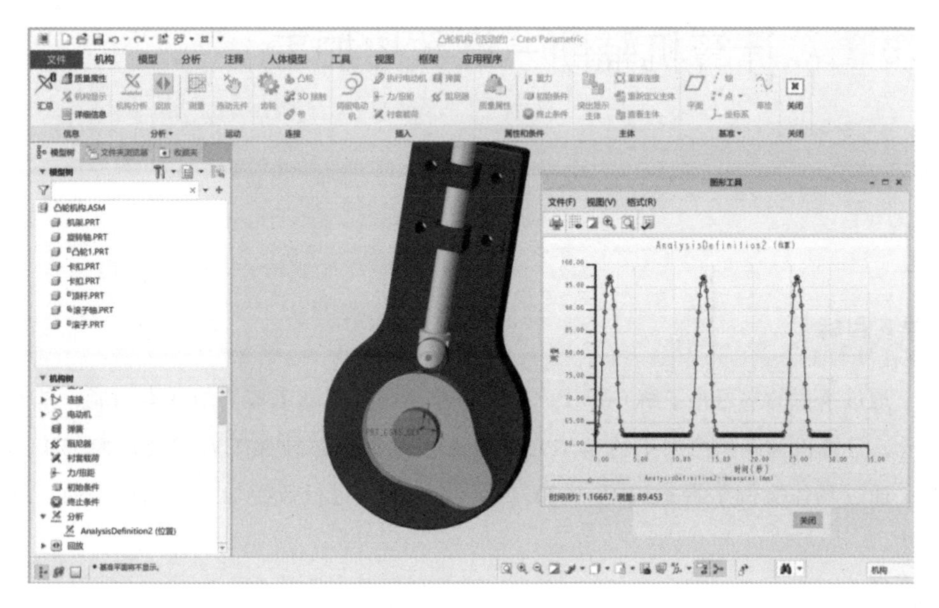
文件
机构
模型
分析
注释
人体模型
工具
视图
框架
应用程序
凸轮机构.ASM
机架.PRT
旋转轴.PRT
凸轮1.PRT
卡扣.PRT
卡扣.PRT
顶杆.PRT
滚子轴.PRT
滚子.PRT
连接
电动机
弹簧
阻尼器
衬套载荷
力/扭矩
初始条件
终止条件
分析
AnalysisDefinition2 (位置)
回放
文件(F)
视图(V)
格式(R)
AnalysisDefinition2
时间(秒): 1.16667, 测量: 89.453
关闭

图 5. 41　测量图形

第6章　计算机辅助三维数控加工

学习目标

通过本章的学习，了解 Creo Parametric 中 NC 数控加工模块的基本功能、基本概念，计算机辅助数控加工的基本方法、流程、常用数控加工方式及数控加工刀具；通过具体案例掌握运用 Creo/NC 数控加工模块进行数控加工自动编程的设计方法。

学习要求

技能目标	知识要点
熟悉并掌握Creo/NC数控加工的基本概念	计算机辅助数控加工，设计模型，制造模型，加工坐标系等基本概念
掌握 Creo/NC 数控加工的基本操作流程	制造模型的建立、加工参数的设定、NC 序列创建、模拟加工等
Creo/NC 数控加工编程	直线加工，数控铣削加工

本章提示

本章所用到的源文件可从《计算机辅助三维设计数字课程》下载，下载方法详见书内数字课程说明页。

6.1　数控加工概述

技术人员在 CAD 系统中将要加工的对象设计完成，并利用 CAM 系统以最佳方式规划加工路径，进行实体加工。但是在加工前仍需注意实体加工时切削零件的相关选择，因为零件的真正加工时间只占整个生产中的一小部分。事实上，在许多制造作业中，生产准备时间甚至大于切削加工时间。生产准备阶段的时间消耗包括安装刀具、确认程序以及检查首件制成品。假如此工件在本次作业结束后仍需再加工，则所浪费的时间也会增加。生产时间除包括切削加工时间，还包括组装、移动、等待以及检查等时间。减少移动时间、缩短移动距离、减少准备时间以及减少检查需求是提高生产率的基础。

加工作业是将原料转换成成品而没有额外添加其他材料或组件。在加工过程中，工件的形状、物理性质以及表面状况随能量的转换而不断变化。切削制造所执行的加工作业可分成四类：初步作业（primary operations）、二次作业（secondary operations）、物理性质作业（physical property operations）与精加工作业（finishing operations）。

初步作业是将原料转换成具有基本几何形状的成品。机械工业中金属铸造是最常见的初步作业的实例，金属原料处于熔融状态，而模具型腔是产品的大致几何形状，熔融状态的金属倒入模具中并经过冷却即完成初步作业。得到的毛坯铸件具备制成品的大致形状。二次作业可在坯件的基础上得到成品的最终形状。例如，铸铁被铸造成汽车发动机活塞，活塞圆柱部分必须加工以便活塞能够平顺地在内部运动。二次作业经常跟随着初步作业执行，两种作业最主要的差别是二次作业将材料变成最后所需的几何形状。典型的二次作业包括车削、镗削、铣削、钻削、铰孔、磨削以及非传统加工程序。其中，铣削是利用具有多重切削刃的旋转刀具去除材料的加工方法。铣削最主要的特征是当工件与刀相对运动时，每一刀刃带走与之空间重叠的材料。铣削加工时，可以将工件移向旋转的刀具，也可以移动旋转刀具到静止的工件，或是将几种铣削方式相结合。在大部分加工中，工件固定于机床工作台上，再以较低速度向一个高速运转的刀具进给。主轴在水平或垂直方向上决定了旋转刀具中心的方向，因此铣床有水平式与垂直式两种CNC铣削的作业方式。铣削加工方法一般可以分为两大类：侧铣与面铣。不同的铣削刀具形态与配件如图6.1～图6.13所示。铣削是最广泛应用于二次作业的加工之一，同时也是最复杂的加工方式之一。

图6.1　拉刀扣

图6.2　刀柄

图6.3　螺母套筒

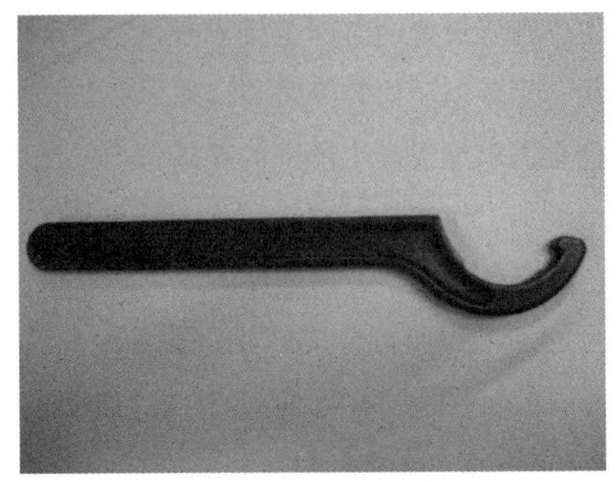

图6.4　螺母扳手

图6.5　刀柄筒夹

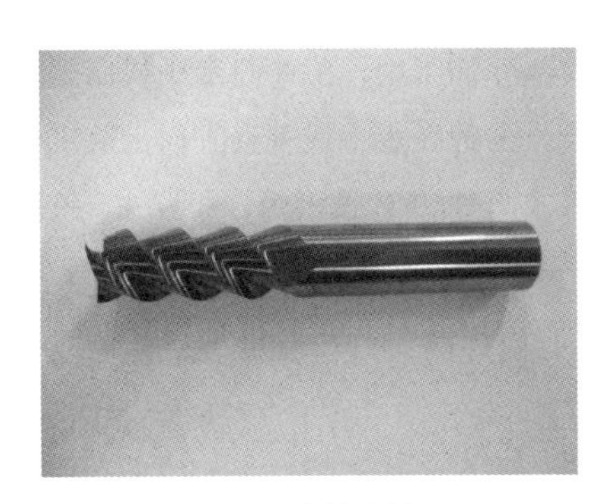

图6.6　高精度铣刀

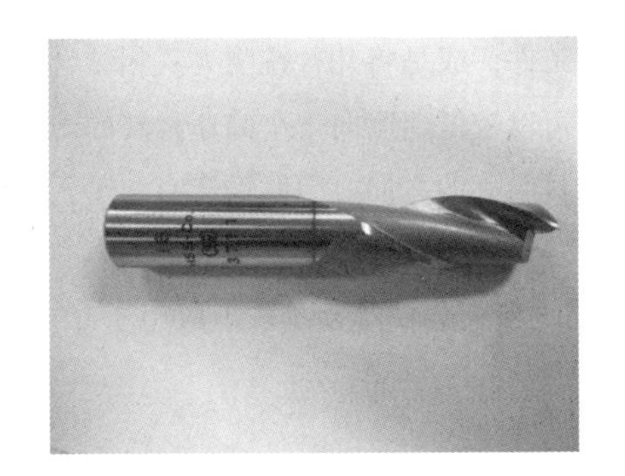

图6.7　镀钛铣刀

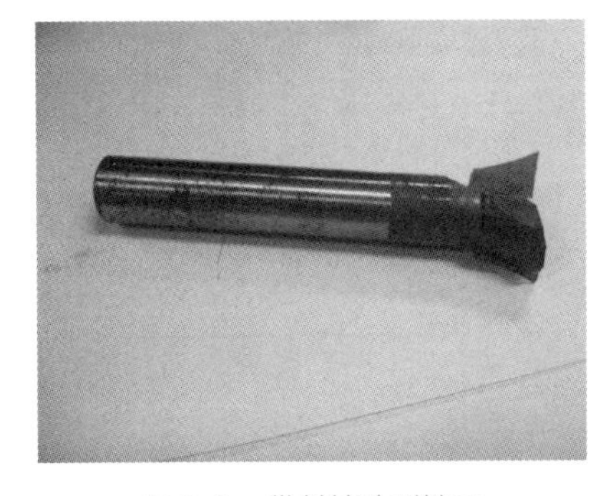

图6.8　带斜特殊型铣刀

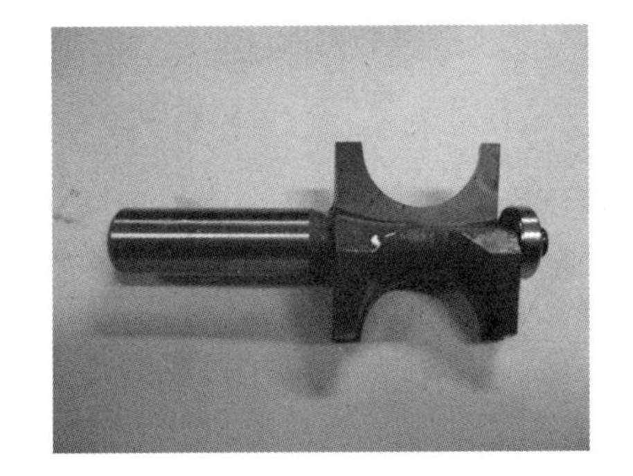

图6.9　凸圆特殊型铣刀

图6.10 刨花直铣刀

图6.11 球铣刀

图6.12 60° 尖铣刀

图6.13 组合后的含刀柄的铣刀

6.2 计算机辅助数控加工概述

计算机辅助数控编程是指利用计算机来帮助完成复杂零件的数控加工编程问题，即数控编程工作由计算机自动完成。采用计算机辅助数控编程，可以完成手工编程无法完成的复杂零件的数控加工。随着社会、经济的快速发展，人们对机械产品的精度要求日益提高，产品的需求也多样小批化。同时，也需要改善工作环境和降低劳动强度。

数控加工是用数字信息控制零件和刀具位移的机械加工方法。它具有以下的优点。

（1）大量减少工装数量，加工形状复杂的零件不需要复杂的工装。如要改变零件的形状和尺寸，只需要修改零件加工程序，适用于产品改型与新产品研制。

（2）加工质量稳定，加工精度高，重复精度高，适用于高精度零件的加工。

（3）多品种、小批量生产情况下生产效率较高，能减少生产准备、机床调整和工序检验的时间，而且由于使用最佳切削用量而减少了切削时间。

（4）可加工常规方法难以加工的复杂型面，甚至能加工一些无法观测的加工部位。

（5）大大降低工人的劳动强度。

鉴于上述优点，数控加工得以迅速发展。但数控机床设备价格昂贵，并且要求维修人员有较高的技术水平，使得部分小型加工厂望而却步。

接下来将着重介绍 Creo/NC 中的数控加工模块。

6.2.1　Creo/NC 模块

Creo/NC 是 Creo 关于数控加工的子模块。Creo/NC 提供了车削、铣削和钻削等多种切削加工的编程功能。Creo/NC 可以设置不同的加工环境，如机床和工件坐标系，便于实现工件的找正和装夹，保证加工精度。在建立制造模型方面，Creo/NC 提供曲面驱动、实体驱动和特征驱动等CAM驱动模型，使加工模型的建立和刀具轨迹编辑实现参数化。在刀位验证方面，Creo/NC 提供了动态模拟、实体仿真和过切检查功能。Creo/NC 的加工环境设置完全符合实际加工，可进行夹具设计，仿真时能逼真地模拟加工全过程，同时还可以把这些模型转换到 Vericut 中对刀具轨迹优化，减少刀具空切和夹具干涉等，大大提高切削加工效率。

6.2.2　Creo NC 中的基本概念

（1）参考模型

参考模型即为设计模型，即加工所要达到的最终形状，它可以是实体零件、装配件以及钣金件。可以在设计模型与工件间设置相关链接，有了这种链接，改变设计模型时，所有相关的加工操作都会被更新。参考模型可以在 Creo 中绘制，也可以由其他软件绘制，然后导入Creo软件中。如图6.14所示的参考模型，该模型先要进行回转体车削，然后再铣削四个平面，最后加工两个孔。

（2）工件

工件即为工程上所说的毛坯，是加工操作的对象，图6.15所示是通过Creo建模得到的毛坯。在创建 NC 系列时可自定义其加工范围，还可进行去除材料动态模拟和过切检查。

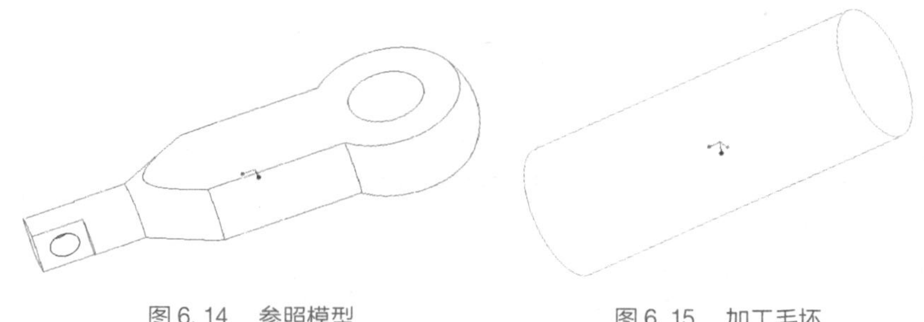

图 6.14　参照模型　　　　图 6.15　加工毛坯

（3）制造模型

制造模型一般由参考模型和工件组合而成，后期的 NC - CHECK 命令中可以实现工件去除材料的模拟。在加工的最终结果中，工件与设计模型的几何特征应保持一致。

注意：① 加工工艺文件的扩展名为 .mfg；② 加工组合的扩展名为 .asm；③ 工件的扩展名为 .prt；④ 设计模型的扩展名为 .prt。

（4）NC 系列

NC 系列是表示单个刀具路径的组件（或工件）特征。

（5）CL 数据

CL 数据是用于记录刀具位置的文件。它可以是单个 NC 工序的刀具路径文件，也可以是整个操作的刀具路径文件。

（6）退刀曲面

退刀曲面用于定义切削后刀具要退回到的水平面。根据不同情况，退刀曲面可以是平面、圆柱面、球面或定制曲面。

（7）NC 系列和机床类型

机床类型决定了其创建 NC 系列的类型，用什么样的车床、铣床就会产生与其对应的刀具路径和 NC 系列。详细的参见后面的实例。

6.2.3　Creo/NC 自动编程和加工的基本过程

Creo/NC 自动编程和加工的基本过程如下。

① 根据零件图建立加工模型特征。

② 设置被加工零件的材料，工件的形状与尺寸。

③ 设置加工机床参数，确定加工零件的定位基准面、加工坐标系和编程原点。

④ 选择加工方式，确定刀具的初始位置、下刀位置和安全高度。自动编程和加工的基本过程如图 6.16 所示。

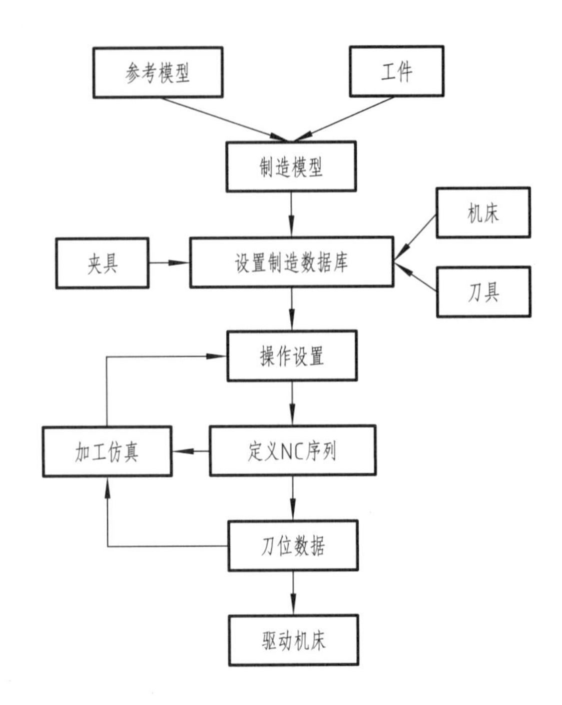

图 6.16 Creo NC 的自动编程和加工基本过程

⑤ 设置加工参数，如进给速度、机床主轴转速等。

⑥ 进行加工仿真，修改刀具路径。

⑦ 后期处理生成 NC 代码。

⑧ 根据不同的数控系统对NC做适当的修改，将正确的NC代码输入数控系统，驱动数控机床。

6.3 Creo/NC 的用户界面及操作

6.3.1 Creo/NC 用户界面的进入

Creo/NC 用户界面的进入步骤如下。

① 打开 Creo Parametric 系统，选择“文件”→“新建”命令或单击工具栏中的“新建”按钮。

② 在出现的“新建”对话框（图 6.17）中，选取“类型”为“制造”，“子类型”为“NC 装配”，取消选中“使用默认模板”复选框，单击“确定”按钮。

③ 在出现的“新文件选项”对话框（图 6.18）中，选择 mmns_mfg_nc 模板，单击“确定”按钮，即进入了 Creo NC 模块的界面。

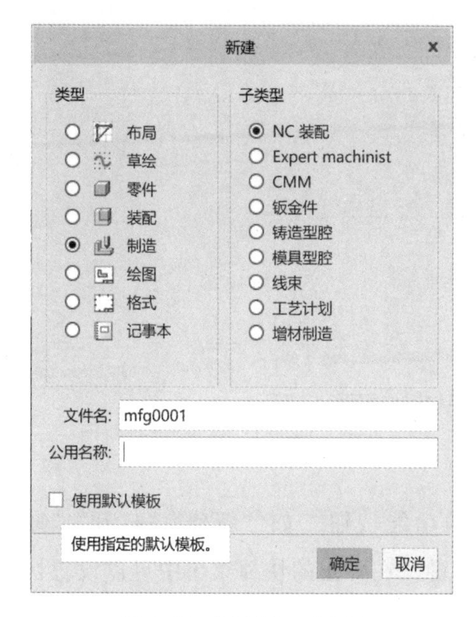

图 6.17 “新建”对话框

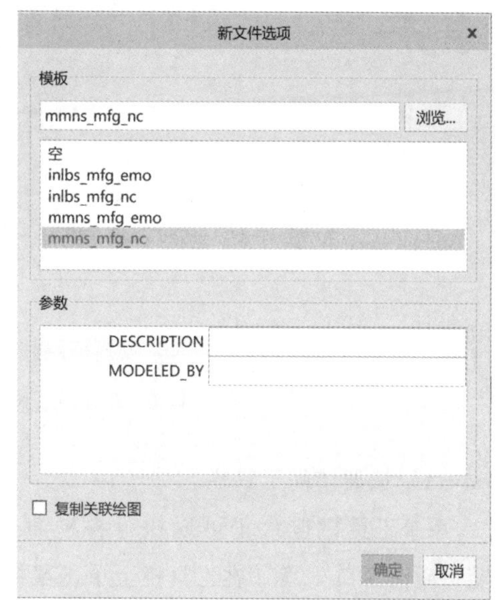

图 6.18 “新文件选项”对话框

6.3.2 Creo/NC 模块的菜单介绍

Creo/NC 采用统一的数据库和参数化造型技术，具备概念设计、基础设计、详细设计的功能。用户界面简洁，概念清晰，容易入手，下面结合图 6.19 所示操作界面具体介绍各个部分的功能。

（1）标题栏

跟其他 Windows 窗口一样，标题栏显示了新建制造文件的名称或打开文件的名称，在其后显示了所用软件的版本。

（2）功能区

功能区由“文件”“制造”“模型”“分析”“注释”“工具”“视图”“应用程序”等选项卡组成。每个选项卡又分别包含一系列命令。

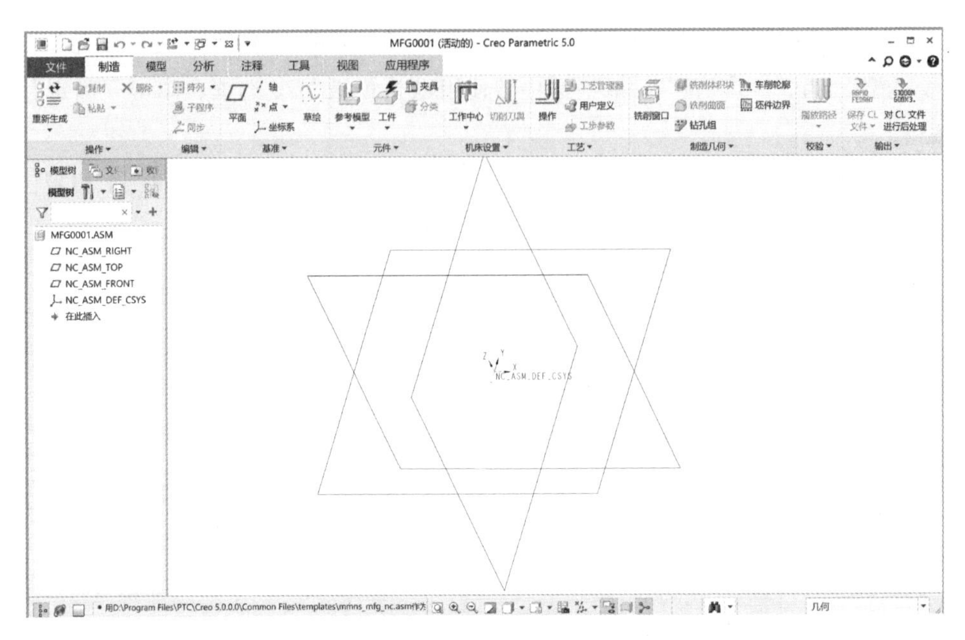

图 6. 19　Creo NC 模块操作界面

（3）快速访问工具栏

系统工具栏包含了可以执行各种命令的功能按钮，如“新建”“打开”“撤销”“激活窗口”等。在工具栏上单击鼠标右键，在弹出的快捷菜单中可以设置快速访问工具栏的位置、自定义等。

（4）特征工具栏

特征工具栏由工序特征、视图显示、模型显示和基准显示等快捷方式组成。

（5）提示栏

提示栏位于模型树窗口的下面，它提示了所选操作的具体含义和步骤。

（6）模型树

模型树以先后顺序以及特征的层次关系列出了加工模型上的所有特征和加工操作步骤，供设计者查看或修改。

（7）工作区

工作区，即 Creo 的设计绘图区，它是整个窗口的主体。在工作区中操作者可对模型进行各项操作，如创建工件、设计退刀平面及设置加工坐标系等。

（8）过滤器

过滤器可以让用户方便地选择各种几何特征、曲面、基准。

（9）NC 快捷菜单

“制造”选项卡下 NC 快捷菜单提供了体积块铣削、局部铣削、曲面铣削、端面加工、轮廓铣削、孔加工和螺纹铣削等工序命令。

6.3.3　Creo/NC 设计操作实例

下面以一个具体实例，介绍 Creo/NC 设计操作的步骤。

（1）新建文件

单击“新建”按钮，在打开的“新建”对话框的“类型”栏中选中“制造”单选按钮，在“子类型”中选中“NC 装配”单选按钮，如图 6.20 所示，设定创建的加工文件名称为 mfg0001，使用公制单位模板 mmns_mfg_nc。

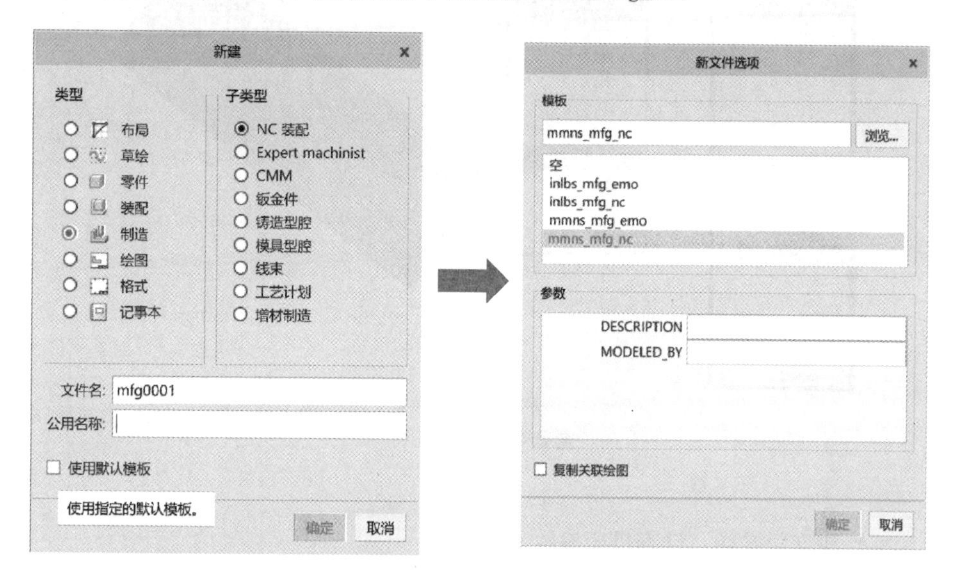

图 6.20　新建文件操作

（2）装配参照模型

单击“参考模型”按钮，选择 512_1.prt 文件作为参照模型，如图 6.21 所示，在“放置”选项卡中单击“新建”按钮，方式为“对齐”，选择 512_1：FRONT 和 NC_ASM_FRONT，使它们对齐；再次单击“新建”按钮，方式选择“配对”，选择 512_1：TOP 和 NC_ASM_RIGHT，使它们配对；再次单击“新建”按钮，方式为“对齐”，选择 512_1：RIGHT 和 NC_ASM_TOP，使它们对齐。保证 Z 轴为加工方向。

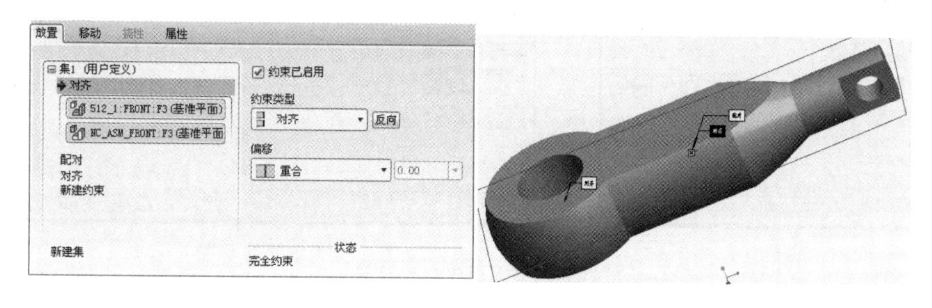

图 6.21　装配参照模型

（3）创建并装配工件

单击创建工件按钮，输入工件名称“512_1_WRK_1”，在弹出的菜单中选择“实体”→“伸出项”→“拉伸”→“实体”→“完成”，如图6.22所示。以参照模型底面为拉伸的参照平面，创建以参照模型最大外圆为参照、长为61 mm的工件。

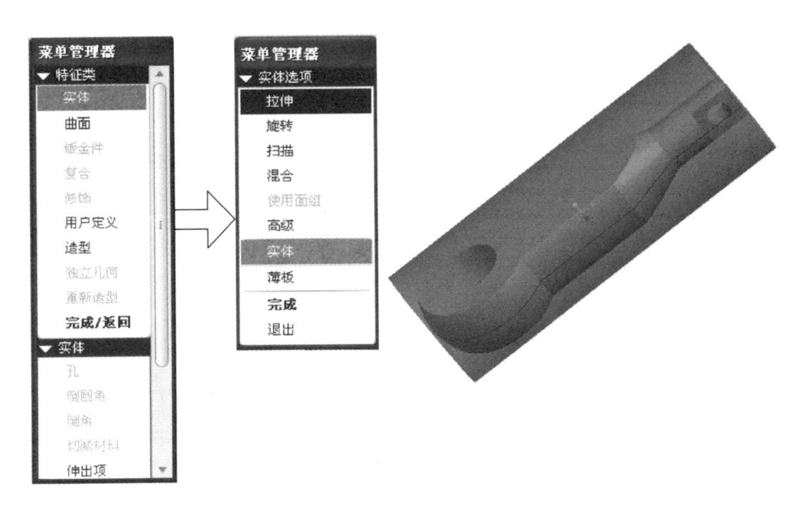

图6.22　创建工件

（4）建立新操作，设置机床参数

选择“步数”→“操作”命令，打开“操作设置”对话框，按图6.23所示操作。表6.1为机床参数设定对照表，其中机床零点的选择要注意加工方向为X轴，退刀曲面的退刀方向也应该注意设置为X方向。

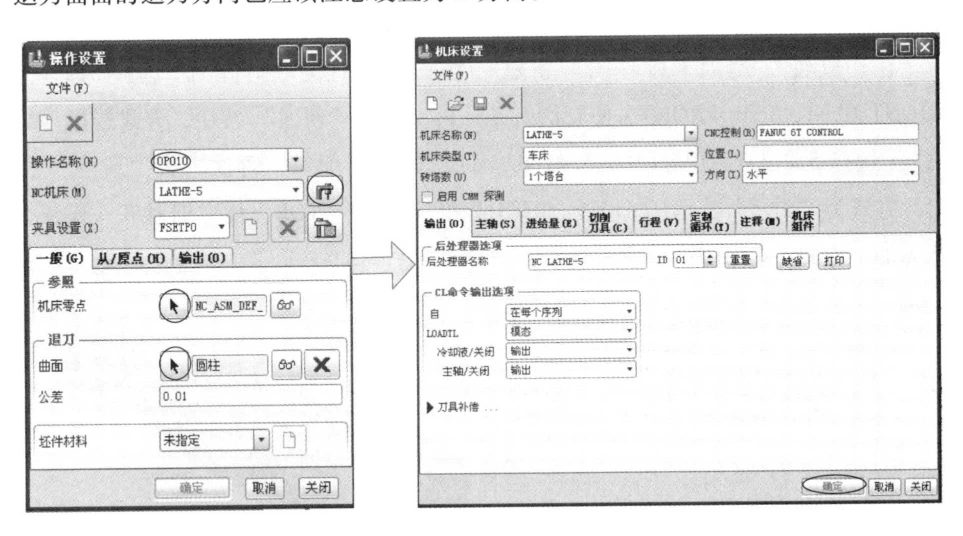

图6.23　机床参数设定

表 6.1　机床参数设定对照表

项　　目	设　　置	项　　目	设　　置
机床名称	LATHE - 5	CL 命令输出	每个系列
机床类型	车削	主轴转速	6 000 r/min
转塔数	1 个转塔	马力	3
CNC 控制	FANUC 6T CONTROL	快速进给速度	1 000 mm/min

（5）定义车削轮廓

选择“插入”→“制造几何”→“车削轮廓”或者直接在右边单击“车削轮廓”按钮，在弹出的菜单中选择草绘定义和编辑内部草绘，选取参照模型轮廓作为车削轮廓，起始方向设置在端部，如图 6.24 所示，然后单击“确定”按钮，完成车削轮廓定义。

（6）NC 系列设置

选择“步骤”→“区域车削”，在弹出的菜单中勾选“名称”“参数”“刀具运动”，单击“完成”按钮；在弹出的窗口中输入 NC 系列名称“xl1”，打钩接受，弹出“编辑序列参数'XL1'”对话框，如图 6.25 所示。深色背景是必须设置的，设置参数见表 6.2。

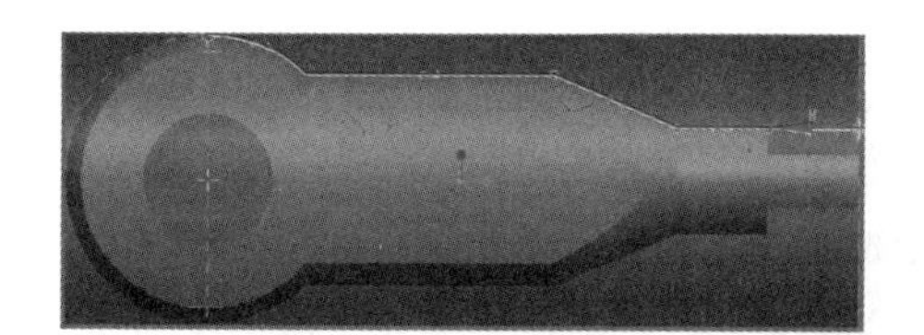

图 6.24　车削轮廓图

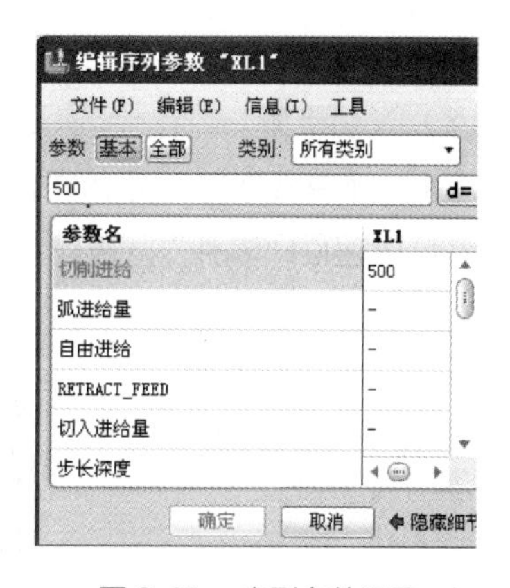

图 6.25　序列参数设置

表 6.2　系列参数设定表

系 列 参 数	设 定 数 值
切削进给	500
步长深度	2
公差	0.01
主轴速率	800

设置完后，在弹出的“刀具运动”窗口中，单击“插入”，选择前面定义的车削轮廓，然后依次完成，返回“菜单管理器”。

（7）演示轨迹

单击“菜单管理器”中的“播放路径”，在下拉菜单中勾选“计算 LC”，单击“屏幕演示”，弹出“播放路径”窗口，单击“CL 数据”左边的小三角，然后单击播放按钮，播放并计算 CL 数据，如图 6.26 所示。此处可在“文件”的下拉菜单中保存 CL 数据。

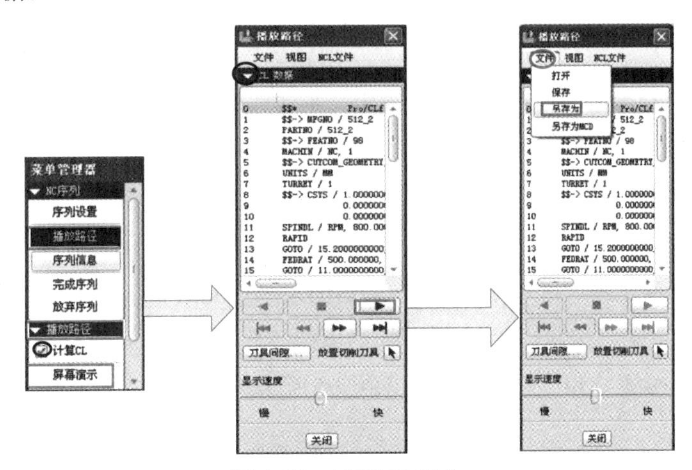

图 6.26　屏幕演示操作

（8）过切检测

单击“菜单管理器”中的“播放路径”，单击“过切检查”，在“选取曲面”下拉菜单中选取“零件”，选取参照模型作为参照，完成后单击“运行”，检查是否过切，如图 6.27 所示。

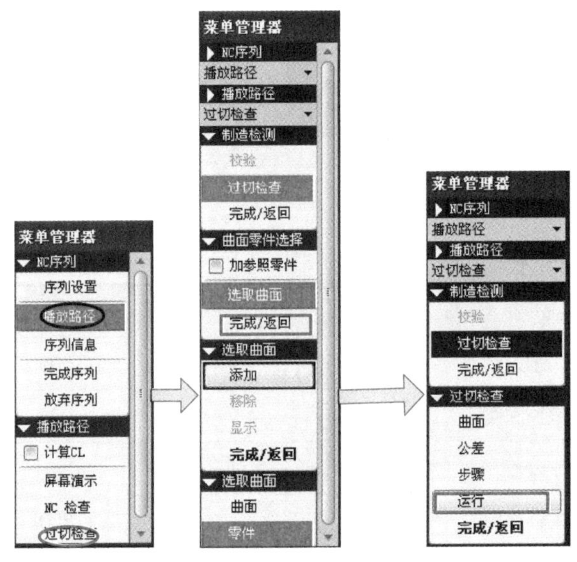

图 6.27　过切检查操作

至于 NC 检查，Creo 提供两种方式，可在“工具”/“选项”中查找“nccheck_type”，设置为 vericut 或者 nccheck。其中 vericut 要调用此软件进行检查，nccheck 则是本系统直接检查，后面的相关章节将就此进行介绍。

6.4 数控加工工艺参数的设置

加工参数的设置是数控加工的一个关键步骤，也是数控加工工艺中的重要内容，它不仅影响数控机床的加工效率、待加工工件的加工精度，而且直接影响加工机床的使用寿命。加工工艺参数包括切削参数、刀具参数等，使用不同的机床和不同的切削方法所用到的参数也有所不同。这些参数值的确定方法目前主要是查表和使用经验值。某些软件也提供加工仿真和参数的优化，比如 VERICUT 等，不过这些软件的参数优化还是有局限性，对加工过程中的热力等复杂环境还是不能提供准确的模拟。目前，已经可以做到的是干涉（包括机床各部件的干涉）和过切欠切的检查，恒进给速度、恒切削深度、恒材料去除率等优化，这些检查和优化有助于提高工件的加工质量。

6.4.1 数控加工中的常用参数

Creo/NC 中设置参数时，点击相应参数，界面右边会有提示帮助使用者理解其含义。选择不同的加工方式，所需设置的参数也不尽相同。图 6.28 所示为基本参数系列，常用的参数如下。

（1）步长深度。步长深度为分层切削加工中，每一层的切削厚度，通常称为每一次的加工深度，单位为 mm。

（2）主轴速率。设置主轴的旋转速度，单位为 r/min。

（3）切削进给。加工过程中的切削进给速度，单位为 mm/min。

（4）允许轮廓坯件。粗加工预留量，仅适用粗加工。

（5）允许 Z 坯件。在 Z 方向的加工预留量。

（6）终止超程、起始超程。这两个参数分别定制了刀具在每一走刀起点和终点处的工件外侧允许的距离。

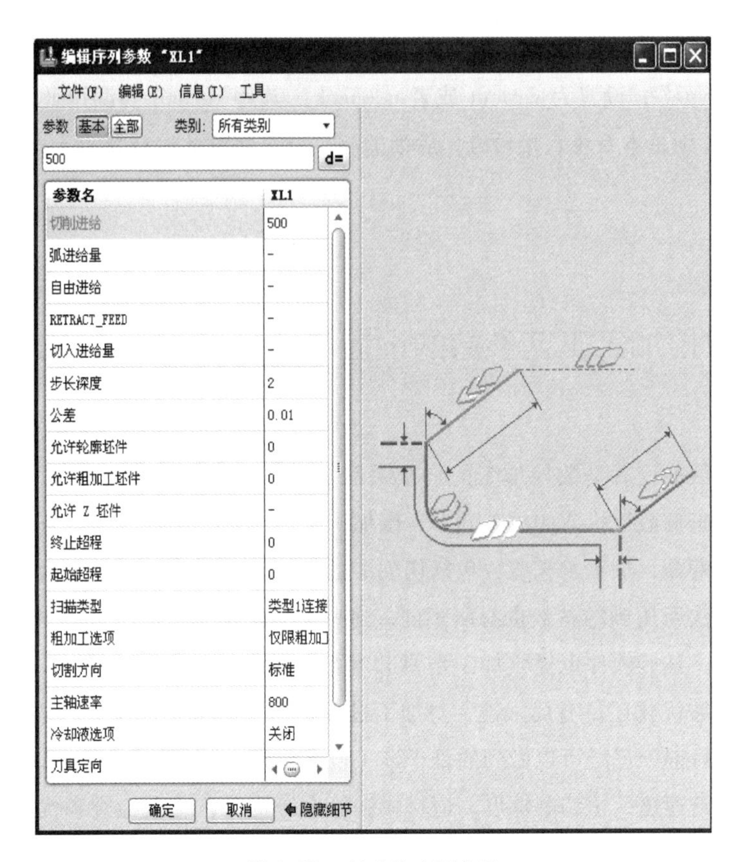

图 6.28　基本的序列参数

（7）安全距离。在退刀之前完全退离工件所需要的距离，单位为 mm。

（8）切削方向。定义刀具切割方向。

（9）刀具定向。控制刀具方向，表示刀具轴顺时针方向到 NC 系列坐标系 Z 轴的夹角。

此外，再介绍以下几种铣削特有参数。

（1）扫描类型

扫描类型即加工过程中的走刀方式，主要有以下几种类型。

① 类型 1。刀具连续走刀，遇到突起部分自动抬刀。

② 类型 2。刀具连续走刀，遇到突起部分，刀具环绕加工，不抬刀。

③ 类型 3。刀具连续加工，遇到突起部分，刀具分区进行加工，如图 6.29 所示。

④ TYPE_SPIRAL。刀具螺旋走刀。

⑤ 类型 1 方向。刀具单向走刀方式，适合精加工，遇到突起部分自动抬刀。

⑥ 类型 1 连接。刀具单向走刀方式，下一刀的起始点与前一刀的相同，然后横向移动到下一刀的加工位置开始加工。

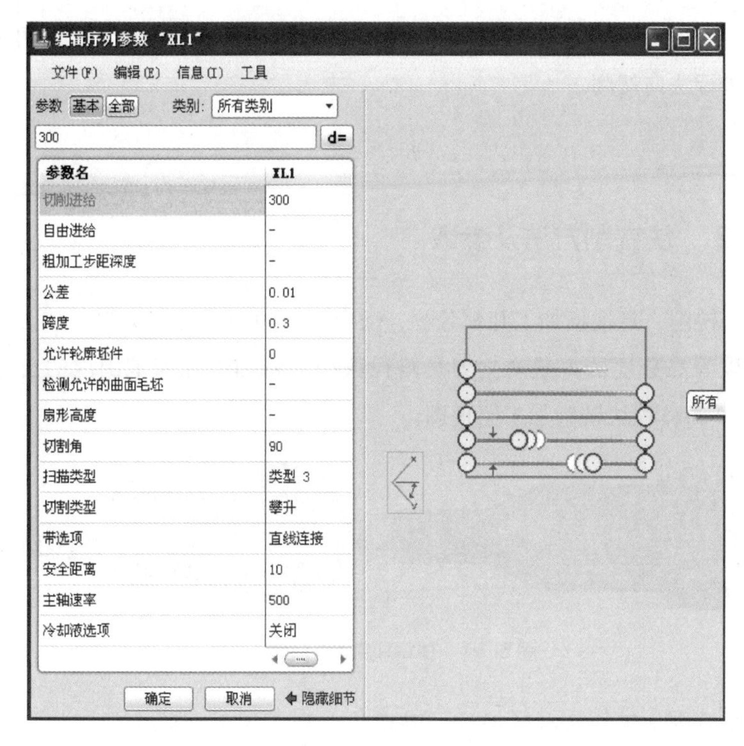

图 6.29　扫描类型 3 示意图

⑦ 常数 _ 加载：恒定加工载荷的加工，以获得恒定的切削层面积和材料去除率，适合于高速铣削加工。

（2）切割类型

设置加工的切削类型，包括以下几种类型。

① 向上切割。刀具从侧壁推开的切削方式。

② 攀升。刀具从侧壁提升的切削方式。

③ 转弯 _ 急弯。切削方向在每一薄片上改变。

（3）跨度

跨度为加工轨迹的相邻两条走刀轨迹间的宽度，该数值一定要小于刀具半径值，单位通常是 mm。

在轮廓铣削中，经常需要多次走刀，所以在参数设置中，可以设置以下三个参数来实现轮廓法向上多几次走刀。

1）数量 _ 配置 _ 通过。轮廓表面法向分层次数。

2）轮廓增量。法向分层的步进宽度，单位为 mm。

3）铰接轨迹扫描。定义加工多通路顺序，主要包括以下两种方式。

① 路径 _ 由 _ 路径。在整个切削深度上完成第一层的切削，再法向进刀完成第二层的切削。

② 逐层切面。先在一个步长深度上完成所有法向余量的切削，然后再进给一个步长深度进行法向切削。

6.4.2 块铣削方法及参数

体积块铣削，是根据加工几何数据，配合适当的刀具几何数据、加工数据及制造参数，以等高分层的方式产生刀具路径数据，将加工几何范围内的工件材料去除。图 6.30 为体积块铣削加工原理图。

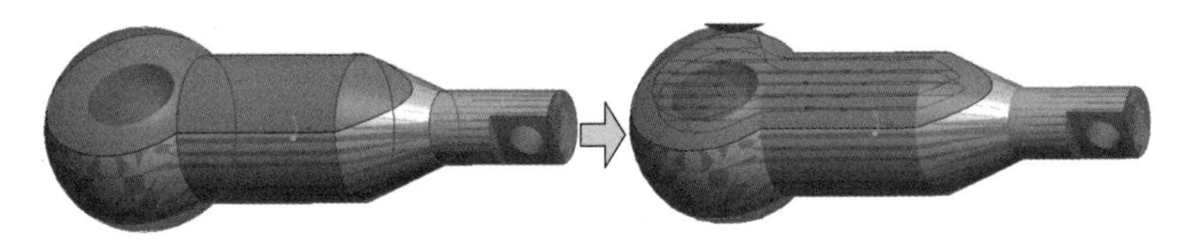

图 6.30 体积块铣削加工原理图

体积块铣削加工的基本过程是：刀具从上到下逐层切除余量，一层加工结束后，刀具抬到安全平面，然后从安全平面快速落刀，从新一层的起始位置开始切削，如此反复，直到全面切削结束。

体积块铣削采用等高分层铣削，工作负载和方向的变化较小，可以控制切削深度，将刀具受力限制在一定范围内，以形成刀具受力相对均匀的加工条件。体积块铣削适合大切削用量的粗加工、高速铣削加工和淬硬材料加工。

由于体积块铣削加工主要用于平面轮廓类零件的粗加工，刀具可选择平端铣刀和圆角铣刀，并优先选用圆角铣刀。圆角铣刀在切削中可以在刀刃与工件接触的 0°～90° 范围内给出比较连续的切削力变化，这不仅对加工质量有益，而且会使刀具寿命大大延长。此外，圆角铣刀可以留下较为均匀的精加工余量，对后续加工有利，所以优先选择圆角铣刀。

体积块铣削的主要加工参数有切削参数和刀具轨迹规划参数。切削参数包括切削速度、进给量、切削深度和主轴转速等铣削加工参数，这些参数影响加工时间、加工表面质量、加工精度、机床的切削力和切削功率以及加工费用等，而且许多条件是相互制约的，所以应综合多方面因素，选取较好的组合。当前对于这方面的优化还是个难点。刀具轨迹规划参数主要包括走刀方式、跨度、安全距离以及刀具的切入、切出方式等。其中，走刀形式是指加工过程中刀具轨迹的分布形式，是刀具轨迹规划参数中最重要的参数，它直接影响加工质量和加工效率。走刀形式主要包括单向走刀、往复走刀和环切走刀三种形式，如图 6.31 所示。

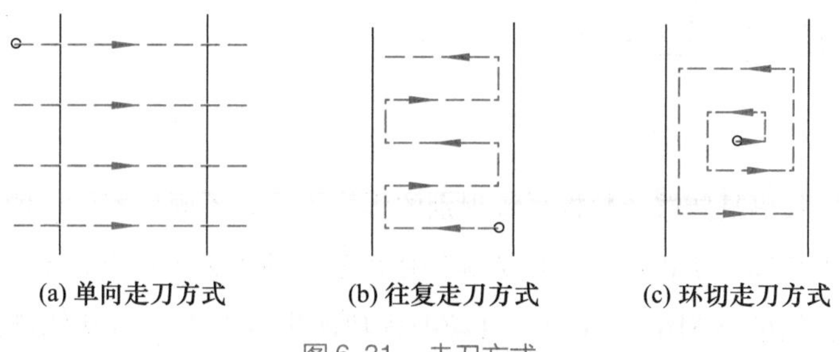

(a) 单向走刀方式　　(b) 往复走刀方式　　(c) 环切走刀方式

图 6.31　走刀方式

由于单向走刀增加了退刀和空走刀，切削效率较低，因而体积块铣削加工宜采用往复走刀和环切走刀方式。常用的切入、切出方式有刀具垂直切入切出、斜线切入、螺旋轨迹下降切入。垂直切入、切出易使负荷突然增大而导致刀具折断，体积块铣削宜采用倾斜下刀或螺旋下刀。

由前面的分析可知，体积块铣削加工的参数有主轴速率、切削进给、步长深度和跨度。

扫描类型与切割类型前文已作介绍，此处不再赘述。系列参数设置如图 6.32 所示。

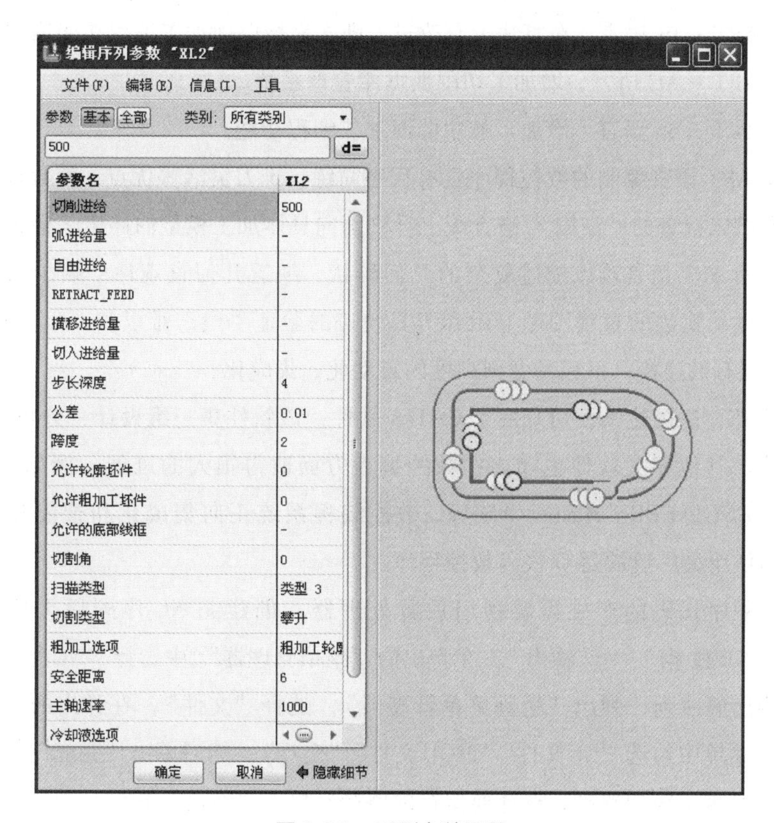

图 6.32　系列参数设置

6.5 数控加工程序代码

加工程序代码是能够让数控系统识别的程序语言，不同厂家生产的机床所用的数控系统各不相同，所以同一个目标零件使用不同的机床可以有许多不同的加工程序，本节将介绍的是利用 Creo/NC 自动编程功能生成的刀具运动轨迹文件和利用系统自带的后置处理器生成的加工程序代码。刀具轨迹计算产生的是刀位数据 CL（cutter location data）文件，数控系统不能识别；加工程序代码则可在相应的数控系统中应用。

数控编程语言的概念首先是由美国麻省理工学院于 20 世纪 50 年代为解决数控加工中程序编制问题提出的一种专门用于机械零件数控加工程序编制的语言，该语言简称为 APT（automatically programmed tools）。随后几十年时间里，数控编程语言得到了飞速的发展，并派生出许多其他的先进语言，主要有以下几种。

（1）APT - Ⅱ 语言。

（2）APT - Ⅲ 语言，主要用于立体切削加工。

（3）APT - Ⅳ 语言，在算法上有改进，即多坐标曲面加工编程功能增强。

（4）APT - AC 语言，增加了切削数据库管理系统。

（5）APT - SS 语言，增加了雕塑曲面加工编程功能。

采用 APT 语言编制的数控程序具有程序简练，走刀灵活等优点，使数控加工编程从面向机床指令的“汇编”语言级上升到面向具体加工模型的高度。但也有许多缺点，比如 APT 语言难以描述复杂的几何形状，缺乏几何直观性；缺少对零件形状、刀具运动轨迹的直观图形显示和刀具轨迹的验证手段；难以和 CAD 数据库、CAPP 系统有效连接；不容易做到高度的自动化、集成化。

1978 年，法国达索公司开发了 CATIA 软件，该软件集三维设计、分析、NC 加工于一体。其他相关软件也随之在数控编程方面取得很大的进展，例如 CAXA、NX、pro/ENGINEER，MasterCAM 等。数控编程系统正向集成化和智能化方向发展。当前使用最广泛的是 G 代码数控程序。

加工程序代码的产生需要利用后置处理器。创建完 NC 序列后，单击“编辑”→“CL 数 据”→“输出”，在弹出的“菜单管理器”中选择“NC 序列”，选择所要输出的序列，弹出“轨迹菜单管理器”，选择“文件”，在弹出的“输出类型”下拉菜单中勾选“CL 文件”“MCD 文件”“交互”，然后单击“完成”按钮，弹出“保存副本”窗口路径，选择要保存的路径，单击“确定”按钮，单击悬挂菜单中的“完成”按钮，在弹出的“后置处理列表”选择一个后置处理器，此处选择“UNCX01. P12”，关闭“信息窗口”，单击“完成输出”按钮。在所设置的文件路径中找到输出的文件打开检验，输出的程序要做些适当的修改。G 代码程序的生成如图 6.33 所示。

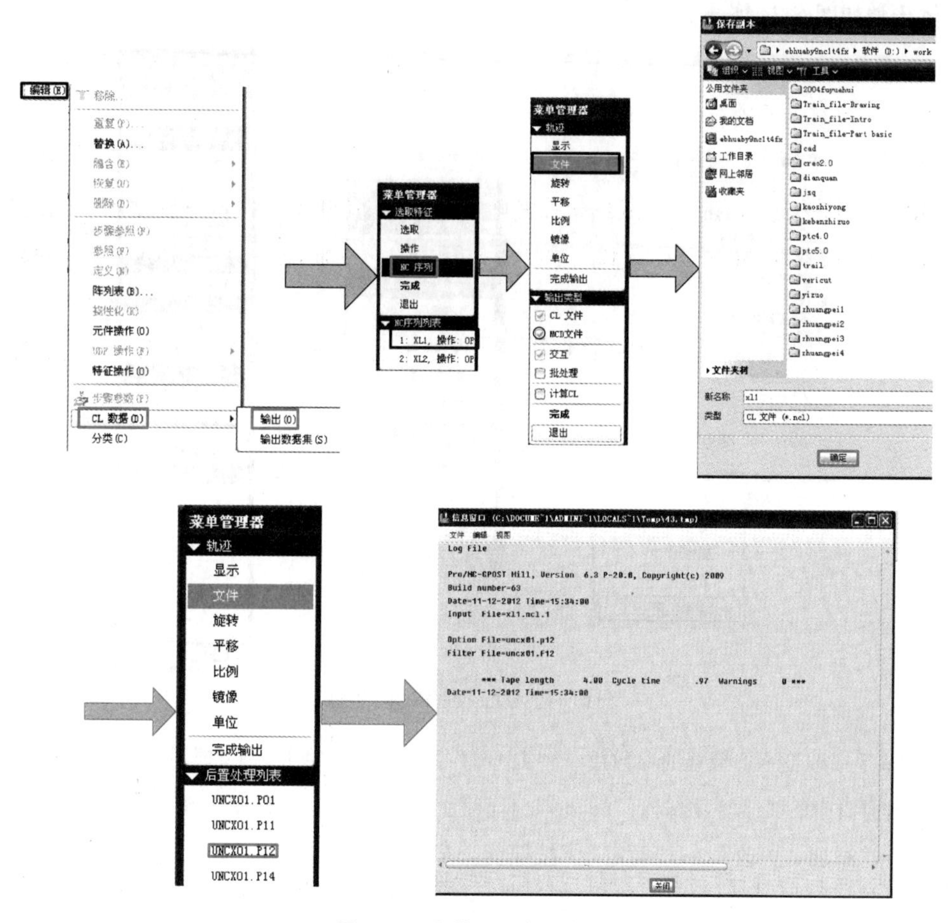

图 6.33 G 代码程序的生成

案例 6-1 数控加工仿真 NC 检查

（1）打开第 6 章源文件 /512_3. asm。

（2）创建 NC 序列，具体操作如前文所述（注意：文件中有两个 NC 序列，此处输出序列 2 的加工程序）。

（3）加工程序的检验有多种方式，最直接的方式是到实体机床上验证，在教学上考虑到对于初学者存在危险，故采用仿真软件进行仿真。VERICUT 系统是常用的数控仿真系统，其具有开放性和优化功能等。

（4）最终文件参考第 6 章源文件 /xl2. tap。

（5）此处，补充介绍下 NC 检查。实际上，前面产生的数控加工程序是可以在 NC 检查中调出的 VERICUT 中进行检查的，由于相关方面的知识尚未介绍，这里只做简单的检查。

（6）右击“XL2”，选择弹出菜单中的“编辑定义”，在弹出的悬挂菜单中单击“播放路径”→“NC 检查”，在默认选择情况下单击运行可直接进行切削检查，具体步骤如图 6.34 所示。

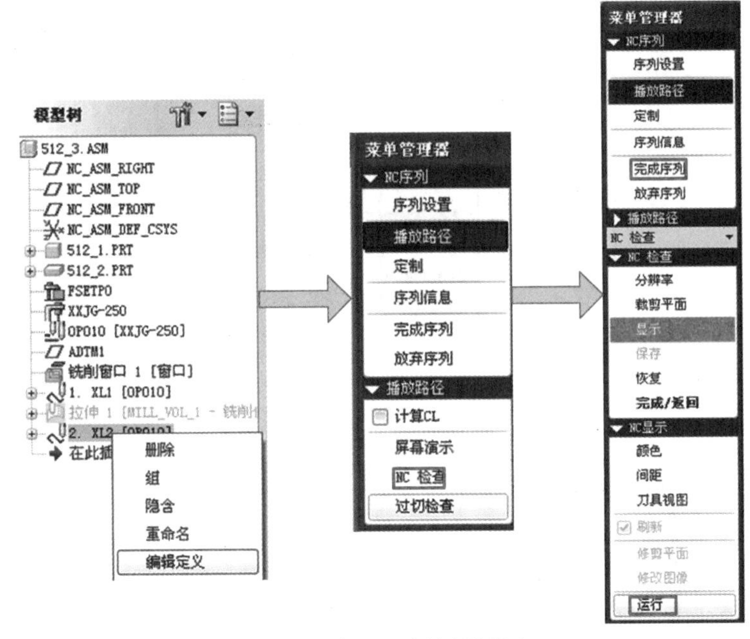

图 6.34　加工程序的 NC 检查

（7）改变 NC 检查的参数用“VERICUT”来检查，单击“工具”→“选项”，在弹出窗口中的查找栏中输入“nccheck_type”，在“值”这一栏中选择“vericut *”，单击“添加/更改”→“确定”。按照前一步骤的方法，单击“NC 检查”就会调用“VERICUT”，单击播放按钮，则进行检查，具体步骤如图 6.35 所示。图 6.36 所示为 VERICUT NC 检查演示界面，检查完毕关闭软件。

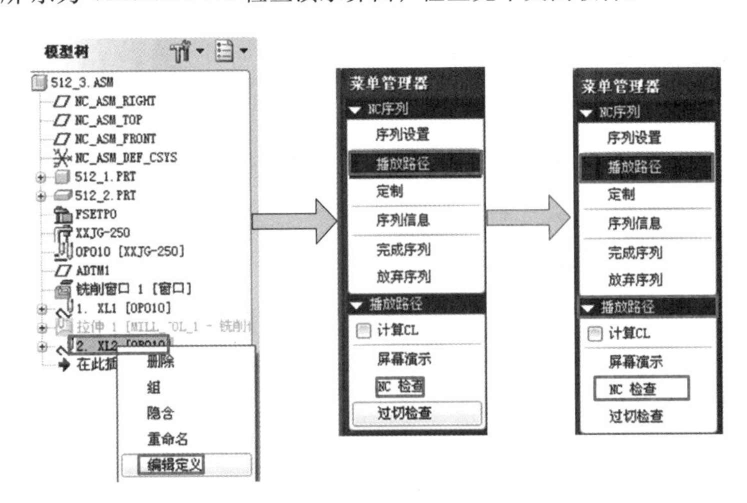

图 6.35　用 VERICUT 进行 NC 检查

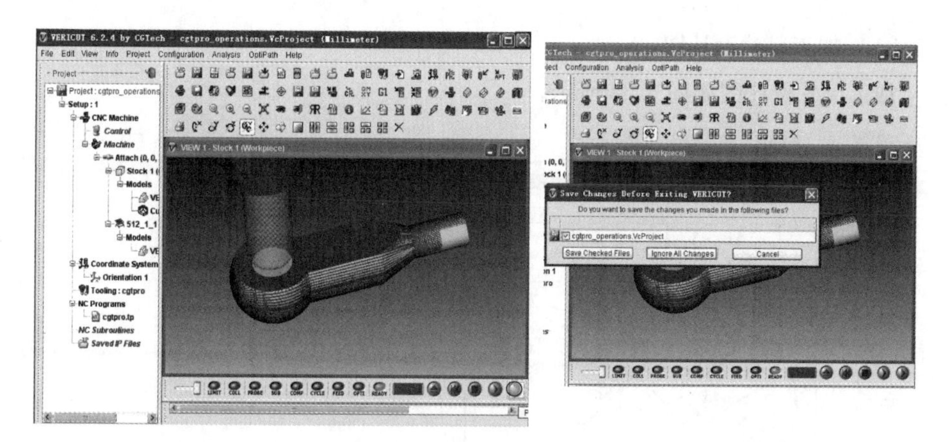

图 6.36 VERICUT NC 检查界面

案例 6-2 计算机辅助铣削加工案例（一）

（1）CNC 加工机床

① 类别：铣床。

② 轴数：三轴联动。

③ 头组：1ATC。

（2）工件加工位置

① 备料时，已将上下表面加工。

② 厚度为 7mm。

③ 工件放置位置与机械原点相关位置如图 6.37 所示，不同的编号代表不同的区域范围。

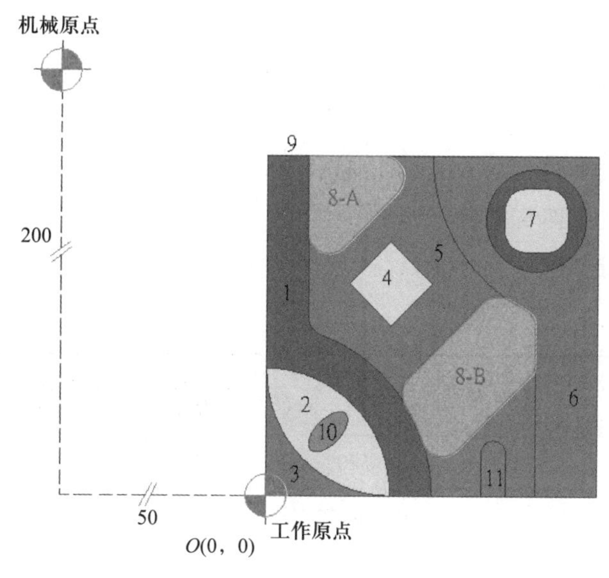

图 6.37 加工高度层示意

（3）加工尺寸设计图

加工尺寸设计图如图 6.38 所示。

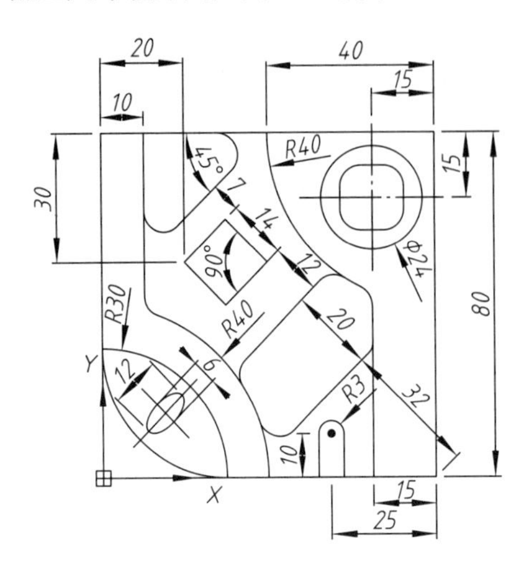

未标注的圆角半径为R5。

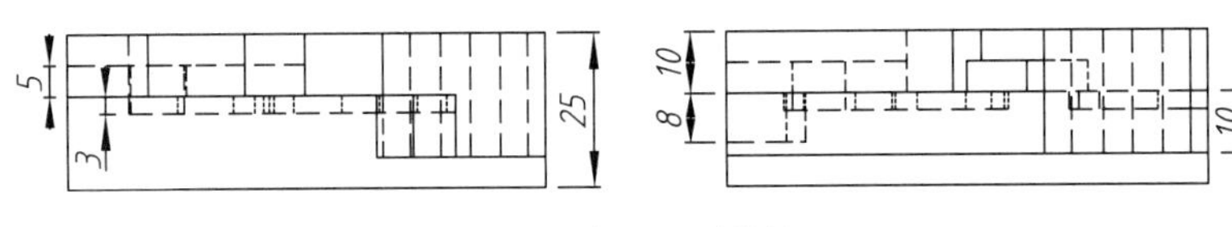

图 6.38　加工尺寸设计

（4）加工流程

① 加工深度分析。依加工尺寸设计图共可得到六个不同深度，分别为 7 mm、12 mm、15 mm、20 mm、22 mm、27 mm。

② 加工刀具分析。加工此工件选用刀具直径为20 mm、5 mm与2 mm的三种加工刀具，见表 6.3。

③ 加工高度安排。所有加工安全高度与快速位移高度皆为工件表面上方 35 mm。

④ 刀具设定如图 6.39～图 6.41 所示。

⑤ 加工设定如图 6.42 所示。

⑥ 退刀设定如图 6.43 所示。

表 6.3　三种加工刀具参数

刀具编号	加 工 编 号	刀　　具	刀长补偿位置	主轴转速 /（r/min）	进给率 /（mm/min）
1#	1	ϕ20 面铣刀	12	1 500	1 600
2#	2、3、4、5、6、7、8、9	ϕ5 端铣刀	11	1 500	1 600
3#	10、11	ϕ2 端铣刀	10	1 500	1 600

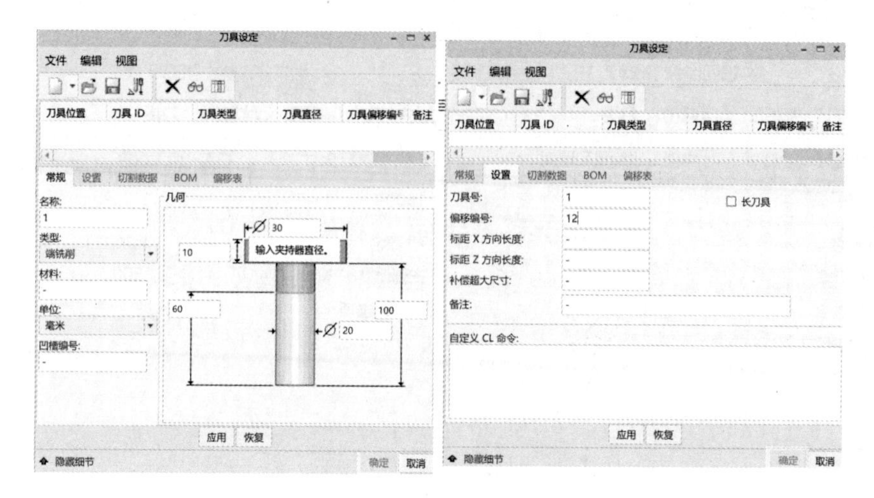

图 6.39　刀具 1 的设定图

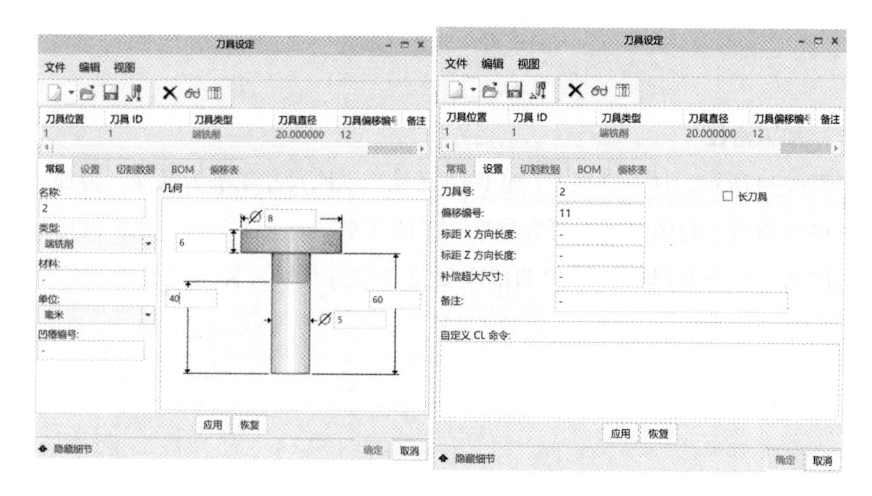

图 6.40　刀具 2 的设定图

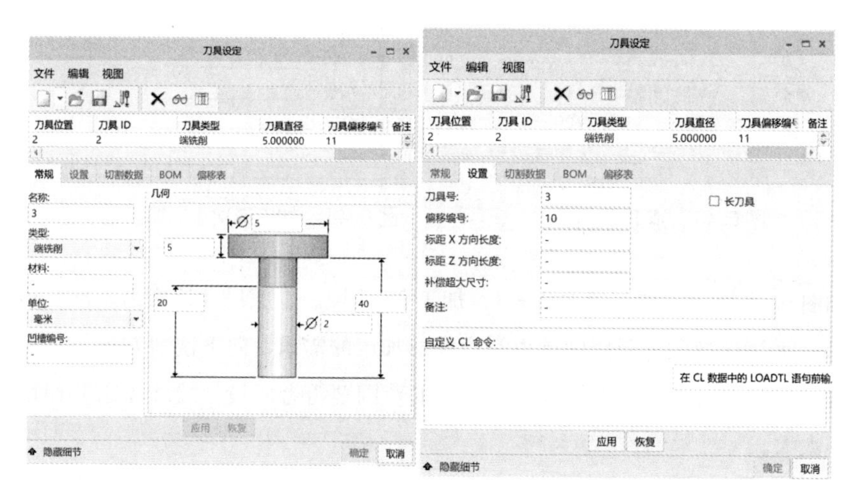

图 6.41　刀具 3 的设定图

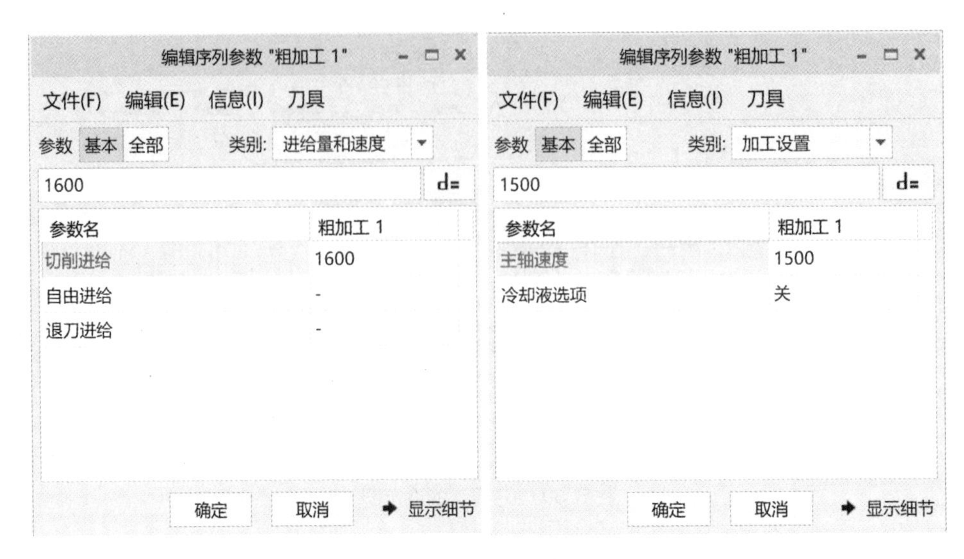

图 6.42　加工设定图

（5）加工路径

如图 6.44 所示，加工道次 1，加工 1# 区域。以原尺寸轮廓为基准，再加辅助图形，使 1# 区域为一封闭区域以符合袋形加工的需求，向下铣 2 mm。此额外增加区域也会占用加工面积与时间，增加的范围要符合原设计尺寸需求并使增加的范围不太大。

图 6.43　退刀设定图

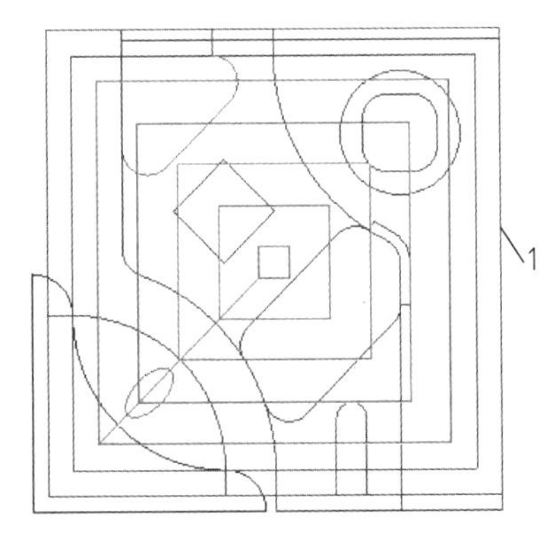

图 6.44　加工道次 1 的加工路径图

如图 6.45 所示，加工道次 2 - 1，加工 2# 区域。以原尺寸轮廓为基准，再加辅助图形，使 2# 区域为一封闭区域以符合袋形加工的需求，向下铣削 7 mm。此额外增加的区域也会占用加工面积与时间，增加的范围要符合原设计尺寸需求并使增加的范围不太大。

如图 6.46 所示加工道次 2 - 2，加工 3# 区域，以原尺寸轮廓为基准，再加辅助图形，让 3# 区域为一封闭区域以符合袋形加工的需求，向下铣削 12 mm。此额外增加的区域也会占用加工面积与时间，增加的范围要符合原设计尺寸需求并使增加的范围不太大。

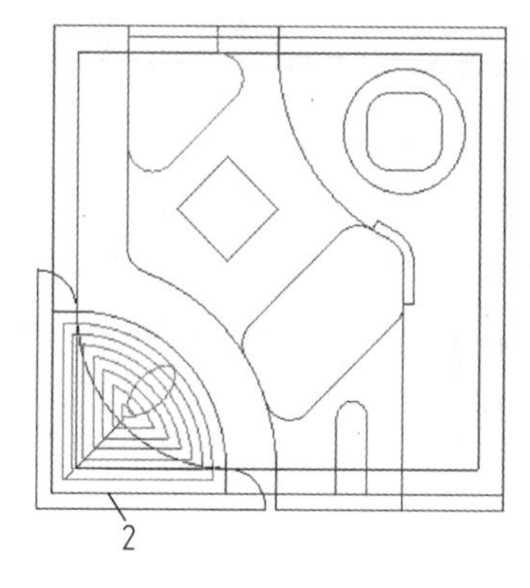

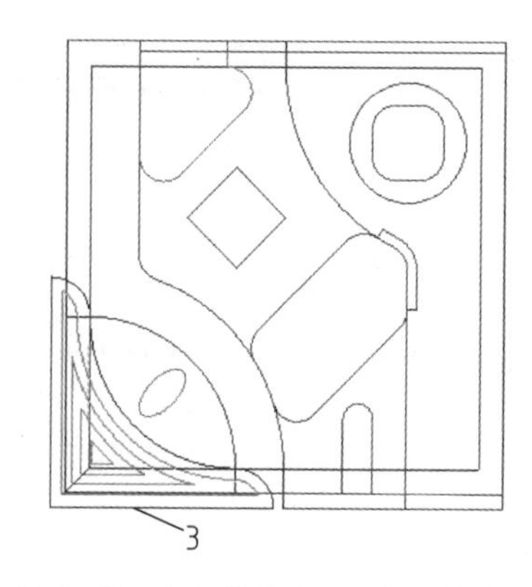

图 6.45 加工道次 2 - 1 加工路径图

图 6.46 加工道次 2 - 2 加工路径图

如图 6.47 所示，加工道次 2 - 3，加工 4# 区域；这是个含岛屿的袋形加工，以原尺寸轮廓为基准，再加入一些辅助图形，让 4# 区域为一封闭区域并符合此岛屿的袋形加工需求，向下铣削 12 mm。此额外加的区域也会占用加工面积与时间，增加的范围要符合原设计尺寸需求并使增加的范围不太大。

如图 6.48 所示，加工道次2 - 4，加工 5# 区域。这是个含两个岛屿的袋形加工，以原尺寸轮廓为基准，再加入一些辅助图形，让 5# 区域为一封闭区域并符合此岛屿的袋形加工需求，向下铣削 15 mm。此额外增加的区域也会占用加工面积与时间，增加的范围要符合原设计尺需求并使增加的范围不太大。

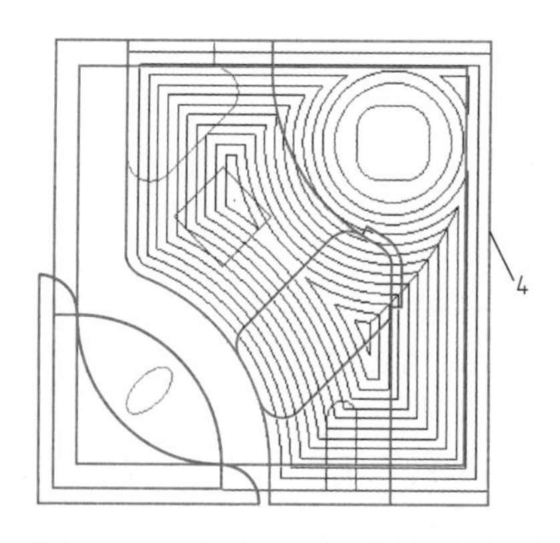

图 6.47 加工道次 2 - 3 的加工路径图

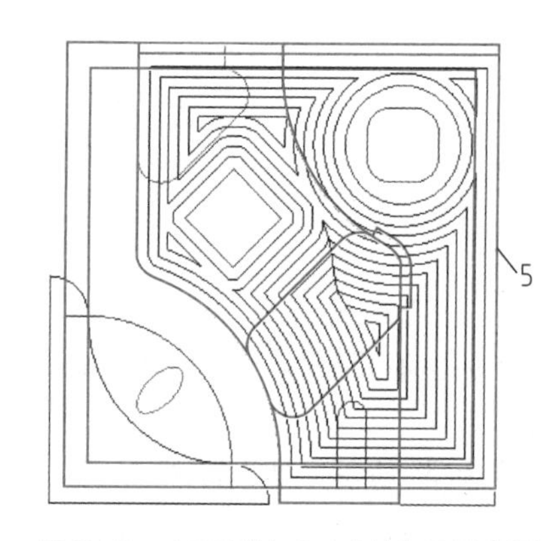

图 6.48 加工道次 2 - 4 的加工路径图

如图 6.49 所示，加工道次 2 - 5，加工 6# 区域。以原尺寸轮廓为基准，再加辅助图形，让 6# 区域为一封闭区域以符合袋形加工的需求，向下铣削 22 mm。此额外增加的区域也会占用加工面积与时间，增加的范围要符合原设计尺寸需求并使增加的范围不太大。

如图6.50所示，加工道次2－6，加工7#区域。以原尺寸轮廓为基准，让7#区域为一封闭区域以符合袋形加工的需求，向下铣削22 mm。

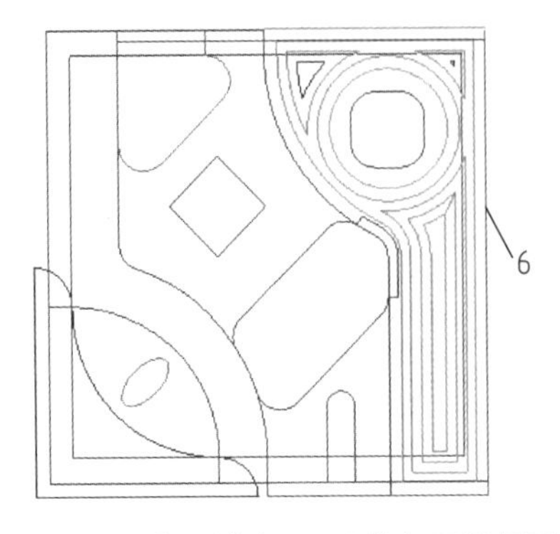

图6.49　加工道次2－5的加工路径图

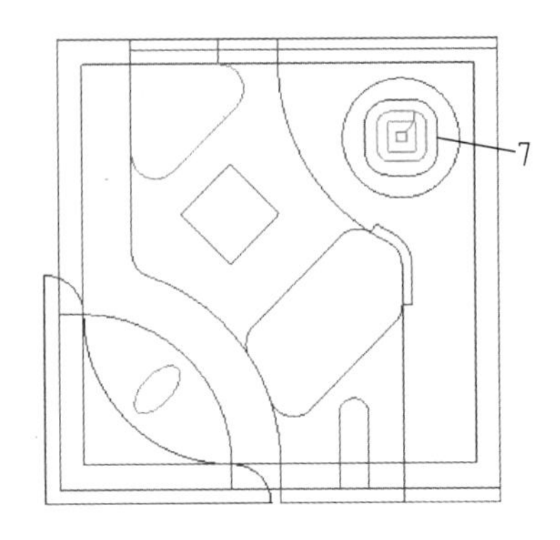

图6.50　加工道次2－6的加工路径图

如图6.51所示，加工道次2－7，加工8－A#与8－B#区域。以原尺寸轮廓为基准，再加入一些辅助图形，让8－A#与8－B#区域为一封闭区域以符合袋形加工的需求，向下铣削15 mm。此额外增加的区域也会占用加工面积与时间，增加的范围要符合原设计尺寸需求并使增加的范围不太大。

如图6.52所示，加工道次2－8，加工9#外形轮廓。让9#区域符合循边加工的需求，向下铣削25 mm。

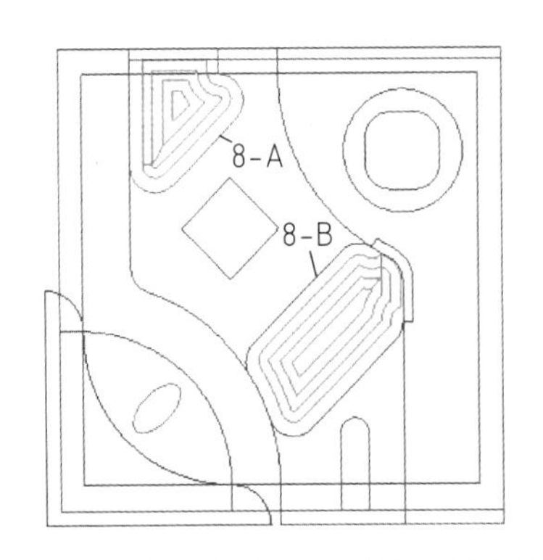

图6.51　加工道次2－7的加工路径图

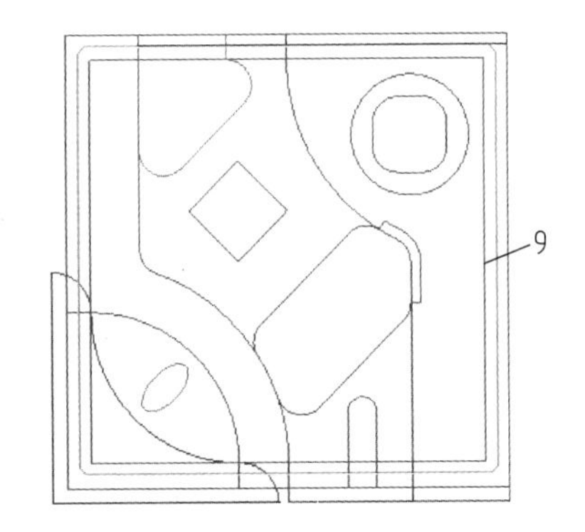

图6.52　加工道次2－8的加工路径图

如图6.53所示，加工道次3－1，加工10#区域。以原尺寸轮廓为基准，让10#区域为一封闭区域以符合袋形加工的需求，向下铣削15 mm。

如图6.54所示，加工道次3－2，加工11#区域。以原尺寸轮廓为基准，让11#区域为一封闭区域以符合袋形加工的需求，向下铣削22 mm。

加工路径仿真的2D示意图如图6.55所示，3D示意图如图6.56所示。

（6）加工程序代码

加工程序代码见表6.4。

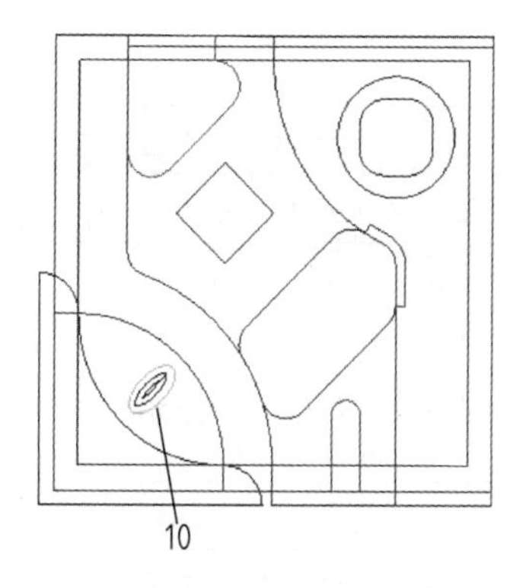

图 6.53　加工道次 3－1 的加工路径图

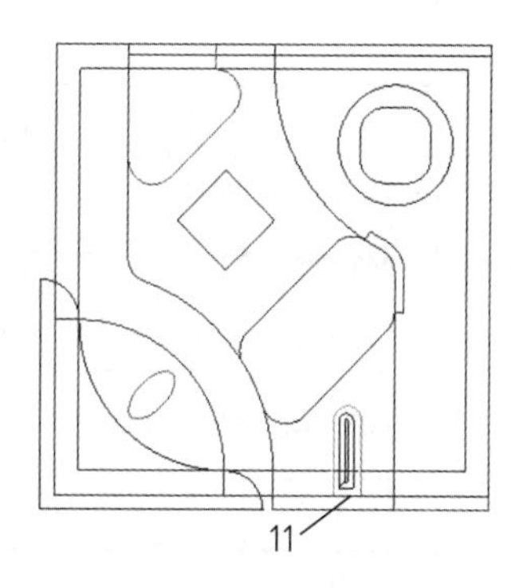

图 6.54　加工道次 3－2 的加工路径图

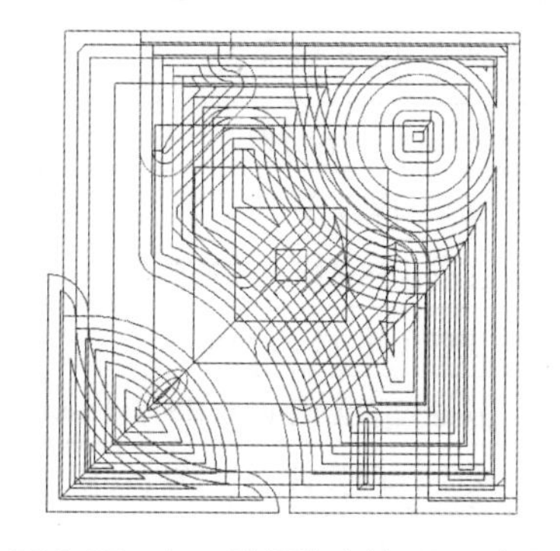

图 6.55　加工路径仿真的 2D 示意图

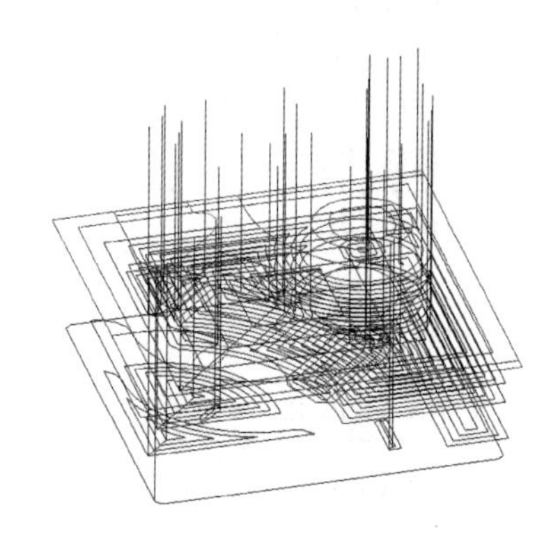

图 6.56　加工路径仿真的 3D 示意图

表 6.4　加工程序代码

项　目	NC 程序：O110	程序批注
加工前相关数据设定程序	G90 G21 G40 G49 G80 G90 G49 H0 Z0	安全码，公制，取消刀具半径补偿以及刀长补偿，切削循环取消
	G91 G28 Z0 G91 G28 X0. Y0.	快速返回机械原点
抓刀具	M06 T1	自动刀具交换 T1
	G90 G54 M11	加工坐标选择
	M13 S1500	主轴正转 1 500 r/mim
	G00 X6. 00 Y6. 00	快速位移至点（6. 0,6. 0）
	G0 G43 H12 Z36. 000	刀长正向补偿，补偿编号 12，快速定位至工件上方 36 mm 处
	……	
换刀	G40 G0 Z36. 000	快速位移至工件上方 36 mm 处
	G90 G49 H0 Z0 G91 G28 Z0	刀长补偿取消； 快速返回机械原点
	M12 M15	主轴头上升，停止
	M06 T2	自动刀具交换 T2

续表

项　目	NC 程序：O110	程序批注
换刀	G90 G54 M11	工作坐标选择，主轴头下降
	M13 S1500	主轴正转 1 500 r/min
	G00 X－2.500 Y－2.500	快速位移至点（－2.5，－2.5）
	G0 G43 H11 Z36.000	刀长正向补偿，补偿编号 11，快速位移至工件上方 36 mm 处
	……	
	G40 G0 Z36.000	快速位移至工件上方 36 mm 处
	G90 G49 H0 Z0	刀长补偿取消
	G91 G28 Z0 G91 G28 X0. Y0.	快速返回机械原点
	M12 M15	主轴头上升，停止
	M06 T3	自动刀具交换 T3
	G90 G54 M11	工作坐标选择，主轴头下降
	M13 S1500	主轴正转 1 500 r/min
	G00 X18.234 Y18.056	快速位移至点（18.234，18.056）
	G0 G43 H10 Z36.000	刀长正向补偿，补偿编号 10，快速位移至工件上方 36 mm 处
	……	
结束程序	G90 G49 H0 G0 Z36.000	刀长补偿取消； 快速位移至工件上方 36 mm 处
	G91 G28 Z0 G91 G28 X0 Y0	快速返回机械原点
	M92	全部主轴上升
	M95	全部主轴停止
	M30	结束

加工件完成模拟，仿真图如图 6.57 所示。

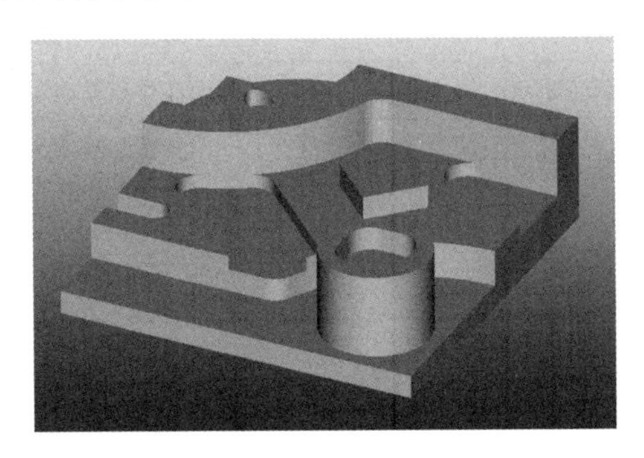

图 6.57　加工对象仿真图

案例6-3 计算机辅助铣削加工案例（二）

（1）CNC加工机床

① 类别：铣床。

② 轴数：三轴联动。

③ 头组：1ATC。

（2）工件加工位置

① 备料时，已将上下表面加工。

② 厚度为37 mm。

③ 工件放置位置与机械原点相关位置如图6.58所示，不同编号代表不同的区域范围。

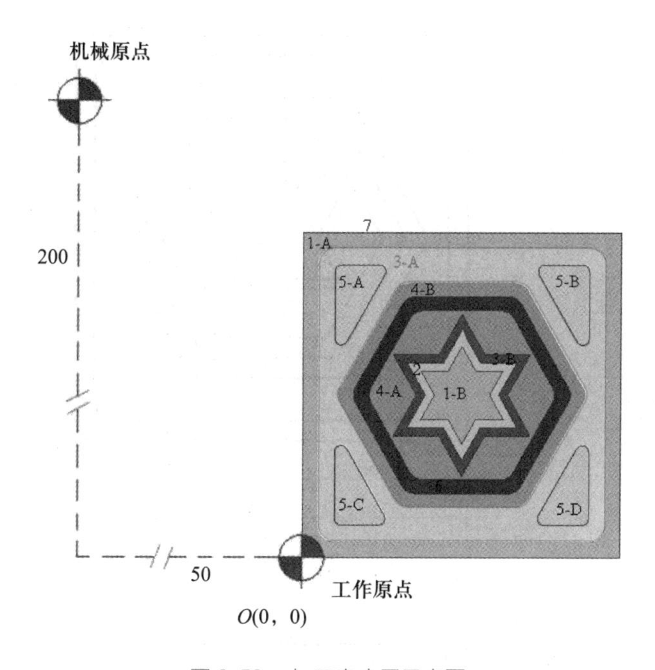

图6.58 加工高度层示意图

（3）加工件设计图

加工尺寸设计图如图6.59所示。

（4）加工流程

① 深度分析。依主视图共可得到4个不同的深度，分别为5 mm、10 mm、15 mm、20 mm。

② 加工刀具分析。加工此工件选用刀径为16 mm、5 mm、2 mm的三种刀具，见表6.5。

表6.5　三种加工刀具参数

刀具编号	加工编号	刀　　具	刀长补正位置	主轴转速 /(r/min)	进给率/(mm/min)
1	1	ϕ16 端铣刀	12	1 500	1 600
2	2、3、4、6	ϕ5 端铣刀	12	1 500	1 600
3	5	ϕ2 端铣刀	12	1 500	1 600

③ 加工高度安排。所有加工安全高度与快速位移高度皆为工件表面上方 50 mm。

④ 加工道次安排如图 6.59 所示。

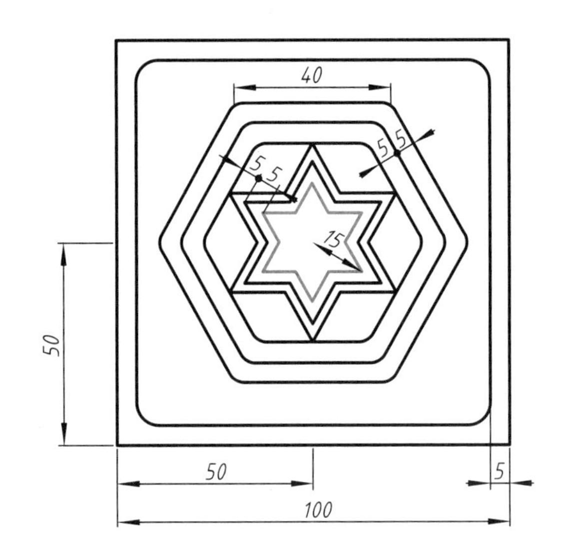

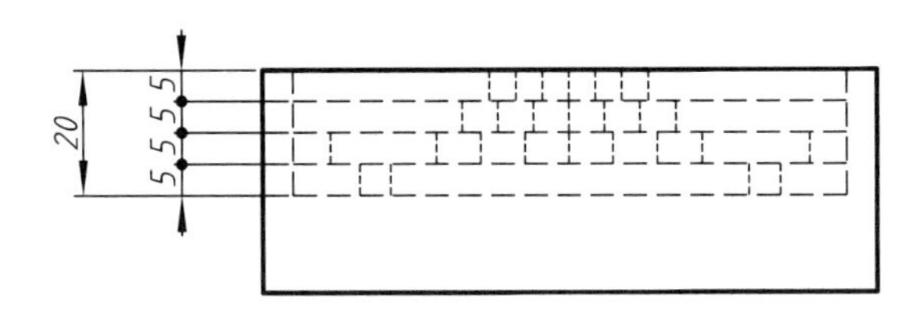

图6.59　加工尺寸设计

⑤ 刀具设定如图 6.60～图 6.62 所示。

⑥ 加工设定如图 6.63 所示。

⑦ 退刀设定如图 6.64 所示。

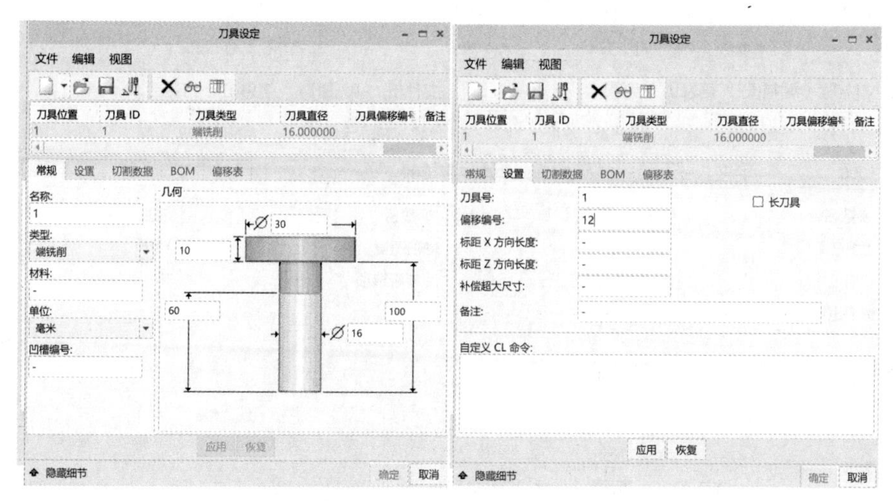

图 6.60　刀具 1 的设定图

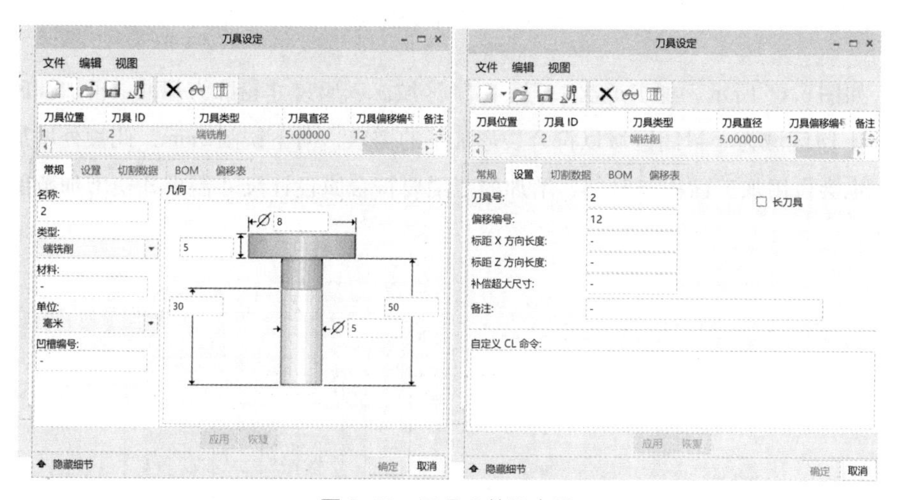

图 6.61　刀具 2 的设定图

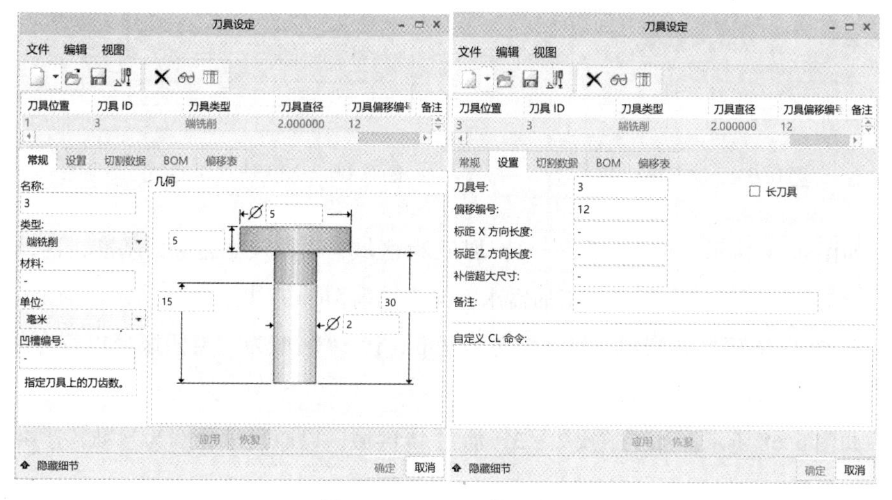

图 6.62　刀具 3 的设定图

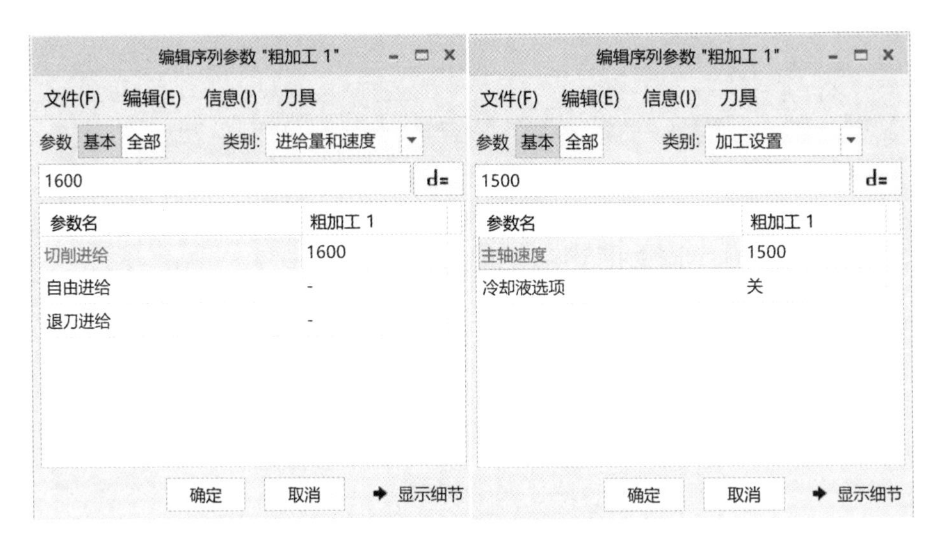

图6.63　加工设定图

如图6.65所示，加工道次1，加工1#区域。以原尺寸轮廓为基准，再加辅助图形，让1#区域为一封闭区域以符合袋形加工的需求，向下铣削2mm。此额外增加的区域也会占用加工面积与时间，增加的范围要符合原设计尺寸需求并使增加范围不太大。

图6.64　退刀设定图

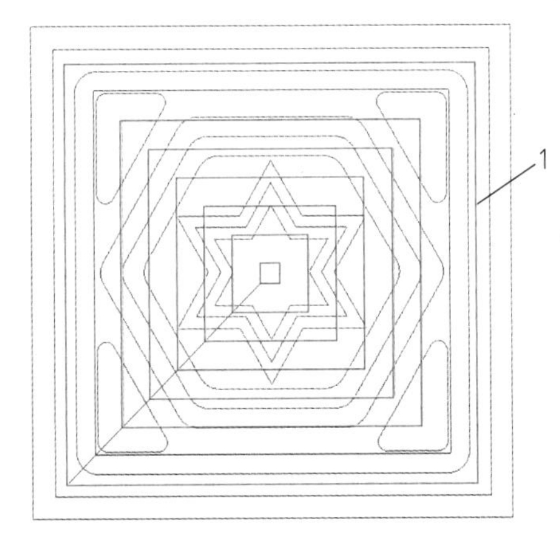

图6.65　加工道次1的加工路径图

如图6.66所示，加工道次2－1，加工2#区域，以原尺寸轮廓为基准，让2#区域为一封闭区域以符合袋形加工的需求，向下铣削5mm。如图6.67所示，加工道次2－2，加工3#区域，利用原尺寸轮廓为基准，让3#区域为一封闭区域以符合袋形加工的需求，向下铣削5mm。

如图6.68所示，加工道次2－3，加工4#区域。以原尺寸轮廓为基准，让4#区域为一封闭区域以符合袋形加工的需求，向下铣削5mm。如图6.69所示，加工道次3－1，加工5－A#、5－B#、5－C#与5－D#区域。利用原尺寸轮廓为基准，让

5 - A#、5 - B#、5 - C# 与 5 - D# 为一封闭区域以符合袋形加工的需求，向下铣削 22 mm。

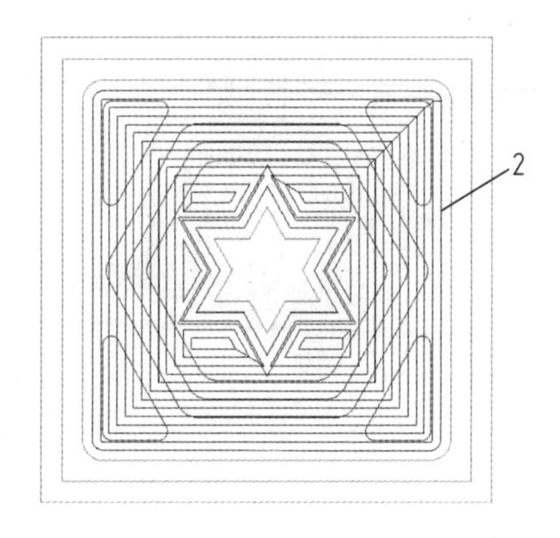

图 6.66　加工道次 2 - 1 的加工路径图

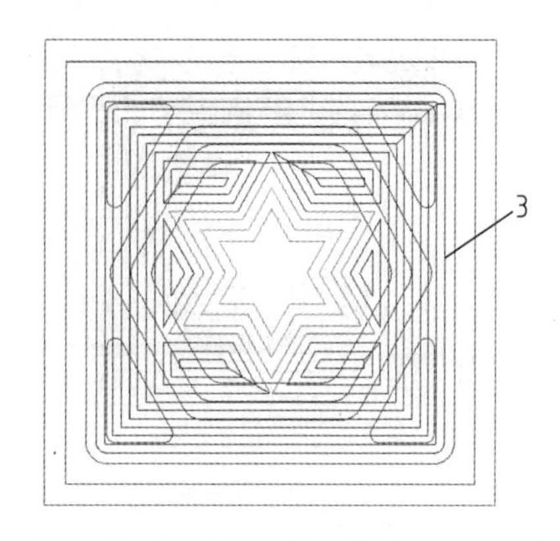

图 6.67　加工道次 2 - 2 的加工路径图

图 6.68　加工道次 2 - 3 的加工路径图

图 6.69　加工道次 3 - 1 的加工路径图

如图 6.70 所示，加工道次 3 - 2，加工 6# 的区域。以原尺寸轮廓为基准，让 6# 区域为一封闭区域以符合袋形加工的需求，向下铣削 5 mm。如图 6.71 所示，加工道次 4，加工 7# 的外形轮廓；让 7# 符合循边加工的需求，向下铣削 35 mm。

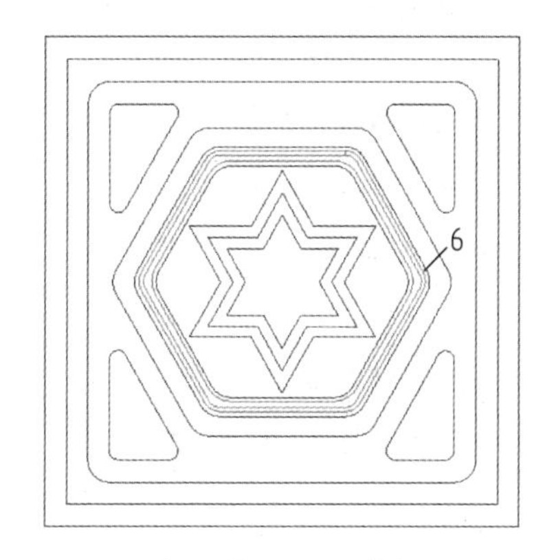

图 6.70　加工道次 3 - 2 的加工路径图

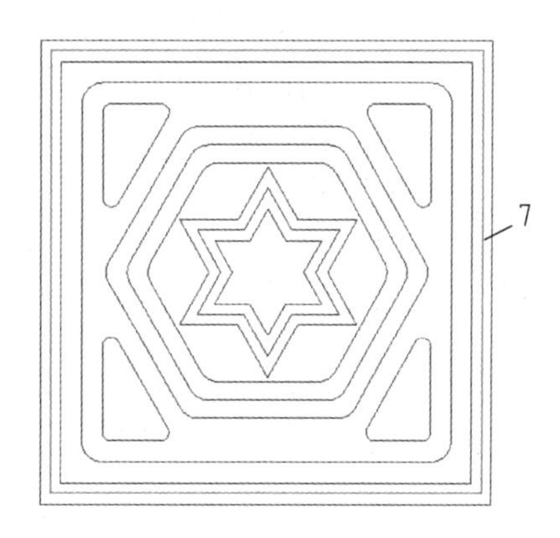

图 6.71　加工道次 4 的加工路径图

加工路径仿真的2D示意图如图6.72所示，3D示意图如图6.73所示。

图6.72　加工路径仿真的2D示意图

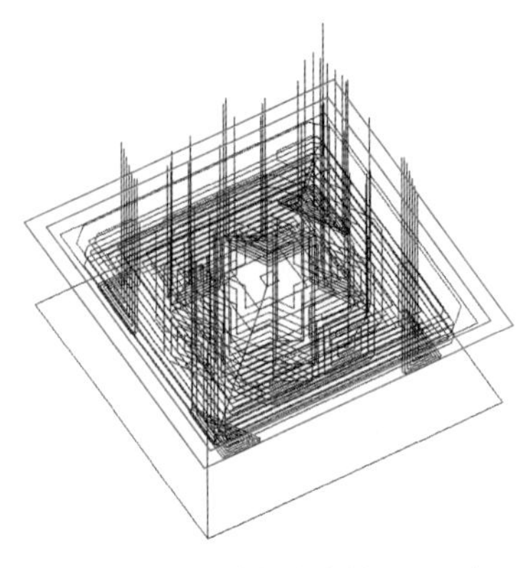

图6.73　加工路径仿真的3D示意图

（5）加工程序代码

加工程序代码见表6.6。

表6.6　加工程序代码

项　目	NC程序：O110	程序批注
加工前相关数据设定程序	G90 G21 G40 G49 G80 G90 G49 H0 Z0	安全码，公制，取消刀具半径补偿以及刀长补偿，切削循环取消
	G91 G28 Z0 G91 G28 X0. Y0.	快速返回机械原点
抓刀具	M06 T1	自动刀具交换T1
	G54 M11	加工坐标选择
	M13 S1500	主轴正转1 500 r/min
	G00 X3. 000 Y3. 000	快速位移至点（3. 0，3. 0）
	G0 G43 H12 Z50. 000	刀长正向补偿，补偿编号12，快速定位至工件上方50 mm处
	……	
换刀	G40 G0 Z50. 000	快速位移至工件上方50 mm处，刀长补偿取消
	G90 G49 H0 Z0 G91 G28 Z0	快速返回机械原点
	M12 M15	主轴头上升，停止
	M06 T2	自动刀具交换T2
	G54 M11	工作坐标选择，主轴头下降
	M13 S1500	主轴正转1 500 r/min
	G00 X92. 500Y90. 000	快速位移至点（92. 5，92. 0）
	G0 G43 H12 Z50. 000	刀长正向补偿，补偿编号12，快速位移至工件上方50 mm处
	……	

续表

项 目	NC 程序：O110	程序批注
换刀	G01 Z50.000	直线切削至工件上方 50mm 处
	G40 G0 Z50.000	快速位移至工件上方 50mm 处
	G90 G49 H0 Z0	刀长补偿取消
	G91 G28 Z0 G91 G28 X0. Y0.	快速返回机械原点
	M12 M15	主轴头上升，停止
	M06 T3	自动刀具交换 T3
	G54 M11	工作坐标选择，主轴头下降
	M13 S1500	主轴正转 1 500 r/min
	G00 X12.866 Y66.964	快速位移至点（12.866，66.964）
	G0 G43 H12 Z50.000	刀长正向补偿，补偿编号 12，快速位移至工件上方 50mm 处
	……	
	G01 Z50.000	直线切削至工件上方 50mm
	G40 G0 Z50.000	快速位移至工件上方 50mm 处
	G90 G49 H0 Z0	刀长补偿取消
	G91 G28 Z0 G91 G28 X0. Y0.	快速返回机械原点
	M12 M15	主轴头上升，停止
	M06 T2	自动刀具交换 T2
	G54 M11	工作坐标选择，主轴头下降
	M13 S1500	主轴正转 1 500 r/min
	G00 X −2.500 Y −6.000	快速位移至点（−2.5，−6.0）
	G0 G43 H12 Z50.000	刀长正向补偿，补偿编号 12，快速位移至工件上方 50mm 处
	……	
结束程序	G40 G0 Z50.000	刀具半径补偿取消，快速位移至工件上方 50mm 处
	G91 G28 Z0 G91 G28 X0 Y0	快速返回机械原点
	M92	全部主轴上升
	M95	全部主轴停止
	M30	结束

加工件完成模拟，仿真图如图 6.74 所示。

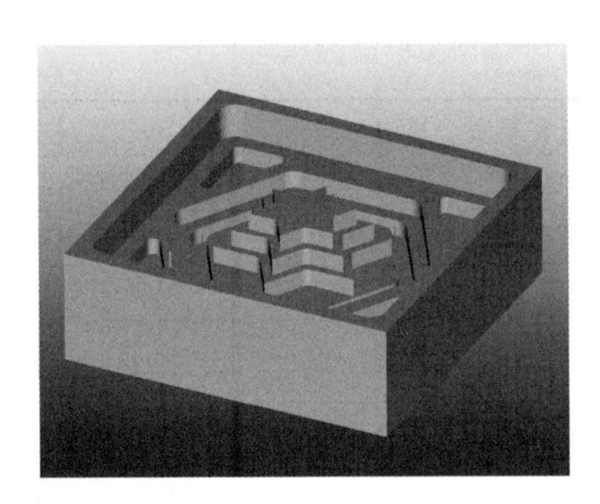

图6.74　加工对象仿真图

思考与练习

利用Creo/NC模块，自行下料，完成图6.75所示的轴类零件的数控加工仿真，得到相应的NC代码，并利用VERICUT完成过切检验和相关的NC检查。

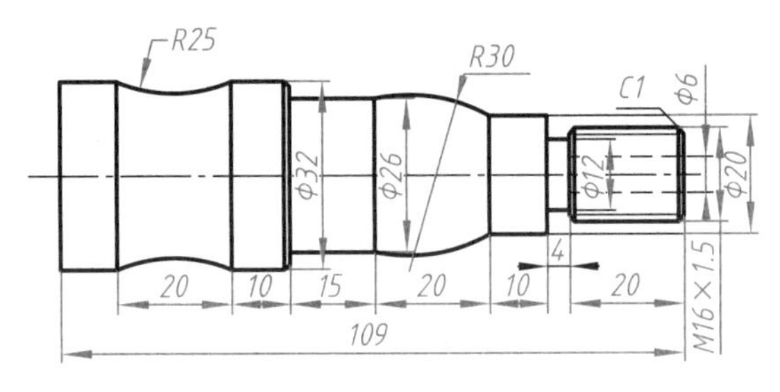

图6.75　轴类零件图

附录　Creo Parametric 环境变量的设置

使用各个版本的 Creo，都要灵活使用“config. pro” 文件、 *. dtl 工程图配置文件等，以便设置属于自己的系统参数和界面，为后续的设计工作打好基础，以提高设计效率和质量。配置文件是一大特色，掌握各种配置文件的使用是很有必要的。配置文件适当可以提高工作效率、减少不必要的麻烦，也有利于标准化、协同设计等。使用者应对各种配置文件的作用和基本使用方法有所了解，然后根据自己的需求进行配置。

常用的配置文件如下。

config. pro：系统配置文件，配置整个 Creo 系统。

config. win. 1：操作界面配置文件，如可以在这个文件中设置模型树窗口的大小，各种图标、工具栏、快捷键在窗口的位置等（最后的数字是保存版本的流水号）。

gb. dtl：工程图配置文件。

format. dtl：工程图格式文件（如图框、表格）的配置文件。

Table. pnt：打印机类型配置文件，主要设置工程图打印时的粗细、颜色等。

*. pcf：打印机类型配置文件，主要设置工程图打印幅面等参数。

Tree. cfg：模型树配置文件，主要设置模型树窗口显示的内容、项目。

以上这些配置文件初学者可以不必完全掌握，可在后续的应用中逐步学习配置文件的方法技巧。

1. 系统配置文件的建立与修改

初次安装完的 Creo 是不存在 config. pro 文件的，需要自己创建，以下是创建方法。

（1）在 Creo 环境下，则选择“文件”→“选项”→“配置编辑器”命令，弹出“Creo Parametric 选项”对话框，如附图 1 所示。

（2）按需要逐项查找添加选项及设置选项值（附图 2），常用配置选项的说明在后文中介绍。

（3）修改文件名并保存，这是最关键的一步操作。

需要注意的是，将文件 config. pro 保存到哪个目录很重要。应该保存到默认工作目录，例如 Creo 安装目录 D:\Program Files\ptc\Creo 5. 0. 0. 0\Common Files\text 文件夹内，一般保存在默认工作目录下即可。当进入 Creo 系统时，系统会先读取

text 目录下的 config. pro 档案，然后再读取 Creo 工作目录下的 config. pro. 档案。这些档案内若有重复设定的参数选项，则系统会以最后读取的工作目录下的 config. pro 为主。

附图 1　选项窗口

因此，系统管理者可以先将按团队需要规划出来的 config. pro 放于 Creo 安装目录的 text 文件夹中，而使用者再将自己规划的 config. pro 放于 Creo 的工作目录的 text 文件夹中。另外，text 目录下，系统管理员还可以将 config. pro 更名为 config. sup，使用者使用此项设定数据时，读取的 config. pro 即使重复使用其参数也不改写，这一功能在企业或团队有标准格式需求时较为实用。

默认工作目录设置的一般步骤如下。

右击 Creo 的启动快捷方式图标，选择“属性”命令，“快捷方式”栏中的“起始位置”即为工作目录。有了 config. pro 这个文件，就可以自定义 Creo 配置项了，以下是部分选项的名称及意义。

打开文件时是否显示基准点、基准轴、坐标系、基准面：

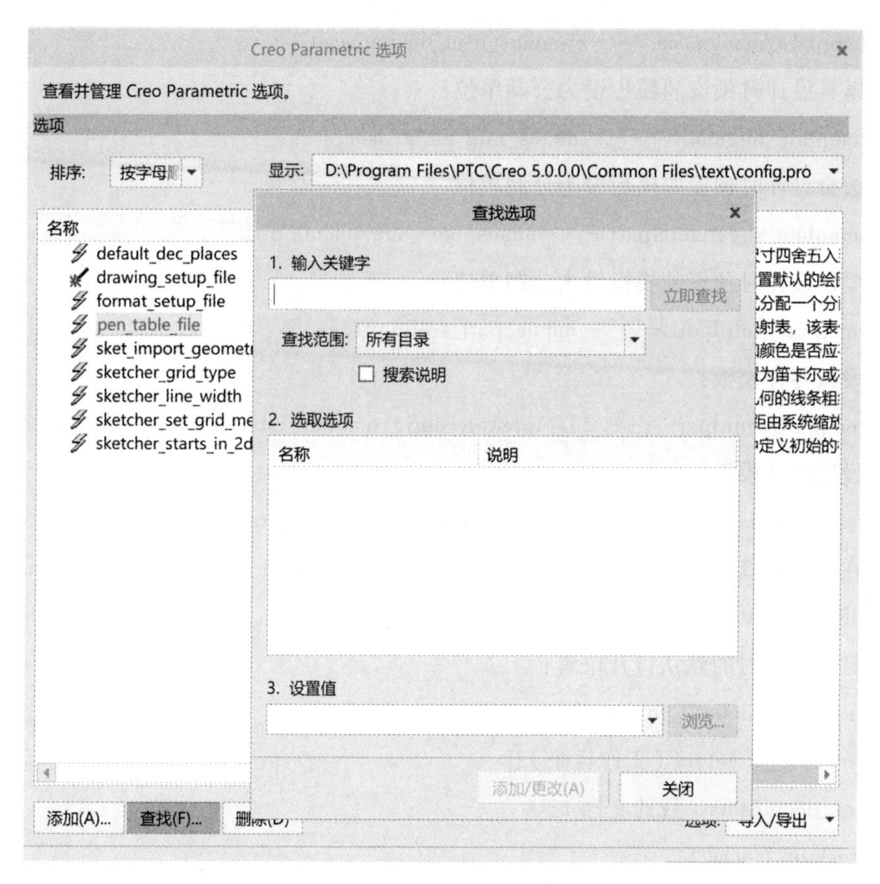

附图 2 查找选项并设置

display_points no;

display_axes no;

display_coord_sys no;

display_planes no。

打开文件时是否显示基准标签:

display_point_tags yes(基准点标签);

display_axis_tags yes(基准轴标签);

display_coord_sys_tags yes(坐标系标签);

display_plane_tags yes(基准面标签)。

系统退出前是否提示保存:

prompt_on_exit no。

取消选中“使用默认模板”复选框:

force_new_file_options_dialog yes。

组件设计时预设的模板设为公制单位:

template_designasm －－－－ mmns_asm_design. asm。

模具设计时预设的模板设为公制单位：

template_mfgmold －－－－ mmns_mfg_mold. asm。

钣金设计时预设的模板设为公制单位：

template_sheetmetalpart －－－ mmns_part_sheetmetal. prt。

零件设计时预设的模板设为公制单位：

template_solidpart －－－－ mmns_part_solid. prt。

设置零件模板：

template_solidpart －－－－ D:\ptc\myconfig\template\startpart. prt。

设置组件模板：

template_designasm －－－ D:\ptc\myconfig\template\startasm. asm。

在标题栏或者其他位置显示完整文件路径（默认 no）：

display_full_object_path　　　yes。

打开文件时的默认打开位置：

file_open_default_folder;

working_directory（工作目录）;

my_documents（我的文档）;

desktop（桌面）。

打开文件时是否显示旋转中心：

spin_center_display　　　yes/no。

设置下拉菜单时为中英双语菜单：

menu translation　　　both。

设置系统默认单位为公制单位（mm、N、S）：

pro_unlt_sys　　　mmns。

设置长度默认（缺省）单位为 mm：

pro_unit_length　　　unit_mm。

设置质量默认单位为 kg：

pro_unit_mass　　　unit_kilogram。

设置历史轨迹文件 trail 存放目录为 C:\temp：

trail d_dir　　　D:\ptc\temp。

Creo 启动时显示空网页，不联网：

web_browser_homepage　　　about: blank。

输出为 DWG 或 DXF 时忽略工程图中的比例，自动缩放为 1:1：

dxf_out_scale_views　　　yes。

设置注释不显示：

model_note_display no。

对偏移工具是否启用扇形偏移功能：

enable_offset_fan_curve yes。

控制精度菜单的显示（模具缩水时使用）：

enable_absolute_accuracy yes。

图形驱动模式 opengl 或 win32_gdi 默认为 opengl：

graphics opengl。

转场动画时间秒数设为 0.1～0.5（值越大动画播放越慢）：

max_animation_time 0.1。

设置模型线条的显示质量为高：

edge_display_quality high。

主窗口下方的信息窗口仅显示一行文字：

visible_message_lines 1。

保持输出的 step 格式文件时和 Creo 环境下颜色一致：

step_export—format ap214_cd。

设置工程图默认绘图比例为 1:1：

default_draw_scale 1:1。

设置相切边不显示：

tangent_edge_display no。

使“插入／高级”菜单下的 Local Push、Radius Dome、SectionDome、Ear、Lip、Shaft、Flange、Neck 等 Pro/ENGINEER 中的旧特征显示在菜单栏的高级特征下拉菜单中：

allow_anatomic_features yes。

设置质量自动计算：

mass_property_calculate automatic。

允许用户定义“着色显示”中着色的尺寸比率，使用默认的“着色到：全窗口预览”，设置为“增加该变量”，可创建高质量着色，但速度性能降低；减小该变量，产生相反的结果；默认值为 0.5：

photorender_preview_scale 0.25～1.0。

对话框内设定字型为 arial，黑体 10 号字：

default_font 10，arial，bold。

指令选单的内定字型为 arial，黑体 10 号字：

menu_font 10，arial，bold。

建模环境下文字大小（数值越小显示越大）：

text_height_factor　　20。

设置显示的尺寸没有公差：

tol_mode　　nominal。

设置系统颜色配置文件：

system_colors_file　　:\ptc\myconfig\syscol. scl。

设置输出 PDF 时使用系统线宽设置：

pdf_use_pentable　　yes。

设置工程图格式文件路径：

pro_format_dir　　:\ptc\myconfig\format。

关闭提示音：

bell　　no。

设置所有模型中非角度尺寸的默认小数位数：

default_dec_places　　3。

设置角度尺寸小数位数：

default_ang_dec_places　　2。

设置草绘时的尺寸小数位数：

sketcher_dec - places　　2。

设置搜索文件：

search - path_file　　:\ptc\myconfig\search. pro。

设置下拉菜单的宽度：

set_menu_width　　10。

设置图层方式：

intf_out_layer　　part_layer。

指定转 CAD 的转换设置文件：

dxf_export_mapping_file　　:\ptc\myconfig\dxf_export. pro。

设置模型树配置文件：

mdl_tree_cfg_file　　:\ptc\myconfig\tree. cfg。

设置注释文件路径：

pro_note_dir　　:\ptc\myconfig\note。

设置保存副本时自动复制与零件或组件相关的工程图：

rename_drawings_with_object　　both。

设置使用 8 号笔：

use_B_plotter_pens　　yes。

设置工程图用的符号：

pro_symbol_dir :\ptc\myconfig\symbol。

设置公差标准为 ISO 格式：

tolerance_standard ISO。

设置打印机打印样式文件路径：

pro_plot_config_dir :\ptc\myconfig\print - pcf。

设置材料库文件路径：

pro_material_dir :\ptc\myconfig\material。

避免零件库中的零件在以后的使用和保存中生成多余的版本：

save_objects changed（最新）/changed_and_specified。

2. Creo 中工程图的配置

为了生成标准格式的工程图，必须进行正确的配置。工程图的格式和界面受 config. pro 文件和 *. dtl 文件的共同控制。在工程图模式下，Creo 版本选择"文件"→"准备"→"绘图属性"→详细信息右侧选择"更改"，弹出"选项"对话框。"选项"对话框设置完成后，单击"保存"按钮，取文件名为 gb. dtl，将其保存在 D:\ptc\myconfig\ 目录下，再由相应的 config. pro 文件配置项将工程图配置文件指向 gb. dtL 配置功能才能有效。

（1）config. pro 文件中，有关工程图格式的配置项主要有如下几种。

设置 ptc\myconfig 目录下的 gb. dtl 为工程图标准模板：

drawing_setup_file :\ptc\myconfig\gb. dtl。

设置工程图格式配置文件的目录：

format_setup_file :\ptc\myconfig\format. dtl。

指定工程图格式库路径：

Pro_format_dir :\ptc\myconfig\drawing\format\。

指定模板文件路径：

start_model_dir :\ptc\myconfig\template\。

将图片嵌入工程图中，可以实现工程图打开时预览：

save_drawing_picture_file embed。

指定工程图默认模板：

template_drawing :\ptc\myconfig\template\A4. drw。

配置文件的存放位置

pro_dtl_setup_dir :\ptc\myconfig\。

使用 save as 命令时是否同时保存工程图

rename_drawings_with_object both。

（2）绘图选项中需要设置的选项主要有如下几种。

投影选择使用第一视角或第三视角：

projection_type　　　third_angle 或 first_angle。

设置箭头样式：

draw_arrow_style　　　closed/open/filled。

圆周阵列特征中选择垂直于屏幕旋转轴的中心线显示方式：

radial_pattern_axis_circle　　　no/yes（国标）。

设置是否显示尺寸公差：

tol_display　　　no/yes。

在等轴测图中是否显示尺寸：

allow_3d_dimensions　　　no/yes。

设置角度尺寸在绘图中的位置：

angdim_text_orientation　　　horizontal/parallel_outside/

parallel_above/horizontal_outside/parallel_fully_outside（带公差）。

设置 45° 倒棱尺寸的显示方式：

chamfer_45deg_dim_text　　　jis/iso or din（国标）。

二维重复区域中的每列是否根据文本的长度而自动调整大小，同时不会覆盖相邻 H 列或在表中形成较大间隙：

chamfer_45deg_dim_text　yes（自动适应最长文本段）/no（列宽保持相同）。

3. Creo 中打印及线宽的设置

在 Creo 中，利用普通的喷墨或激光打印机进行打印输出时，需要用到 config 选项和两个配置文件：对应打印机的 *. pcf 文件和定义线宽的 table. pnt 文件。打印配置 config 选项时 plotter 指定的默认打印机名称，也是保存配置的时候默认的保存名称。要注意的是，各选项要和 *. pcf 配置文件进行搭配使用，如果没有对应的 *. pcf 文件，这个选项则无效。常用的指令如下。

指定的打印指令：

plotter_command（系统默认 windows_print_manager）。

指定的打印配置文件目录：

pro_plot_config_dir（Creo 会在打印启动时到这个目录寻找打印机的配置文件并从这些配置文件中找出所有可用的打印机，添加到打印机列表中供用户选择）。

设置打印的分辨率：

raster_plot_dpi（值越大，每英寸打印的像素值越大，打印结果越清晰；可选值：100/2001300/……）。

设置是否使用八支笔：

use_8_plotter_pens（对绘图仪来说，有四支笔和八支笔的分别，但对打印机来说就是八种颜色和四种颜色的区别，可选值：yes/no）。

线宽定义文件，指定打印时各几何对象使用的线宽和颜色等：

pen_table_file。

如果定义了这个选项并且对应的 table file 存在的话，那么以下的八个定义打印线宽的 config 选项将失效，线宽范围是 1（最细）~16（最粗）：

pen1_line_weight（可见几何特征、剖面切线和箭头、基准面等）；

pen2_line_weight（尺寸线、导引线、中心线、文本、注释等）；

pen3_line_weight（隐藏线、阴影文本）；

pen4_line_weight（样条曲线网格）；

pen5_line_weight（钣金件颜色图元）；

pen6_line_weight（草绘截面图元）；

pen7_line_weight（草绘尺寸、切换了的截面）；

pen8_line_weight（样条曲面网格）。

设置打印机的配置文件时，设定了以下内容，打印时不必再进行重复的设置：

plotter　ms_print_mgr（保证兼容性）；

button_name（可理解为打印机的名称，要和 config 选项中的 plotter 选项值一致）；

button_help　print using myconfig（显示帮助和说明文本）；

plot_drawing_format	yes default;
plot_segmented	no default;
plot_roll_media	no default;
plot_label	no default;
plot_handshake	software default;
create_separate_files	no default;
plot_with - panzoom	no default;
rotate - plotting	no default;
allow_file_naming	yes;
plot_name	yes;
plot_translate	0. 2 0. 236 default;
interface_quality	3 default;
plot_destination	file default;
pen_table_file	D: \ptc_config\pen_table_file. pnt（指定对应笔的映射表，即线条配置文件）；

* plot_sheets	current default
paper_size	A4 default
paper_size_allowed	A3 A4
paper_outline	NO default;
plot_clip	NO default;
plot_area	NO default;

paper_size（定义默认的图样大小，如 A3，A4，……）；

paper_size_allowed（定义在图样列表中所出现的图样尺寸，如：A2，A3，A4，…，值之间以空格间隔开）。

参考文献

[1] 北京兆迪科技有限公司 . Creo 4.0 工程图教程 [M]. 北京：机械工业出版社，2018.

[2] 姚英学，蔡颖 . 计算机辅助设计与制造 [M]. 北京：高等教育出版社，2002.

[3] 詹友刚 . Creo 4.0 曲面设计教程 [M]. 北京：机械工业出版社，2018.

[4] 钟日铭 . Creo 5.0 完全自学手册：中文版 [M]. 北京：清华大学出版社，2020.

[5] 蒋建强，赵季春 . 机械 CAD/CAM 技术及应用 [M]. 北京：清华大学出版社，2010.

[6] 刘蔡保 . Creo 3.0 数控加工与典型案例 [M]. 北京：化学工业出版社，2019.